NOUVELLES SUITES

A

BUFFON,

FORMANT,

avec les œuvres de cet auteur,

UN COURS COMPLET D'HISTOIRE NATURELLE.

Collection

accompagnée de Planches.

PARIS.

A LA LIBRAIRIE ENCYCLOPÉDIQUE DE RORET,

Rue Hautefeuille, N° 10 bis.

POURRAT Frères, *Rue des Petits Augustins*, N° 5.

SUITES A BUFFON

FORMANT, AVEC LES OEUVRES DE CET AUTEUR,

UN COURS COMPLET D'HISTOIRE NATURELLE

EMBRASSANT LES TROIS RÈGNES DE LA NATURE.

Les possesseurs des Œuvres de BUFFON pourront, avec ses SUITES, compléter toutes les parties qui leur manquent, chaque ouvrage se vendant séparément, et formant, tous réunis, avec les travaux de cet homme illustre, un ouvrage général sur l'Histoire naturelle.

Cette publication scientifique, du plus haut intérêt, préparée en silence depuis plusieurs années, et confiée à ce que l'Institut et le haut enseignement possèdent de plus célèbres naturalistes et de plus habiles écrivains, est appelée à faire époque dans les annales du monde savant.

Les noms des auteurs indiqués ci-après sont pour le public une garantie certaine de la conscience et du talent apportés à la rédaction des différents traités.

ANATOMIE COMPARÉE, par M. PHYSIOLOGIE COMPARÉE, par M.

CÉTACÉS (Baleines, Dauphins, etc.), ou Recueil et examen des faits dont se compose l'histoire de ces animaux, par M. F. Cuvier, membre de l'Institut, professeur au Muséum d'Histoire naturelle, etc.; 2 vol. in-8, avec deux livraisons de planches. (*Ouvrage terminé*). Prix : figures noires, 12 fr. 50 c.; fig. coloriées. 18 fr. 50 c.

REPTILES (Serpens, Lézards, Grenouilles, Tortues, etc.), par M. Duméril, membre de l'Institut, professeur à la faculté de Médecine et au Muséum d'Histoire naturelle; et M. Bibron, aide-naturaliste. 8 vol. et 8 livraisons de planches. *Les tomes 1 à 5 et 8 sont en vente ; les tomes 6 et 7 paraîtront incessamment.*

POISSONS, par M.

ENTOMOLOGIE (Introduction à l'), comprenant les principes généraux de l'Anatomie et de la Physiologie des Insectes, des détails sur leurs mœurs, et un résumé des principaux systèmes de classification, par M. Lacordaire, professeur d'histoire naturelle à Liège. (*Ouvrage terminé, adopté et recommandé par l'Université pour être placé dans les bibliothèques des Facultés et des Collèges, et donné en prix aux élèves.*) 2 vol. in-8. Figures noires, 19 fr.; figures coloriées, 22 fr.

INSECTES COLÉOPTÈRES (Cantharides, Charançons, Han-

netons, Scarabées, etc.), par M.

— ORTHOPTÈRES (Grillons, Criquets, Sauterelles), par M. Serville, ex-président de la Société entomologique de France. 1 vol. avec planches. Prix : figures noires, 9 fr. 50 c., et fig. coloriées, 12 fr. 50 c. (*Ouvrage terminé.*)

— HÉMIPTÈRES (Cigales, Punaises, Cochenilles, etc.), par M. Serville.

— LÉPIDOPTÈRES (Papillons), par M. le doct. Boisduval; tome 1er avec deux livraisons de planches. Prix : figures noires, 12 fr. 50 c.; figures coloriées, 18 f. 50 c.

— NÉVROPTÈRES (Demoiselles, Éphémères, etc.), par M. le docteur Rambur.

— HYMÉNOPTÈRES (Abeilles, Guêpes, Fourmis, etc.), par M. le comte Lepelletier de Saint-Fargeau; tome 1er et une livraison de planches. Prix : figures noires, 9 fr. 50 c.; figures coloriées, 12 fr. 50 c.

— DIPTÈRES (Mouches, Cousins, etc.), par M. Macquart, directeur du Muséum d'Histoire naturelle de Lille. 2 vol. in-8° et 2 cahiers de planches. (*Ouvrage terminé*) Prix : figures noires, 19 fr.; figures coloriées, 25 fr.

— APTÈRES (Araignées, Scorpions, etc.), par M. le baron Walckenaer, membre de l'Institut; tome 1 avec 3 cahiers de pl. Prix : figures noires, 15 fr. 50 c.; fig. coloriées, 24 fr. 50 c. *Le tome 2 et dernier paraîtra en 1839.*

CRUSTACÉS (Écrevisses, Homards, Crabes, etc.), comprenant l'Anatomie, la Physiologie et la Classification de ces Animaux, par M. Milne-Edwars, membre de l'Institut, professeur d'hist. naturelle, etc.; tomes 1 et 2 avec 2 livraisons de planches. Prix : figures noires, 19 fr.; figures coloriées, 25 fr. *Le tome 3 et dernier paraîtra en 1839.*

MOLLUSQUES (Moules, Huîtres, Escargots, Limaces, Coquilles, etc.), par M. de Blainville, membre de l'Institut, professeur au Muséum d'Hist. naturelle, etc.

ANNÉLIDES (Sangsues, etc.), par M.

VERS INTESTINAUX (Ver solitaire, etc.), par M.

ZOOPHYTES ACALÉPHES (Physale, Béroé, Angèle, etc.), par M. Lesson, correspondant de l'Institut, pharmacien en chef de la Marine, à Rochefort.

— ECHINODERMES (Oursins, Palmettes, etc.), par M. Lacordaire, professeur d'histoire naturelle à Liège.

— POLYPIERS (Coraux, Gorgones, Eponges, etc.), par M. Milne-Edwars, membre de l'Institut, professeur d'hist. naturelle, etc.

— INFUSOIRES (Animalcules microscopiques), par M. Dujardin, professeur d'histoire naturelle à Toulouse.

BOTANIQUE (Introduction à l'Étude de la), *ou Traité élémentaire de cette science, contenant l'Organo-*

graphie, la Physiologie, etc., etc., par M. Alph. de Candolle, professeur d'histoire naturelle à Genève. (*Ouvrage terminé autorisé par l'Université, pour les Collèges royaux et communaux.*) 2 vol. et un cahier de planches. Prix : 16 fr.

VÉGÉTAUX PHANÉROGAMES (à Organes sexuels apparent, Arbres, Arbrisseaux, Plantes d'agrément, etc.), par M. Spach, aide-naturaliste au Muséum d'Histoire naturelle; tomes 1 à 8, et 14 livraisons de planches. Prix : figures noires, 81 fr. 50 c.; fig. col. 117 f. 50 c.

— CRYPTOGAMES (à Organes sexuels peu apparents ou cachés, Mousses, Fougères, Lichens, Champignons, Truffes, etc.), par M. de Brebisson de Falaise.

GÉOLOGIE (Histoire, Formation et Disposition des matériaux qui composent l'écorce du Globe terrestre), par M. Huot, membre de plusieurs Sociétés savantes; 2 vol. ensemble de plus de 1800 pages. (*Ouvrage terminé.*) Prix, avec un Atlas de 24 planches: 19 fr.

MINÉRALOGIE (Pierres, Sels-Métaux, etc.), par M. Alex. Brongniart, membre de l'Institut, professeur au Muséum d'Histoire naturelle, etc., etc.; et M. Delafosse, maître des conférences à l'Ecole Normale, aide-naturaliste, etc., au Muséum d'Histoire naturelle.

CONDITIONS DE LA SOUSCRIPTION :

LES SUITES A BUFFON formeront 55 vol. in-8° environ, imprimés avec le plus grand soin et sur beau papier ; ce nombre paraît suffisant pour donner à cet ensemble toute l'étendue convenable. Ainsi qu'il a été dit précédemment, chaque auteur s'occupant depuis longtemps de la partie qui lui est confiée, l'éditeur sera à même de publier en peu de temps la totalité des traités dont se composera cette utile collection.

En octobre 1839, 28 volumes sont en vente, avec 37 livraisons de planches.

Les personnes qui voudront souscrire pour toute la Collection auront la liberté de prendre par portion jusqu'à ce qu'elles soient au courant de tout ce qui est paru.

POUR LES SOUSCRIPTEURS À TOUTE LA COLLECTION :

Prix du texte, chaque vol. (1) d'environ 500 à 700 pag., 5 fr. 50. — Prix de chaque livraison d'environ 10 pl. noires, 3 fr.; coloriés, 6 fr.

NOTA. — Les personnes qui souscriront pour des parties séparées paieront chaque volume 6 fr. 50 c. Le prix des volumes papier vélin sera double du papier ordinaire.

(1) L'Éditeur ayant à payer pour cette collection des honoraires aux auteurs, le prix des volumes ne peut être comparé à celui des réimpressions d'ouvrages appartenant au domaine public et exempts de droits d'auteurs, tels que Buffon, Voltaire, etc., etc.

ON SOUSCRIT, SANS RIEN PAYER D'AVANCE, A LA LIBRAIRIE ENCYCLOPÉDIQUE DE RORET, ÉDITEUR DE LA COLLECTION DES MANUELS, DU COURS D'AGRICULTURE AU XIXe SIÈCLE, ETC., RUE HAUTEFEUILLE, 10 bis.

HISTOIRE NATURELLE

DES

INSECTES.

—

APTÈRES.

III.

PARIS. — IMPRIMERIE DE FAIN ET THUNOT,
rue Racine, 28, près de l'Odéon.

HISTOIRE NATURELLE

DES

INSECTES.

APTÈRES.

PAR M. LE BARON WALCKENAER,

MEMBRE DE L'INSTITUT.

Acères Phrynéides, Scorpionides, Solpugides, Phalangides
et Acarides; Dicères Épizoïques, Aphaniptères
et Thysanoures;

Par M. Paul GERVAIS.

TOME TROISIÈME.

OUVRAGE ACCOMPAGNÉ DE PLANCHES.

PARIS.

LIBRAIRIE ENCYCLOPÉDIQUE DE RORET,
RUE HAUTEFEUILLE, 10 BIS.

1844.

Ce volume renferme l'histoire naturelle des cinq derniers ordres des Insectes aptères-acères, c'est-à-dire des Insectes sans ailes et sans antennes, et celle des trois ordres qui composent la classe des Dicères-hexapodes, ou Insectes à six pattes pourvus de deux antennes, dont j'ai donné les caractères essentiels, t. 1, p. 38 à 42 de cet ouvrage.

Le volume suivant complétera tout l'ouvrage, et contiendra l'histoire naturelle des Dicères-myriapodes, ou Insectes pourvus de deux antennes, et d'un nombre de pattes excédant celui de six.

La collection du Muséum d'histoire naturelle de Paris, m'ayant offert un grand nombre d'individus de cette dernière classe qu'aucun naturaliste n'avait encore entrepris de décrire, je m'y appliquai avec une grande ardeur, il y a quelques années. Après avoir achevé cette tâche laborieuse et recueilli des matériaux nombreux, je disais dans la préface de mon premier volume que cette partie de l'histoire naturelle présentait une lacune presque entière. En effet, on ne possédait alors que ce qu'avaient écrit sur ce sujet Latreille et Leach, qui, d'après l'examen d'un petit nombre d'espèces, avaient établi quelques genres. Mais le volume où je m'exprimais ainsi paraissait à peine lorsque je reçus l'extrait du Bulletin des naturalistes de Moscou, qui m'apprit qu'un naturaliste éminent, M. Brandt, avait fait de la classe des Myriapodes l'objet de ses études spéciales; il promettait dans ce recueil un travail plus complet sur cette partie de l'histoire naturelle; il instituait des genres et des sous-genres bien caractérisés. A la même époque un jeune naturaliste, qui ne connaissait ni le travail de M. Brandt ni le mien, dont il n'avait et dont il n'a encore rien paru, vint me soumettre un mémoire sur une nouvelle espèce de Géophile trouvée dans Paris même. Ce mémoire me parut si bien fait que je l'engageai à le publier et à continuer ses investigations sur cette classe d'Insectes. Ce jeune naturaliste était M. Gervais. Depuis, M. Brandt et M. Gervais, l'un dans le Bulletin de l'Académie des sciences de Moscou, l'autre dans les Annales des sciences naturelles, et dans différents recueils, ont publié les résultats de leurs études sur les Insectes dont je m'étais occupé. Plus leurs efforts pour perfectionner cette partie de l'entomologie m'ont paru heureux, plus j'ai désiré en profiter dans la rédaction de cette partie de mon ouvrage. Telle est la cause du retard qu'elle a éprouvé, et que je tâcherai de rendre le moins long qu'il me sera possible.

Quant à la portion de l'ouvrage que renferme ce volume, elle est entièrement, ainsi que l'indique le titre, de M. Gervais, que je me suis adjoint pour collaborateur, lorsque j'eus reconnu combien l'affaiblissement de mes yeux me permettait peu d'espérer de pouvoir vérifier les travaux récemment publiés sur les Acarides, les Épizoïques et les Thysanoures. J'ai l'assurance que le monde savant n'aura qu'à se féliciter de voir resserré dans un si petit nombre de pages l'exposé de tout ce qui a paru jusqu'à ce jour d'observations et de faits sur des Insectes si longtemps négligés des naturalistes, si difficiles à réunir, si pénibles à observer. J'ose espérer aussi qu'on appré-

ciera le grand nombre d'espèces nouvelles décrites par
M. Gervais ; la lucidité de sa méthode ; les aperçus
neufs et intéressants dont il a enrichi la science,
sans l'encombrer et l'obscurcir par le fastueux éta-
lage d'inutiles innovations dans la classification et
la nomenclature ; genre de mérite, nous l'avouerons,
qui nous satisfait d'autant plus qu'il devient tous les
jours plus rare.

M. Frédéric Cuvier, aux éloges qu'il a bien voulu
donner au premier volume de notre ouvrage lorsqu'il
en rendit compte dans le Journal des Savants, a joint
un reproche. C'est celui d'avoir méconnu l'importance des considérations anatomiques, en rétablis-
sant dans son intégrité, parmi les Insectes, la classe
des Aptères, telle que Linné la composait, moins
cependant les Crustacés, si nombreux, en genres et
en espèces, et qui par la nature de leur test, le milieu
dans lequel ils vivent, leur appareil respiratoire destiné à agir sur le fluide ambiant, les appendices antenniformes de leur tête, ont depuis Aristote été toujours considérés comme une classe d'animaux voisins,
mais différents, des Insectes.

Nous ne croyons pas que le reproche qui nous a
été fait par M. Frédéric Cuvier soit fondé. Nous avons
toujours considéré comme occupant le premier rang
dans la science les anatomistes et les physiologistes ;
les Swammerdam, les Lyonet, les Strauss-Durkheim,
les Léon Dufour, les Tréviranus, les Muller, les
Hérold, etc. ; ce sont eux qui ont fait connaître l'organisation intérieure des insectes, dévoilé les mystères
de leurs fonctions vitales, et les merveilles cachées de
leurs surprenantes transformations : mais nous avons

dit, et avec raison, ce nous semble, que dans le cé-
—lèbre et populaire ouvrage de l'illustre Cuvier, la classe
des Arachnides et sa subdivision en pulmonaire et
trachéenne, était mal caractérisée, mal définie ; que
trop d'importance avait été donnée, dans cet ouvrage,
aux appareils de la respiration dans les animaux articulés et à sang blanc ; que de leurs différences il ne
fallait pas en conclure une opposition aussi tranchée
dans leurs fonctions vitales que celle qu'on avait
supposée ; que pour bien saisir les rapports d'analogie
qui existaient entre les différents ordres d'Insectes,
on devait se garder d'en exclure les ordres des
Insectes–Aptères de Linné ; et que malgré les caractères qui séparaient ces ordres entre eux, il
fallait les maintenir dans une même division, émi-
nemment unie par ses affinités à la grande division
des Insectes ailés, soit que ceux-ci se trouvent dans
leur état de larves, ou dans leur état parfait.

Aujourd'hui le beau travail de **M.** George Newport,
sur les systèmes des nerfs et de la circulation du
sang dans les Myriapodes et les Scorpionides (1), a
prouvé ce que j'avais avancé d'après le seul examen
des organes extérieurs. M. Newport a, par ses dis-
sections, et ses ingénieuses observations, fait voir
qu'il existait des vaisseaux artériens et des vaisseaux
veineux, une véritable circulation du sang, dans les
Myriapodes et les Scorpionides, aussi bien que
dans toutes les autres classes d'animaux articulés.
M. Newport a décrit d'une manière aussi claire qu'in-
génieuse comment cette circulation s'effectue par le

---

(1) Newport, *Philosophical transactions*, 1843, part. 2,
p. 243-302, pl. 12, 13, 14 et 15.

grand vaisseau dorsal que l'on avait cru à tort isolé, et auquel au contraire aboutissent d'autres vaisseaux, clos et distincts, qui pénètrent dans toutes les parties du corps, et opèrent la nutrition et l'accroissement.

Le même anatomiste a aussi démontré comment dans tous les articulés la sensation a lieu par l'effet du double cordon, composé d'une suite de fibres superposées en deux séries longitudinales aboutissant à un ganglion ou renflement, qui est le cerveau, l'organe de la volonté et de la sensibilité. Il a fait voir, par des expériences ingénieuses analogues à celles qui ont été faites il y a plusieurs années sur les nerfs de la tête de plusieurs quadrupèdes, par notre grand physiologiste M. Magendie, les effets produits dans la volonté et la sensibilité de plusieurs espèces de Myriapodes et de Scorpionides, lorsque ces insectes se trouvent privés par l'amputation d'un des lobes de leur cerveau, ou d'une portion de leurs cordons nerveux. Ce n'est pas ici le lieu d'entrer dans de plus grands détails sur le travail de M. Newport et sur les conséquences qu'on en peut tirer pour l'histoire naturelle des insectes dont nous avons entrepris l'histoire; ces considérations trouveront leur place, lorsqu'à la fin de cet ouvrage, nous ferons une revue générale de cette grande classe des Insectes; que nous la comparerons aux classes des Insectes ailés, et que nous résumerons les faits principaux qui la concernent; ceux qui sont les plus propres à intéresser les naturalistes, et à hâter les progrès de la science.

Nous avons voulu seulement ici prouver combien étaient incertains les caractères anatomiques sur lesquels on a cru pouvoir établir une nouvelle classe parmi les animaux articulés, sous le nom d'Arachnides, et la séparer des Insectes. Sans doute la grande division des insectes aptères est composée d'ordres plus hétérogènes que ceux des autres classes d'insectes, mais ce n'est pas une raison pour méconnaître les rapports d'affinité qu'établit le caractère unique et général qui les unit entre eux, et les sépare, en même temps, de tous les autres Insectes : celui d'être privés du moyen de s'élever dans l'air; caractère qui les attache à la terre ou aux corps des végétaux et des animaux qu'elle nourrit.

Un des plus éminents zoologistes de nos jours, M. de Blainville, dans un article profondément pensé (1), d'un de nos dictionnaires des sciences naturelles, a reconnu que le principe fondamental de la mesure du degré de l'animalité était la sensibilité, et sa conséquence la locomotilité ; que « c'était là le véritable zoomètre, puisque ce sont ces facultés qui constituent l'animal. » Nous avons donc eu raison (2) de mettre au premier rang, pour la classification des insectes, les métamorphoses qui sont le développement de l'être ou de la sensibilité, et des organes du mouvement. Par la privation d'ailes, par le défaut de métamorphoses', la classe des insectes aptères se trouve parfaitement caractérisée. L'ordre des Aphaniptères, qui ne se compose que d'un genre, n'étant fondé que sur un des deux caractères qui constituent cette grande classe, pouvait seul en être écarté.

---

(1) DE BLAINVILLE. *Dictionnaire des sciences naturelles.* 1840. In-8°, Supplément, t. I, p. 213.

(2) *Histoire naturelle des Insectes-Aptères*, tome I, p. 8.

Au reste, M. Duméril, qui fut un des premiers coopérateurs de Cuvier, dans ses travaux anatomiques, et qui se distingue surtout par son esprit judicieux et méthodique, n'a jamais admis cette classe des Arachnides et a toujours conservé intacte, dans sa méthode entomologique la classe, des Insectes aptères de Linné (1).

M. Brandt (2) qui écrivait avant le dernier travail de M. Newport, conclut que par suite des recherches anatomiques de M. Treviranus, on doit à l'exemple de Linné réunir dans la même classe les insectes Hexapodes, les Arachnides et les Crustacés : « Il n'y a pas de doute, dit-il, que par cette méthode d'arrangement, la classification serait simplifiée, et en même temps basée sur des caractères anatomiques et physiologiques communs. On peut même avancer que, en suivant une telle marche, nous obtiendrons des divisions plus analogues aux classes bien établies d'autres animaux, et fondées également sur des différences anatomiques, comme les classes des animaux vertébrés, dont le principe de classification est accepté par tous les naturalistes (3). »

Cependant nous pensons que la classe des Crustacés est fondée sur de bons caractères, et doit être séparée des insectes pour former une classe à part. Cette classification me paraît être de la nature de celles que M. Brandt signale comme étant acceptées par tous les naturalistes.

---

(1) DUMÉRIL, *Considérations générales sur la classe des Insectes*, 1823. In-8°, p. 157 et 233.

(2) J.-F. BRANDT, *Recueil de mémoires relatifs à l'ordre des Insectes Myriapodes*. Pétersbourg, 1841. In-8°, p. 3.

(3) J.-F. BRANDT, *ibid.*, p. 5, etc.

viij

Il n'en est pas de même des Arachnides, et encore moins des Myriapodes, dont on a proposé aussi la séparation d'avec les insectes pour en former une classe particulière.

M. Brandt a montré par combien de rapports les Myriapodes tenaient aux différents ordres des Aptères - acères, aux Dicères - hexapodes aptères, et enfin à certaines classes des Insectes ailés; et que par conséquent ils ne pouvaient être séparés des Insectes, et constituer une division tranchée dans le règne animal. Les rapports d'affinité qui existent par les organes de la manducation, et ceux du mouvement, entre les Crustacés, les Annélides et certains ordres de Myriapodes, rapprochent ceux-ci des deux divisions du règne animal que nous venons de mentionner, sans les séparer de la grande division des Insectes ailés auxquels ils s'unissent par l'ordre des Aphaniptères. Ces derniers, par leurs métamorphoses, s'éloignent fortement des autres ordres de la division à laquelle ils se trouvent attachés par la privation des ailes. Mais c'est en vain que nous nous efforcerions d'établir entre nos divisions une série continue des êtres; cette série n'existe pas. En voulant exprimer d'une manière absolue, par nos nomenclatures, tout ce qui différencie la nature des êtres que nous réunissons sous des noms semblables, la synthèse nous échappe, et les deux conditions indispensables de la méthode, concision et clarté, disparaissent, pour ne plus laisser place qu'à une incohérente complication, qui est l'absence de toute méthode.

Paris, ce 27 mai 1844.

Bon WALCKENAER.

HISTOIRE NATURELLE

DES

INSECTES APTÈRES.

ORDRE II.

PHRYNÉIDES.

Céphalothorax d'une seule pièce en dessus, pourvu d'une languette styloïde en dessous.

Abdomen pédiculé, discoïde, de dix anneaux, souvent boutonné à son extrémité, mais dépourvu d'appendices génitaux en forme de peigne.

Mâchoires et palpes monodactyles, terminés par une griffe ; les palpes plus ou moins longs, épineux sur le bras, l'avant-bras et la main.

Jambe et tarse de la première paire de pattes, décomposées en un grand nombre de petits articles, fort grêles et flagelliformes ; tarses des autres pattes triarticulés à deux ongles. La jambe de deux articles aux deuxième et troisième paires de pattes ; de trois à la quatrième.

Huit yeux : deux très-rapprochés, sur la ligne médiane, près le bord antérieur du céphalothorax et trois bilatéralement, en triangle, à la hauteur des pattes de la seconde paire.

Respiration pulmonaire.

Anus terminal.

L'anus des Phrynes est ouvert à l'extrémité de l'abdomen et couvert d'un petit opercule. Leur appareil
génital s'ouvre sous une pièce écailleuse du commencement de l'abdomen, à la partie inférieure de celui-ci.
Quant aux impressions bilatérales des arceaux inférieurs de l'abdomen, elles ne nous ont pas paru per-
forées. L'abdomen se compose en dessous de dix
articles en comptant celui qui sert d'opercule.

Genre PHRYNE. (*Phrynus.*)

Les Phrynes sont des contrées chaudes du globe. Il
y en a dont le corps a 0,04 de longueur, et comme
leurs palpes et leurs pattes antérieures ont habituellement beaucoup de développement, leur volume paraît encore plus considérable qu'il n'est, et leur aspect a quelque chose de repoussant.

Ces animaux ne constituent qu'un seul genre dont
on doit la distinction à Olivier (1). Fabricius les
mettait avec les Télyphones dans son genre *Tarentula*. Lichtenstein et Herbst en ont donné la monographie sous le nom de *Phalangium*, et en leur
adjoignant encore les Télyphones. Le mot *Rhax* a
dans Hermann une signification analogue, en y ajoutant toutefois les Galéodes. M. Van der Hoeven,
dans le mémoire que nous citons en note et qui a
pour titre *Bijdragen tot de Kennis van het gestacht
Phrynus*, donne des renseignements sur les Phrynes,
dont nous regrettons de n'avoir pu suffisamment profiter à cause de la langue dans laquelle ils sont écrits.

---

(1) Tarentula, Fabr.; *Phalangium*, Licht. et Herbst, *Natursystem
der ungeflugelten-insekten*, *fasc.* 1, p. 65, 1797; in-4 av. pl. (moins
le *Ph. caudatum*). — Rhax, Herm., *Mém. aptérol.*, p. 13.—Phrynus,
Olivier, 1793; Latreille, *Genera Ins.*; Van der Hoeven, *Tijdschrift
voor nat. gesch. en physiol.*, 1842, p. 68.

1er Section. *Phrynes à palpes grêles.*

1. PHRYNE LUNÉE. (*Phrynus lunatus.*)

Céphalothorax large, aplati, lunulé, un peu tronqué antérieurement, échancré en arrière ; son bord marginé , si ce n'est en avant où il est rugueux ; mâchoires rapprochées, leur premier article grand, ovalaire, marqué en dessous d'une carène velue ; son crochet dirigé vers le ventre et droit ; palpes très-longs, pourvus de grandes épines à l'extrémité terminale de l'avant-bras seulement ; abdomen subpédiculé, avec un petit bouton terminal. Longueur du corps, 0,033 ; du palpe, 0,095.

Species aranei perquam rara, Seba, *Thes.* IV, pl. 99, f. 13. — *Phalangium lunatum*, Fabr., *Spec. ins.*, I, 549, n° 9. — Licht. et Herbst, *Natursystem der ungeflugenten ins.*, *phalangium*, p. 71, pl. 3.

D'après Lichtenstein et Herbst, cet insecte vit en Amérique. Le *British Museum* en possède un qui est étiqueté comme originaire du Bengale.

2. PHRYNE GRANULEUSE. (*Phrynus scaber.*)

Céphalothorax plus large que l'abdomen , échancré en arrière, arrondi en avant, couvert de petites aspérités peu apparentes, mais un peu plus fortes que celles de l'abdomen ; cuisses garnies de tubercules subépineux ; palpes allongés à tubercules épineux plus forts que ceux des pattes, régulièrement rangés en lignes ; trois ou quatre épines au bord supérieur, et deux au bord inférieur de la base du bras ; avant-bras terminé en dessus par deux grandes épines presque aussi longues que la main et denticulées à leur bord inférieur, et, au bord interne, par deux épines plus petites et divergentes ; article terminal du palpe trifurqué ; son épine médiane la plus forte, portant l'ongle , qui est velu en dessous ; la supérieure courbée et l'inférieure ou la plus petite denticulée vers sa base. — Long. : corps, 0,020 ; palpe, 0,070.

Cette description est faite d'après un exemplaire des îles Sechelles. Nous avons vu au musée Chatham, une phryne donnée comme de Maurice et qui nous paraît de même espèce.

3. PHRYNE CHEIRACANTHE. (*Phrynus cheiracanthus.*)

Céphalothorax réniforme ; l'abdomen en portion d'ellipse ;

couleur roux-brun foncé, plus noirâtre sur les parties antérieures et aux palpes ; palpes longs et grêles, plus épineux que dans l'espèce précédente ; deux rangs d'épines (neuf ou dix) aiguës et fortes sur le bord antérieur du bras dans ses trois derniers tiers ; de semblables épines sur la seconde moitié de l'avant-bras, disposées de même et en même nombre ; quelques-unes de ces épines longues de cinq lignes ; la main a cinq ou six épines ; proportions et taille du *Phr. lunatus* ; première paire de pattes très-grêle.

Phrynus cheirac., **P. Gerv.**, *Brit. Museum*, 1842 ; *id., Soc. Philom. de Paris, in Journal l'Institut*, 1842, p. 72.

Le *British Museum* possède trois exemplaires de cette espèce pris à Demerara, en Guyane ; il les doit à **M. Bowers.** M. Justin Goudot en a rapporté un très-beau de Colombie , et dont le corps a 0,035 ; avant-bras, 0,040 ; partie filiforme de la première paire de pattes, 0,20.

2ᵉ Section. *Phrynes à palpes de longueur moyenne.*

4. Phryne de Gray. (*Phrynus Grayi.*)

Céphalothorax en cœur raccourci, à échancrure postérieure ; couleur générale brun-cannelle ; pattes annelées de plus clair ; dessous de l'abdomen ponctué de la même teinte ; bras un peu moins long proportionnellement que dans les espèces précédentes ; huit ou dix épines en aiguillon placées sur deux rangs à son bord antérieur ; des épines semblables sur l'avant-bras à partir de la fin de son premier tiers, en même nombre et plus grandes vers la main ; trois fortes épines à celle-ci et entre elles deux ou trois plus petites. Cette espèce approche du *Phrynus palmatus* pour la forme du corps, mais ses palpes sont plus grêles. Corps : 5 lignes (0,011) ; bras : 4 lignes ; avant-bras : 4 lignes.

Phr. Grayi, **P. Gerv.**, *British Museum*, 1842 ; *id., Société Philomatique de Paris, in Journ. l'Institut*, 1842, p. 72.

M. Cuming a découvert cette espèce à Manille. (Iles Philippines).

5. Phryne moyenne. (*Phrynus medius.*)

Palpes plus courts que dans l'espèce précédente ; le bras et l'avant-bras garnis à leur bord antérieur de petites épines inégales ; trois grandes épines à l'extrémité terminale de l'avant-bras ; une forte épine assez courte et une autre un peu plus longue sur la main ; sa pointe onguéale subtriangulaire, velue en dedans ; un aiguillon sternal ; abdomen un peu allongé ; couleur générale brune ; pattes marquées de bandes transversales plus claires.

Phalangium medium, Licht. et Herbst, *loco cit.*, p. 77, pl. 4, f. 1.

Le *British Museum* possède un exemplaire de cette espèce signalé comme étant du Brésil.

6. PHRYNE RÉNIFORME. (*Phrynus reniformis.*)
(Pl. 23, fig. 1.)

Céphalothorax un peu convexe, réniforme, c'est-à-dire demi-circulaire en avant et échancré en arrière ; abdomen oblong, convexe, ses anneaux marqués chacun d'une paire de taches ponctiformes ; quelques épines au bras ; d'autres, plus nombreuses et plus fortes à l'avant-bras ; des tubercules pilifères sur la première paire de pattes ; cuisses zonées de plus clair que le corps.

_ *Tarantulæ species*, Brown, *Jam.*, 409, pl. 2, f. 3. — *Phalangii spec.*, Gronov., *Zooph.*, 935. — *Cancellus araneoïdes*, Petiver, *Peteriog.*, pl. 20, f. 12. — *Phalangium reniforme,* Pall., *Spicil. zool.*, fasc. IX, p. 43, pl. 3, f. 3. — *Phal. renif.* Licht. et Herbst., *loco cit.*, p. 79, pl. 5, f. 2.

Le *British Museum* possède un exemplaire de cette espèce qui vient du Brésil.

Il paraît douteux que le *Phrynus reniformis*, Dugès, Iconogr. du Règne animal de Cuvier, *Arachn.*, pl. 16, soit le vrai *reniformis*.

7. PHRYNE VARIÉE. (*Phrynus variegatus.*)

Céphalothorax cordiforme, à peine plus large que long, de couleur ferrugineuse, varié de brun ; abdomen jaune ferrugineux, varié de brun ; uniformé en dessous ; bras portant trois épines à son extrémité terminale ; avant-bras subprismatique, denticulé ; cuisses zébrées ; palpes et pattes cirrhiformes ferrugineux ; longueur du corps, 5 lignes $\frac{}{}$ (0,013) ; du palpe, 7 lignes (0, 016).

Phr. var., Perty, *Delectus anim.*, p. 200, pl. 39, f. 10.

Trouvé près le fleuve des Amazones. M. Perty fait remarquer qu'il n'a pu voir que six yeux sur le *Phrynus variegatus* ob-

servé par lui ; deux yeux en avant sur un tubercule médian , et
de chaque côté deux autres très-rapprochés entre eux. Des Phrynes , très-voisines de celle-ci ou même identiques, nous en ont
présenté le même nombre que les autres.

8. PHRYNE PALMÉE. (*Phrynus palmatus.*)

Céphalothorax réniforme, granuleux, à granules pilifères, ainsi
que ceux de l'abdomen ; celui-ci ovalaire , déprimé ; avant-bras
lisse, renflé, un peu ramiforme, à cinq dents aiguës ; deux épines
basilaires de chaque côté du crochet digital.

Phalang. palm., Licht. et Herbst, *loco cit.*, p. 82, pl. 4,
f. 2.

Cette Phryne habite les Antilles ; le *British Museum* en possède un individu pris à l'île de Saint-Christophe.

9. PHRYNE DE WHITE. (*Phrynus Whitei.*)

Espèce voisine de la précédente par sa taille et sa forme, mais
n'ayant pas comme elle sur le céphalothorax, au bord postérieur
des anneaux de l'abdomen et sur les pattes, de nombreux tubercules miliaires pilifères ; caractère dont elle offre seulement
quelques faibles indications : ces tubercules , d'ailleurs plus petits et visibles aux pattes seulement ; céphalothorax marqué bilatéralement de petites raies claires au nombre de trois ; ses angles latéraux postérieurs plus émoussés ; couleur générale roux-
brun ; les petites lignes du céphalothorax , des taches en carrés
longs et bilatérales sur la face supérieure de l'abdomen et les
zébrures des pattes de couleur acajou plus claire ; une tache pâle
au bord interne des yeux latéraux ; du pâle en zone irrégulière
au pourtour du céphalothorax ; six épines supérieurement au
bord antérieur de l'avant-bras. Longueur du bras : 0,006.

Phrynus Whitei, P. Gerv., *British Museum*, 1842 ; *id.*,
Bull. Soc. Philom. de Paris, 1842; *Journ. l'Inst.*, 1842, p. 72.

L'exemplaire d'après lequel nous avons décrit cette espèce a
été rapporté du Bengale par le général Hardwicke.

Phrynes fossiles.

M. Bronn (*Lethœa*, p. 811) cite, d'après M. Marcel de
Serres, le genre *Phrynus* parmi ceux qu'on a retrouvés à l'état
fossile dans le gypse d'Aix.

ORDRE III.

SCORPIONIDES.

Les Scorpionides ont pour caractères essentiels leurs palpes didactyles ainsi que les mâchoires ou chélicères; leur céphalothorax d'une seule pièce en dessus, sans languette inférieure, et leur abdomen multi-articulé. Ils ont de deux à douze yeux, dont une paire souvent médiane, plus forte que les autres. Leur respiration est pulmonaire dans les grandes espèces, trachéenne dans les petites (les Pinces).

Ils se partagent en trois genres, suivant qu'ils ont :

L'abdomen sans peignes génitaux et supportant en arrière une queue sétiforme; ce sont les Télyphones ;

L'abdomen pourvu de peignes génitaux, d'apparence caudiforme dans ses cinq derniers articles et supportant une vésicule aiguillonnée vénénifère; ce sont les Scorpions ;

L'abdomen sans peigne, nullement caudiforme et sans aiguillon ni queue après l'anus; ce sont les Pinces ou Chélifers.

A part les Télyphones, qu'on a pendant longtemps réunis dans un même genre avec les Phrynes, les Octopodes Scorpionides que nous plaçons dans cet ordre ont été presque constamment réunis dans un même groupe. Aristote appelle les Chélifers des Scorpions sans queue, et le vulgaire ne les désigne pas autrement de nos jours. C'était aussi la manière de voir de

Cuvier, de Lamarck et de Latreille dans leurs premiers
ouvrages. Mais depuis lors, la grande importance que
deux de ces naturalistes éminents ont accordée aux
caractères de la respiration a conduit le dernier à placer dans deux ordres différents de la classe des Arachnides les scorpions qui ont des poumons, et les Chélifers
qui sont trachéens. Nous ne croyons pas devoir en
faire autant, et notre manière de voir a pour elle l'au-
torité de MM. de Blainville, Leach, etc. Il reste d'ailleurs plusieurs recherches importantes à faire, en
anatomie et en physiologie, pour résoudre complètement cette question.

I.

TÉLYPHONES.

Ils ne comprennent qu'un seul genre.

Genre TÉLYPHONE. (*Telyphonus.*) (1).

Yeux huit : deux en une paire en arrière du chaperon; trois plus petits ou ocelles de chaque côté du
céphálothorax, derrière la base des mandibules.

Machoires ou première paire d'appendices, formant
une petite main ou chélicère didactyle. Le doigt mobile le plus grand, velu ainsi que le doigt fixe. La
pince seule endurcie.

Palpes, ou mieux deuxième paire d'appendices, dilatés en dessous à la hanche, qui est épineuse en avant
et fait l'office de lèvre inférieure ; à *trochanter* épineux, remplissant les fonctions de mandibules ; à *cuisse*

---

(1) Voyez le genre Phryne, p. 2. Télyphonus, Lat., *Hist. nat.
des Crust. et des Ins.*, t. VII, p. 130 ; 1804. — H. Lucas, *Mag. de
zoolog.*, cl. VIII ; 1835.

simple ; à *jambe* ou bras spinifère ; à *carpe* ou tarse didactyle, le doigt extérieur étant mobile sur l'autre.

Pattes, ou troisième à sixième paire d'appendices, n'entrant pour aucune de leurs parties dans la formation de la bouche.

La première paire grêle, étroitement articulée entre la deuxième paire d'appendices manducatoires et la paire suivante de pattes. Sa jambe longue, le tarse antenniforme, à premier article aussi long que la jambe, et les autres, au nombre de huit, n'égalant pas ensemble le premier ; point d'ongle.

Les autres paires propres à la course, à tarses de cinq articles dont le premier dépasse en longueur les quatre autres pris ensemble, et dont l'avant-dernier est le plus petit de tous, le troisième le plus grand, et les deuxième et cinquième égaux ; deux ongles terminaux.

Corps : *Céphalothorax* d'une seule plaque en dessus comme dans les Scorpions, présentant en dessous une pièce en coin entre les hanches de la deuxième paire d'appendices manducatoires et les deux premières paires de pattes ; une autre pièce disposée en sens inverse existe entre les hanches de la quatrième paire de pattes. *Abdomen* ovalaire-allongé, composé de huit anneaux dans sa partie élargie ; ayant en dessus une double série d'impressions stigmatiformes (une paire sur chaque arceau) ainsi qu'en dessous sur les quatre, cinq, six et septième arceaux ; celles-ci correspondant aux ouvertures pulmonaires des Scorpions, mais imperforées. Un *appendice caudiforme* à l'extrémité de l'abdomen, composé d'un grand nombre de petits articles assez semblables à ceux du tarse de la première paire de pattes, mais plus petits et supportés par une

base de trois petits articles post-abdominaux , répondant à la partie uroïde des Scorpions. Au bord terminal du troisième de ces arceaux et à sa face inférieure
est percé l'*anus*.

Le premier des arceaux inférieurs de l'abdomen est
en forme d'écaille , libre à son bord postérieur. Sous
lui s'ouvrent les *organes génitaux*. Les deux arceaux
suivants sont peu considérables.

Les Télyphones vivent dans l'Amérique chaude et
dans l'Inde , principalement dans les îles de Java, Manille, etc. On ignore leurs habitudes , et ils semblent
n'avoir aucun organe vénéneux , bien que dans les
pays où on les trouve on les redoute beaucoup. Leur
ressemblance extérieure avec les Scorpions en est
peut-être la seule cause.

On trouve à leur égard dans le *Journal de Physique*
pour 1777 , alors rédigé par l'abbé Rozier , une note
sur un Télyphone de la Martinique que nous croyons
devoir reproduire en note (1).

---

(1) « L'Insecte qu'on a représenté figure 3 approche du genre de
l'Hépa ou Scorpion aquatique plus que d'un autre genre. Il a les antennes en forme de pinces de Crabe ; sa trompe est recourbée en
dessous. Il a quatre pattes. Ce caractère appartient à l'Hépa , mais ce
dernier n'a point d'ailes. Nous avons vu quinze ou vingt individus de
même espèce et de grosseur différente. Aucun de ces individus n'avait
d'ailes ni de ces rudiments qu'on voit aux larves, et qui indiquent qu'il
aurait poussé des ailes. D'ailleurs l'Hépa vit dans l'eau et notre Insecte
est terrestre. Il nous paraît donc approcher de très-près de l'Hépa , et
cependant en différer. Nous laissons aux nomenclateurs à décider s'il
doit être compris dans le même genre , ou s'il en diffère assez pour
qu'on en doive faire un genre à part ... Il a été envoyé de la Martinique , où on lui donne le nom de *Vinaigrier*, à cause qu'il répand une
odeur acide. On a appris qu'il se trouvait sous les pierres à terre dans
les lieux humides. C'est tout ce que nous savons de son histoire , etc.
Il est brun , etc. » (*Observ. sur la physique et l'hist. nat.*, t. IX,
p. 468 ; 1777.)

Ces animaux sont-ils ovivipares ou ovovipares; c'est ce que nous ne pourrions décider, quoique la seconde opinion nous paraisse plus probable , du moins pour l'espèce de Manille. Deux jeunes sujets que nous avons vus avec leur mère n'en différaient que par une taille moindre et une coloration beaucoup plus pâle. L'espèce la plus anciennement connue de ce genre est celle des îles indiennes. On en a fait d'abord une espèce de *Phalangium* : Ph. *caudatum*; puis Fabricius l'a rapportée , ainsi que les Phrynes , à son genre *Tarentula*, qui répond au genre *Rhax* d'Hermann , moins les Galéodes ou Solpuges que ce dernier lui réunissait à tort.

Dès 1804 , Latreille , dans son *Histoire naturelle des Crustacés et des Insectes* (1), a fait du *Phalangium caudatum* un genre particulier sous le nom de *Telyphonus.* La place qu'il lui assigne dans la série des Arachnides est auprès des Scorpions et dans la même famille que ceux-ci.

Le mot *Télyphone* signifie en grec *qui tue;* il paraît, dit Latreille, avoir été donné aux Scorpions par quelques auteurs.

Dans la partie entomologique du *Règne animal* de G. Cuvier et dans son *Cours d'Entomologie*, Latreille signalait trois espèces de ce genre : le Télyphone anciennement connu , un autre du Brésil et un troisième de la Martinique (celui du *Journal de Physique*).

M. H. Lucas a depuis lors entrepris la monographie du genre Télyphone , et porté à six le nombre des espèces qui s'y rapportent. Trois reposent malheureusement sur des exemplaires dont on ne connaît pas la patrie

---

(1) VII, 13o.

(*Telyphonus rufipes*, *angustus* et *spinimanus*, Luc.).
La quatrième est de Java (*T. rufimanus*, Luc.) comme
l'espèce anciennement connue (*T. caudatus*), et la
sixième, qui est la plus grande, provient du Mexique
(*T. giganteus*, Luc.); nous commencerons par cette
dernière.

Télyphone géant. (*Telyphonus giganteus*).

Bouclier du céphalothorax légèrement aplati, granuleux; palpes
allongés, robustes; leur premier article présentant inférieurement
une épine hérissée de poils rougeâtres; le second moins gros,
pourvu antérieurement de cinq épines et inférieurement de deux;
le troisième plus long que large, à deux épines dont une supérieure et l'autre inférieure; le quatrième pourvu supérieurement
à sa terminaison d'une forte épine; le cinquième, qui porte le
doigt mobile, également terminé par une forte épine; abdomen
ovalaire; face supérieure granulée, à points stigmatiformes de
l'abdomen bien marqués; quelques poils rougeâtres à la queue.

Telyph. gig., Lucas, *Mag. zool.*, cl. VIII, pl. 8, f. 9-10
(1835).

Espèce du Mexique, remarquable par sa taille qui atteint 5 pouces (0,135) la queue comprise; couleur presque
noire.

Télyphone de la Martinique.

Latreille a parlé de cette espèce d'après la note de l'abbé
Rozier dont nous avons reproduit plus haut un extrait : « J'avais
cru d'abord, dit-il dans le T. VII de son *Hist. des Crust. et des
Ins.*, p. 132, que l'on s'était trompé sur la patrie de cet Insecte ;
mais je me suis convaincu depuis qu'il se trouvait dans l'Amérique méridionale, à Cayenne, aux Antilles, quoiqu'il paraisse
qu'il y soit rare. »

Télyphone porte-queue. (*Telyphonus caudatus*.)

Pinces peu allongées; leur premier article armé antérieurement d'une longue épine; le second à cinq épines supérieurement et deux inférieurement; le troisième lisse à sa partie
supérieure et pourvu d'une petite épine à l'inférieure; le qua-

trième ayant à son extrémité deux épines dont l'antérieure la plus longue ; abdomen peu allongé, à points stigmatiformes de sa face supérieure peu marqués.

Scorpio africanus, Seba, *Mus.* I, pl. 70, f. 78. — *Phalangii species*, Linn., *Mus. Lud. Ulr.*, 426. — *Phalangium caudatum* Fabr., *Entom. emend.*, II, 433 sp. 2 ; id. *Mantissa*, I, 347, 8 ; Pallas, *Spicil. zool.*, fasc. 9, p. 30, pl. 3, f. 1-2 ; Licht. et Herbst, *Natursyst. des Ungeflugelten inseckten*, p. 84, pl. 5, f. 2. — *Telyph. pro scorpio*, Latr., *Genera crust.* — *Telyph. caudatus*, Guérin, *Iconogr. arachn.*, pl. 3, f. 3 ; Lucas, *Monogr.*, pl. 9, f. 1 ; Dugès, *Iconogr. du règ. anim.*, Arachn. pl. 15, f. 11.

Ce Télyphone a au plus 15 lignes (0,033) de longueur totale. On le trouve à *Java* ainsi qu'aux îles *Philippines* et à *Timor*. Sa couleur est d'un brun rouge très-foncé en dessus, plus clair en dessous.

TÉLYPHONE RUFIMANE. (*Telyphonus rufimanus.*)
(Pl. 22, fig. 5.)

Céphalothorax à écusson obtus en avant ; pinces des palpes courtes et proportionnellement assez robustes ; leur premier article terminé antérieurement par une épine assez aiguë, présentant à son côté interne et à sa base quelques poils rougeâtres ; le second à deux épines inférieurement et cinq supérieurement ; le troisième mutique ; le quatrième terminé en avant par une forte épine ainsi que le cinquième ou le carpe.

Telyph. rufimanus, Lucas, *Monogr.* pl. 10, f. 1.

Habite *Java.* Son céphalothorax est noirâtre en dessus ; le premier article des pinces est d'un roux clair ; le second et le troisième sont noirâtres ; le quatrième et la main sont roux foncé, couleur qui se retrouve sur presque tout le reste du corps. Longueur totale, 1 pouce (0,022).

TÉLYPHONE RUFIPÈDE. (*Telyphonus rufipes.*)

Écusson du céphalothorax assez étroit en avant et aplati ; pinces courtes ; une épine très-aiguë à la partie antérieure de leur premier article ; cinq supérieures petites et deux inférieures au second ; une forte épine supérieure au quatrième ; points stigmatiformes de l'abdomen peu apparents ; le premier anneau terminé en dessus et en arrière par une pointe arrondie.

Telyph. rufip., Lucas, *Monogr.*, pl. 9, f. 2.

Patrie inconnue. La couleur de ce télyphone approche du rouge brique et passe au brun sur certaines parties. Longueur du céphalothorax et de l'abdomen, 11 lignes (0,029).

Télyphone étroit. (*Telyphonus angustus.*)
(Pl. 22, fig. 6.)

Céphalothorax étroit; pinces courtes; leur premier article armé d'une épine à sa partie antérieure; le second de cinq supérieurement et de deux inférieurement; le troisième lisse en dessus et armé d'une seule épine en dessous; le quatrième pourvu antérieurement d'une épine complexe, et le cinquième hérissé en avant de deux petites pointes; abdomen étroit et allongé.

Telyph. angustus, Lucas, *Monogr.* pl. 10, f. 3.

Patrie inconnue. Les couleurs de cette espèce sont également peu variées; la plus répandue est le brun; les pinces sont rougeâtres, d'une teinte plus claire en dessous qu'en dessus. Longueur, 8 lignes (0,018).

Télyphone spinimane. (*Telyphonus spinimanus.*)
(Pl. 22, fig. 7.)

Écusson du céphalothorax court et s'arrondissant en arrière; pinces remarquables par l'épine terminale antérieure du cinquième article qui est dentelée ainsi que le bord interne du doigt fixe; abdomen rectangulaire allongé; quelques poils à la queue.

Telyph. spinim., Lucas, *Monogr.* pl. 10, f. 2.

Patrie inconnue. Couleur roussâtre, avec du jaune au bord des anneaux de l'abdomen et sous cet organe. Longueur, 10 lignes (0,023).

II.
SCORPIONS.

Quoiqu'on en ait fait plusieurs genres, nous laisserons au mot *Scorpio* toute l'extension qu'il a dans De Géer, Herbst et Fabricius.

Genre SCORPION. (*Scorpio.*)

Corps allongé, multi-articulé, divisible en *céphalothorax* et *abdomen.*

Céphalothorax scutiforme en dessus, portant de 6 à 12 yeux en : 1 paire médiane plus grosse et 2 à 5 paires latérales plus petites, souvent inégales.

Une plaque double entre les hanches des troisième et quatrième paires de pattes représente le thorax en dessous.

Abdomen de *douze articles* : les *sept premiers* élargis en un *gaster*, à arceaux supérieurs entiers ; premier arceau inférieur rudimentaire et génital ainsi que le second ; une paire d'*expansions dentées en peignes* à celui-ci ; aux *troisième, quatrième, cinquième* et *sixième* arceaux inférieurs une paire d'*orifices stigmatiformes* conduisant chacun dans un sac respirateur dit *poumon*. Les *cinq derniers* cylindracés, caudiformes. Le dernier portant l'anus à sa partie postéro-inférieure, et, articulée avec lui, une vésicule aiguillonnée pour la sécrétion d'une liqueur vénéneuse.

Appendices au nombre de huit paires : deux pour la mastication, quatre pour la marche (pattes).

Maxilles ou première paire d'appendices masticateurs petites, didactyles.

Mandibules grandes, nommées *palpes*, terminées par une *main didactyle*, servant à la préhension.

Pattes composées de sept articles ; le dernier bionguiculé.

Les caractères extérieurs et l'anatomie des Scorpions doivent nous occuper d'abord ; nous traiterons ensuite de leur classification et de leur répartition géographique.

§ 1.

En commençant par le corps lui-même, nous n'avons de développements indispensables à donner que relativement à sa seconde partie, c'est-à-dire l'ABDOMEN qui se partage lui-même en *gaster* et en fausse queue; nous nommerons cette seconde portion *uroïde*. C'est entre le premier et le second arceau inférieur que s'ouvre l'appareil génital; ces deux arceaux sont rudimentaires; le premier est bivalve, ovalaire-transverse, et le second subrectangulaire. Celui-ci porte les singuliers appendices auxquels on a donné le nom de peignes et sur lesquels nous reviendrons plus bas. Quant à la partie uroïde, les impressions en carènes qu'on y remarque doivent surtout être indiquées à cause des excellents caractères qu'elles fournissent. Ces carènes sont latérales ou médianes; il n'y en a de cette seconde position qu'à la partie inférieure: telle est la carène que nous nommerons *médio-infère;* la ligne *médio-supère* est le plus souvent occupée par une gouttière; il existe dans la majorité des espèces plusieurs autres carènes faciles à séparer en trois sortes : *carènes médio-latérale, latérale supérieure* et *latérale infère ;* ces deux dernières sortes sont fréquemment doubles. Nous verrons par l'énumération des espèces, que la partie uroïde d'abord très-forte et à carènes saillantes et souvent même denticulées, perd peu à peu son épaisseur, souvent même la longueur, quand on abandonne les premières espèces , et finit par être grêle et pourvue seulement de la gouttière médio-supère dans les dernières. Cette sorte de dégradation s'opère en même temps que la diminution du nombre des yeux et des denticules des peignes.

Les yeux de ces animaux varient suivant les sous-genres; chacun d'eux a la composition reconnue par M. Muller aux stemmates des Insectes ; leur cornée transparente les rend très-reconnaissables à l'extérieur, surtout ceux du vertex ou les médians qui sont

les plus gros, cependant les autres sont quelquefois
assez difficiles à constater, surtout ceux des quatrième
et cinquième paires, quand ils existent. En 1826,
M. J. Muller avait déjà reconnu cinq paires d'yeux
latéraux à un Scorpion du Cap, qu'il donne sous le
nom de *Sc. teter*; MM. Hemprich et Ehrenberg ont
constaté depuis lors ce même caractère sur d'autres
espèces.

La partie dure des anneaux est souvent granuleuse,
et les impressions linéaires ou autres qu'on y remarque sont utiles à signaler pour la distinction des espèces. Elle est de la nature de la chitine. Au gaster,
l'arceau inférieur de chaque anneau est séparé du supérieur, et la peau est molle entre eux comme entre
les anneaux eux-mêmes. Les sacs respirateurs s'ouvrent par des fentes transverses un peu obliques;
Latreille, qui appelait *poumons* les organes de la respiration des Scorpions, nommait ces ouvertures *pneumostomes ;* le dernier anneau du gaster n'en a point.

Chaque *patte* se compose des parties suivantes : 1° la
hanche, qui l'insère au tronc, sous le céphalothorax;
celle de la seconde paire de pattes est seule en contact
par son bord interne avec celle de la patte correspondante; 2° le *trochanter*, toujours très-court; 3° la *cuisse*,
plus longue, échancrée inférieurement à son extrémité tibiale pour le jeu de la jambe ; 4° la *jambe*,
dont l'extrémité tarsienne présente la même particularité; 5° trois articles du *tarse ;* le troisième a de petites épines à sa partie plantaire, et deux épines courbes à son extrémité. Les hanches de la première paire
de pattes ont une avance antérieure qui vient sous
celle des palpes, et joue le rôle de lèvre inférieure :
Latreille les appelle des *languettes*.

Les deux paires antérieures d'appendices qu'on ne peut appeler des pattes sont les mâchoires ou *chélicères* (Lat.) en avant, et les *palpes*, entre celles-ci et la première paire de pattes.

Nous avons nommé *maxilles* ceux de la première paire dont la main seule et une partie de l'avant-bras ont la consistance solide des autres parties du corps. Ce sont celles que Latreille et autres entomologistes appelaient Chelicères, antennes-pinces et forcipules, ou même mandibules, quoique ce dernier nom doive être réservé, chez les animaux articulés, comme il l'est chez les vertébrés, à la seconde paire de mâchoires ou mâchoire inférieure. Dugès (1) ne doute pas de leur homologie avec la paire supérieure de mâchoires (vulgairement mandibules) des Insectes, et il rejette l'opinion de Savigny, que les appendices buccaux des Insectes hexapodes manquent aux Arachnides; mais c'est une manière de voir que nous ne croyons pas devoir admettre.

Les appendices masticateurs de la seconde paire sont pour nous des *mandibules*, c'est-à-dire dés mâchoires inférieures. Le nom de palpes qu'on leur donne souvent ne leur convient pas mieux chez les Scorpions que chez les Araignées, et ce ne sont pas, à notre sens du moins, les analogues des maxilles palpigères des Insectes, comme le voulait Dugès. La hanche de cette seconde paire d'appendices joue le rôle d'organe broyeur. Leur hanche constitue ce que Latreille appelle les mandibules. Ces hanches sont susceptibles de s'écarter considérablement, et leur face interne aplatie sert à la mastication, principalement par son

---

(1) *Ann. sc. nat.*, 2º série, t. I, et *Conformité org. de l'échelle animale.*

angle solide inférieur. L'article qui s'y insère répond à
la rotule ou trochanter ; le troisième est la cuisse : dans
nos descriptions, nous l'appellerons le *bras* ; le quatrième ou jambe recevra le nom d'*avant-bras*, et le tarse,
composé de deux parties seulement, celui de *main*.
La main n'en est même que la partie plus ou moins
renflée ; la partie digitiforme allongée de son extrémité antérieure est le *doigt fixe* ou interne, et le second
article tarsien, à peu près de la longueur de cette
apophyse digitiforme et jouant sur elle, est le *doigt
externe* ou mobile.

Je ne vois pas ce que peut être la partie figurée
par Savigny (copiée Pl. 24, fig. 1 A*l* de notre Atlas), et dont on a fait quelquefois la lèvre inférieure, si ce n'est une sorte de languette ; mais alors
elle ne répond pas à celle qu'on a appellée languette dans les Phrynes ; car celle-ci dépend du ster-
num. Les hanches de la première et de la seconde
paires de pattes envoient en avant des espèces d'épi-
physes triangulaires qui servent probablement aussi
à la mastication, et qu'on a nommées mâchoires sur-
numéraires (Pl. 24, fig. 1 R, d'après Savigny).

Nous croyons utile de donner ici en note (1), mais

---

(1) « 3° L'analogie se soutient entre le palpe labial des Insectes, la
deuxième mâchoire des Crustacés séparée de la langue, ou lèvre qui
appartient au même segment qu'elle, et la première patte des Arachnides, également séparée de la lèvre nulle chez eux, ou confondue
avec la pièce sous-crânienne ou basilaire (lèvre sternale, fausse lèvre
des entomologistes), dont il était question tout à l'heure. Cette identité,
plus sujette à discussion que les autres , mérite de nous arrêter un moment. Qu'on se rappelle la forme de pattes que prennent souvent
les palpes des Insectes ; celle que prennent également les palpes maxillaires des Mygales, des Faucheurs, et l'on s'étonnera peu qu'un peu
plus en arrière la transformation soit complète ; d'ailleurs on retrouvera
encore cette première patte des Arachnides avec la forme de palpe , ou
même d'antenne , dans les Phrynes, les Galéodes ; on la verra servir

sans entrer dans les détails de la critique, la manière dont Dugès complète la signification des appendices chez les Arachnides.

Nous donnerons, à propos des phalangium, celle de Savigny, qui nous paraît préférable, et dont nous nous sommes déjà servi ailleurs(1) pour appuyer l'opinion que les Arachnides doivent être placées les dernières parmi les entomozoaires pourvus de pieds articulés. C'est, en effet, dans le genre Phalangium et aussi dans celui des Chélifères que le célèbre observateur auquel on doit les Animaux sans vertèbres de l'ouvrage d'É-gypte a puisé ses exemples.

Voici donc en tout six paires d'appendices bilatéraux au céphalothorax des Scorpions, tous de même nature au fond, mais variés pour la forme suivant leur usage respectif. En arrière viennent des organes égale-ment appendiculaires, mais d'une nature différente; ce sont les *peignes*. On en ignore le véritable usage, mais tout fait croire qu'ils servent à la reproduction, et ils sont insérés bilatéralement au deuxième arceau inférieur qui est tout à fait rudimentaire. Les pei-gnes, au nombre de deux seulement, en une paire,

---

aux mêmes usages chez un grand nombre d'Acarides, et même chez plusieurs Araignées; allongée, atténuée, toujours dirigée en avant, elle est souvent dépourvue de griffes, ou bien ces griffes sont rétractiles; enfin elle porte évidemment la lèvre ou portion de lèvre chez les Scor-pions et les Faucheurs.

» 4° D'après cela, nous sommes tout nécessairement conduits à ad-mettre, avec Savigny et Latreille, que les trois autres paires de pieds des Arachnides représentent les trois paires de pieds-mâchoires des Crustacés; chez eux le thorax et l'abdomen, réduits à des segments ru-dimentaires et fortement coalescents, représentent ce qu'on nomme communément le ventre; chez les Scorpions seulement ils sont distincts, le thorax (organes respiratoires) étant dilaté plus que l'abdomen, qui se trouve réduit à la forme d'un appendice caudal. » (*Ann. sc. nat.*, 2e série, t. I.)

(1) *Million de faits*, p. 602.

sont composés de deux parties, le *support* et les *dents*. De Géer et Pallas (1) avaient déjà prévenu les zoologistes des variations de nombre que présentent ces dents ; mais elles sont moins considérables qu'on ne le pense, et on peut en tirer de bonnes indications pour la distinction et la subordination des espèces.

§ 2.

L'étude anatomique des Scorpions a été faite essentiellement sur les *Sc. occitanus* et *europæus*. On en est redevable à :

G. Cuvier. Anatomie comparée ;

J.-F. Meckel. Suppléments à l'Anat. comp., et Mémoires, t. I,

G.-R. Tréviranus. Sur la structure des Arachnides. Nurnberg, 1812. In-4°, avec pl. (en allemand) ;

L. Dufour. *Journal de physique*, t. LXXXIV, p. 444, avec 1 pl. ; 1817 ;

Marcel de Serres. *Mém. Mus.*, t. v, p. 86 ;

J. Muller. *Meckel's Archiv fur anatomie and physiologie*, 1828 ; p. 29, pl. 192 (copiées dans les *Icones zootomicæ* de M. R. Wagner, pl. 25) ;

Tréviranus a pris pour sujet le *Sc. europæus*, et M. L. Dufour le *Sc. occitanus*. L'espèce de M. Muller est le *Sc. teter* du Muséum de Berlin. Meckel dit aussi avoir disséqué le *Sc. afer*.

Le canal intestinal s'étend directement de la bouche, située entre la base des palpes, jusqu'à l'anus, qui s'ouvre inférieurement au milieu de quatre mamelons entre le dernier anneau de la portion uroïde de l'abdomen et la vésicule de l'aiguillon. Il est grêle et se porte sans

---

(1) *Spicilegia soologica*, fasc. IX, p. 38.

aucune inflexion de la bouche à la fin du dernier anneau.
Cependant il s'élargit un peu en approchant de son point
de terminaison. Il offre aussi au gaster une faible dilatation considérée par Meckel comme un estomac. A
l'origine de la queue, il est, au contraire, rétréci, et
là s'insèrent deux sortes de vaisseaux, dont les inférieurs vont de ce côté et se perdent dans la membrane
adipeuse, les autres remontant, au contraire, dans le
thorax jusqu'à la hauteur de la troisième paire de pattes ; ceux-ci sont les canaux biliaires et les autres ont
été regardés comme les analogues des reins (1). On
doit à M. J. Muller la connaissance de deux conduits
salivaires qui se trouvent sur les deux côtés d'une pièce
cartilagineuse ou fibreuse intérieure qui divise en deux
la cavité thoracique. En avant de cette pièce en dia-
phragme, on voit le cerveau, le commencement du
canal alimentaire ainsi que les muscles de la bouche
et des premières paires de pattes. L'œsophage et le système nerveux ganglionnaire percent cette pièce en
deux points différents (M. Muller). Les viscères sont
enveloppés d'un épiploon riche en matière grasse, que
Meckel et M. Léon Dufour nommaient le foie.

Les prétendus poumons des Scorpions, dont les orifices sont nommés pneumostomes par Latreille et
M. Straus (stigmates de L. Dufour, Muller, etc.), sont
des bourses munies intérieurement d'un certain nombre de petites lames ou feuillets perpendiculaires à
leur grand diamètre. Il y en a quatre paires ; le dernier segment du gaster en manque. Meckel (2), qui paraît avoir le premier disséqué ces organes, les appelait
des poumons. Plus tard, lui et Tréviranus en faisaient

______

(1) Straus, *Traité d'anat. comp.*, II, 47.
(2) *Traduct. allemande de l'anat. comp. de Cuvier*, 1810.

des branchies, et on les en a blâmés. Il est évident néanmoins que ce ne sont pas de vrais poumons. Toutes les petites poches étroites qui sont déterminées par les feuillets, et qu'on pourrait comparer aux cases d'un porte-feuille, débouchent dans une sorte de vestibule commun placé entre elles et l'ouverture extérieure. Les Scorpions respirent l'air en nature, et depuis longtemps on sait qu'il suffit de l'introduction d'un peu d'eau dans leurs poumons pour les asphyxier. Voici ce qu'Amoreux (1) dit à cet égard : « Parmi les différentes expériences que j'ai faites avec les Scorpions, et dont je mentionnerai, dans la suite, celles qui concernent le venin, celle des effets de l'eau sur eux m'a paru une des plus singulières. Il est, en effet, surprenant qu'un Insecte qui vit dans des lieux frais, et le plus souvent humides, périsse par le simple contact immédiat de l'eau, sans être pourtant noyé. C'est ce dont je me suis assuré plusieurs fois en répandant deux ou trois gouttes d'eau seulement dans un verre ou dans une cucurbite, au fond desquels leurs parois glissantes détenaient les Scorpions captifs. Ils ne survivent que quelques heures ou quelques moments à cette épreuve fatale. Un verre fraîchement rincé ou mal égoutté, dans lequel j'avais déposé un Scorpion, me donna lieu d'abord de faire cette observation, que je ne tardai pas à répéter avec la plus grande surprise. Je savais d'ailleurs qu'on avait dit depuis longtemps que la salive de l'homme était mortelle pour le Scorpion. Galien (*Lib. de cibis boni et mali succi, T. II operum*) l'assure. Invité à répéter l'expérience sur la foi d'un tel auteur, j'ai vu que le Scorpion n'en a pas été plus molesté que

---

(1) *Notice des Insectes de la France réputés venimeux*, p. 50 ; 1789.

d'un crachat, lorsqu'il a été libre de s'enfuir et de se soustraire à une humidité pernicieuse; mais il a suc-combé lorsqu'il n'a pu éviter de se vautrer dans le fluide. Tout fluide produirait, je pense, sur lui le même effet. Serait-ce en bouchant ses stigmates ou en relâchant ses membres ? »

Le vaisseau dorsal a ses parois fermes et muscu-laires. Logé dans la rainure médiane qui sépare en deux lobes le corps adipeux qu'on a pris pour le foie, il est uniloculaire, mais pourvu de dilatations et d'é-tranglements successifs. En pénétrant dans la queue, il devient très-étroit et en même temps plus uniforme. On distingue des vaisseaux qui vont du cœur aux pou-mons, et d'autres qui se rendent à diverses parties du corps ; la circulation est donc comparable à celle des Insectes et des Arachnides.

D'après M. Dufour, les muscles sont assez forts, d'un gris clair, formés de fibres simples et droites Une toile musculeuse assez forte revêt antérieurement les parois adipeuses de l'abdomen, et enveloppe tous les viscères, à l'exception des poumons et peut-être du vaisseau dorsal. Elle est décollée dans la plus grande partie de son étendue. La région dorsale de cette toile donne attache à sept paires de muscles filiformes qui traversent la masse adipeuse par des conduits prati-qués dans la substance de cet organe, et vont se fixer à un ruban musculeux qui règne le long des parois ventrales en passant au-dessus des poumons. Lors-qu'on enlève avec soin la partie adipeuse, de manière à ménager ces muscles filiformes, ceux-ci ressemblent à des cordes tendues. Le dernier anneau gastrique est rempli par une masse musculeuse très-forte qui sert à imprimer à la queue les divers grands mouvements dont elle est susceptible.

Les anneaux de celle-ci ont un pannicule charnu dont les fibres, disposées sur deux côtés oppo-
sés, se rendent obliquement à la ligne médiane, comme
les barbes d'une plume sur leur axe commun. Un
muscle robuste s'observe de chaque côté de la base
de la vésicule.

Le système nerveux, situé inférieurement sur la
ligne médiane du corps, est formé de ganglions successifs, tous inférieurs au canal intestinal, à l'exception
du premier qu'on appelle cerveau. Celui-ci consiste
en deux lobes, l'un antérieur plus petit, et l'autre postérieur plus grand, communiquant ensemble, et dont
le postérieur fournit les branches du collier. Les nerfs
optiques partent également du cerveau; ceux des yeux
latéraux sont distincts de ceux qui vont aux yeux médians. M. L. Dufour, à une époque où l'on n'avait encore reconnu que trois paires d'yeux latéraux au *Sc.
occitanus*, dit que leur nerf optique, plus long, plus
antérieur que celui des yeux médians, va se distribuer
par trois rameaux à ces trois petits yeux. D'après le
même anatomiste, une autre paire de nerfs cérébraux
est dirigée en arrière et va se perdre dans le voisinage
du premier poumon. Il part aussi du cerveau, mais
plus antérieurement, des nerfs qui vont à la bouche et
à ses appendices (Tréviranus). Les nerfs stomato-gas-
triques ou récurrents des Scorpions ne sont pas suffisamment connus ; M. Muller parle d'un cordon très-
fin qu'il a vu dans le Scorpion s'étendre sur le cœur
avec une grosseur partout égale ; il n'est pas éloigné de
le regarder comme l'analogue de ces nerfs. M. Brandt
fait toutefois remarquer que ce cordon, semblant appartenir au cœur plutôt qu'au tube digestif, la détermination de M. Muller reste problématique.

L'œsophage est ceint d'un collier. Les ganglions inférieurs sont au nombre de sept, dont trois dans le
céphalogastre, et quatre dans la portion uroïde. Les
ganglions gastriques, plus distants entre eux que
ceux qui les suivent, émettent chacun trois nerfs bilatéralement. Les quatre ganglions de la queue correspondent à ses quatre premiers anneaux ; ils ne fournissent qu'une seule paire de nerfs chacun ; après le
dernier, les filets se continuent séparément, et vont se
ramifier dans les muscles de la vésicule.

Le venin des Scorpions est distillé par une glande renfermée dans la vésicule articulée à l'anneau anal de
l'abdomen , et il sort à l'extérieur par une paire d'orifices ponctiformes allongés , placés bilatéralement près
de la pointe de l'aiguillon ; Rédi n'a pu voir ces petites
perforations, et d'autres avant lui les avaient tout à fait
niées, Galien, par exemple. Maupertuis (1) en a très-
bien figuré la disposition. Leuwenhock les avait également vues , et parmi les auteurs qui en avaient admis
l'existence, Pline, Tertullien, Elien, Aldrovande, etc.,
admettaient, au contraire, que les Scorpions ne sont
pas nuisibles uniquement par leur piqûre, mais surtout par le liquide qu'ils introduisent en même temps
qu'ils piquent.

Les anciens ont souvent parlé des Scorpions sous le
rapport de leur piqûre , et l'incertitude dans laquelle
on est encore sur ses effets avait également lieu de leur
temps. Ces animaux peuvent être alternativement fu-
nestes ou innocents, mais sans que l'on puisse se rendre
bien raison , surtout *à priori*, de la différence de leurs
effets. Aristote dit avec juste raison que la piqûre des

---

(1) *Mém. de l'Ac. des sciences*, 1731, pl. 16.

Scorpions a des conséquences bien différentes suivant
les pays et les climats ; et, comme exemple, il rapporte que celle des Scorpions du Phare et d'autres endroits n'est pas dangereuse, tandis qu'elle est mortelle
dans ceux de Carie : c'est peut-être une exagération,
mais Pline en ajoute une bien plus extraordinaire, en
disant que ceux du mont Latmus, également en Carie,
sur le littoral de l'Asie Mineure, ne font aucun mal aux
étrangers, tandis qu'ils tuent les gens du pays (1). Plu-
tarque rapporte qu'on a vu des personnes bien saines
et dont l'estomac était bon, manger les Scorpions
sans en être incommodées (2); Élien cite aussi
comme digne de remarque, l'habitude qu'avaient les
prêtres de l'île de Coptos, en Égypte, de fouler impunément aux pieds les Scorpions qui abondaient autour de la ville. L'opinion la plus répandue est encore
aujourd'hui que la piqûre des Scorpions peut être
mortelle, et les gens qui n'ont pas expérimenté par
eux-mêmes le soutiennent aussi bien pour la petite espèce de nos provinces méridionales que pour les grands
Scorpions d'Afrique, de l'Inde ou d'Amérique.

Rédi rapporte qu'un des Scorpions de Tunis (*Sc.
bicolor ?*) qui lui furent envoyés tua, par sa piqûre,
un des autres Scorpions qui étaient avec lui, mais que
la piqûre de ce dernier fut tout à fait sans effet sur de
jeunes pigeons. Rédi était porté à croire à l'innocuité
des Scorpions, mais après un certain temps et bien
que les sujets sur lesquels il expérimentait eussent

____

(1) Livr. VIII, chap. 59.

(2) *Oper. moral.*, t. I, p. 150.

Ce fait n'a rien qui doive étonner, les poisons du genre de celui-ci
n'ayant habituellement aucune influence sur le canal digestif, et le Scorpion étant un animal tout à fait inoffensif quand il est privé de son
aiguillon.

passé l'hiver sans nourriture, la vigueur leur étant revenue, voici ce qu'observèrent lui et Ch. Morel (*C. Morellus*, dit Rédi, *natione Gallus, sed doctus et expertus chirurgus*): un jeune pigeon, exposé à la piqûre répétée d'un Scorpion (*iracundo ac furenti Scorpioni*), se mit aussitôt à trébucher, il trembla, sa respiration s'accéléra, et il tourna en tremblant comme roucoulant devant la femelle. Quand le pigeon fut tombé pour ne plus se relever, deux heures après il était encore agité de convulsions; mais bientôt il étendit ses pattes, qui étaient refroidies, et qui paraissaient être mortes. Cependant quelques frémissements des ailes et des mouvements de la tête indiquaient qu'il n'en était point ainsi de tout l'animal, ce qui dura encore deux heures trois quarts; enfin, l'animal mourut, cinq heures après avoir été piqué. Nicolas Sténon, qui arriva chez Rédi peu de temps après, désira que l'expérience fût répétée. On fit donc piquer un second pigeon sur la poitrine, comme on l'avait fait pour le précédent, mais sans arracher de plumes. Au bout d'une demi-heure, celui-ci tomba de même et roidit ses pattes comme avait fait le premier. Deux autres pigeons furent ensuite piqués sans en ressentir de mal. Le Scorpion fut laissé en repos toute la nuit, et le matin on lui présenta de nouveau un pigeon. Avant qu'il le frappât, Rédi vit une très-petite goutte d'un liquide blanc à la pointe de l'aiguillon, et elle fut introduite dans la chair de l'animal en même temps que celui-ci. En outre, le Scorpion, de son propre mouvement, piqua deux fois le pigeon. Au bout d'une heure, l'oiseau fut pris de convulsions, et ayant ensuite étendu ses jambes, il mourut au bout de trois heures. Un second pigeon et un troisième, que le Scorpion avait ensuite frappés ne moururent pas ; il faut donc , suivant la remarque de notre auteur, que l'animal ait le temps de réparer ses pertes. Le cadavre de ses victimes n'offre rien qui indiqué leur genre de mort, et Rédi , s'appuyant sur ce qu'il savait du venin de la vipère, ne craignit pas de donner les pigeons qui avaient succombé à un mendiant, *qui cœlum digito tetigisse sese putans, avidissimè illos devoravit et bene sese habuit.*

Après que le Scorpion en expérience eut été laissé en repos pendant un jour, Rédi fit piquer cinq fois aux côtes et autant de fois aux fesses une biche, mais sans que celle-ci parût s'en ressentir : l'aiguillon n'avait pas traversé le derme , et Rédi l'y enfonça lui-même; sans plus de résultat; ce qui, dit-il , commença à lui faire croire que les Scorpions d'Afrique ne tuaient probablement pas , comme on le disait, les lions, les chameaux et les éléphants. Il ajoute cependant : malgré cela , je crois les auteurs de ces récits , et cela d'autant plus volontiers , que mon Scorpion n'était pas dans le climat qui lui est naturel , qu'il était fatigué par un jeûne de huit mois , et qu'il était placé dans des conditions défavorables. Il faut dire aussi qu'il avait peut-être épuisé toute son humeur délétère , et qu'il n'avait pas eu le temps suffisant pour la reproduire ; ce qui le prouverait, c'est qu'une poule d'eau et un pigeon qui lui furent livrés le lendemain , deux jeunes pigeons qu'on lui donna à deux jours plus tard , et un grand aigle , après six autres jours , ne périrent ni les uns ni les autres (1).

Les expériences de Maupertuis (2) ne sont pas moins

---

(1) Voyez : *Opere di Francesco Redi gentiluomo aretino,* t. I, p. 64, pl. 1 ; in-4°, 1741.

(2) *Acad. des sciences ,* 1731.

curieuses; elles portent sur une autre espèce , le *Sc. occitanus*, que l'auteur se procurait abondamment près le village de Souvignargues, aux environs de Montpellier.

La première de ces expériences fut de faire piquer un chien , qui reçut au ventre trois ou quatre coups de l'aiguillon d'un Scorpion irrité. « Une heure après , il devint très-enflé et chancelant; il rendit tout ce qu'il avait dans l'estomac et dans les intestins, et continua , pendant trois heures , de vomir, de temps en temps, une espèce de bave visqueuse; son ventre, qui était fort tendu, diminuait après chaque vomissement; cependant il recommençait bientôt de s'enfler, et quand il était à un certain point, il revomissait encore; ces alternatives d'enflure et de vomissement durèrent environ trois heures ; ensuite les convulsions le prirent, il mordit la terre, se traîna sur les pattes de devant, enfin mourut cinq heures après avoir été piqué. Il n'avait aucune enflure à la partie piquée, comme en ont les animaux piqués par les abeilles ou les guêpes; l'enflure était générale, et l'on voyait seulement à l'endroit de chaque piqure, un petit point rouge qui n'était que le trou qu'avait fait l'aiguillon, rempli de sang extravasé. J'ai observé la même chose sur tous les animaux que j'ai fait piquer par le Scorpion, et n'ai jamais vu que la piqure fît lever la peau.

» Quelques jours après, je fis piquer un chien cinq ou six fois au même endroit que le premier; quatre heures s'étant écoulées sans qu'il parût malade, je fis réitérer les piqûres; mais quoique plusieurs Scorpions irrités le piquassent dix à douze fois, et enfonçassent leur aiguillon si avant, qu'il y demeurait attaché, le chien jeta seulement quelques cris pendant les piqûres, mais

il ne se ressentit en aucune manière du venin ; il but
et mangea de grand appétit, et comme il était fort
éloigné de donner aucun signe de mort , je le remis en
liberté. C'était un chien du voisinage, et il fit si peu
de cas du péril qu'il avait couru , que , comme il avait
été mieux nourri chez moi qu'il n'avait coutume de
l'être chez son maître , il y revenait souvent s'offrir à
de nouvelles expériences. Je crus que mes Scorpions
pouvaient avoir épuisé leur venin , j'en fis venir de
Souvignargues ; je fis piquer sept autres chiens, et,
malgré toute la fureur et tous les coups des Scorpions,
aucun chien ne souffrit le moindre accident. Et enfin,
je répétai l'expérience sur trois poulets, que je fis piquer sous l'aile et sur la poitrine ; mais aucun ne
donna le moindre signe de maladie. »

De ces expériences, Maupertuis conclut que si la piqûre du Scorpion est quelquefois mortelle , elle ne l'est
cependant que rarement ; mais il ne peut dire quelles
circonstances lui donnent un caractère funeste.

Amoreux rapporte aussi le détail d'expériences en-
treprises par lui , pour apprécier la force du venin des
Scorpions ; mais comme il a surtout fait piquer des
animaux d'une organisation et d'une taille bien inférieure à celle des espèces qu'avaient prises Rédi et
Maupertuis , nous n'en parlerons que pour renvoyer le
lecteur à son ouvrage déjà cité. On en lit aussi dans
l'opuscule d'Ange-Maccary (1) ; de même que celles
d'Amoreux et Maupertuis , elles sont relatives au
Sc. occitanus.

Nous arrivons maintenant à la classification des
Scorpions.

---

(1) *Mém. sur le Scorpion qui se trouve sur la montagne de Cette,*
in-12 ; an x.

§ 3.

Un premier fait à signaler, c'est que les parties caractéristiques des Scorpions, c'est-à-dire, les yeux,
la queue et les peignes sont aussi celles dont les variations fournissent les meilleurs caractères pour la
distinction des espèces; elles semblent aussi donner
la clef de la subordination naturelle de celles-ci. A
mesure qu'on s'éloigne des premiers Scorpions pour
arriver à ceux qui nous ont paru les derniers de tous,
on reconnaît :

1° Que la partie caudiforme, d'abord volumineuse
et élargie, souvent aussi fort longue, devient grêle et
faible, et que la vésicule diminue le plus souvent dans
les mêmes proportions.

2º Que les peignes sont moins longs et à dents
moins nombreuses.

3° Que les yeux, au nombre de douze d'abord, puis
de six, de huit ensuite, sont réduits à six seulement
dans les dernières espèces : deux médians plus forts
au vertex et deux moins considérables bilatéralement
au bord antérieur du céphalothorax.

Il semble que ces animaux tendent à perdre peu à
peu les caractères distinctifs de leur groupe.

Le céphalothorax fournit aussi par son bord antérieur des caractères importants à signaler. D'abord
rectiligne, ou quelquefois même convexe, il est toujours plus ou moins échancré dans les dernières espèces.

Les yeux ne sauraient donc pas fournir, comme
l'ont admis feu Hemprich et M. Ehrenberg, les seuls
caractères distinctifs des sous-genres. Il y a souvent
une telle analogie entre les Scorpions à dix yeux laté-

raux , et d'autres qui n'en ont que huit ou même six , qu'il nous semble difficile de faire autant de véritables genres de ces trois sortes d'animaux ; encore moins pourra-t-on admettre qu'ils constituent autant de familles , comme le voudrait M. Koch.

Les Androctones , les Centrures et certains Buthus (ceux dont les trois yeux latéraux sont en ligne droite , égaux entre eux et équidistants) nous semblent former un premier groupe , dans lequel on devra toutefois distinguer les Scorpions à deux petites paires d'yeux supplémentaires , ceux qui n'en ont qu'une et ceux qui en manquent ; tels sont les sous-genres des

> *Androctones ,*
> *Centrures ,*
> *Atrées.*

Viennent ensuite les cinq sous-genres des

> *Télégones ,*
> *Buthus ,*
> *Chactas ,*
> *Scorpius ,*
> *Ischnures* (1).

Les *Ischnures* sont les Scorpions les plus rapprochés des Télyphones , et , dans la série naturelle des Arachnides , ceux-ci paraissent constituer la famille qui devrait suivre immédiatement la leur.

---

(1) Voici les principaux ouvrages cités dans les descriptions que nous donnons plus loin :

De Géer, *Mém.*, VII. — Herbst , *Naturgeschichte der Scorpionen ;* in-4 , 1800; faisant partie du *Natursystem der Ungeflugelten-Ins.* — Hemprich et Ehrenberg, *Vorlaufige uebersicht der in Nord-Africa und West-Asien einheimischen Scorpione und deren geogr. verbreitung.* — Ehrenberg, *Symbolæ physicæ* , Evertebrata. — Koch, *Arachniden-systems* ; 1837. *Id.*, *Die Arachniden.* — P. Gervais, *Remarques sur la fam. des Scorpions* (Archives du Muséum d'histoire naturelle de Paris, t. III, avec 2 planches).

On connaît déjà suffisamment quatre-vingts espèces
environ de nos huit sous-genres de Scorpions (1).

M. Ehrenberg attribue surtout aux Androctones
des propriétés toxiques violentes , et., d'après ce qu'il
a pu voir en Égypte, les Arabes craignent plus les
Scorpions de couleur jaune que les noirs. A Thèbes et
à Dongola , on les redoute tellement, que leur vue
est en horreur, et comme les espèces de ces localités
sont les *Scorpio funestus* et *quinque-striatus*, ce
sont ces deux espèces surtout que le savant professeur
de Berlin regarde comme pouvant donner la mort à
l'homme lui-même. Il a vu souvent les bateleurs de ce
pays tenir, avec d'autres Scorpions, l'*And. quinque-*
striatus, mais après lui avoir retiré son aiguillon. Il
fut lui-même piqué cinq fois par des Scorpions de
cette espèce , et les douleurs qu'il en a ressenties lui
font admettre que des femmes et des enfants peuvent
bien y succomber. Il n'a vu néanmoins aucun exemple
de terminaison funeste. D'autres personnes nous ont
rapporté avoir été piquées , et la douleur leur a paru
comparable à celle occasionnée par une Abeille. Le
Sc. europæus est un de ceux qui sont le moins à
craindre.

Les Scorpions d'Amérique ont aussi la réputation
d'être fort nuisibles, mais sans que leurs mauvais effets
aient été mieux constatés. Barrère en cite qui produisent une douleur aiguë accompagnée de fièvre, et
M. Perty (2) donne à leur égard différents détails re-

_____

(1) Nous devons à la bienveillance de M. Milne Edwards d'avoir pu
étudier avec soin les Scorpions de la collection du Muséum de Paris ,
dont nous avons même décrit , dans un travail spécial , les espèces nouvelles. Grâce à l'obligeance de M. J.-E. Gray, nous en avons également
vu quelques-unes au *British Museum* , à Londres.

(2) *Delectus*, p. 37.

cueillis dans les voyageurs ; mais nous y renvoyons le lecteur. La remarque par laquelle nous terminerons, est que souvent le mode de traitement auquel on a recours pour la guérison des piqûres, est plus à craindre que ces piqûres elles-mêmes.

Les Scorpions vivent de proie. Ils chassent essentiellement les Insectes, et c'est au moyen de leurs palpes et de leur aiguillon qu'ils s'en rendent maîtres. En marchant, ils tiennent leur queue élevée et toute disposée à frapper la victime qu'ils convoitent ou l'ennemi qui voudrait les attaquer. Ils vivent en général dans les lieux arides, souvent dans les endroits sombres, et parfois dans les habitations. On les rencontre rarement ensemble, et si, par hasard, on en réunit plusieurs, il n'est pas rare qu'ils se battent entre eux, se tuent même et s'entre-dévorent. Les femelles paraissent user, à l'égard des mâles, de la même sévérité que celles des Araignées. Maccary s'est assuré que, pendant l'accouplement, la femelle est renversée sur le dos et le mâle posé sur elle. Les mâles sont plus nombreux ; les femelles sont de taille plus forte.

L'appareil génital mâle se compose, dans sa partie copulatrice, de deux tiges effilées (pénis, L. Dufour) et de consistance cornée, dont la base est bifurquée. La branche externe de cette bifucartion est courte, conoïde et d'un brun foncé, tandis que l'interne se prolonge sur un cordon filiforme blanchâtre, courbé sur lui-même, de manière à former une anse, et revenant en sens contraire de sa première direction pour se coller contre le corps du pénis. L'extrémité libre de celui-ci est très-mince et sétacée ; elle se fait jour par l'orifice transversal, qui est au devant des peignes,

entre les deux arceaux antérieurs rudimentaires de
l'abdomen. Les testicules sont formés par trois grandes
mailles anastomosées entre elles et constituées par un
cordon filiforme demi-transparent de chaque côté , qui
aboutit à un canal déférent unique pour les deux testicules. Il y a deux vésicules séminales, l'une grande
conico-cylindrique, longue de deux à trois lignes, et
recevant à sa base le canal déférent ; l'autre cylindrique , obtuse, et qui adhère au corps de l'organe
copulateur sur lequel elle est couchée.

Les ovaires sont doubles comme les testicules, et
placés à droite et à gauche. Chacun d'eux est essentiellement constitué par un conduit membraneux , formé
de quatre grandes mailles quadrilatères anastomosées
entre elles et avec celles de l'ovaire opposé. Elles jouent
aussi le rôle d'utérus , et , chacune d'elles aboutit à
un conduit simple, de longueur variable (oviducte),
qui avant de se réunir à celui du côté opposé offre
constamment une légère dilatation. Un col extrêmement court et commun aux deux oviductes débouche
dans la vulve à la même place que l'organe mâle.

Le nombre des petits peut s'élever jusqu'à soixante,
mais il est souvent moindre. C'est ce qui résulte
des observations d'Aristote, de Maupertuis, d'Amoreux, etc. Dans toutes les espèces connues sous ce
rapport, la génération est ovovivipare , et, à leur
naissance, les petits sont portés par la mère comme
ceux de certaines Araignées du genre Lycose. Il n'est
pas rare de voir, dans les collections, des Scorpions
femelles desséchés, plus ou moins chargés de leurs
petits. M. H. Ratké a étudié le développement des
Scorpions, d'après la petite espèce d'Europe ; on trouvera les détails assez circonstanciés qu'il a publiés

à cet égard dans la *Physiologie* de Burdach (1).

Avant d'arriver à la répartition géographique des espèces de Scorpions , nous devons passer à la description de chacune d'elles , en commençant par celles que nous considérons comme la tête du genre, et qui ont , en effet , au *maximum*, tous les caractères de celui-ci.

1.

ANDROCTONES.

Ce sont les espèces à douze yeux : cinq de chaque côté de la partie antérieure du céphalothorax et deux au vertex , plus gros que les autres ; les deux paires latérales postérieures sont très-petites. Ils ont les peignes garnis de dents nombreuses (25 et au delà) (2).

Hemprich et **M.** Ehrenberg ont, les premiers, distingué les *Androctonus* dans un travail fait en commun. Les espèces d'*Androctonus* , dont le nom signifie *homicide* (3) , ont pour unique caractère leurs yeux au nombre de douze, dont deux au vertex ou une paire, trois paires bilatérales près du bord antérieur externe du céphalothorax , et près de la postérieure deux yeux bien plus petits , un en dedans et l'autre plus ou moins en arrière ou en dedans. Les treize espèces que ces auteurs distinguent sont partagées en deux sections (*Leiurus* et *Prionurus*) et caractérisées avec soin. Le tableau suivant que nous donnons de la distribution et de la caractéristique de ces *Androctonus* est emprunté aux *Symbolæ physicæ*, publiés par M. Ehrenberg. C'est le même que ce savant avait d'abord donné dans son travail avec Hemprich, sauf la disposition typographique qui le rend plus commode à consulter.

---

(1) Édit. franç. de 1838, t. III, p. 97.

(2) *Androctonus*, Hempr. et Ehrenb., *loco cit* — ANDROCTONIDES , Koch , *Arachnidensystems.*

(3) Ανδροκτονος.

				Noms spécifiques des ANDROCTONUS.
1. LEIURUS. Cauda supra leviter angulata, angulis postice obtusis et glabris.	Manibus cubiti crassitie aut gracilioribus.	Annuli abdominales omnes in dorso striis elevatis tribus insignes	Annulis primis abdominalibus in dorso striatis.	1. *Quinquestriatus.*
			caudæ articulis mediis striatis, cristatis.	2. *Tunetanus.*
			caudæ articulis mediis crista inferiore carentibus.	3. *Leptochelys.* 4. *Macrocentrus,*
	Manibus cubito gracilioribus. , ...			5. *Thebanus.*
2. PRIONURUS. Cauda supra tota elate angulata, angulis crenatis.	Manibus cubiti crassitie aut crassioribus		digitis manu brevioribus.	6. *Citrinus.*
			digitis manuum longitudine.	7. *Funestus.* 8. *Libycus.*
			digitis manu longioribus.	9. *Nigrocinctus.*
	Manibus cubito angustioribus.	Thorace glabro.		10. *Liosoma* (1).
		Thorace venoso. . .	cauda basi angustata.	11. *Melanophysa.* 12. *Bicolor.*
			cauda basi dilatata.	13. *Scaber.*

(1) Dans ses descriptions des *Symbolæ physicæ*, M. Ehrenberg ajoute ici deux espèces : *A. capensis et granulatus.*

Les planches relatives à ce travail de MM. Hemprich et Ehrenberg ont été publiées par le second de ces naturalistes dans
ses *Symbolæ physicæ*, où elles sont accompagnées de détails
plus étendus que ceux du mémoire. M. Koch, dans l'*Arachnidensystems*, qu'il a fait paraître en 1837, a élevé au rang de famille le genre *Androctonus* sous la dénomination d'*Androctonides*, et il le partage en trois genres sous les noms de *Pilumnus*,
Tityus et *Androctonus*. Les deux premiers ont pour caractères :

PILUMNUS : Les deux yeux du vertex très-en avant sur la longueur de la tête, assez gros ; les trois premiers des paires latérales rapprochés, plus petits de moitié ; ceux de la quatrième
encore plus petits, un peu en dedans, et la cinquième à peine
visible, à angle droit avec la troisième ; queue longue, mince,
filiforme ; une épine sous l'aiguillon.

TITYUS : Les deux yeux du vertex, de grosseur moyenne, placés avant le milieu de la longueur de la tête ; les trois premières
paires latérales en ligne droite, un peu plus petites ; chaque œil
à peu près éloigné de celui qui le suit d'une longueur égale à la
sienne ; la quatrième paire sur la même ligne, mais plus petite ;
la cinquième plus petite encore, à angle droit avec la troisième.
Queue beaucoup plus longue que le corps, l'avant dernier article médiocrement renflé ; une dent sous l'aiguillon :

Ex : *T. Hottentotta*, Koch et *S. Bahiensis*, Perty.

On connaît maintenant une trentaine d'espèces dans le groupe
des Androctones. Ces espèces qui paraissent devoir être placées
à la tête des scorpions ne sont pas toujours aisées à reconnaître.
Des cinq paires d'yeux latéraux, les deux postérieures, toujours
plus petites que les autres, sont le plus souvent très-difficiles à
constater, et les granulations du céphalothorax augmentent
encore cette difficulté. Le *scorpio occitanus* en fournit un
exemple remarquable. Avant que MM. Hemprich et Ehrenberg eussent reconnu chez d'autres espèces les caractères sur lesquels repose la distinction des *Androctonus*, tous les auteurs
donnaient huit yeux à ce scorpion ; Leach le citait même avec le
Sc. afer comme type du genre *Buthus* : cependant il en a
réellement douze, et c'est la même espèce que MM. Hemprich et
Ehrenberg ont nommée *A. tunctanus*. Ainsi que nous l'avons
dit ailleurs(1), on peut s'assurer de la formule oculaire des *Sc.*

______

(1) *Dict. univ. d'hist. nat.*, article *Buthus*.

occitanus, en examinant, par transparence, au microscope, leur céphalothorax ; les cinq paires de cornées bilatérales laissent passer la lumière, et les tubercules céphaliques, avec lesquels on avait si longtemps confondu deux d'entre elles, restent opaques.

Les Androctones sont des parties chaudes de l'ancien monde, principalement d'Afrique. Nous en décrivons un de Madagascar et un autre de l'Inde. On en connaissait aussi un de la Nouvelle-Irlande ; deux autres sont cités comme d'Amérique, mais nous ne les avons pas vus. De ceux-ci, l'un est le *Sc. bahiensis*, Perty, type du genre *Tityus* de M. Koch, l'autre le *Sc. biaculeatus*, Latreille, que M. H. Lucas dit avoir été apporté d'Amérique aux îles Canaries par les bâtiments marchands (1).

La classification des espèces de ce groupe nous a paru devoir reposer :

1° Sur la considération de la queue, d'abord très-élargie et très dentelée (*A. funestus*, *Priamus*, etc.), puis de moyenne force (*A. quinque-striatus*, *occitanus*, etc.), et ensuite plus faifaible (*A. citrinus*, *libycus*, etc.).

2° Sur la force des mains, renflées ou non renflées.

3° Sur la vésicule, dépourvue de tubercule sous l'aiguillon dans la majorité des espèces, pourvue au contraire d'un tubercule plus ou moins épineux dans les autres (*Sc. Hottentotus*, *curvi-digitatus*, *armillatus* et *Madagascariensis*, qui semblent être les Androctones les plus rapprochés des Atrides).

    1. *Point d'épine sous l'aiguillon.*
     * *Queue large, fortement crénelée.*

1. S. FUNESTE. (*S. Funestus.*)

Doigts de la longueur de la main qui est renflée ; doigt fixe échancré à sa base pour une saillie correspondante du doigt mobile ; premier article caudal le plus petit, le postérieur le plus long ; leurs crénelures latéro-supérieures fortement élevées et fortement dentées ; aiguillon de la longueur de la vésicule, courbé,

---

(1) Nous devons toutefois noter que nous avons vu dans la collection de Latreille (chez M. Blondeau) et au Muséum des Scorpions étiquetés comme *biaculeatus* par Latreille lui-même et qui sont des Buthides du groupe des *Atreus*.

noirâtre à sa pointe ; 34 ou 35 dents aux peignes ; couleur générale fauve, uniforme ; les doigts un peu lavés de brun. Long.
tot. 0,09 ; queue seule, 0,055.

A. (prionurus) *fun.*, Hempr. et Ehrenb., *loc.cit.* sp. ; Ehrenb.,
Symb. phys., sp. 7, pl. 2, f. 5.—A. *bicolor*, Koch, *die Arach.*,
pl. 181, f. 433.

A été trouvé en Barbarie, dans la province d'Oran (M.Gérard);
au Sénégal (coll. Latreille) et dans le Dongola (MM. Hemprich
et Ehrenberg).

2. ANDROCTONUS PRIAMUS.

Koch, *die Arachn.*, pl. 157, f. 366 (de Java).

5. SCORPION BICOLOR. (*S. bicolor.*)

Doigts un peu plus longs que la main, grêles ; celle-ci à peine
renflée ; environ 35 dents aux peignes ; carènes latéro-supères
denticulées ; couleur brun verdâtre ; extrémités jaunâtres. Long.
totale, 0,080 ; queue seule, 0,045.

Scorpion..., Savigny, *Egypte*, pl. VIII, f. 5 (copiée dans notre
Atlas, pl. 24, f. 5). — *Sc. Australis*, Aud., *ibid.*, *explication ;*
non Herbst. — *A. bicolor*, Hempr. et Ehr., *loc. cit.*, sp. 7. —
A. Æneas, Koch, *die Arachn.*, VI, p. 3, pl. 181, f. 432.

Habite la Libye littorale, la Syrie, le Mont Sinaï et la Barbarie,
à Constantine (M. Guyon), dans la province d'Oran (M. Gé-
rard), et à Mogador, au Maroc (M. Delaporte). L'*And. Hector*,
Koch, *ibid.*, f. 433, en est une variété ou un individu décoloré
par l'alcool.

Le *Sc. bicolor* pourrait bien être celui qui a servi à Rédi pour
ses expériences et dont ce célèbre auteur parle ainsi :

« Color ex viridi flavus, dilutior aliquanto, velut umbra trans-
lucens est, exceptis aculeo et duabus forcipibus vel chelis, quæ
coloris sunt magis obscuri et chalcedonii instar apici ; cuspis ta-
men aculei semper nigra est. Quandoque candidi inveniuntur
scorpii, sed raro nigri..... Cauda sex vertebras vel spondylos
habet, quorum postremus aculeum obtinet grandem et uncina-
tum. Spondyli quinque reliqui in fastigiis excavati sunt et fim-
brias habent dentatas ; inferius conglobati, et convexi lineis qui-
busdam ex punctis nigricantibus compositis et protuberantibus
signati. Hi scorpiones *tunetani* tam quiescentes quam inceden-
tes caudam arcuatim inflexam attollunt, ut quod commune est

omnibus, unde Tertullianus in Scorpiaco : *Arcuato impetu in-surgens , hamatile spiculum in summo*, tormenti ratione , re-stringens » et Oviedus, fastrorum quarto :

  « *Scorpius elatæ metuendus acumine caudæ.* »

La figure jointe à ce chapitre de Rédi vient encore à l'appui de notre opinion. Les mains ont néanmoins quelque chose de celles du *Sc. funestus.*

 * *Queue moyenne.*
 a) *Trois carènes dorsales.*

4. Scorpion roussatre. (*S. occitanus.*)
(Pl. 23 , fig. 4.)

Des lignes ondulées de granulations sur le céphalothorax , une d'elles allant à l'extrémité postérieure de chaque rangée oculaire, une sorte de sourcil granulifère ; anneaux de l'abdomen finement granuleux ; carènes supérieures de la queue un peu crénelées, la carène medio-latérale visible sur toute la longueur du premier et sur la moitié des second et troisième articles ; dessous du dernier article caudal granuleux , sa carène latérale en frange dentelée dans sa seconde moitié et latéralement au bord postérieur ; environ 30 dents aux peignes ; bras subquadrangulaires , un peu granuleux au bord antérieur ; mais médiocrement renflées , un peu allongé , à doigts finement dentelés sur plusieurs rangées à leur bord de contact et en rapport dans toute la longueur, plus longs que la main : vésicule courte, bulleuse en dessous. Long. totale, 0,085 ; queue seule 0,045. Couleur fauve, lavée de brun en dessous ; aiguillon noirâtre.

S. tunetanus, Herbst, *Scorp.,* p. 68, pl. 2, f. 2, non Rédi ?— *S. occitanus,* Amoreux. — *B. occ.,* L. Duf., *Journ. de Phys.,* lxxxiv, 439, av. pl. —*Andr. tunetanus,* Hemp. et Ehr., *loco cit.,* sp. 2. — Ehr., *Symb. phys.* — *Sc. occ.,* Milne Edw., *Iconogr. du Règn. anim., Arach.,* pl. 19, f. 1.

D'Égypte, de Grèce, d'Italie, du Languedoc (particulièrement sur la montagne de Cette), d'Espagne et de Barbarie. On en distingue deux variétés suivant que les mains sont plus ou moins renflées. *A. occ. intumescens* et *intermedius,* H. et Ehr. Cette espèce est figurée dans l'ouvrage d'Égypte, pl. viii, f. 1 (copiée dans notre Atlas, pl. 24, f. 1). On la trouve sous les pierres, principalement dans les endroits montagneux exposés à une vive chaleur et point dans les endroits humides. Les individus vivent le plus souvent isolés; ils se creusent dans le sol une petite cavité et ne sortent guère que la nuit; leur nourriture consiste en insectes et en larves. Il y en a qui supportent aisément plusieurs mois d'abstinence. Les femelles sont vivipares, comme celles de beaucoup d'autres Scorpions; elles portent leurs petits sur le dos.

Les Scorpions suivants ne diffèrent que fort peu de l'*Occitanus*, mais nous ne les avons pas vus.

5. ANDR. HALIUS, Koch, *die Arachn.*, 1838, p. 69, pl. 163, f. 383 (Portugal).

6. ANDR. CLYTONICUS, Koch, *ibid.*, p. 70, pl. 163, f. 384 (nord de l'Afrique).

7. ANDR. PELOPONENSIS, Koch, *ibid.*, 1836, pl. 185, f. 190 (Grèce).

8. ANDR. CAUCASICUS, Nordmann, *Fauna pontica*, p. 731, *Arachn.*, pl. 1, f. 1 (de la Crimée, des environs de Tiflis).

Couleur fauve; 30 ou 31 lames aux peignes; mains plus larges que l'avant-bras; aiguillon noir, verdâtre ou noirâtre, à pattes et palpes noires ainsi que le dernier anneau caudal à son extrémité; arceaux du dos tuberculeux à leur bord; palpes comme dans l'*occitanus;* avant dernier anneau caudal double du précédent; le dernier allongé, grêle; aiguillon noir.

9. ANDR. PARIS, KOCH, *die Arach.*, 1838, p. 25, pl. 151, f. 352 (Algérie).

10. ANDR. ORNATUS, Nordm., *ibid.*, p. 732, f. 2 (de Smiratie). Espèce du sous-genre Leiurus ainsi que la précédente. Dos brun noir varié de fauve; quatre séries de taches claires sur le dos; dessous fauve; dernier article caudal et crénelures noirâtres; 18 lames aux peignes; doigts allongés, mains et avant-bras à peine plus larges qu'eux. Son dos est plus granuleux que dans l'*A. caucasicus* et crénelé; la vésicule est granuleuse en dessous au lieu d'être lisse.

11. ANDR. DUFOUREIUS, Brullé, *Expéd. fr. en Morée, Zool.* p. 58, pl. 28, f. 2; de Messène (Morée). Sous les pierres, dans les ruines antiques; s'enfonce jusqu'à deux ou trois pieds de profondeur en terre.

On ignore la patrie des *Androctonus* suivants décrits par M. Koch :

12. ANDR. MEGARELON, p. 47, pl. 157, f. 367, 1838.

13. ANDR. PANOPEUS, p. 125, pl. 175, f. 418, 1839.

14. ANDR. EUPEUS, p. 127, pl. 175, f. 419, 1839.

Le Scorpion d'Europe à huit yeux que de Géer , VII , 344, pl. 41, fig. 5-8 , a fait figurer comme celui de Maupertuis, n'est pas de cette espèce. Il a une épine sous l'aiguillon. Son *Scorpio australis*, p. 348, serait alors la même espèce que ce prétendu Sc. d'Europe qui viendrait d'Amérique.

15. SCORPION THÉBAIN. (*S. thebanus.*)

Mains plus fortes que l'avant-bras ; doigts plus courts qu'elles ; dernier anneau caudal plus étroit que le pénultième ; celui-ci deux fois et demie plus long que large ; aiguillon plus long que la vésicule ; couleur fauve pâle avec le bout de l'aiguillon noir. Long. totale, près de 2 pouces.

Andr. (*prionurus*) *thebanus*, Hemp. et Ehr., *loco cit.*, sp. 1, —Ehr., *Symb. phys.*, pl. 1 , f. 4.—Savigny? *Égypte*, pl. 8, f. 1.

De la Haute-Égypte, depuis Thèbes jusqu'à Dongola.

16. SCORPION FINES-PINCES. (*S. leptochelis.*)

Anneaux moyens de la queue sans carènes ; mains plus étroites que les bras , doigts plus longs qu'elles ; dernier anneau de la queue plus étroit que le pénultième, celui-ci deux fois et un quart plus long que large. Aiguillon de la longueur de la vésicule. Couleur uniformément fauve pâle ; aiguillon terminé de noir. Long. du précédent.

Andr. (Leiurus) *lept.*, Hempr. et Ehrenb., *loco cit.*, sp. 3 ; Ehr., *Symb. phys.*

Du mont Sinaï.

17. SCORPION MACROCENTRE. (*S. macrocentrus.*)

Mains plus étroites que l'avant-bras ; doigts à peine plus longs qu'elles ; dernier article caudal plus étroit que le pénultième , qui est deux fois et demie plus long que large ; aiguillon une fois et demie aussi grand que la vésicule. Couleur fauve pâle ; aiguillon noir à sa pointe. Long. totale , 2 pouces.

Andr. (Leiurus) *macr.*, Hempr. et Ehr. , *loco cit.*, sp. 4. — Ehr., *Symb. phys.*, pl., 1, f. 6.

Du mont Sinaï.

18. SCORPION ANNEAU NOIR. (*S. nigro-cinctus.*)

Doigts plus longs que la main. Corps varié de fauve et de brun ; un anneau caudal noir ; le dernier un peu plus étroit que l'avant-dernier, celui-ci moitié moins large que long, deux fois plus long que haut. Longueur, 1 pouce.

Andr. (Prion.) *nigro-cinctus*, Hempr. et Ehrenb., *loco cit.*, sp. 4. — Ehr., *Symb. phys.*, pl. 2, f. 3.

Un seul individu, trouvé en Syrie, au pied du mont Liban.

19. Scorpion mélanophyse. (*S. melanophysa.*)

Doigts un peu plus longs que les mains. Thorax veiné; queue étroite à sa base, son dernier article plus étroit que le pénultième, celui-ci moitié moins long que large, et deux fois un quart plus long que haut; aiguillon plus petit que la vésicule. Fauve, la moitié postérieure de la queue noirâtre. Long. totale, 2 pouces.

Andr. (Prionurus) *melan.*, Hemp. et Ehrenb., *loco cit.*, sp. 6. — Ehr., *Symb. phys.*, pl. 2, f. 8.

Commun entre Alexandrie et Suoa, ainsi qu'au mont Sinaï.

20. Scorpion liosome. (*S. liosoma.*)

Mains plus plus étroites que l'avant-bras, doigts plus longs qu'elles. Thorax lisse, ainsi que la tête, dernier article caudal presque égal au pénultième, mamelonné, celui-ci moitié moins long que large, deux fois et demie plus long que haut. Fauve, les deux antépénultièmes anneaux de la queue noirâtres. Long. totale, un peu plus de 2 pouces.

Andr. (Prion.) *lios.*, Hemp. et Ehrenb., *loco cit.*, sp. 5. — Ehrenh., *Symb. phys.*, pl. 2, f. 6.

De Gomfuda (Arabie déserte). Un seul exemplaire.

21. Scorpion de Koch (*S. Kochii*).

Lisse; yeux plus petits que dans le *Liosoma*; avant-bras plus courts; carènes caudales plus marquées.

Andr. (prionurus) *capensis*, Ehrenb., *Symb. phys.*, non *Sc. capensis*, *Auct.*

Du cap de Bonne-Espérance.

22. Scorpion granuleux. (*S. granulatus.*)

Dessus du corps granulé; avant-bras trois fois plus longs que larges; derniers annaux caudaux finement semés de granules en dessous, le dernier à peu près lisse.

Andr. (Prionurus) *granulatus*, Ehrenb., *Symb. phys.*

Du cap de Bonne-Espérance.

23. Scorpion rude. (*S. scaber.*)

Tête et dos très-rugueux latéralement ; doigts quatre fois aussi longs que la main ; dernier article caudal égal au pénultième, celui-ci dépassant sa largeur de deux tiers en longueur, deux fois et demie plus long que haut ; couleur brun roux , passant au fauve ; front et seconde moitié de la queue noirs. Long. tot. 2 pouces.

Andr. (Prionurus) *scaber*, Hemp. et Ehr., *loco cit.*, sp. 8.— Ehr., *Symb. phys.*, pl. 2, f. 7.

Des côtes d'Abyssinie, près Arkiko. Polydore Roux l'a envoyé de Bombay.

b) Une seule carène dorsale.

24. S. quinqué-strié. (*S. quinque-striatus.*)
(Pl. 24, fig. 2.)

Mains et doigts grêles, ceux-ci ayant une fois et demie la longueur de celles-là ; dernier article caudal de la longueur du pénultième, celui-ci deux fois et demie aussi long que large, crénelé, généralement roux fauve, varié de brun sur le dos ; le milieu du pénultième article caudal gris ou noir ; aiguillon plus ou moins long.

Scorpion....., Savigny, *Égypte* , pl. 8, f. 2? Le *Sc. d'Amoreux*, Aud., *ibid.*, *Explic.* (copié dans notre *Atlas*, pl. 24, f. 2. — *Andr*. (Leiurus) *quinque-striatus*, Hemp. et Ehr., *loco cit.*, sp. 6 ; Ehrenb., *Symb. phys.*, pl. 1, f. 5.

De Thèbes et de Gomfuda, dans l'Arabie déserte. MM. Hemprich et Ehrenberg en distinguent deux variétés, d'après la longueur de l'aiguillon. *A. q.-str. aculeatus* et *brachycentrus.*

M. Caillaud en a rapporté de la Haute-Égypte.

Les deux espèces suivantes paraissent devoir être placées ici.

A. Iros, Koch, *die Arach.*, V. p. 63, pl. 169, f. 401 (d'Afrique australe). L'auteur lui rapporte, mais avec doute, le *Sc. Australis*, Linn., *Syst. nat.*, I , p. 1038, sp. 6.

A. Pandarus, Koch, *ibid.* p. 94, f. 402 (de Sierra-Leone) ; — *Sc. hottentota*, Fabr., *Ent. syst.*, II , 435, sp. 6?

25. Scorpion lybien. (*S. libycus.*)

Dernier article caudal beaucoup plus étroit que le précédent, plus long que large d'un quart ; sa hauteur un peu plus considérable que la moitié de sa longueur; aiguillon plus court que la vésicule; fauve, à queue noire dans sa seconde moitié. Long. tot., 2 pouces et demi.

Andr. (Prionurus) *libycus,* Hempr. et Ehrenb., *loco cit.,* sp. 5; Ehr., *Symb. phys.,* pl. 2, f. 8.

D'Égypte, à Alexandrie et à Siwa.

26. Scorpion citrin. (*S. citrinus.*)

Dernier article caudal beaucoup plus étroit que le pénultième, qui est deux fois aussi long que large et deux fois et demie plus long qu'élevé; aiguillon de la longueur de la vésicule. Couleur fauve citrin; la queue de même teinte, si ce n'est l'aiguillon qui est noir. Long. tot. 3 pouces.

And. (Prionurus) *citrinus,* Hempr. et Ehrenb., *loco cit.,* sp. 2; Ehr., *Symb. phys.,* pl. 2, f. 2.

Commun dans la Haute-Égypte et le Dongola.

27. Scorpion varié. (*S. variegatus.*)
(Pl. 23, fig. 3.)

Pinces grêles; quelques épines au bord antérieur de l'avant-bras; pattes assez allongées, déprimées; dernier segment de l'abdomen tri-caréné; arêtes latéro-supères de la queue crénelées; l'aiguillon n'a pas été observé. Couleur jaune obscure, marqué de marbrures noires sur le corps. Long. tot., 1 pouce.

And. varieg. Guérin, *Mag. zool.,* t. II, cl. VIII, pl. 2, 1832; *id.,* *Zool. de la Coquille, Ent.,* p. 47.

Du port Praslin, à la Nouvelle-Irlande. Nous figurons ses yeux:

2. *Une épine* ou *tubercule à la base de l'aiguillon.*

28. Scorpion Hottentot. (*S. hottentottus.*)

Sc. hottentotus, Fabr., *Entom. emend.,* II, pl. 435, nº 6.— Herbst, *Scorp.,* p. 45, pl. 3, f. 4. — *Tityus hottentotta,* Koch, *Arachnidensyst.,* pl. 6, f. 72. (Afrique australe.)

29. Scorpion de Bahia. (*S. bahiensis.*)

Brun, à palpes et pattes fauve-bai; vingt dents aux peignes. Long. tot., 27 lignes.

Buth. bah., Perty, *Delect. ins. Bras.,* p. 200, pl. 39, f. 11.— *Tityus bah.,* Koch, *die Arachn.,* p. 34, pl. 85, f. 190, 1836.

De la province de Bahia, au Brésil. C'est d'après M. Koch que nous en faisons un Androctone. Une espèce, qui nous paraît la même que le *S. brasiliensis,* est un *Atreus.*

30. Scorpion doigt courbe. (*S. curvidigitus.*)

Une carène médiane depuis le deuxième jusqu'au cinquième arceau de l'abdomen ; deux carènes bi-latérales au dernier ; arêtes caudales finement granulées, peu senties ; dernier anneau n'ayant pas une fois et demie la longueur du précédent ; vésicule et aiguillon courts, une épine sous celui-ci. Bras grêles, quadrangulaires ; une épine à la face antérieure de l'avant-bras ; main un peu plus large, moins longue que l'avant-bras et que les doigts, dont l'interne ou fixe se courbe à la base, et laisse un vide considérable entre lui et le doigt mobile, qui est à peu près droit ; leurs bords de contact finement crénelés, principalement à la base du doigt mobile ; dix-neuf à vingt dents aux peignes. Couleur fauve, marbrée de brun sur le dos, ainsi qu'auprès des yeux sur les mandibules ; vésicule, dernier anneau caudal et dessous des troisième et quatrième anneaux noirs, ainsi qu'une partie de l'avant-bras et les doigts. Long. tot., 0,050.

Sc. curv., P. Gerv., *Arch. du Mus.*, III, avec fig.

Coll. Mus. Paris. Origine inconnue.

31. Scorpion madécasse. (*S. madagascariensis.*)

Finement granuleux en dessus ; une ligne de granulations plus grosses au bord postérieur de chaque arceau ; un commencement de carène médiane sur les deuxième, troisième, quatrième, cinquième et sixième arceaux ; deux paires bi-latérales au septième. Carènes caudales supérieures bien senties ; une épine terminale à celles des deuxième, troisième et quatrième anneaux. Le premier à peu près carré ; un rudiment d'épine sous l'aiguillon ; dents aux peignes. Bras sub-quadrilatères avec des tubercules épineux au bord antérieur ; une saillie à celui de l'avant-bras ; mains allongées, se renflant au bord interne ; doigts plus longs qu'elles d'un tiers. Couleur roux-brun, passant au noir sur la queue, aux doigts et à l'aiguillon ; plus pâle et comme testacée en dessous et sur une partie des pattes. Long. tot. 0,053 ; queue seule, 0,033.

Sc. mad., P. Gerv., *loco cit.*, avec fig.

De Madagascar, par M. Jules Goudot. Coll. du Muséum.

32. Scorpion a bracelets. (*Sc. armillatus.*)

Finement granuleux ; une impression linéaire enfoncée sur la ligne médio-longitudinale du céphalotorax continuée par une carène sur le gaster. Queue un peu plus longue que le corps, de largeur médiocre, à arêtes peu saillantes, à peu près nulles en dessus, au dernier article ; un tubercule épineux, sub-comprimé sous l'aiguillon ; doigts des maxilles courts ; leur main lisse en dessus. Bras des palpes subquadrangulaires ; avant-bras sans épine au bord antérieur ; mains de la grosseur de l'avant-bras : doigts plus longs qu'elles, appliqués. Dix-huit dents aux peignes. Couleur fauve en dessous, sauf sous la queue, marbrée de noirâtre en dessus ; un large anneau brun en bracelet sur l'avant-bras ; main fauve, doigts de la même couleur. Longueur, 0,050 ; queue seule 0,032.

Sc. à bracelets, P. Gerv., *in* Eydoux et Souleyet, *Voyage de la Bonité*, *Aptères*, pl.1, fig. 23-27.

De Touranne, en Cochinchine, et de Manille, par MM. Eydoux et Souleyet. C'est à tort que la figure citée ne donne que trois paires d'yeux latéraux.

2.

CENTRURES.

Sont des *Scorpions à dix yeux*, les latéraux au nombre de huit, en quatre paires, dont trois plus grosses en ligne et une interne par rapport aux trois autres, à peu près à la hauteur de la troisième, mais plus petite (1).

Les espèces de ce groupe sont de l'Amérique méridionale ; elles sont encore peu nombreuses. M. Koch en a décrit deux, Pour MM. Hemprich et Ehrenberg, qui ont reconnu les premiers la nécessité d'établir cette division, elle constitue un genre qu'ils ont nommé *Centrurus* (2), en lui donnant pour caractère d'avoir au total *dix yeux*. M. Koch en a fait une famille. Il y a établi, sous le nom de *Vœjovis*, un nouveau genre dont voici les caractères :

Vₐₑjovis : Les deux yeux médians assez petits ; les deux paires latérales antérieures plus petites, très-rapprochées ; la troisième plus petite encore ainsi que la quatrième, qui est à angle droit à la hauteur de la troisième.

---

(1) Cₑₙₜᵣᵤᵣᵤₛ, Hempr. et Ehrenb., *loco cit.* — Ehrenb., *Symb. phys.* — Cₑₙₜᵣᵤᵣᵢᵈₑₛ, Koch, *Arachnidensystems.* — Gerv., *Dict. univ. d'hist. nat.*, III, 267.

(2) κεντρον, aiguillon ; ουρα, queue.

33. Væj. **mexicanus** , Koch , *Arachnidensyst.*, pl. 6, f. 70. — *Id.*, *die Arachniden*, 1836, p. 51, pl. 91, f. 206, (de Mexico).

L'autre espèce, décrite également par M. Koch, est son :

34. **Centr. galbineus**, *die Arachn.*, pl. 139, f. 320.

Celle que nous avons étudiée provenait de Cayenne.

Sur les buthus *de Leach.*

Les *Buthus* de cet auteur sont des *Scorpions à huit yeux;* trois de chaque côté du céphalothorax et deux au vertex.

Leach a établi le genre Buthus (1) pour des Scorpions à trois paires d'yeux latéraux comme le *Scorpio afer* d'Afrique et de l'Inde. Le *Sc. occitanus* a été, comme nous l'avons vu plus haut, rapporté à tort au même groupe par Leach lui-même, Latreille et quelques autres aptérologistes. Ces Buthus n'ont guère d'autre caractère commun que celui du nombre de leurs yeux, aussi les a-t-on partagés en plusieurs groupes quand on a commencé à mieux connaître les espèces qu'ils renferment. **MM.** Hemprich et Ehrenberg admettaient deux sections de *Buthus :* les *Heterometrus* et les *Isometrus*, ainsi caractérisés :

Heterometrus : Oculi-duo frontales anteriores a se invicem minori spatio quam a postico frontali distantes. Omnes species palporum manibus valde dilatatis convenire videntur.

Ex : *B. palmatus*, H. et Ehr., et *B. spinifer, iid.*

Isometrus : Oculi frontales tres æquali spatio distantes. Omnes hujusce formæ corpore gracili et caudæ aculeo basi dentato conveniunt : Ex : *B. filum*, H. et Ehr.

En 1837, M. Koch a élevé au rang de famille, sous le nom de *Buthides,* le genre *Buthus* de Leach, et il a établi cinq genres dans cette famille sous les noms de : *Buthus* (Leach, ex. : le *Buthus spinifer*, H. et Ehr.); *Opistophthalmus*, Koch; *Brotheas, id.; Telegonus, id.* et *Ischnurus* ou *Sisyphus, id.* Voici les caractères qu'il assigne aux quatre derniers :

Opistophthalmus : Les deux yeux médians situés fort en arrière, presque au troisième quart de la longueur de la tête; les deux paires latérales antérieures presque aussi grosses que ceuxci; la troisième éloignée, plus petite, placée un peu en dedans.

---

(1) *Trans. linn. soc.*, XI, 391, et *Zoolog. miscellany*, III, 53, pl. 143.

Ex : *Sc. capensis.* Ce sont les caractères des Hétéromètres de MM. Hemprich et Ehrenberg.

Brotheas : Les deux yeux médians très en avant, vers le premier tiers de la longueur de la tète ; les deux paires latérales antérieures presque aussi grosses ; la troisième petite, à angle droit avec la seconde.

Ex : *Sc. maurus.*

Il est à noter que le *Sc. maurus* des auteurs n'a que deux paires d'yeux latéraux, comme nous le dirons plus bas ; M. Koch a sans doute observé un autre Scorpion.

Telegonus : Les deux yeux médians au milieu de la longueur de la tète ; les trois paires des latéraux petites, égales entre elles, la postérieure un peu en dedans. **Ex** : *T. versicolor*, Koch.

Ischnurus : Yeux latéraux en ligne directe, très-rapprochés, petits, égaux ; queue beaucoup plus courte que le corps, grêle.

Ex : *I. complanatus*, Koch.

Le seul exemplaire observé d'abord, par M. Koch, avait eu les yeux médians détruits. Ce naturaliste a reconnu depuis lors, dans d'autres espèces, qu'ils sont à peu près au milieu de la longueur de la tète.

Aujourd'hui nous connaissons par nos propres observations une trentaine d'espèces de ces Buthides, et il y en a plusieurs dans les auteurs, que nous n'avons point encore pu nous procurer. Nous ne pouvons nous décider cependant à imiter Hemprich et MM. Koch et Ehrenberg, dans la caractéristique des Buthides.

La particularité d'avoir trois paires d'yeux latéraux rend certainement très-facile la diagnose des espèces de ce groupe ; mais elle conduit à en séparer des espèces à deux paires d'yeux qui leur ressemblent par d'autres caractères, et à y rapporter d'autres Scorpions, qui se rapprochent beaucoup plus de ceux dont ces naturalistes faisaient une troisième famille.

La forme générale du corps, et en particulier celle des palpes et de la queue ;

La proportion de la queue plus faible relativement au corps, à mesure qu'on arrive aux espèces que nous plaçons auprès du Scorpion commun d'Europe ;

Le nombre des dents des peignes ;

Sont les principaux caractères auxquels on doit avoir recours ; les yeux, dans leur nombre et leurs proportions, nous serviront également, mais point d'une manière exclusive.

C'est au groupe des Buthides, comme on l'entendait, qu'appartiennent les Scorpions de plus grande taille , espèces de l'Inde et d'Afrique, presque toujours confondues sous le nom de *Sc. afer*, mais dont **M.** Koch vient de commencer la révision.

Conformément à la manière de voir de ce savant, nous ne donnerons le nom de Buthus qu'aux Scorpions qui ont la troisième paire d'yeux un peu écartée en arrière, et plus petite que les deux autres, mais dont les yeux ne sont jamais complétement marginaux comme chez les *Ischnurus*. Les *Ischnurus* ne sont pas de ce groupe, et nous en séparerons aussi les *Telegonus* et les *Atreus*.

3.

ATRÉES.

Yeux latéraux, égaux et équidistants sur une même ligne ; céphalothorax non échancré en avant ; dents des peignes nombreuses ; queue de grosseur moyenne , plus ou moins longue.

Ce sont les ATREUS de **M.** Koch.

1. *Palpes, corps et queue grêles et allongés.* BUTHI ISOMETRI, Hempr. et Ehrenb.

35. SCORPION FIL. (*Scorpio filum.*)

M. Ehrenberg caractérise ainsi le *Buthus filum*, que Hemprich et lui avaient signalé dans leur mémoire spécial : main de la grosseur du bras ; doigts plus longs qu'elle d'un tiers ; aiguillon d'un tiers plus court que la vésicule qui n'a pas de tubercule dentiforme ; le cinquième anneau caudal cinq fois et un quart plus long que large. Long. tot. 2 pouces. Les bras et la queue très-longs et très-grêles. Couleur brun fauve, variée de fauve clair et de stries d'un brun obscur. Thoraco-gastre, aiguillon et doigts plus foncés.

M. Ehrenberg (*Symb. phys.*, *Arach.*, genre Buthus, sp. 3) donne ce Scorpion comme le plus grêle de ceux qu'il a vus pendant son voyage avec Hemprich ; il en a obtenu un individu vivant sur la mer Rouge, au-dessus de Djidda , dans un bâtiment de commerce arabe, et il regarde l'espèce comme très-voisine du *Scorpio americanus*, de De Géer (36).

La Guyane , le Sénégal (Coll. Latreille) ; Singapore (Expéd.

de *la Bonite*), Manille (**M.** Cuming), etc., nous ont fourni des Scorpions en tout semblables au *Buthus filum* ou *Sc. americanus*, et entre lesquels nous n'avons reconnu jusqu'ici que des différences de couleur, les uns étant uniformes et les autres marbrés. Il y a cependant plusieurs espèces probables, mais nous avons vu des individus américains du *Sc. filum*. Il nous paraît d'ailleurs impossible de distinguer encore nettement par leurs descriptions les Scorpions nommés :

S. americanus, de Géer, *Mém.*VII, p. 135, pl. 41, f. 9-10 ; *non Sc. amer.*, Herbst, *Scorp.*, p. 60, pl. 6, f. 2 ?? — *S. dentatus*, Herbst, *ibid.*, p. 55, pl. 6, f. 2 ?(de Sierra-Leone).—*Buth.* (Isometrus) *filum*, Hemp. et Ehr., *loco. cit.*, sp. 1 ; Ehr., *Symb. phys.*, pl. 2, f. 3.

Long. tot., 0,065 à 0,070.

2. *Formes allongées, mains des palpes et queue un peu moins grêles que dans les précédents ; habituellement une épine sous l'aiguillon ; queue très-longue dans les premières espèces.*

37. Scorpion d'Edwards. *S. Edwardsii.*

L'une des plus jolies espèces. Céphalothorax à peine échancré ; marqué de saillies granuleuses, dont on voit deux séries linéaires disposées perpendiculairement à son bord postérieur ; abdomen également grenu en dessus ; une ligne médio-dorsale de petits tubercules punctiformes, cessant au dernier arceau, qui en présente deux paires bi-latéralement. Queue plus longue que le corps, lisse entre ses carènes, qui sont relevées de petits tubercules ; la médio-latérale visible sur tout le premier anneau, cessant sur le second ; une ligne médio infère de petits tubercules sous le dernier anneau. Vésicule sub-carrée, à aiguillon plus court qu'elle, brusquement recourbé, ayant un rudiment d'épine à sa base. Mains sub-cordiformes allongées, à trois arêtes supérieures, un peu plus longues que larges ; doigts d'un tiers plus longs qu'elles ; bord inférieur des articles fémoraux des pattes finement denté. Trente-quatre dents aux peignes. Couleur roux brun au céphalothorax et sur l'abdomen, à l'exception de son dernier article ; mains, dessous de la queue dans sa partie terminale de même couleur ; le reste châtain fauve. Long. tot., 0,116 ; queue seule, 0,030.

Sc. Edw.. P. Gerv., *Arch. du Mus.*, III, av. fig.

De Carthagène , par **M. F. Barrot**. De la province de Santa-Fé, par **M. Justin Goudot**.

38. Scorpion de Géer. (*S. de Geerii.*)

Assez semblable au précédent , mais moins allongé. Vingt-huit dents aux peignes. De couleur brunâtre passant au fauve sur les pattes , la base des palpes et entre les carènes caudales, sauf au dernier anneau ; une très-petite épine à la base de l'aiguillon ; palpes subvilleux. Long. tot. , 0,100 ; queue seule, 0,064.

Du Chili, par **M. Gay** ; de Colombie, à Carthagène, **M. F. Barrot** ; dans la province de Santa-Fé, **M. Just. Goudot**. Coll. **Mus.**

39. Scorpion de Hemprich. (*S. Hemprichii.*)

Diffère ainsi du *S. de Geerii* : plus petit; tubercules et carènes moins saillants ; une seule carène à la main, lisse et placée à son bord postérieur; intervalle interdigital , plus grand , treillissé de poils ; un tubercule à la base du doigt mobile; l'échancrure du doigt fixe étendue dans plus de la moitié, vide ; 20 dents aux peignes ; moins de poils ; couleur roussâtre ; doigts, quatrième et cinquième anneau de la queue et vésicule bruns ; pattes fauve claire : point de tubercule , même rudimentaire , sous l'aiguillon. Long. tot. , 0,082; queue seule, 0,050.

De Cuba, par **M.** le **D. Al. Ricord**. Coll. **Mus**. de Paris.

40. Scorpion biaculé. (*S. biaculeatus.*)
(Pl. 23, fig. 1.)

Yeux latéraux découverts ; dessus du corps parsemé de petits tubercules réguliers, peu serrés ; arêtes caudales peu marquées, nulles au dernier anneau, qui est un peu plus grand que le pénultième ; une épine sous l'aiguillon ; 32 ou 34 dents aux peignes; mains des palpes à facettes séparées par des arêtes saillantes ; de petits tubercules épineux au bord antérieur du bras et de l'avant-bras ; main double de l'avant-bras en largeur, moins longue, à doigts allongés, grêles, le mobile pourvu à sa base d'une petite saillie répondant à une faible échancrure de l'autre. Long. tot. , 0,090 ; queue seule , 0,060; couleur cannelle noirâtre , un peu plus claire en dessous et aux appendices.

Scorp. biac., **Latr.**, Coll. — *Androctonus biaculeatus*, **Lucas**, *Hist. nat. des Canaries* par **Webb** et **Berthelot**, *Arach.*, p. 45.

Je l'ai acquis comme du Mexique, chez M. Parzudacki. De la Guyane, d'après la collection du Museum.

41. Scorpion obscur. (*S. obscurus.*)

Voisin des précédents : doigts ayant une fois et demie la longueur de la main qui est peu renflée, à cinq arêtes plus ou moins marquées au-dessus et à ses bords ; 22 dents aux peignes, couleur brun noir, un peu éclaircie à l'aiguillon. Long. tot. , 0,075 ; queue seule, 0,040.

De la Guyane, par MM. Leschenault et Doumerc. Coll. du Mus. de Paris - M. Parzudacki m'a vendu, comme de Mexico, un individu que je crois de la même espèce, et M. Justin Goudot m'en a communiqué qu'il avait rapportés de la Colombie.

42. Scorpion Pincette. (*S. forcipula.*)

Finement granuleux ; une sorte de sourcil au-dessus des yeux latéraux ; face supérieure de la queue en gouttière faiblement creusée ; la carène qui la borde spinifère aux deuxième troisième et quatrième anneaux ; aiguillon moins long que la vésicule, courbé ; celle-ci sub-aplatie en-dessus, granuleuse en-dessous, une petite épine sous l'aiguillon ; 15 à 16 dents aux peignes ; bras sub-quadrangulaires ; un rudiment de saillie spinifère au bord antérieur de l'avant-bras ; mains renflées, bulleuses, à peu près de la longueur des doigts ; le doigt fixe échancré à sa base, puis en saillie ; l'autre grêle, d'abord faiblement échancré, présentant ensuite une dent obtuse à la hauteur de l'échancrure de celui qui est mobile : les deux doigts ne sont en contact que vers leur pointe ; couleur générale brun-cannelle, un peu plus foncée au front, aux doigts, à la fin de la queue et surtout à sa face inférieure ; plus pâle aux peignes, sous le corps et au dernier article des tarses. Long. tot., 0,160 ; queue seule, 0,038 ; largeur de la main, 0,007.

Sc. cinn., P. Gerv., *Arch. Mus.*, III, av. fig.

De Colombie, par M. Justin Goudot. Il existait déjà à la collection du Muséum, mais sans désignation de pays.

43. Scorpion perlé. (*S. margaritatus.*)

Dessus du corps marqué de granulations régulières peu serrées ; un sourcil granuleux sur chaque œil médian, une petite gouttière est creusée en arrière, entre deux carènes de granules ;

une carène médiane de granules sur le gaster, à partir du troisième anneau, et, de chaque côté, un rudiment plus ou moins évident, d'une autre carène semblable ; carènes caudales grenues ; vésicule médiocre, avec une très-petite épine sous l'aiguillon ; doigts des maxilles courts ; palpes à arêtes granuleuses ; dessus de la main côtelé, plus large que l'avant-bras ; doigts un peu plus longs qu'elle ; 24 ou 25 dents aux peignes. Long. tot., 0,090 ; queue seule, 0,055.

P. Gervais, Zoologie de *la Bonite*, Aptères, pl. 1, fig. 13-17. De la Puna, dans le détroit de Malacca.

44. SCORPION SPINICAUDE. (*S. spinicaudus.*)

Yeux latéraux serrés dans une rainure superciliée ; dos finement tuberculé, surtout au bord postérieur des arceaux ; une saillie médiane ; queue à carènes peu saillantes, nulles en-dessous ; carène latéro-supère des deuxième et troisième anneaux terminée par une petite épine ; dernier anneau pas tout à fait une fois et demie aussi long que le pénultième ; un petit tubercule épineux au-dessous de l'aiguillon. 15 dents courtes aux peignes ; bras à quatre pans ; avant-bras sub-arrondi ; main peu renflée, à doigts plus longs qu'elle. Dessous du corps marbré de fauve sur un fond brun ; ces marbrures sur trois lignes longitudinales ; main également marbrée ; doigts pâles. Long. tot., 0,030.

Sc. spin., P. Gerv., *Arch. du Mus.*, III, av. fig. De Caffrerie, par feu Delalande. (Coll. Mus. de Paris.)

45. SCORPION PONCTUÉ. (*S. punctatus.*)

En apparence fort semblable au *S. armillatus*, il en diffère : finement granuleux en dessus ; une carène médiane sur l'abdomen ; cinquième anneau caudal un peu plus court ; un tubercule peu ou point épineux sous l'aiguillon ; une paire de sourcils granuleux aux yeux médians, commençant au front et se terminant en arrière dans une gouttière médiane. Six lignes longitudinales en saillie sur la main ; cinq sur l'avant-bras dont la face interne est un peu en saillie avec une petite épine à sa base. Corps châtain, varié de noir ; doigts bruns ; le châtain des bras et des pattes en ponctuations, ainsi que sous la queue, qui est plus foncée vers sa pointe et en dessous. Long. tot., 0,037.

S. punct., De Géer, *Mém.*, pl. 41, fig. 1. — *Sc. carolinensis?* Beauv., *Ins. d'Afr. et d'Amérique.*

De Colombie, par M. Justin Goudot. Je possède aussi du même pays (province de Santa-Fé) un exemplaire acquis de M. Parzudacki. Je n'ai pu lui voir que trois paires d'yeux latéraux.

46. Scorpion tacheté. (*S. maculatus.*)

De Géer, *Mém.*, VII, 343, pl. 41, fig. 9. (D'Amérique.)

47. Scorpion testacé. (*S. testaceus.*)

De Géer, *Mém.*, VII, 347, pl. 41, fig. 11. (D'Amérique.)

48. Scorpion de Péron. (*S. Peronii.*)

Voisin de l'*armillatus*, non marbré ; queue un peu plus grêle ; couleur générale jaunâtre sale ; 20 dents aux peignes. Long., 0,050 ; queue seule, 0,030.

De Timor par Péron et M. Lesueur ; de Bourbon par M. de Nivois ; de l'île de France, par feu M. Desjardins.

4.

TÉLÉGONES.

Yeux du vertex à peu près au milieu de la tête ; les latéraux petits, très-serrés, difficiles à bien voir, inégaux, l'intermédiaire un peu plus petit, et rangés en arc de cercle près de l'angle antérieur externe. Corps à peu près glabre, lisse presque partout ; bord antérieur du céphalothorax convexe, quelquefois un peu échancré ; queue médiocrement granuleuse sur ses arêtes, sans épine sous l'aiguillon, mains moyennement renflées, plus ou moins raccourcies ; mâchoires assez longues, les pattes postérieures plus longues, comprimées ; plus de 20 dents au peigne.

J'ai réuni dans cette section un petit nombre de Scorpions de l'Amérique méridionale qui ont, en effet, divers caractères communs, et dont la physionomie est bien reconnaissable.

C'est plutôt une extension du genre *Telegonus*, que ce genre lui-même, tel que nous l'avons caractérisé plus haut (p. 51).

M. Koch nomme l'espèce type de son genre Télégone :

49. Teleg. versicolor, *die Arachn.*, pl. 91, f. 207. (Du Brésil.)

Voici celles que j'ai observées :

50. SCORPION A BANDES. (*S. vittatus.*)

Corps lisse, luisant ; une impression bilatérale sur le céphalothorax à la hauteur de la deuxième paire de pattes ; arceaux supérieurs de l'abdomen bordés latéralement par un petit rebord
saillant et comme encadrés depuis le troisième jusqu'au sixième ;
une gouttière large, mais peu profonde, existe sur leur milieu ,
ils n'ont point de carènes longitudinales ; queue assez large ; le
premier anneau plus large que long , le deuxième à peu prés égal
dans les deux diamètres , le dernier n'a pas tout à fait une fois
et demie la longueur du pénultième. Leurs arêtes sont peu carénées en dessus, en dessous elles sont tout à fait émoussées ; la
partie postérieure du dernier anneau présente un ovale incomplet,
finement denticulé , et comme serratiforme sur le bord de l'anneau ; palpes trapus ; bras comme bordé à son extrémité antérieure
par un bourrelet ; avant-bras un peu bombé en dehors ; la main
est renflée, à doigts courts, obtus, finement denticulés à leur bord
de contact. Dents des peignes nombreuses. Une impression en
forme de fente longitudinale derrière les yeux du vertex. Couleur fauve d'écaille, testacée, passant au roux brun aux mains et
à la queue, dont les anneaux ont du brun en dessous à leur bord
postérieur ; du noirâtre au bord antérieur du céphalothorax,
et au bord postérieur des arceaux dorsaux du gaster. Longueur
sans les palpes, 0,050.

BUTHUS VITTATUS, Guérin, Zoologie *de la Coquille.—Sc. Ger-
vaisii, id., Iconogr. du règne anim., Arach.*, p. 10.

Coll. Mus. Provient de la province de Montévidéo , ainsi que
du Chili, du Pérou , et de la république argentine Cette espèce
est plus trapue que les suivantes. Nous en avons observé chez
lesquels les peignes ont moins de dents et dont les mains sont
plus courtes.

51. SCORPION DE D'ORBIGNY. (*S. Dorbignyi.*)

Fort semblable au précédent, mais à queue plus déprimée ,
finement serratiforme à son bord latéro - inférieur, surtout au
dernier anneau ; couleur fauve châtain ; doigts des mains brunâtres. Long. tot., 0,050 ; queue seule, 0,030.

S. Dorb., Guérin, *Iconogr. du règne anim. , Arachn.*, p. 10.
De Bolivie.

52. Scorpion d'Ehrenberg. (*S. Ehrenbergii.*)

Les six premiers anneaux de l'abdomen noirs en dessus, finement granuleux, à granules serrés, un peu plus saillants sur la seconde que sur la première partie de chaque anneau; queue plus longue que le corps, de force moyenne; ses deux carènes médio-supères visibles sur toutes les articulations; confondues à la dernière; une seule carène latéro-infère plus visible aux derniers articles qu'ailleurs, granuleuse à ce dernier article seulement; épine de la vésicule longue, noire à sa pointe; vésicule médiocre, granuleuse en dessous, lisse en dessus, ainsi que les parties non carénées de la queue; environ 40 dents à chaque peigne; bras à 4 pans irréguliers, granuleux aux arêtes; quelques granules entre les deux arêtes supérieures; main lisse, ayant un fort tubercule bulleux à sa face inférieure et à la naissance des doigts; bord de contact des doigts finement denticulé, à denticules décroissant de la base au sommet; quelques-uns plus gros, intervallés. Couleur fauve châtain, sauf au dos qui est brun. Long. totale sans les palpes, 0,068; queue seule, 0,040.

Scorpion d'Ehrenberg, P. Gerv., *Voyage de* la Bonite, *Aptères*, pl. 1, fig. 18-22.

De Payta et de Callao, au Pérou, par MM. Gaudichaud, Eydoux et Souleyet.

52 bis. Scorpion glabre. (*Scorpio glaber.*)

Peu différent du précédent, mais un peu plus grêle, sans renflement tuberculeux à la base du doigt fixe; corps presque lisse, plus brun.

Scorpion glabre, P. Gervais, *in* Eydoux et Souleyet, *Zool. de* la Bonite, *Aptères*, pl. 1, fig. 28-32.

Du Pérou. N'est peut-être qu'une variété du précédent.

5.

BUTHUS.

Trois yeux latéraux sur une même ligne, le postérieur plus petit, un peu reculé; mains cordiformes; céphalothorax échancré en avant.

1. Les *Buthus* de M. Koch, et une partie seulement de ceux de Leach forment une première section.

En tête se place le Scorpio afer (53).

On confond habituellement sous ce nom les scorpions de la plus grand taille, dont les palpes sont terminés par des mains plus ou moins cordiformes. Il y en a de 0,16 et même plus de longueur, depuis les mandibules jusqu'à l'aiguillon ; c'est tout un sous-genre dont les espèces ont besoin d'être étudiées avec soin. M. Koch a cru devoir distinguer celles qui suivent :

Buthus afer, *die Arachn.*, 1836, p. 17, pl. 79, f. 175. (D'Asie et d'Afrique.)

Buth. megacephalus, *ibid.* p. 73, pl. 97, f. 224. (Indes Orientales?)

Buth. cyaneus, *ibid.*, p. 75, pl. 98, f. 225. (Java.)

Buth. reticulatus, *ibid.* 1837, p. 25, pl. 115, f. 265. (Java.)

Buth. costimanus, *ibid.* p. 27, pl. 115, f. 266. (Java.)

Buth. heros, *ibid.* p. 1, pl. 109, f. 253. (Patrie ?)

Buth. defensor, *ibid.* p. 3, pl. 110, f. 254. (Mexico.)

Buth. fulvipes, *ibid.*, p. 45, pl. 121, f. 278. (Java.)

Les citations suivantes que nous prenons dans l'ouvrage de Herbst donnent l'indication des auteurs qui se sont occupés du *S. Afer.*

Linn., *Syst. nat.*, 2, 1038, sp. 3 ; *id.*, *Mus. Lud. Ulr.*, 429.

Fabricius , *Syst. Entom.*, p. 339 ; *Mant.*, I , p. 348 ; *Spec.*, *ins.*, p. 550, n. 3.

De Géer, *Mém.*, VII, p. 341, sp. 3.

Roësel, *Insect.*, III, pl. 65.

Swamm., *Bibl. nat.*, pl. 3, f. 3.

Seba, *Mus.*, I, pl., 70, f. 1.

Petiver, *Gazophil.*, pl. 13, f. 2.

Ajoutez-y :

Herbst, *Scorp.*, p. 38, pl. 1, f. 1.

Lucas, *Dict. univ. d'hist. nat.*, *Arachn.*, pl. 3.

Milne Edw., *Iconogr. du règne anim.*, *Arachn.*, pl. 17 et 18.

D'autres espèces à peu près de même forme, mais de taille moindre , portent les noms suivants :

54. Buthus granulatus, Koch, *Die Arachn.*, p. 46, pl. 122, f. 279. (De Grèce.)

55. Buth. (heterometrus) spinifer, Hempr. et Ehrenb., *loco cit.*, sp. 2 ; Ehr. *Sym. phys.*, pl. 1, f. 2.

Mains élargies, plus longues que larges, à doigts plus courts qu'elles ; avant-bras tuberculeux, épineux ; dernier article caudal plus large que l'avant-dernier; roux noir luisant, avec les derniers articles, les pieds et la vésicule de couleur brune ; yeux latéraux, égaux entre eux, mais inégalement espacés; avant-bras plus large que le bras, et garni de tubercules épineux; les pattes, les palpes et les derniers anneaux de la queue velus.

De l'Inde, communiqué aux auteurs cités par feu le docteur Morpuge, médecin à Alexandrie. J'y rapporte des Scorpions dont voici les caractères :'

Bord antérieur du cephalothorax échancré en sommet de cœur, parsemé de faibles tubercules rares, plus rares encore sur les arceaux de l'abdomen; queue subarrondie ; carènes caudales granuleuses, médiocres; carènes inférieures lisses sous les quatre premiers anneaux en deux paires; la médio-latérale bifide au premier ; les latéro-supères granuleuses; premier anneau égal dans ses deux diamètres, le cinquième, un peu plus long que le quatrième (:: 7 : 5) a trois carènes inférieures, une paire medio-latérale et une seule latéro-supère; bord postérieur crénelé en dessous avec une dent bilatérale ; vésicule suballongée ; maxilles dentées en scie; leurs mains lisses ; bras des palpes quadrangulaire, granuleux aux arêtes ; avant-bras émoussé au bord postérieur ; main cordiforme comme aréolée à doigts dentés en scie ; cinq denticules à l'externe, trois ou quatre à l'autre, alternes et placées dans une série de très-petites dents ; quelques longs poils sur les palpes et les pattes ; couleur, brun écailleux, luisant; peignes courts, à 11 dents. Long., 0.065, queue seule, 0,030 ; pattes plus pâles ; vésicule roux clair.

De la côte Malabare, par M. Dussumier.

56. Scorpion de Lesueur. (*S. Lesueurii.*)

Troisième paire d'yeux latéraux sur la même ligne que les autres, plus petite ; céphalothorax échancré en avant, lisse, ainsi que l'abdomen et le reste du corps sauf les carènes caudales ; anneaux de la queue épais et courts; une carène médio-latérale sur les premier, deuxième et troisième, et en rudiment sur le quatrième ; une seule latéro-supère au cinquième ; vésicule plus grande que l'aiguillon, aplatie en dessus, rugueuse en dessous ; aiguillon subitement courbé ; une épine obtuse à sa base ; 8 dents au peignes ; main cordiforme, à doigts courts, l'immobile le plus court ; couleur fauve testacé en dessus et sous la queue ; dessous de l'abdomen et pieds blonds ; quelques poils aux palpes, aux pieds et à la queue. Long. totale, 0,050.

S. *Les.*, P. Gerv; , *Archiv. Mus.* , III, av. fig.

Des États-Unis d'Amér. par M. Lesueur. Coll. du Mus. de Paris.

2. *Yeux médians plus ou moins reculés; troisième paire latérale plus petite que les deux autres, un peu en dedans ; mains cordiformes élargies à leur partie intérieure ; corps trapu; queue moyenne.*

* *Yeux médians très en arrière* : OPISTOPHTHALMUS, Koch.

57. SCORPION DU CAP. (*S. Capensis.*)

Granuleux sur les côtés du céphalotorax et les bras qui sont noirâtres ; milieu du céphalothorax à peu près lisse, arceaux supérieurs à peine granuleux, fauves, les inférieurs plus clairs ; un sillon longitudinal sur le céphalothorax qui est échancré en avant ; queue largement cannelée en dessus ; de 10 à 14 dents aux peignes ; mains en cœur irrégulier, granulées ; doigts noirâtres, à plusieurs dentelures ; quelques poils sur les palpes. Long. totale, 0,075 ; largeur des mains, 0,008.

Sc. Cap., Herbst, *Scorp.*, p. 62, pl. 5, f. 2, 3. — *Opistopht. cap.*, Koch, pl. 133, f. 308.

58. SCORPION DE CEYLAN. (*S. Ceylanicus.*)

Thorax plus convexe en dessus, échancré en avant, sillonné en arrière d'une ligne qui passe entre les yeux médians ; ceux-ci sur un tubercule linéaire ; corps glabre, marqué de deux points fauves au bord antérieur de ses arceaux ; anneaux de la queue cannelés en dessus, crénelés latéralement ; aiguillon allongé sétifère en dessous ; bras triquètres, granuleux à leurs arêtes ; mains granuleuses ; pattes comprimées, glabres, velues aux tarses ; de 13 à 17 dents aux peignes.

S. Ceyl., Herbst., *Scorp.*, p. 83. pl. 5, f. 1.

De l'île de Ceylan. Paraît voisin du précédent.

M. Koch ajoute :

59. OPISTOPHT. PILOSUS, Koch., *die Arachn.*, 1837, p. 91, pl. 134, f. 309. (De Java.)

60. OPISTOPHT. MAXILLOSUS, Koch, *die Arachn.*, 1837, p. 93, pl. 138, f. 310. (Patrie?)

** *Yeux médians à peu près au milieu du céphalotorax.*
BROTHEAS? Koch.

61. SCORPION PALMÉ. (*S. palmatus.*)

Forme générale du *S. Capensis.* Dessus du corps à peu près lisse, fauve brunâtre, uniforme; anneaux caudaux courts, ramassés, à carènes granuleuses, faibles; aiguillon et vésicule peu considérables; peignes courts, à 9 ou 10 dents; mains fortes, épatées, plus larges que longues, grenues en dessus, doigt courts, avec une faible échancrure à la base de l'interne pour une saillie de l'externe; granules et doigts plus foncés ou noirâtres; bras à peine granuleux entre les arètes; vésicule médiocre, plus claire ainsi que les pattes, et le dessous du corps. Long. totale, 0,070; largeur de la main, 0,010.

Buth. (heterometrus) *palmatus*, Hempr. et Ehrenb., *loc..cit* sp.; Ehr., *Symb. phys.* pl. 1, f. 1.

Du mont Liban, du Sinaï, de l'Égypte inférieure et supérieure. M. Koch fait une espèce distincte de ceux d'Algérie (*B. testaceus*).

62. SCORPION DE WHITE. (*S. Whitei.*)

La troisième paire d'yeux latéraux sur la même ligne que les autres et aussi grosse, mais plus distants; front échancré comme dans les *S. afer* et les *Ischnurus*; dessus du corps lisse, à impressions du céphalothorax peu marquées; queue moyenne, plus granuleuse sur ses arètes, l'aiguillon beaucoup plus court que la vésicule, avec un tubercule émoussé au-dessous de lui; peignes assez grands; dents? bras quadrangulaires; avant-bras pourvus d'un denticule antérieur; mains sub-cordiformes, à doigts courts, denticulés à leur bord de contact avec des tubercules plus gros que les autres par intervalles; corps, palpes et queue d'un brun noirâtre; pattes plus pâles. Queue et corps, 0,065; palpes, 0,035; largeur de la main, 0,008; queue seule, 0,035; vésicule et aiguillon, 0,006.

Scorp. Whitei, Gerv.. *British Museum,* 1842.

J'ai dédié cette espèce à **M**. White, entomologiste distingué, attaché au Musée britannique. Elle vient de Mexico.

3. *Trois paires d'yeux latéraux serrés sur une même ligne, l'antérieur et le postérieur plus petits.*

63. Scorpion écaille. (*S. squama.*)

Lisse, brillant ; arceaux supérieurs et inférieurs du gaster petits ; queue à peu près de la longueur du corps ; dernier anneau presque double du précédent ; le premier plus large que long ; carènes peu marquées ; une paire de latero-infères et deux de latero-supères ; vésicule faible, sub-allongée, sans épine sous l'aiguillon qui est court ; bras quadrangulaire ; avant-bras un peu renflé au bord antérieur ; main à peine plus grosse que la vésicule, sub-allongée, aussi longue que les doigts ; ceux-ci appliqués ; 16-17 dents aux peignes ; couleur d'écaille variée de noir verdâtre et de roussâtre ; mains et aiguillon roussâtres. Long. tot., 0,036 ; queue seule, 0,017.

De Vandiemen, par MM. Quoy et Gaimard ; 1829. Il est intermédiaire aux Buthus et aux Télégones, mais plus voisin de ceux-ci.

6.

CHACTAS.

Deux paires d'yeux seulement ; mains cordiformes, aspect des Buthus et des Télégones ; peignes très-peu dentés.

64. Scorpion maure. (*S. maurus.*)

Finement granuleux, à l'exception du dessous de l'abdomen ; paire d'yeux latérale antérieure, la plus petite ; un étranglement bilatéral du céphalothorax. Premier article caudal plus large que long ; le pénultième un peu plus long que large ; le dernier ayant un peu plus de deux fois sa longueur. Carènes peu senties ; vésicule cordiforme, aplatie en dessus, renflée en dessous, sans épines sous l'aiguillon ; dix lames aux peignes. Palpes trapus ; bras et avant-bras quadrangulaires, à arêtes granuleuses ; point de tubercule dentiforme à leur bord antérieur ; main renflée, cordiforme allongée ; doigts à peine aussi longs qu'elle, finement denticulés à leur bord de contact, sans échancrures, obtus à leur extrémité. Quelques poils fins aux pattes et aux palpes. Couleur roux-cannelle, passant au noir sur les pattes et le céphalothorax. Long. tot., 0,055 ; queue seule, 0,036.

S. maurus, De Géer, *Mém.* VII, p. 337, pl. 40, fig. 1-8. — Herbst, *Scorp.*, pl. 52, pl. 6, f. 4.

De l'Amérique mérid. Le Muséum en possède un, pris à Bordeaux, mais que l'on supposait avoir été amené d'Amérique avec

des marchandises. Est-ce bien l'espèce vue par les auteurs cités,
et que de Géer donne comme d'Afrique et d'Amérique, Herbst
comme d'Amérique seulement? Je suis fort disposé à le croire.
Ses yeux sont en même nombre, etc. Mais, s'il en est ainsi, comment s'expliquer que M. Koch fasse de son *Scorpio maurus* (*die
Arachn.*, pl. 139, f. 319) une espèce de son genre *Brotheas* dans
la famille des Buthides ou Scorpions à huit yeux. Dans son *Arachnidensystems*, il lui donne en effet la formule oculaire des Buthus voisins du *Sc. palmatus*; mais, la planche citée plus haut,
montre deux paires d'yeux latéraux seulement.

64. Scorpion de Vanbeneden. (*Sc. Vanbenedenii.*)

Céphalothorax lisse, peu échancré au chanfrein; yeux médians
assez en avant. Arceaux supérieurs de l'abdomen également
lisses, marginés; queue plus longue que le corps, finement cannelée en dessus à son milieu, un peu granuleuse, mais sans arêtes;
aiguillon court. Neuf dents aux peignes; palpes grêles, longs, irrégulièrement tétraèdres au bras et à l'avant-bras. Main de la longueur de l'avant-bras, subcylindrique-allongée, plus large que
l'avant-bras, à doigts plus courts qu'elle. Corps luisant, de couleur brun cannelle, plus pâle aux pattes et en dessous. Long. 0,045.

Sc. Vanb., P. Gerv. et Goudot, *Arch. Mus.*, III, avec fig.

De Colombie, par M. Justin Goudot. Il y en a qui sont fort voisins, mais plus forts, plus trapus et à bras plus gros, et que
nous croyons de la même espèce. La collection du Muséum en
possédait sans désignation de pays.

65. Scorpion grenu. (*S. granosus.*)

Finement granuleux sur tout le corps et sur les pattes; les
deux paires d'yeux latéraux petites; point de carènes medio-dor-
sales; deux paires de petites carènes latérales au dernier arceau
supérieur de l'abdomen; arêtes caudales relevées de petits granules; dernier anneau plus que double du pénultième, plus élevé
à sa base qu'à son autre extrémité; vésicule suballongée ainsi que
l'aiguillon. Trois dents aux peignes; palpes un peu déprimés;
mains doubles de la largeur de l'avant-bras; une épine au bord
antérieur de celui-ci. Long. totale : 0,025; queue seule, 0,014;
largeur de la main, 0,0015. Tout noir.

Sc. gran., P. Gerv., *Arch. Mus.*, III, avec fig.

De Mexico. Je l'ai acquis de M. Parzudacki.

7.

SCORPIUS.

Deux yeux latéraux ; mains plus ou moins anguleuses, aplaties ; queue grêle, faible.

Ce sont les *Scorpius* d'Hemprich et Ehrenberg ;
M. Koch en fait une famille.

66. Scorpion d'Hardwicke. (*Scorpio Hardwickii.*)

Tête échancrée en avant, une série de petits tubercules borde
l'échancrure et va jusqu'auprès des yeux médians. Anneaux du
corps très-finement tuberculés ; queue un peu plus large que
celle du *Sc. Europæus* ; deux fines paires de lignes crénelées à sa
face supérieure, deux également à l'inférieure ; le dernier anneau à peu près double du pénultième. Vésicule sub-allongée ;
peignes à cinq ou six dents. Épine médiane de la face antérieure de l'avant-bras peu marquée. Doigts peu ou point crénelés à leur bord de contact ; doigt fixe plus court.

Taille un peu supérieure à celle du *Scorpio Europæus*. Couleur noirâtre avec des reflets verdâtres sur les mains et le dos.
Vésicule et tarses plus clairs. Long. du corps et de la queue,
0,035.

Scorpius Hardw., Gerv., *British Museum.*

Rapporté de l'Himalaya (Népaul) par le général Hardwicke.
Un caractère remarquable de ce Scorpion est celui de son second
œil latéral qui tend à se diviser en deux. C'est une espèce qui lie
les *Ischnurus* aux *Scorpius* ; elle tend aussi vers les *Chactas*
par sa queue un peu plus forte que chez les *Ischnurus* et les
Scorpius.

67. Scorpion d'Awhasie. (*S. Awhasicus*).

Brun en dessus, fauve en dessous ; de six à neuf dents aux
peignes ; vésicule et aiguillon fauves.

Sc. awh., Nordmann, *Faun. pont.*, p. 731, *Arachn.*, pl. 1,
f. 4.

De la côte d'Awhasie. Il est commun à Suchum-Kali, Poti, etc.

68. Scorpion gibbeux. (*S. gibbosus*).

Jaune sale, verdâtre sur le corps ; dos, queue, palpes et pattes
carénés ; dos tri-caréné ; douze tubercules aux carènes caudales ;

dernier segment caudal un peu plus long que le précédent. Vésicule ovoïde, à aiguillon noirâtre. Long. 0,070.

Sc. gibbosus, Brullé, *Expéd. fr. en Morée, Zool.*, p.59.

De Morée.

70. SCORPION FLAVICAUDE. (*S. flavicaudus.*)
(Pl. 23, fig. 4.)

L'une des plus petites espèces ; son corps est à peu près lisse, peu échancré au chaperon ; sa queue grêle et peu allongée, à vésicule faible et très-finement crénelée à son arête latéro-supère des quatre premiers anneaux, les autres arêtes étant à peine senties ; le cinquième article plat au – dessus en manque complétement ; il est deux fois et demie aussi long que le précédent ; environ 8 dents aux peignes ; bras et avant-bras irrégulièrement tétraèdre ; une épine au bord antérieur de celui-ci ; mains aplaties au côté interne, dièdres au côté externe ; doigts de leur longueur, courbés en dedans, un peu sinueux à leur bord de contact. Couleur brun roux, avec les pattes et la vésicule fauves, ainsi que le dessous du corps. Long. habituelle, 0,030 à 35 ; largeur de la main, 0,004.

Sc. flavicaudus, De Géer, VII, 339 pl. 40, fig. 11-13, *non Europ.*, id.—*Sc. Europœus,* Schrank.—*Sc. Germanicus,* Schœffer, *Elementa*, pl. 113.—Herbst, *Scorp.*, p. 71, pl. 1, fig. 3. — *Sc. terminalis,* Brullé, *Expéd. franç. en Morée, Zool.* p.59, pl. 59, fig.3.—*Sc. Europ.*, Edwards, *Iconogr. du Règ. anim., Arach.*, pl. 19, f. 2.

Les *Sc. Europœus, Germanicus* et *terminalis*, sont bien certainement de même espèce, et cette espèce existe dans tout le midi de l'Europe, depuis la Crimée jusqu'en Espagne ; on la trouve aussi en divers points de l'Europe tempérée, et elle est aussi de Barbarie. Dans certaines localités elle parait différer, et l'on conçoit même qu'il faille en distinger le

Sc. ITALICUS, Roesel, III ; pl. 66, fig. 1-2 ; Herbst, *Scorp.*, p. 70, pl. 1, f. 2; Koch, *Die Arach.*, pl. 104, f. 242 à 243 ; mais nous ne le possédons pas.

Quoiqu'il y ait plusieurs espèces de cette forme, M. Koch a été beaucoup plus loin, trop loin sans doute, en distinguant comme autant d'espèces :

SCORPIO MASSILIENSIS , *Die Arach.*, pl. 103, f. 237 ♂, 238♀, et f. 239 variété. (De Marseille.)

Scorp. naupliensis, *ibid.*, pl. 104, f. 240.
Scorp. aquilesiensis, *ibid.*, pl. 105, f. 244.
Scorp. rufus, *ibid.*, pl. 106, f. 245.
Scorp. sicanus, *ibid.*, pl. 107, f. 249.
Scorp. concinnus, *ibid.*, pl. 106, f. 246.
Scorp. tergestinus, *ibid.*, pl. 107, f. 247, 248.
Scorp. carpathicus, *ibid.*, pl. 111, f. 235.
Scorp. algericus, *ibid.*, pl. 145, f. 340.
Scorp. tauricus, *ibid.*, pl. 255 ; le *Sc. Europæus tauricus*, Nordm., *Fauna pontica*, p. 731, *Arachn.*, pl. 1, f. 3.

On reçoit de la Nouvelle-Hollande, de l'Inde, et de quelques autres localités, des Scorpions fort rapprochés du *Sc. flavicaudus* pour la forme, mais qui sont des *Ischnurus*, c'est-à-dire des Scorpions à trois paires d'yeux, tout à fait latéraux, et à céphalothorax échancré.

8.

ISCHNURES.

Ces espèces, dont nous avons augmenté le nombre, ont les yeux du vertex entre le premier et le deuxième tiers de la tête; les latéraux, au nombre de trois égaux ou à peu près égaux, placés sur une même ligne sur le bord antérieur externe; une échancrure au bord antérieur ; thoracogastre et abdomen déprimés, élargis ; queue plus petite ou seulement égale au thoracogastre, grêle, rarement plus allongée, à vésicule petite, sans épine sous l'aiguillon; palpes grands, élargis et aplatis, ainsi que le corps.

M. Koch a établi sous les noms génériques d'*Ischnurus* et *Sisyphus* le groupe dont il est ici question.

Les *Ischnurus* connus viennent de l'Inde et de l'Australasie. MM. Lebas et Justin Goudot viennent d'en rapporter une espèce de Colombie ; nous en avons aussi une du cap de Bonne-Espérance. On pourrait placer à leur tête comme les liant avec le groupe des Buthus.

71. SCORPION LONGUE-MAIN. (*Sc. longimanus.*)

Herbst, *Scorp.*, p. 42, pl. 2, f. 1. D'Afrique.

L'ISCHN. OCHROPUS, Koch, *Die Arachn.*, pl. 127, f. 293. (Patrie?) paraît voisin du *Sc. longimanus*.

72. SCORPION LARGE. (*S. elatus.*)

Palpes granuleux ; une épine au près de l'articulation de l'avant-bras ; doigt fixe plus ou moins échancré à sa base ; troisième œil latéral un peu rentré ; 12 dents aux peignes. Long. tot., 0,042 ; queue seule ; 0,018. Une variété plus grande a 1,075 de longueur totale.

Sc. elatus, P. Gerv., *Arch. Mus.*, III, av. fig.

De Colombie, par M. Lebas. Coll. du Mus., et par M. Goudot.

73. SCORPION DE WAIGIOU. (*S. Waigiensis.*)

L'œil latéral de la seconde paire un peu plus gros que les autres ; corps aplati, un peu rude, ainsi que la queue, dont les carènes sont à peine marquées, au contraire de sa gouttière médio-supère ; point de tubercule sous l'aiguillon ; 8 dents aux peignes. De couleur ferrugineux foncé, plus clair aux pattes et à l'aiguillon. Long. tot., 0,050 ; queue seule, 0,023.

Sc. Waig., P. Gerv., *Arch. Mus.*, III, av. fig.

Un Scorpion de cette espèce, qui faisait partie de la Collection de Latreille, a été cédé au Muséum par M. l'abbé Blondeau ; il était étiqueté comme provenant de l'île de Waigiou.

74. ISCHN. AUSTRALASIÆ, Koch, *die Arachn.*, pl. 128, f. 290. — *Non Sc. Austr.*, Fabr., *Syst. ent.*, p. 339, sp. 15.

75. ISCHN. COMPLANATUS, *Die Arachn.*, p. 128, f. 225 ; *Arachnidensyst.*, pl. 6, f. 69, peut-être le SCORPIO GRACILICAUDA de M. Guérin, *Iconogr. du règne animal.*, *Arachn.* p. 11 ; 1843. (de Java.)

76. ISCHNURUS COMPLANATUS de M. Koch, pl. 128, f. 295.

77. SCORPION DE CUMING. (*Scorpio Cumingii.*)

Corps lisse en dessus, mais paraissant finement granulé quand on l'examine à la loupe. Les trois yeux latéraux bien distincts, très-rapprochés entre eux ; queue étroite assez courte, à vésicule, sub-allongée ; point de crénelures distinctes à la face supérieure de la queue qui présente une rainure médiane ; ses anneaux croissent faiblement du premier au pénultième : le dernier est de

moitié plus long que celui-ci ; point de crénelures inférieures ;
une rainure médio-infère ; 6 dents à chaque peigne. Avant-bras
et main du palpe aplatis, finement granulés, à tubercules plus
gros sur les arètes ; un tubercule en épine au bord antérieur de l'avant-bras ; doigt mobile sans saillies dentées, finement crénelé, un peu concave à son bord interne ; l'immobile un
peu convexe au bord correspondant, légèrement unciné. Couleur brun noir sur le thorax, les palpes, les pattes et la queue,
dont la vésicule est testacée-châtain, ainsi, que son aiguillon,
les tarses et le dessous du corps. Queue et corps, 0,040 ; palpes,
0,032 ; largeur de la main, 0,007.

Scorp. Cum., Gerv., *Brit. Mus.* ; 1842 ; an *I. complanatus* ?
Habite les *îles Philippines* ; il a été rapporté par M. Cuming.

78. Scorpion trichiure. (*Scorpio trichiurus.*)

Aplati ; queue très-comprimée, à carènes latéro-supères dentées, avec une forte épine terminale et des poils assez longs et
nombreux sur ses anneaux. Longueur du céphalogastre, 0,035 ;
de la queue, sans la vésicule, 0,046.

Sc. trich., P. Gerv., *Arch. Mus.*, III, avec fig.
De Cafrerie, par feu Delalande. Coll. Mus.

Scorpions fossiles.

M. Buckland résume, dans son ouvrage sur la *Géologie et la
Minéralogie*, les principaux faits relatifs à un Scorpion fossile
de l'ancienne formation houillère, en Bohême. Nous empruntons ce qui va suivre à la traduction française de son livre, donnée par M. Doyère : « Une communication faite par mon ami le
comte de Sternberg aux membres du Musée national de Bohême (Prague 1835), renferme la description d'un Scorpion fossile qu'il a découvert dans l'ancienne formation houillère du
village de Chomle, près de Radnitz, au sud-est de Prague. Ce
fossile important, le premier de cette sorte que l'on ait découvert, le fut en juillet 1834, dans une carrière située vers la lisière
de ce terrain, près d'un endroit où l'on extrait de la houille depuis le XVIe siècle. On a rencontré, dans cette même carrière,
quatre troncs d'arbres dressés et de nombreux débris de végétaux de même nature que ceux de la grande formation houillère
de l'Angleterre.

» Plusieurs dessins de ce Scorpion furent mis sous les yeux d'une commission lors de l'assemblée des naturalistes et des médecins de l'Allemagne, à Stuttgard, en 1834; nous empruntons au rapport qui en fut fait les diverses particularités qui suivent, et c'est aussi d'après les figures jointes au rapport (1) que nous avons copié celles de notre pl. 16.

«Le Scorpion fossile diffère des espèces actuelles, moins par sa structure générale que par la position de ses yeux. Par rapport à ces derniers organes, le genre *Androctonus* est celui dont il se rapproche davantage. Ce genre a aussi douze yeux, mais disposés autrement que dans l'espèce fossile. C'est à cause de la disposition a peu près circulaire, qu'affectent ces organes chez ce dernier animal, que l'on en a fait un genre nouveau sous le nom de CYCLOPHTHALMUS.

» Les orbites (sans doute les cavités des crystallins), où étaient contenus ces douze yeux, sont dans un état parfait de conservation. Un des petits yeux (yeux latéraux ?), et le grand œil (œil médian ?), du côté gauche ont conservé leur forme en même temps que leur cornée qui est plissée. L'intérieur est rempli d'une substance terreuse.

» Les mandibules sont également très-distinctes, mais elles sont dans une position renversée; chacune offre trois dents saillantes, et si l'on examine l'une d'elles, sous un grossissement convenable, on y voit les poils qui recouvrent la lame cornée dont elle est revêtue.

» Les anneaux thoraciques qui paraissent être au nombre de huit, et ceux de la queue, sont trop disloqués pour que l'on en puisse facilement distinguer le nombre, mais ils diffèrent de ce que l'on observe dans toutes les espèces connues. La vue de la face dorsale a été obtenue en taillant la pierre par la face postérieure.

» On voit très-bien dans la fig. 2, l'animal par sa face inférieure et le palpe droit terminé par les pinces qui caractérisent ce genre Cette pince et l'abdomen sont séparés par une graine fossile carbonisée, d'une espèce commune dans la formation houillère.

» L'enveloppe cornée de ce Scorpion est dans l'état de conservation le plus extraordinaire, car elle n'est ni décomposée ni carbonisée. La substance propre, *chitine* ou *élytrine*, qui composait probablement cette enveloppe, comme les élytres des Scarabées, a résisté à la décomposition et à la minéralisation. Elle se détache facilement, et elle est élastique, translucide et cornée; deux couches la constituent, dont chacune a conservé la structure qui lui est propre, l'extérieure est rugueuse, très-opaque, et d'une couleur noir brun;

____

(1) *Trans. du musée de Bohême*, avril 1835.

la couche interne au contraire est plus molle, de couleur jaune,
moins élastique; elle est organisée du reste comme la lame externe.
On voit, à l'aide du microscope, que chacune de ces deux lames
est formée de cellules hexagonales, séparées par de fortes cloisons,
d'espace en espace, elles sont traversées par des pores toujours ou-
verts, et qui présentent chacun une aréole enfoncée, ayant à son
centre une petite ouverture qui sert d'orifice à une *trachée*. On
voit dans la figure 7, l'impression des fibres musculaires, destinées
à mettre les pattes en mouvement.

» Toutes les analogies déduites des espèces actuelles nous permettent de poser en fait que la présence de grandes espèces de
Scorpions est un indice certain de la température élevée du
climat sous lequel ils habitent; et cette conséquence est parfaitement en harmonie avec l'aspect tropical des végétaux auxquels le Scorpion est associé dans le terrain houiller de Bohème.»

M. Bronn signale le genre scorpion parmi ceux dont on a
trouvé des espèces dans le succin.

§ 4.

MM. Hemprich et Ehrenberg ont résumé ainsi les
résultats de leurs études, relativement à la *distribution géographique* des Scorpions :

Les *Centrurus* sont Américains; il y a aussi des
Buthus en Amérique, mais l'Europe n'a pas d'animaux de ces deux genres. On ne lui connaît que des
Androctonus et des *Scorpius*, et dans ses parties
australes seulement. Les *Androctonus* et les *Buthus*
sont les seuls Scorpions de l'Afrique boréale et de
l'Asie occidentale. »

Voici les résultats auxquels nous sommes arrivé
dans notre travail sur les mêmes animaux :

Les Scorpions sont soumis à l'une des règles les
plus générales de la géographie zoologique. L'Amérique, dans ses parties chaudes ou tempérées, n'a aucune des espèces de l'ancien monde, et comme ces
animaux s'avancent peu vers le nord, on comprend que

la différence des espèces du nouveau et de l'ancien continent soit un fait complétement vrai pour ce groupe d'Arachnides. Dans chaque continent, la dispersion des espèces paraît assez étendue : la Colombie nous a fourni une ou deux espèces de la Guyane ; l'Europe, l'Asie et l'Afrique ont deux espèces communes, mais dans leurs régions méditerranéennes seulement.

Le premier groupe des Scorpions ou les *Androctones* ne nous a fourni que des espèces de l'ancien monde : une seule en Europe, celle qui lui est commune, avec l'ouest de l'Asie et le nord de l'Afrique ; quelques-unes en Asie, et un plus grand nombre en Afrique. Madagascar ne nous a donné jusqu'ici qu'une seule espèce, laquelle est un Androctone (1).

Les recherches de MM. Hemprich et Ehrenberg, et plus récemment celles de M. Koch, ne leur ont fourni que des espèces américaines de *Centrurus*.

Les *Atreus* sont de l'ancien et du nouveau monde ; on n'en a pas observé en Europe. Ceux d'Amérique sont les plus variés en espèces.

Les *Telegonus* sont de l'Amérique ; une espèce de la Nouvelle-Hollande (*Sc. squama*, p. 64) se rapproche beaucoup de leur groupe ; ils ne sont pas nombreux en espèces.

Les *Buthus* proprement dits sont d'Afrique, d'Asie, et de l'Amérique septentrionale.

Les *Chactas* ou le *Scorpio maurus* et espèces voisines sont de l'Amérique chaude.

Les *Scorpius* habitent l'ancien monde, dans l'hémisphère boréal et principalement dans la région méditerranéenne.

---

(1) M. Koch donne le *Scorpio bahiensis* de Perty comme un Androctonide du genre qu'il nomme *Tityus*. Voyez p. 39.

Au contraire, il n'y a pas d'*Ischnurus* dans la même région, ceux-ci provenant de l'hémisphère austral, en Afrique, ou de l'Inde, dans ses îles et sur le continent, et même de l'Amérique septentrionale.

On ne peut rien conclure encore au sujet des Scorpions fossiles; ce que l'on en a dit a même besoin d'être revu d'une manière comparative.

III.

CHÉLIFÈRES.

On ne doit y reconnaître qu'un seul véritable genre, mais subdivisé avec raison par Leach et d'autres auteurs en deux groupes, dont nous ferons des sous-genres.

Genre CHÉLIFER. (*Chelifer.*) (1)

Corps multi-articulé, scorpioïde, sans prolongement uroïde de l'abdomen, sans queue, sans aiguillon, ni appendices pectiniformes de l'appareil génital. Anneaux de l'abdomen sub-semblables.

Appendices masticateurs et ambulatoires comme dans les Scorpions.

Deux ou quatre yeux sur le bouclier céphalothoracique en une ou deux paires; point d'yeux médians ou du vertex.

Respiration trachéenne.

Reproduction ovipare.

Taille beaucoup plus petite que celle des Scorpions.

---

(1) Chelifer, Geoffroy, *Ins. des environs de Paris*, II, 618. — *Faux Scorpions*, De Géer, VII, 349. — Latreille, *Genera*, I, 132. — Leach, *Trans. linn. soc.*, XI; *id.*, *Zoolog. miscellany*, t. III. — Hermann, *Mém. aptérol.* — De Théïs, *Ann. sc. n.*, 1re série, t. XXVII. — Koch et Hahn, *die Arachn.*; *iid.*, *Deutschl. Crust.*, *Myriap. und Insekten.*

Les Chélifères, qu'on appelle également *Pinces*, vivent dans les mêmes pays que les Scorpions et se voient aussi dans des régions où l'on ne rencontre point ces derniers. Il y en a fort avant dans le nord de l'Europe et partout leurs habitudes sont les mêmes. Ces petits animaux se tiennent à la surface du sol humide sous les plantes herbacées ou sous la mousse ; il y en a aussi dans les forêts, sous l'écorce de certains arbres, et il en est d'autres espèces qui fréquentent les habitations et se fourrent souvent dans les papiers, les livres ou les herbiers. Ces Pinces ont été des premières connues, leur analogie avec les Scorpions a frappé de tout temps les observateurs ; Aristote, en parlant du Scorpion, dit qu'il a des pinces, comme en a aussi, ajoute-t-il, cette petite espèce de Scorpion qui s'engendre dans les livres (*Hist.* liv. iv, chap. vii). Ailleurs il dit que les Scorpions de cette sorte, qu'il nomme σκορπιώδης, sont extrêmement petits et n'ont pas de queue. M. Pouchet, dans son traité d'histoire naturelle (1), dit qu'on en a trouvé qui étaient parasites de la mouche domestique. Hermann avait déjà observé un fait analogue.

Pendant longtemps, les animaux qui nous occupent ont conservé le nom de Scorpions, et Aldrovande qui les a reconnus pour être ceux dont avait parlé Aristote, les appelle *Scorpio librarius*. Swarmmerdam en a également fait mention comme de *petits Scorpions sans queue*, mais dans la description qu'il en donne il ne leur assigne que six pattes. Pour Frisch, ce sont des *Araignés-Scorpions*. Geoffroy accepta cette dénomination et de plus il établit pour recevoir les ani-

____

(1) *Zool. class.*, II, 216 ; 1841.

maux qu'il indique et qu'il appelle aussi des *Pinces*, un genre particulier sous le nom de *Chélifer*.

En 1778, De Géer admet ce genre, mais en remplaçant par celui de *faux Scorpions* le mot *Pinces* qui dénote une partie même des *Chelifer* et lui semble pour cette raison devoir être repoussé.

Ces insectes étaient d'abord pour Linné des *Acarus* et dans la Faune suédoise il en parle sous le nom d'*Acarus cancroides*; plus tard dans la douzième édition du *Systema naturæ*, il les reporta parmi les *Phalangium*. Roesel en avait fait plus heureusement des espèces du genre *scorpio*, ce qu'adopta Fabricius, et c'est en se guidant d'après les mêmes considérations que ce célèbre entomologiste, que Latreille, dans son *Genera crustaceorum*, tout en adoptant le genre *Chelifer* comme distinct de celui des Scorpions, le rapporte néanmoins, à la même famille, celle des *Scorpionides*. Plus tard, il fit passer les Chélifères dans l'ordre des Arachnides trachéennes et les Scorpions dans celui des pulmonaires.

Pour Illiger, le mot *Obisium* remplace celui de *Chelifer*; mais en 1814, Leach, considérant que les Pinces ont deux ou une seule paire d'yeux, donna à chacun des mots *Chélifer* et *Obisium* une signification particulière, chacun d'eux s'appliquant alors à un genre de ce groupe.

Nous devons encore citer parmi les auteurs qui ont le plus avancé nos connaissances au sujet des Pinces, Hermann, Leach, et MM. Savigny, de Théis, Hahn et Koch, qui ont fait connaître aussi plusieurs espèces de ces animaux.

Le nombre des espèces de Pinces européennes que l'on connaît est présentement assez considérable, et des pays plus ou moins éloignés en ont aussi fourni. Nous en avons reçu de Barbarie, quelques-unes de celles d'Égypte sont figurées par Savigny qui donne même à leur égard les détails iconographiques les plus circonstanciés que nous ayons.

Tréviranus a traité de l'anatomie de ces animaux dans les *Vermischte Schriften*, I, p. 15, pl. 2 ; 1816.

1.

CHÉLIFERS.

Une seule paire d'yeux ; céphalothorax marqué d'un sillon transversal. CHELIFER, Leach.

1. CHELIFER CANCROÏDE. (*Chelifer cancroïdes.*)

Brun obscur, plus pâle en dessous ; palpes forts, peu velus ainsi que les pattes ; longueur depuis les maxilles jusqu'à l'extrémité de l'abdomen, 1 ½ ligne (0,004).

Phalangium cancroïdes, Linn., *Syst. nat.*, ed. XII.—*Chelifer fuscus*, Geoffroy, *Hist. des Ins.*, II, 618. — *Chelifer Europæus*, de Géer, *Mémoires* VII, 355, pl. 15, f. 14-15. — *Chelif. cancroïdes*, Latr., *Hist. nat. crust. et ins.*, VII, 141, pl. 61, f. 2.—De Théis, *Ann. sc. nat.*, 1re série, XXVII, p. 69, pl. 3.

Ce Chelifer vit dans les lieux ombragés et aussi dans les appartements. Il se fourre fréquemment dans les livres, les herbiers, etc. Mais il partage cette habitude avec plusieurs autres.

Roesel, et depuis lors M. de Théis, ont observé ses œufs. Voici ce que dit à cet égard le second de ces naturalistes :

« Le 13 juin, j'ai trouvé, sous des feuilles, sur la terre humide d'une allée de jardin, une Pince cancroïde femelle ; en l'examinant avec attention, je m'aperçus qu'elle portait ses œufs ramassés en pelote et collés sous son abdomen. Ces œufs ne tardèrent pas à se détacher du corps de l'insecte, que j'avais mis dans un tube de verre. Ils étaient au nombre de vingt-deux, ovales, jaunâtres, transparents et agglutinés entre eux. Cette observation confirme celle de Kleemann, rapportée par M. Hermann, à l'appui de celle de son père. » M. de Théis n'admet pas avec Hermann que les Chelifer puissent filer.

2. CHELIFER CIMICOÏDE (*Chelifer cimicoïdes.*)

Palpes médiocres à mains courtes, sub-ovales, velues ; abdomen ovale ; couleur de brique ; pieds plus pâles.

Scorpio cimicoïdes, Fabr., *Entom. syst.*, II, 436. — *Chelif. parasita,* Herm., *Mém. aptérol.*, p. 117, pl. 7, f. 6.

Latreille donne comme synonymes les *Chelifer cimicoïdes* et *parasita ;* le premier est indiqué comme vivant en Europe, sous l'écorce des arbres ; le second a été trouvé adhérent à une mouche, auprès de Strasbourg.

3. CHELIFER DES MOUSSES. (*Chelifer muscorum.*)

Mains et doigts allongés ; ceux-ci un peu fléchis en dedans, peu développés ; thorax presque carré ; yeux entre les palpes et la première paire de pinces, sur le côté ; abdomen ovale allongé, avec un petit appendice en forme de bouton à son dernier article.

Obis. musc., Leach, *Zool. misc.*, pl. 141, f. 3. — de Théis, *Ann. sc. n.*, 1re série, XXVII, pl. 1, f. 4.

D'Angleterre, et de France, dans la forêt de Saint-Gobain (dépt. de l'Aisne). La femelle a jusqu'à deux lignes (0,005) de longueur, pour le corps. La couleur est roussâtre, avec onze anneaux d'un jaune-clair sur l'abdomen, et une bande longitudinale de même couleur.

4. CHELIFER DE LATREILLE. (*Chelifer Latreillii.*)

Leach, *Zool. misc.*, pl. 142, f. 5. (Angleterre.)

5. CHELIFER D'OLFERS. (*Chelifer Olfersii.*)

Leach, *Zool. misc.*, ibid., f. 2. (Angleterre.)

6. CHELIFER FASCIÉ. (*Chelifer fasciatus.*)

Abdomen couvert de poils aplatis, fascié transversalement ; main renflée.

Chelifer fasc., Koch, *Arachn.*, pl. 23. — Lamk., *Hist. anim. s. vert.*, g. Chelifer, sp. 2. — *Chelifer Geoffroy*, Leach, *Zool. misc.*, III, 50, pl. 142, f. 1.

Habite en Europe.

7. CHELIFER SCORPIOÏDE (*Chelifer scorpioïdes.*)

Voisin du *Ch. cancroïdes*. Long., 1 ¼ de ligne (0,0055.)

Ch. scorp., Herm., *Mém. aptérol.*, p. 116, pl. 5, fig. L.-N. —
De Théis, *Ann. sc. nat.*, 1re série, XXVII, 73, pl. 3, f. 2.
De France.

8, CHELIFER NÉPOÏDE. (*Chelifer nepoïdes.*)

Abdomen arrondi, ovale, roux bruàntre; le bord et une ligne
longitudinale sur le dos et le ventre, et les interstices des segments d'une couleur pâle; dos tuberculé; taille petite.
Chelif. nep., Herm., *Mém. aptérol.*, p. 117, pl. V, f. 9. —
De Théis, *Ann. sc. nat.*, 1re série, XXVII, pl. 3, f. 3.

9. CHELIFER IXOÏDE. (*Chelifer ixoïdes.*)

Blanc cendré, avec les arceaux supérieurs de l'abdomen et les
palpes bruns; les troisième et quatrième articles de ceux-ci al-
longés; mains ovales, allongées; doigts longs, courbes.
Chelif. ix., Hahn, *Arachn.*, II, 53, pl. 60, f. 140. — Koch,
Deutschl. Crust., Myriap. und inseckten, fasc. VII, pl. 4.
Espèce d'Allemagne.

9. CHELIFER ÉTROIT. (*Chelifer angustus.*)

Corps étroit, allongé, brun noir; bord des segments et une
ligne longitudinale pâles; troisième article des palpes allongé,
cylindrique, le quatrième un peu plus court, plus épais; mains
ovales, à doigts courbes.
Chelif. ang., Koch, *loco cit.*, fasc. VII, pl. 5.
Espèce d'Allemagne.

10. CHELIFER DE PANZER. (*Chelifer Panzeri.*)

Testacé; thorax, plaques de l'abdomen et palpes roux ferrugineux; ceux-ci épais, à quatrième et cinquième articles sub-
égaux; mains en ovales obliques, à doigts courbes.
Chelif. Panz., Koch, *loco cit.*, fasc. VII, pl. 6.
Espèce d'Allemagne.

11. CHELIFER DE SCHRANK. (*Chelifer Schrankii.*)

Grisâtre; corps garni de poils claviformes; troisième article
des palpes allongé, renflé à son milieu, courbe; mains ovales;
doigts courbes, assez longs.
Chelif. Schr., Koch, *loco cit.*, fasc. VII, pl. 3.
Espèce d'Allemagne.

12. Chelifer de de Géer. (*Chelifer de Geerii.*)

Testacé ; thorax et plaques de l'abdomen noir foncé ; celles-ci larges, rapprochées, séparées par une ligne testacée ; palpes brun noir, leur second article allongé, sub-claviforme ; le troisième un peu plus court, le dernier où la main ovalaire oblique, à doigts épais.

Ch. de G., Koch, *loco cit.*, fasc. II, pl. 3.

Espèce d'Allemagne.

13. Chelifer de Fabricius. (*Chelifer Fabricii.*)

Pâle, thorax gris, à plaques très-étroites, brunes ; palpes ferrugineux, leur dernier article châtain, ovale, à doigts courbes.

Chelif. Fabr., Koch, *loco cit.*, fasc. 11, pl. 4.

Espèce d'Allemagne.

14. Chelifer sésamoïde. (*Chelifer sesamoïdes.*)
(Pl. 25, f. 2.)

Obisium sesamoïdes, Savigny, *Mém. anim. s. vert.* I, p. 114, pl. 6, f. 3. — *Id.*, Egypte, *Arachn.*, pl. 8, f. 4.

15. Chelifer des écorces. (*Chelifer corticalis.*)

Hahn, *Die Arachniden*, pl. 66, f. 154.

16. Chelifer des bois. (*Chelifer sylvaticus.*)
Chelif. sylv., Koch, *Deutschl. Crust., Myriap. und Arachniden*, fasc. 11.

17. Chelifer sauteur. (*Chelifer saltator.*)
Chelif. salt., de Brebisson, *Mém. soc. linn. Normandie*, p. 253 ; 1826-27.

Espèce du département du Calvados.

18. Chelifer des Mariannes. (*Chelifer mariannus.*)

Abdomen large ; céphalothorax demi-circulaire à son bord antérieur ; palpes et abdomen roux-ferrugineux ; l'abdomen légèrement nuancé de brun ; pattes plus pâles que les pinces, ainsi que le dessous du corps ; latéralement quelques petits traits noirâtres ; les maxilles saillantes. Long. du corps, une ligne (0,002).

Nous signalons seulement cette espèce, dont nous avons vu un exemplaire incomplet, rapporté des îles Mariannes, par M. Gaudichaud. Etait-ce bien d'ailleurs un animal propre à cette localité? C'est ce que de nouvelles observations feront seules connaître.

19. CHELIFER AMÉRICAIN. (*Chelifer americanus.*)

Céphalothorax brun marron foncé, luisant; abdomen allongé, presque cylindrique, arrondi à son extrémité, divisé en onze anneaux de couleur jaune doré clair; mains ovales et renflées; corps long d'une ligne; palpes aussi longs qu'eux.

Chelifer americanus, de Géer, *Mémoires*, VII, pl. 42, *fig.* 1-5. — *Chelifer acaroïdes*, Herm., *Mém. aptérol.*, p. 117.

Espèce d'Amérique. De Géer ne dit pas de quelles parties du nouveau monde il l'a reçue.

L'ouvrage de Seba représente aussi une espèce du genre *Chelifer*.

2.

OBISIES.

Deux paires d'yeux; céphalothorax non ou rarement divisé par une ligne transversale. OBISIUM, Leach.

20. CHELIFER ISCHNOCHELE. (*Chelifer ischnocheles.*)

Céphalothorax élargi, tronqué antérieurement, se rétrécissant en arrière presqu'au point de son insertion avec l'abdomen qui est divisé en onze articles, et plus large vers sa fin qu'à la base; quelques poils blancs allongés naissant à son dernier anneau; yeux un peu en arrière de l'insertion des palpes; maxilles fortement saillantes au devant du corps et rappelant celles des Galéodes; palpes allongés, à mains droites, un peu bombées inférieurement; pattes grêles; couleur plus foncée sur le thorax. Longueur du corps, 1 ligne (0,002.)

Chelif. isch., Herm., *Mém. aptérol.*, 118, pl. 6, f. 14 et pl. 5, fig. *p.* — *Chelifer trombidioïdes*, Latr., *Hist. nat. des Crust. et des Ins.*, VII, 142. — *Id.*, *Genera. Crust. et ins.*, I, 133. — *Obisium orthodactylum*, Leach, *Zool. misc.*, III, pl. 141, f. 2. — *Obis. ischn.*, de Théis, *Ann. sc. nat.*, 1re série, XXVII, pl. 1, f. 3.

Cette espèce habite l'Angleterre et la France; on la trouve sous les mousses, sous les pierres, etc.

21. Chelifer d'Hermann. (*Chelifer Hermanni.*)
(Pl. 25, f. 1.)

Une des espèces étudiées par M. Savigny et représentées dans l'ouvrage de la commission d'Égypte (pl. 8, f. 5). Nous en avons reproduit les figures, et nous lui conservons le nom que M. Audouin lui a assigné dans son Explication des planches publiées par M. Savigny, mais cette Obisie est-elle bien celle que Leach appelait ainsi (1)? C'est ce qui nous paraît douteux.

D'après M. H. Lucas, MM. Webb et Berthelot ont rapporté l'*O. Hermanni*, Leach, des îles Canaries.

22. Chelifer carcinoïde. (*Chelifer carcinoïdes.*)

Corps cylindrique assez velu, ovale, châtain foncé, blanc en dessous; palpes roux; les doigts des pinces ont une crénelure rapprochée et très-petite; le doigt mobile bossu au sommet.

Chelif. carc., Herm., *Mém. aptérol.*, p. 118, pl. 5, f. 6.

Espèce d'Alsace. M. de Théis lui a rapporté une Obisie qui paraît en différer sous quelques rapports.

23. Obisie sylvatique. (*Obisium sylvaticus.*)

Koch, *Deutschl. Crust.*, *Myriap. und Arachn.*, fasc., I, pl.1; se rapproche beaucoup du Ch. carcinoïde. Voici ce qu'en dit M. Koch : Blanchâtre; les plaques de l'abdomen et le céphalothorax noirs; palpes châtains, leur deuxième article sub-cylindrique, le dernier ovalaire; doigts à peu près droits.

24. Chelifer de Théis. (*Chelifer Theisianus.*)

Est moins velu, surtout aux pattes et à l'abdomen; son abdomen est brun noirâtre uniforme, marqué seulement par des lignes transversales de couleur plus foncée; il s'élargit dès le deuxième ou le troisième anneau, et se termine obtusement à son extrémité postérieure qui a un petit tubercule; les mâchoires, les palpes et les pattes sont moins foncés que le corps, les deux premiers étant de couleur ferrugineuse. Longueur du corps, 1 ligne $\frac{1}{4}$ (0,003 $\frac{1}{2}$.)

Obisium carcinoïdes, de Théis, *loc. cit.*, *non* Herm.

---

(1) Les troisième et quatrième articles des secondes pattes grêles, croissant faiblement de la base au sommet; cinquième article allongé, grêle; doigts longs. Long. : 1 3/4 ligne. —Vit sous les écorces d'arbres. *Chelifer Hermanni*, Leach, *Zool. misc.*, II, 49, pl. 142, fig. 3.

L'Obisie de Théis a été observée par l'habile entomologiste
. dont elle porte le nom, dans le département de l'Aisne.

25. Chelifer de Walckenaer. (*Chelifer Walknaerii.*)

Corps en carré long, un peu plus large en arrière, peu velu ;
palpes assez grêles ; cuisses des pattes postérieures renflées d'une
manière remarquable, et atteignant l'extrémité de l'abdomen.
Obis. Walck., de Théis, *loco cit.*, pl. 2, f. 2.
Cette Obisie habite, ainsi que la précédente, dans le bois de
Saint-Gobain, département de l'Aisne.

26. Chelifer maritime. (*Chelifer maritimus.*)

En se servant pour caractériser cette espèce de la figure donnée par l'auteur, plutôt que de sa description, bien qu'il ne ren-
voie pas à celle-là, on reconnaît que l'*Ob. maritime* a des rapports avec la précédente par la forme de son corps, mais que ses
pinces sont un peu plus fortes, son corps plus court et ses pattes
plus velues, la dernière paire ayant aussi la même disposition
des cuisses qui caractérise l'*Ob. de Walckenaer*. Son corps est
brun livide ; ses quatre pattes antérieures sont d'un ferrugineux
pâle, et les quatre postérieures sont plus claires encore. Le
céphalothorax a quelquefois du ferrugineux en avant. Longueur du corps, 2 lignes (0,005.)
Obis. marit., Leach, *Zool. misc.* III, 52, pl. 141, f. 1.
Elle est de la côte occidentale d'Angleterre, et se tient dans
les rochers au bord de la mer.

27. Chelifer des buissons. (*Chelifer dumicolus.*)

Brun testacé ; thorax et plaques abdominales plus foncés ;
pattes plus pâles ; palpes ferrugineux ; leur second article cylindrique, la main sub-globuleuse ; doigts un peu courbés.
Obis. dumic., Koch, *Deutsch. Myriap., Crust. und Ins.*,
fasc. II, pl. 2.
Espèce d'Allemagne.

28. Chelifer de Beauvois. (*Chelifer Beauvoisii.*)
(Pl. 25, f. 3.)

M. Savigny, dans l'ouvrage que nous avons déjà cité, donne
une autre espèce d'Obisie et nous avons également enrichi notre
Atlas des détails qu'il donne à son sujet. M. Audouin appelait
Obisium Beauvoisii l'espèce que cette figure représente.

29. CHELIFER DE BRAVAIS. (*Chelifer Bravaisii*.)

Corps, et surtout l'abdomen, élargi, coupé presque carrément
en arrière, marqué d'un sillon médio-dorsal; pattes et palpes
plus pâles; ceux-ci lavés de roussâtre, surtout aux doigts, plus
longs que le corps, grêles; mains sub-bulleuses, à doigts un peu
courbés, peu velus. Long. du corps, 0,004; du palpe, 0,007.

Ch. Brav., **P.** Gerv., *Ann. soc. entom. de France*, **XI**, p. XLV.

D'Algérie. Nous avons reçu cette espèce de **M.** Aug. Bravais,
professeur à la Faculté des sciences de Lyon. Il l'a trouvée sur
le rivage dans des zostères rejetés par la mer. Nous en avons vu
dans la collection de **M.** Guérin, un individu de Constantine.

Chélifères fossiles.

On cite des Chélifères fossiles dans le succin. (Bronn, *Lethœa*.)

Additions.

Ici se termine ce que nous avions à dire sur l'ordre des Scorpionides; cependant, nous croyons devoir ajouter que les Phrynes
devront probablement leur être réunics. La disposition des
genres serait alors celle-ci : 1° *Scorpio*; 2° *Telyphonus*;
3° *Phrynus*; 4° *Chelifer*. Nous verrons ailleurs que les *Bdella*,
dont on fait généralement des Acariens, semblent n'être que la
dégradation extrême des Scorpionides; et l'on sait que divers
auteurs considèrent aussi les *Limules* (Voyez l'*Histoire des
Crustacés*) comme les représentants aquatiques de l'ordre qui
nous occupe.

Quoique nous ayons cité un grand nombre de Scorpionides et
particulièrement de *Scorpions*, nous avons cependant omis, à
cause de la difficulté de leur assigner une place dans la méthode,
plusieurs des espèces que les auteurs ont décrites ; nous en signalons ici quelques-unes à l'attention des aptérologistes, mais
dans le genre *Scorpion* seulement :

Sc. JUNCEUS, Herbst, pl. 4, fig. 2. (Brésil.)
Sc. LEPTURUS, Paliss. Beauvois, *Ins. d'Af. et d'Am.*, pl. 5, fig. 4.
(Amérique mérid.)
Sc. CHILENSIS, Molina, *Hist. du Chili.*
Sc. GRISEUS, Fabr., *Entom. Syst.*, II, 435. (Iles d'Am.)
Sc. MUCRONATUS, *id.*, *ibid.*, *Suppl.*, p. 294. (Inde.)
Sc. TUMULUS, *id.*, *ibid.* (Inde.)
Sc. 7-DENTATUS, P. Beauvois, *loco cit.*, pl. 5, fig. 5. (Afrique.)

ORDRE IV.

SOLPUGIDES.

Ces animaux sont des régions chaudes de l'Afrique, de l'Inde et d'Amérique. On n'en connaît bien qu'une quinzaine d'espèces, toutes réputées vénéneuses ; toutefois on ne possède pas d'observations assez précises sur leurs habitudes pour qu'il soit possible d'apprécier la valeur de tout ce qu'on répète à leur égard. Les Solpugides ne constituent qu'un seul genre, qu'il serait peut-être plus convenable de rapporter à l'ordre des Phalangides.

Les Galéodes ont la respiration trachéenne. On décrit leurs stigmates comme étant au nombre de deux, en une paire, entre la première et la seconde paire de pieds (1), ce que nous n'avons pu confirmer. Il n'y en a qu'un seul genre.

Genre SOLPUGE (*Solpuga*.) (2).

Corps ovalaire allongé, divisé en trois parties distinctes : tête, thorax et abdomen ; mâchoires didactyles ; palpes sans crochet ; deux yeux au bord antérieur de la tête ; céphalothorax tri-articulé en dessus, quinqué-articulé en dessous ; abdomen distinct, multi-articulé, de dix articles ; organes génitaux sous le premier anneau de l'abdomen ; anus terminal ; corps et pattes velus ; mâchoires didactyles robustes ; palpes et première paire de pattes inonguiculés, les autres pattes

---

(1) Duvernoy, *in* G. Cuv., *Anatomie comparée*, 2ᵉ éd.

(2) Galeodes, Olivier, *Encycl. méthod.* VI. 586 ; 1791.—Latr., *Hist. Crust.*, VII, 307.—Duméril, *Consid. gén.*, p. 237. — *Solpuga*, Lichtenstein et Herbst, *Natursystem der ungeflugelten-ins*, fasc. I, p. 1 ; in-4° av. planches ; 1797.

pourvues de deux griffes ; hanches des dernières pattes lamellifères.

Le nom de Galéodes devra être rendu à ce genre comme plus anciennement donné. Dugès signale comme représentant des antennes rudimentaires, deux petites soies placées en avant des yeux (*Égypte*, pl. 8, f. 7 *a*); cette détermination nous paraît peu admissible. Dans quelques pays où vivent les Solpuges, les habitants les redoutent beaucoup, mais nous ignorons la nature de leurs effets ; on connaît d'ailleurs fort peu leurs habitudes. Les détails les plus circonstanciés qu'on ait à cet égard sont dus au capitaine Thomas Hutton (1), qui donne comme inédite la grande espèce du Bengale qu'il a étudiée ; c'est son *Galeodes vorax*. M. Hutton a pu s'assurer de l'irascibilité des Solpuges et reconnaître cependant que, quelque irritées qu'elles soient, elles épargnent leurs petits, même si on les leur jette à dessein. Cette espèce, dit-il, est très-vorace ; elle attaque, pendant la nuit, les insectes, les lézards même et elle se gorge au point de ne plus pouvoir marcher. Un lézard de trois pouces, la queue exceptée, fut livré à une de ces arachnides et dévoré entièrement. La Solpuge s'élança sur lui et le saisit immédiatement derrière les épaules ; elle ne quitta sa proie qu'après l'avoir tuée : le pauvre lézard se débattit d'abord avec violence, se roulant en tout sens, mais l'araignée tenait bon et peu à peu elle coupa, avec ses deux mâchoires, de manière à pénétrer jusqu'aux entrailles de sa victime ; elle ne laissa que les mâchoires et la peau. Un jeune moineau placé sous une cloche de verre

---

(1) *Observations on the habits of a large species of* Galeodes ; dans le *Journ. of the Asiat. soc. of Bengal*, n° 45, et dans les *Annals and Magaz. of nat. history*, XII, 81 ; 1843.

avec une Solpuge fut également tué, mais l'araignée ne le mangea pas. *It did not*, ajoute l'auteur anglais, *however, devour the bird, nor any part of it, but seemed satisfied with having killed it.*.

1° *Solpuges de l'ancien monde.*

SOLPUGE BREVIPES. (*Solpuga brevipes.*)

Yeux rapprochés; une lame mince en avant de la tête; abdomen ovalaire-allongé; corps trapu; tête à peu près lisse, brune ainsi que le reste du corps; pattes fauves, courtes, à poils courts; cinq lamelles aux postérieures; mâchoires robustes, à doigts fortement denticulés, noirâtres; tarses bruns. Longueur du bout des mâchoires à l'extrémité postérieure de l'abdomen, 0,045; largeur de la tête, 0,011.

Galeodes brev., P. Gerv., *BritishMuseum*, 1842; *id.*, *Soc. philom. de Paris*, in *Journ. l'Institut*, 1842, p. 72.

Habite le Népaul. Le seul exemplaire observé a été rapporté au Musée britannique de Londres, par le général Hardwicke.

2. SOLPUGE MÉLANIE. (*Solpuga melana.*)
(Pl. 27, fig. 2.)

Espèce connue par la figure publiée par M. Savigny (*Égypte, Arachnides*, pl. 8, f. 9) et copiée dans notre Atlas. M. Walckenaer a proposé de lui donner le nom de *Mélanie.*

Olivier (Voyage dans l'empire Ottoman, III, 443, pl. 42, f. 5), donne quelques détails sur cette espèce, sous le nom de *Galeodes melanus.*

3. SOLPUGE PHALANGISTE. (*Sopulga phalangista.*)
(Pl. 27, fig. 3.)

C'est aussi à M. Savigny que l'on doit la connaissance de cette espèce; on n'en possède également que la figure (*Égypte, Arachn.*, pl. 8, f. 10) reproduite dans notre Atlas, par M. Walckenaer, sous la dénomination de *Solpuge phalangiste.*

4. SOLPUGE FATALE. (*Solpuga fatalis.*)

Doigts des maxilles acérés; écusson céphalique à peu près triangulaire, à base antérieure déprimé et cannelé; abdomen aplati, couvert de poils ferrugineux; lamelles des pattes posté-

rieures médiocres , subsessiles ; couleur fauve foncé ; pattes postérieures les plus velues. Longueur totale , 2 pouces.

Φαλάγγιον χυανεον, Nicandre, *Theriac.*, 725.—*Araneus lanugi-
nosus grandissimo capite*, Pline, *Hist. nat.*, livre 29, v. 27. —
Tetragnathium linea capitis alba et transversa, id., *ibid.* —
Sopulga fatalis, Herbst et Lichtenst., *loc. cit.*, p. 32, pl. 1,
fig. 1.

Habite le Bengale. Les détails synonymiques et descriptifs ci-
dessus sont pris de Herbst et Lichtenstein.

5. Solpuge persane. (*Solpuga persica.*)

Mâchoires obliques ou presque verticales ; écusson convexe ,
subcarré ; abdomen mou , ovalaire, un peu déprimé, velu à
sa face supérieure seulement ; couleur généralement fauve
gris , plus foncée aux mâchoires. Espèce assez semblable à la
précédente, mais de moindre taille.

Achbar, *Levit.* XI, 29.—*Tarantulæ spec.*,Gmel., *Itin.*, III,
384., pl. 54. — *Solp. persica*, Licht. et Herbst , *loc. cit.*, p. 35.

Patrie: La Perse.

6. Solpuge araignée. (*Solpuga araneoïdes.*)
(Pl. 26, fig. 1.)

Mâchoires verticales ; écusson étroit, convexe ; thorax court,
étroit ; abdomen dénudé ; les autres parties peu velues ; doigts
des mâchoires bruns ; pieds postérieurs plus longs que le corps ;
leurs lamelles petites , pédiculées , égales , embriquées ; couleur
du corps fauve pâle.

Bichorcho des Calmouques , Gmel., *Itin.*, III, 384. — *Phalangium araneoïdes*, Pallas , *Spicil. zool.*, fasc. IX , p. 37,
f. 7-9. — *Solp. arachnodes*, Licht. et Herbst , *loco cit.*,p. 37,
pl. 1, f. 2. — *Galeodes araneoïdes* , Olivier, *Encycl. méth.*
VI, 580. — Latreille, *Genera*, I, 135. — Hahn , *Die Arachn.*,
III, 8, pl. 73, f. 164 ♂ et 165 ♀.

Habite la Russie méridionale jusqu'au Volga et au Nieper. On
la donne aussi comme de Crète, de Sardaigne , et de quelques
autres parties de l'Europe méridionale ; mais c'est une assertion
qui a besoin d'être vérifiée.

La figure et les détails du *Solpuga araneoïdes* de notre atlas
sont empruntés à **M.** Savigny (*Égypte, Arachn.*, pl. 8, fig. 7);
se rapportent-ils réellement à l'espèce que les anciens auteurs
nommaient ainsi ?

7. Solpuge chelicorne. (*Solpuga chelicornis.*)

Mâchoires verticales, pourvues d'une longue soie ; écusson céphalique cordiforme, aplati ; thorax déprimé ; abdomen allongé, très-velu ; pieds postérieurs allongés ; leurs lamelles grandes, en forme de champignons, pédiculées, rarement imbriquées ; couleur fauve passant au ferrugineux ; abdomen varié de chaque côté de bandes longitudinales plus claires. .

Galeodes setifer, Olivier. — *Phalangium araneoïdes,* Fabricius, *Entom. emend.,* II, 431, n° 9. — *Solp. chelicornis ,* Licht. et Herbst, *loco cit.,* p. 40, pl. 2, f. 1.

Habite Amboine , l'une des îles Moluques.

8. Solpuge africaine. (*Solpuga africana.*)

Mâchoires verticales, ovales , comprimées ; écusson cordiforme, marginé , cannelé ; thorax raccourci , élargi, subcordiforme ; abdomen ovale , subtrigone, velu ; pieds postérieurs plus longs que le corps , garnis de longs poils à leur bord interne.

Proscarabeoïdes capensis pedibus plumosis, Petiver, *Gazophil.,* pl. 12, f. 1, et pl. 85, f. 9.—*Solp. afr.,* Licht. et Herbst, *loco cit.,* p. 44, pl. 2, f. 2.

Habite l'Afrique australe.

9. Solpuge intrépide. (*Solpuga intrepida.*)
(Pl. 27, fig. 1.)

C'est aussi une des espèces de M. Savigny (pl. 8 , fig. 10). M. Walckenaer en a fait reproduire la figure dans notre atlas, et il lui a imposé le nom de *S. intrepida.*

10. Solpuge comédienne. (*Solpuga scenica.*)

Noire avec des lignes blanches ; pieds postérieurs allongés. Lichtentein et Herbst établissent de la manière suivante la synonymie de l'espèce qu'ils nomment ainsi :

ψυλλα, Aristote, *Hist. anim.,* liv. IX, chap. 39. — φαλαγγιον, Xénophon, *Mem. Socr.,* liv. I, chap. 3. — *Solifuga ,* Solin , *Polyhist.,* chap. 4, p. 18. — *Sphalangium, id. ibid.* — *Phalangium,* Pline , *Hist. nat.,* liv. XI, sect. 28.—*Solifuga Sardis,* Cetti, *Nat. hist. Sard.,* III, 55.

Solpuge de petite taille (celle des *Phalangium carinatum* et *Hellwigii*) ; couleur des *Aranea scenica* et *speciosa.* Habite la Grèce, l'île de Crète , peut-être aussi le royaume de Naples , et d'autres parties de l'Europe australe.

11. Solpuge paresseuse. (*Solpuga tarda.*)

Palpes allongés; pieds postérieurs médiocres, coureurs; couleur noire.

φαλαγγιὸν ναρτρον, Aristote, *Hist. anim.*, liv. IX, chap. 39. — Μυγαλη?, *id.* liv. VIII, chap. 24. — *Solpuga tarda*, Licht. et Herbst, *loco cit.*, p. 50.

Habite la Grèce, la Sardaigne et le royaume de Naples. C'est peut-être, d'après Lichtenstein et Herbst, la femelle de l'espèce précédente. Elle ressemble à l'*Aranea tarentula* de Linnée, avec laquelle on la confond souvent. Cette solpuge a sans doute contribué à faire à la musaraigne sa réputation d'animal nuisible.

2° *Solpuges de l'Amérique.*

12. Solpuge spinipalpe. (*Solpuga spinipalpis.*)

Velue, de couleur fauve ; pieds plus clairs ; palpes épineux.

Gal. spin., Latreille, *in* Guérin, *Iconogr. règne anim.*, *Arach.*, pl. 5, f. 4; *ibid.*, *Expl.*, p. 11.

De l'Amérique méridionale.

13. Solpuga de Cuba. (*Solpuga Cubæ.*)

Écusson aplati, triangulaire, arrondi à ses bords; abdomen ovale allongé, jaune sale, couvert de poils blonds; mâchoires épaisses, jaunes, à crochets passant au brun; palpes robustes, le dernier article le plus court, brun foncé; pattes garnies de poils blonds, médiocrement allongées, robustes. Longueur, 10 lignes.

Galeodes Cubæ, Lucas, *Magas. zool.*, cl. VIII, pl. 11.

Habite l'île de Cuba.

14. Solpuge bordée. (*Solpuga limbata.*)

Écusson aplati, allongé, tronqué et étroit à sa partie antérieure, plus large dans son milieu et arrondi en arrière ; mâchoires grêles, garnies de poils bruns ; leurs ongles rougeâtres à la pointe, noirs à la base ; palpes allongés, à dernier article un peu renflé; abdomen brun, garni de poils de même couleur, très-allongé, encadré de brun foncé. Long. 8 lignes.

Galeodes limbata, Lucas, *Mag. de zool.*, cl. VIII, pl. 5.

Cette espèce est du Mexique.

14. Solpuge gryllipède. (*Solpuga gryllipes.*)

Corps grêle, fort allongé, rappelant celui des tétragnathes ; yeux assez distants ; écusson arrondi en avant, coupé carrément à son bord postérieur ; premier article du thorax marqué en dessous de deux petites carènes longitudinales dans sa moitié antérieure ; le suivant peu distinct, plus petit ; le troisième qui donne naissance à la quatrième paire de pattes plus large ; mâchoires grêles, étroites, de la couleur générale jaune-paille du corps ; leurs doigts un peu plus forts, à base non renflée ; corps et pattes assez velus ; les pattes postérieures grêles, allongées, à cuisse un peu renflée, et assez semblables à celles de certaines Gryllus ; leurs lamelles petites. Longueur, 0,015 ; patte postérieure, 0,020.

Galeodes gryllipes, P. Gervais, *British Museum*, 1842 ; *id.*, *Soc. phil. de Paris*, in *Journal l'Institut*, 1842, p. 72.

Cette espèce nous a été donnée comme de la Martinique.

Addition.

M. Koch vient de publier le Prodrome d'un travail monographique sur les Arachnides du genre Solpuge (1) ; il les partage en plusieurs genres particuliers ; ses espèces sont au nombre de vingt-neuf, et quoiqu'il cite les noms depuis longtemps publiés dans l'atlas de cet ouvrage pour les espèces de M. Savigny, par M. Walckenaer, il ne parle pas des espèces américaines décrites par M. Lucas et par nous, antérieurement à son travail.

M. Koch emploie, pour trois de ses genres, les noms déjà usités de *Solpuga*, *Galeodes* et *Rhax*.

Solpuga, Lichtenst. ; Koch, *loco cit.*, p. 351.

Les deuxième et troisième paires des tarses à quatre articles, la quatrième à sept. Tels sont :

1. *S. lethalis*, Koch, p. 352 (cap. de Bonne-Espérance).
2. *S. rufescens*, Koch. *ibid.* (même patrie).
3. *S. jubata*, Koch, *ibid.* (même patrie).

---

(1) *Archives d'Erichson*, 5e et 6e cahiers de 1842.

4. *S. vincta*, Koch, *ibid.* (même patrie).

5. *S. badia*, Koch, *ibid.* (même patrie).

6. *S. fusca*, Koch, *ibid.*(même patrie).

7. *S. hirtuosa*, Koch, *ibid.* (même patrie).

8. *S. flavescens*, Koch, p. 353 (Égypte).

9. *S. lineata*, Koch, *ibid.* (cap de Bonne-Espérance.)

10. *S. lateralis*, Koch, *ibid.* (cap de Bonne-Espérance.)

II. GALEODES.

Tarses des seconde et troisième paires de pattes à deux articles, ceux de la quatrième à trois.

11. *G. fatalis*, Herbst (Bengale).

12. *G. araneoïdes*, Pall.; *Spic. zool.*, IX, 37, pl. 3, fig. 7-9 (Russie méridionale).

13. *G. græcus*, Koch, p. 353; le *G. aran.* de ses *Arachniden*, (Grèce ; Sibérie, à Barnaul).

14. *G. Arabs*, Koch, *ibid.* L'espèce de l'Ouvrage d'Égypte, pl. 8, fig. 7 (Arabie, Égypte).

15. *G. scalaris*, Koch, *ibid.*(Arabie).

16. *G. intrepidus*, Koch, p. 354, d'après la figure de l'ouvrage d'Égypte, fig. 10 (Egypte).

17. *G. leucophœus*, Koch, *ibid.* (Arabie).

III. AELLOPUS.

Tarses des trois paires de pattes postérieures à deux articles , ceux de la dernière sans ongles.

18. *A. lunata*, Koch, p. 354 (Sud Afrique).

IV. RHAX.

Tarses de toutes les pattes sans ongles ; leurs articles courts ; le terminal caché.

19. *R. melanus*, Koch, p. 354; d'après Savigny, *Égypte*, pl. 8, fig. 9 (Égypte).

20. *R. furiosa*, Koch, *ibid.* (Arabie).

21. *R. impavida*, Koch, *ibid.* (Arabie).

22. *R. Phalangium*, Koch, *ibid.* d'après Savigny, *Égypte*, pl. 8, fig. 10 (Égypte).

V. Gluvia.

Articles des tarses non divisés ; ceux-ci longs et grêles.

* Maxilles bâillantes ; à doigt supérieur non denté.

23. *G. præcox*, Koch, p. 355 (Mexico).
24. *G. elongata,* Koch, *ibid.* (Mexico).
25. *G. cinerascens*, Koch, *ibid.* (Mexico).

** Maxilles à doigts appliqués et à dentelures engrenées.

26. *G. gracilis* , Koch., *ibid.* (Vénezuela).
27. *G. geniculata,* Koch, p. 356 (Colombie).
28. *G. formicaria*, Koch, *ibid.* (Mexico).
29. *G. striolata,* Koch. *ibid.* (Portugal).

ORDRE V.

PHALANGIDES [1].

Céphalothorax d'une seule pièce en dessus, à deux (ou quatre ?) yeux, toujours sur le vertex.

Abdomen contracté, multi-articulé, ses arceaux inférieurs souvent confondus, quelquefois aussi les supérieurs.

Maxilles en pinces didactyles.

Mandibules palpiformes, plus ou moins allongées, filiformes ou épineuses.

Huit pattes onguiculées, souvent fort grandes.

Respiration trachéenne.

Les nouvelles recherches des voyageurs ont fait connaître un nombre de faucheurs bien plus grand que celui qu'on possédait, il y a quelques années encore, et c'est de l'Amérique méridionale que nous sont venues les plus curieuses espèces. Ce sont en général des animaux inoffensifs, lucifuges, vivant de petits insectes. Il en est qui sont ornés de fort jolies couleurs. Leurs pattes habituellement fort grandes contribuent à la singularité de leur aspect. On en a rapporté de toutes les parties du monde, mais l'Amérique et l'Europe ont fourni la grande majorité des espèces observées.

---

(1) Φαλαγξ ? Aristote. — PHALANGIUM, Pallas, *Spicil. zool.*, IX, 38. — OPILIO, Herbst, *Naturgeschichte der ungeflugelten insekten;* fasc. 2, 1793, et fasc. 3, 1799; in-4°, av. pl. — PHALANGIUM, Latreille, *Mém. pour servir à l'hist. des Ins. connus sous le nom de Faucheurs, in* Hist. des Fourmis, p. 354; 1802. — PHALANGIUM, Hermann, *Mém. aptérologique,* p. 98; 1804. — PHALANGIDA, Perty, *Delectus anim. articul. quæ in itinere per Brasiliam collegerunt Spix et Martius,* p. 201, in-4°; 1830-34. — Hahn et Koch, *die Arachniden.* — P. Gervais, *Mag. zool.,* cl. **VIII**; 1842.

Lister, de Géer, Geoffroy, Linnée, Pallas, Herbst, Hermann, etc., ne faisaient qu'un seul genre des insectes de la famille des Faucheurs, genre nommé PHALANGIUM par plusieurs d'entre eux, et *Opilio* par d'autres qui laissèrent, à l'exemple de Herbst et Lichtenstein, le nom de *Phalangium* aux espèces aujourd'hui nommées Phrynes et Télyphones.

Outre les Galéodes d'Olivier, Latreille dans son *Genera*, donne trois genres à la famille des Phalangiens :

1° *Phalangium*, Linn.; comprenant les espèces ordinaires de Faucheurs.

2° *Trogulus*, pour le *Ph. carinatum*, déjà signalé ainsi que l'*Opilio horridus*, par M. Walckenaer (1), comme se rapportant à un autre genre que les Faucheurs.

3° *Siro*, pour une espèce (*S. rubens*) dont il donne la description dans le même ouvrage et pour l'*Acarus crassipes* d'Hermann. Celui-ci est cependant bien un Acarien du genre *Gamasus*, Latr., et le *S. rubens* nous paraît différents des Phalangides.

Latreille a aussi publié un travail sur les espèces indigènes du genre *Phalangium* ainsi que sur les principaux traits de leur organisation et de leur histoire naturelle. Dans une note insérée au bas de la première page de ce mémoire, l'auteur nous avertit qu'il fut lu à l'Institut en 1796 et que Herbst qui a publié plus tard, c'est-à-dire en 1798 et 1799, une monographie des mêmes animaux ne peut y avoir été cité. Mais comme le volume dont ce mémoire fait partie n'a paru qu'en 1802, il semblera peut-être impossible de considérer

----

(1) *Faune parisienne*, II, 252; 1802.

Latreille comme ayant la priorité sur Herbst. On
doit, dans tous les cas, regretter qu'il n'ait pas établi
lui-même la concordance des noms dont il se sert, avec
ceux du zoologiste prussien.

Après Latreille et Herbst, Hermann, qui était professeur de zoologie à Strasbourg, s'occupa aussi des
Phalangium, et, dans son ouvrage posthume (1), on
trouve les descriptions de plusieurs animaux de ce
genre, ainsi que des détails sur leurs mœurs et leur
organisation, mais sans que la synonymie y soit mieux
réglée que dans ses devanciers; aussi devint-elle dès
lors assez difficile.

En 1830, M. Perty publia sur la famille de ces animaux un grand travail inséré dans la partie entomologique du voyage de MM. Spix et Martius, travail
dans lequel il propose six nouveaux genres de Phalangiens : *Ostracidium*, *Goniosoma*, *Stygnus*, *Eusarchus*,
Cosmetus et *Discosoma*. Presque toutes les espèces de
ces nouveaux genres sont exotiques, principalement
du Brésil. Le nombre des genres appartenant réellement à l'ordre des Phalangides est ainsi porté à neuf, car,
outre ceux que nous venons de citer, il faut ajouter à
ceux des Phalangium et des Trogules, les *Gonyleptes*
de M. Kirby, animaux dont M. Perty fait également
l'histoire.

Toutefois plusieurs genres établis entre la publication du *Genera* de Latreille et celle du livre de
M. Perty, ne sont pas cités par ce dernier, tels sont les
suivants :

Dolichoscelis, Hope; pour le *D. Haworthii* ou

____

(1) *Mémoire aptérologique*, par *J. Fréd. Hermann*, publié par
Fréd. L. Hammer, in-fol. Strasb. 1804.

Mitobates, Sundeval, *Conspectus arachnid.*, p. 34, pour le *M. triangulus*, du Brésil.

Cœculus, L. Dufour, *Ann. sc. nat.*, XXV, 289, pl. 9, f. 1-3, pour le *C. echinipes* qui paraît plutôt une espèce d'Oribate qu'un Phalangien.

Macrocheles, Latr., *Règn. anim.*, 2 édit., IV, 282, pour les *Acarus testudinarius* et *marginatus* d'Hermann ; ces deux espèces rentrent dans le genre Gamase et ne sauraient trouver place ici.

Depuis l'intéressante révision des Phalangiens par M. Perty, M. Guérin a établi, en 1838, sous le nom de *Cryptostemma*, un genre voisin des Trogules pour une espèce unique venant de Guinée, le *Cr. Westermanni*, et nous-même avons proposé pour un singulier Faucheur de la Nouvelle-Hollande, celui de *Phalangodus* (1).

M. Perty et ses successeurs avaient, à l'exemple de Latreille, respecté l'ancien genre des Phalangium d'Europe, nommé quelquefois *Opilio*. M. Koch n'a pas eu la même réserve, et dans son livre sur les Arachnides, il indique plusieurs coupes génériques nouvelles : *Phalangium, Opilio, Nemastoma,* etc.

Tréviranus avait observé depuis longtemps l'anatomie du Phalangium commun d'Europe (2). Savigny a donné dans l'ouvrage d'Égypte d'excellents détails de caractères extérieurs d'après des espèces égyptiennes ; nous avons aussi reproduit avec soin, dans l'Atlas supplémentaire du Dictionnaire des sciences natu-

------

(1) *Magas. de Zoologie* pour 1842.

(2) Nous venons de recevoir un travail où M. Alfred Tulk traite de l'anatomie du *Phalangium opilio*, Latr. *Ann. and Mag. of nat. hist.* XII, p. 153 et 243, pl. 3, 1843.

relles, ceux d'un Faucheur très-fréquent dans les jardins à Paris ; Hermann avait anciennement publié quelques figures que nous devons également citer.

Dans l'espèce que nous avons vue, les maxilles se composent de trois articles seulement, un qui répond à l'avant-bras et dont la base interne présente une petite dent, un autre à la main et le troisième à son doigt mobile ; le mâle et la femelle ne diffèrent pas pour les proportions de cette première paire d'appendices ; mais, dans d'autres groupes de Phalangides, elle se renfle considérablement dans les mâles et prend un aspect bulleux, principalement dans la partie qui constitue la main ; c'est ce que l'on voit très-bien dans les *Cosmetus*. Les maxilles de certains Phalangium et entre autres des *Ph. cornutum* d'Europe et *Ph. Savignyi*, d'Égypte, se relèvent à leur partie postéro-supérieure de manière à simuler une paire de cornes.

Les mandibules palpiformes (mâchoire et son palpe, de notre planche 28) sont également variables, elles ont six articles et sont terminées par un crochet unciforme. On voit déjà dans notre Faucheur ordinaire, mais à un assez fort grossissement, de petits poils épineux qui sont le commencement des grandes épines, assez semblables à celles des Phrynes, que présentent le bras et l'avant-bras de Gonyleptes et autres genres voisins dont les mandibules palpiformes sont fort longues. Chez d'autres, les mêmes appendices sont déprimés, quelquefois même un peu spatuliformes, c'est ce qui a lieu chez les Cosmetus. Leur ongle terminal est alors fort petit.

Le céphalothorax est toujours d'une seule pièce en dessus, mais plus ou moins grand. Chez les Trogules, il présente une avance perforée à son centre ;

chez la plupart des autres Phalangides il est grand,
souvent spinigère, et porte vers sa partie antérieure
deux yeux lisses. On a indiqué quelque part une espèce
qui en aurait quatre, mais nous ne l'avons pas vue. Le
mode d'implantation des yeux et le nombre ainsi que la
forme des grandes épines portées par le céphalothorax
fournissent de bons caractères ; il en est de même de la
forme du céphalothorax, de sa nature plus ou moins
tuberculeuse, et de sa longueur par rapport à celle de
l'abdomen que recouvre le plus souvent ce dernier
dans les individus desséchés de nos collections. L'organe respirateur, que Latreille a signalé depuis fort
longtemps, s'ouvre bilatéralement au bord infero-anté-
rieur de l'abdomen, par une paire de Stigmates en arrière des organes génitaux ; la respiration est trachéenne. Dans les Gonyleptes, ces stigmates sont sur
le bord postérieur de la hanche très-élargie de ces
animaux.

Dans sa concordance des différentes parties de la
bouche des Entomozoaires apiropodes, Savigny prend
poúr exemple un *Phalangium* ; nous reproduisons en
note ce qu'il en dit à son égard (1).

---

(1) « Le Phalangium ou Faucheur, n'a ni antennes ni yeux composés, ni aucune sorte de tête distincte. Ses yeux sont lisses et groupés
sur le dos. On ne lui voit pas même de pharynx, mais on observe à
sa place une sorte de langue dure et pointue, et aux deux côtés deux
trous imperceptibles pour le passage des aliments. Aussi les mandibules et les palpes du Phalangium, ne sont-ils que des parties cor-
respondantes à ces pattes de devant, auxquelles on a donné les mêmes
noms dans le Nymphon.

» Le Phalangium a donc deux mandibules composées de trois
articles, lé second et le troisième faisant la pince, et deux mâchoires
portant chacune un palpe de cinq articles, le dernier armé d'un ongle.
On lui trouve ensuite, comme chacun sait, quatre paires de longues
pattes.

» En examinant les palpes des Faucheurs et des autres Arachindes, et

Le canal intestinal du Faucheur commun se partage en deux parties : 1° l'estomac, qui est une poche rétrécie vers la bouche, dilatée dans son milieu, et rétrécie au pylore ; autour de lui sont des poches cœcales symétriquement placées à droite et à gauche, et que j'ai vues aussi dans les Gonyleptes. Suivant Ramdohr, ces poches du phalangium ne communiqueraient pas avec l'estomac (1). 2° L'intestin, qui est court, droit, d'une seule venue. L'anus est percé dans le dernier anneau de l'abdomen. Il y a un vaisseau dorsal (Tréviranus, pl. 3, fig. 18). Le système nerveux a été figuré par le même auteur (pl. IV, 24); mais est-il réellement comme il le croit ? sa disposition serait alors assez singulière pour mériter un nouvel examen. Un fait curieux et bien connu de la physiologie du système nerveux des Faucheurs, c'est la persistance de vitalité dans leurs membres après qu'on les a détachés du corps. Il n'est personne qui n'ait vu les mouvements de flexion que chacun d'eux exécute encore pendant quelques minutes.

les comparant aux pattes proprement dites, on a bientôt des preuves multipliées qu'ils ne sont eux-mêmes que des pattes antérieures plus ou moins déguisées.

» Les rapprochements sont si bien fondés, que, dans les Phalangium, les quatre longues pattes antérieures qui servent à la marche, aussi bien que les quatre postérieures, ont néanmoins leur première pièce ou leur hanche, convertie en mâchoire surnuméraire. En effet, le Phalangium a six mâchoires, dont deux seulement portent les palpes, et quatre autres les véritables pattes. Le Scorpion offre une conformation analogue. »

Et plus loin : « Il me paraît donc certain que les Arachnides ne possèdent ni vraies mandibules, ni vraies mâchoires. »

Savigny, *Mém. sur les anim. sans vertèbres*, p. 57. Voyez dans nos planches 28 à 30, la copie des jolies figures données par cet auteur, dans le grand ouvrage d'Égypte.

(1) Dans l'estomac du Faucheur des jardins de Paris, j'ai trouvé des Grégarines en assez grand nombre. J'en donne la figure dans la planche déjà citée du Dict. des sc. nat., Supplément.

La reproduction de ces animaux est ovipare , dans nos espèces du moins, et les organes par lesquels elle s'exécute sont tout à fait remarquables. Tréviranus en figure les parties intérieures. L'oviducte de la femelle aboutit à un long tube proboscidiforme, exertile par la pression de l'abdomen, annelé dans son dernier tiers, avec des verticilles de poils , comme écailleux près de sa fin; encore avec quelques poils, et présentant à son extrémité deux petits pinceaux latéraux. Le pénis en est moins long, mais il n'est pas moins curieux. Dans notre espèce (1), c'est un cylindre courbe, en manière de sonde, un peu plus large à sa base, s'élargissant de nouveau au sommet où il est ouvert en bec de plume tronqué pour l'écoulement du fluide séminal et portant à son extrémité un petit cuilleron spinigère et mobile.

Hermann donne dans sa planche VII plusieurs figures des parties génitales observées dans le *Ph. parietinum*. Tréviranus les figure aussi, et même avec leurs parties intérieures (pl. IV, fig. 20-23); mais sa figure du pénis (fig. 22) n'est pas heureuse. Savigny, dans ses belles planches de l'ouvrage d'Égypte , a représenté le pénis du *Ph. Savignyi* (2) et celui du *Ph. copticum* (3), qui paraît fort différent du précédent.

Latreille a communiqué anciennement à la Société philomatique et publié dans son *Histoire des fourmis* (4) des renseignements sur l'accouplement des Faucheurs. Dans le *Ph. cornutum* , dont le mâle est assez différent de la femelle pour qu'on ait pris d'a-

(1) *Dict. sc. nat., Suppl.*
(2) Copié dans notre *Atlas*, pl. 29, fig. 1 L.
(3) *Ibid.,* pl. 30 , fig. 2 B.
(4) P. 380, pl. 12 , fig. 7.

bord celle-ci pour une espèce différente, les mâles se disputent entre eux la possession des femelles, et la lutte qui s'engage à ce sujet est quelquefois des plus vives. Lors de l'accouplement, « le corps du mâle est placé de telle façon que sa partie antérieure est contiguë avec celle de la femelle, et ses pinces saisissent les mandibules (maxilles) de celle-ci à leur naissance et à la partie supérieure près du corselet. Le plan inférieur des deux corps est dans la même ligne; l'organe du mâle peut donc atteindre l'organe respectif de la femelle. L'accouplement a lieu et dure trois ou quatre secondes. »

Les Phalangides ont été partagés en deux tribus, les Gonyleptes et les Phalangiés, qu'on devrait considérer comme les véritables genres de cette famille.

I.

GONYLEPTES.

Palpes épineux; pattes inégales, les postérieures très-éloignées des autres, les plus grandes, à cuisses très-développées; abdomen plus ou moins contracté, et caché sous le céphalothorax, dans les mâles surtout.

Genre GONYLEPTE. (*Gonyleptes.*)

Céphalothorax trigone, épineux en arrière, recouvrant l'abdomen; hanches des pattes postérieures épaisses, épineuses, dans les mâles surtout, rarement mutiques.

1. Gonylepte affreux. (*Gonyleptes horridus.*)

Tubercule oculifère brièvement denté; thorax bi-tuberculé; hanches postérieures armées d'une épine bifurquée. Longueur du corps, 6 lignes $\frac{1}{4}$.

Gon. horr., Kirby, *Trans. linn. soc.* XII, 252, pl. 22, f. 16 ;
Perty, *Delectus anim.*, p. 201.

Cette espèce habite le Brésil, où elle a été découverte par le
docteur Hancock.

2. GONYLEPTE AIGUILLONNÉ. (*Gonyleptes aculeatus.*)

Tubercule oculifère incliné ; thorax épineux ; hanches postérieures pourvues d'une épine bidentée.

Gon. acul., Kirby, *Trans. linn. soc.* XII, 452, p. 2 ; Perty,
Delectus anim., p. 201.

Rapporté du Brésil par le D. Hancock.

3. GONYLEPTE RUDE. (*Gonyleptes scaber.*)

Tubercule ou corne oculigère bifide ; thorax garni de tubercules disposés en série ; hanches postérieures garnies d'une
épine recourbée à son sommet.

Gon. scaber, Perty, *Trans. linn. soc.*, XII, 452 ; Perty,
Delectus anim., p. 202.

Habite le Brésil.

4. GONYLEPTE ACANTHOPE. (*Gonyleptes acanthopus.*)

Une pointe à chaque œil et deux plus en arrière ; un aiguillon
inégalement bifide à chaque angle postérieur du céphalothorax ;
pattes postérieures épineuses.

Phalangium acanthopus, Quoy et Gaim, *Voyage de l'Uranie,
zool.*, p. 546, pl. 82, f. 2 ♂ et 3 ♀ ; Perty, *Delectus anim.*,
sp. 4.

Brésil. Trouvé d'abord sous la voûte de Corcovado, dans la
montagne de ce nom, près de Rio-Janeiro.

5. GONYLEPTE SPINIPÈDE. (*Gonyleptes spinipes.*)

Déprimé ; brun-fauve, marqué de brun sur le céphalothorax,
avec deux épines médianes droites et en arrière une épine à
chaque angle ; pattes très-longues, à cuisses des postérieures
garnies de petites épines. Longueur du corps, à peine 3 lignes.

Gon. spinip., Perty, *Delectus anim.*, p. 205, pl. 39, f. 12.

Du Brésil, dans la province de Bahia.

6. GONYLEPTE ARMÉ. (*Gonyleptus armatus.*)

Un peu plus grand que le précédent, peu bombé ; ferrugineux ;

céphalothorax finement granuleux ; tubercule oculigère surmonté de deux petites cornes ; deux épines sur le milieu du céphalothorax, et, de chaque côté en arrière, une pointe allongée, légèrement courbée ; palpes et pinces jaunâtres ; les deux derniers articles des palpes plus foncés ; pattes médiocres, les antérieurs testacées, les postérieurs brun ferrugineux ; hanches courtes, épineuses ; dessous du corps ferrugineux, lisse.

Gon. armatus, Perty, *Deliciæ anim.*, p. 205, pl. 39, f. 13.

Du Brésil. Pris auprès du Rio-Négro, dans la province de ce nom.

7. GONYLEPTE RUDE. (*Gonyleptes asper.*)

Fauve sale, déprimé, âpre au toucher ; de chaque côté du bord postérieur une épine courbée ; deux épines postérieures bifides ; hanches des pattes postérieures entièrement épineuses.

Gon. asper, Perty, *Delectus anim.*, p. 202.

Autre espèce du Brésil.

8. GONYLEPTE ÉPINE COURBE. (*Gonyleptes curvispina.*)

Fauve, déprimé, glabre ; épine postérieure de chaque côté du céphalothorax brune, allongée, courbée.

Gon. curvisp., Perty, *Delectus anim.*, p. 202.

Habite le Brésil.

9. GONYLEPTE ÉLÉGANT. (*Gonyleptes elegans.*)

Fauve olivacé ; espace oculaire brun avec du blanc de chaque côté ; céphalothorax marqué de quatre points blancs en arrière ; épines postérieures noires ; hanches blanches, lisses à leur extrémité.

Gon. eleg., Perty, *Delectus anim.*, p. 202.

Du Brésil.

10. GONYLEPTE CURVIPÈDE. (*Gonyleptes curvipes.*)
(Pl. 46, fig. 1.)

Brun-terreux, avec les pattes et le bord du céphalothorax plus clairs ; bordure du céphalotorax finement tuberculeuse ; une épine droite à la saillie oculaire ; partie postérieure du céphalothorax granulée en dessus ; pattes postérieures torses, à hanche pourvue d'une forte épine inégalement bifide ; troisième article ayant une forte épine à sa courbure, et d'autres plus petites en arrière ; le cinquième épineux en dessous à son extrémité terminale ; les épines des mêmes pattes sont à peine sensibles dans la femelle, et son abdomen montre en dessus plusieurs segments bordés de petits tubercules épineux.

Gon. curv., Guérin, *Iconogr. du règne anim.*, *Arachn.*, pl. 4, f. 5 ; *Explic.*, p. 12. —*G. chilensis*, G.-R. Gray, *Anim. Kingd.*, *Arachn.*, pl. 20, f. 2.

Espèce commune au Chili. On la rapporte souvent de Valparaiso, etc. Le nombre d'exemplaires que nous en avons vu nous montre que le mâle et la femelle des Gonyleptes sont fort différents entre eux, et que les caractéristiques des espèces de ce genre, souvent beaucoup trop courtes dans M. Perty, sont essentiellement faites d'après des individus mâles.

11. Gonylepte acanthure. (*Gonyleptes acanthurus.*)
(Pl. 46, fig. 2.)

Yeux à la base d'une épine droite du céphalothorax ; une autre épine au milieu du bord postérieur de celui-ci ; hanches armées d'une épine médiocre ; cuisses et jambes garnies de petites épines.

Faucheur acanthure, Duméril, *Dict. sc. nat.*, *Entomologie*, pl. 60, f. 14-16 ; *id.*, *Consid. sur la classe des insectes*, pl. 60, f. 14-16.

La patrie de cette espèce est aussi l'Amérique méridionale.

12. Gonylepte planiceps. (*Gonyleptes planiceps.*)

Point de tubercule oculifère ; yeux assez distants ; céphalothorax finement granuleux, à granules espacés, marginé bilatéralement ; son disque partagé en huit quadrilatères par trois petits sillons transversaux coupés par une ligne médio-dorsale ; bord postérieur rectiligne ; hanche des pieds postérieurs munie d'une forte épine à pointe simple ; une forte épine mousse et recourbée au bord postérieur de l'article suivant, celui qui vient après un peu en scie à ses bords, externe et interne, et le quatrième à son bord externe seulement ; corps brun un peu roussâtre, plus foncé aux hanches, varié de jaunâtre sale sur les pattes ; taille moindre que dans les précédents ; long. du céphalothorax, 0,007.

La femelle a le disque dorsal à peine tuberculeux, et les épines des pattes postérieures rudimentaires.

Gon. planiceps, Guérin, Coll.—P. Gerv., *Mag. zool.*, *Arachn.*, pl. 2. — Guér., *Iconogr. du règne anim.*, *explic.*, p. 13.

Rapporté du détroit de Magellan.

Genre OSTRACIDIE (*Ostracidium*) (1).

Palpes un peu plus courts que le corps ; dernier et avant-dernier articles épineux ; mâchoires courtes ; céphalothorax déprimé , sans épines, en forme de bouclier, granuleux , étroit en avant , arrondi sur ses côtés , élargi en arrière et tronqué ; les trois premières paires de pattes bien séparées de la postérieure , assez courtes ; les hanches de la quatrième denticulées ; tubercule oculifère offrant les deux yeux à ses côtés , et deux tubercules médians ; abdomen tout à fait caché sous le céphalothorax , plissé.

1. Ostracidie brune. (*Ostracidium fuscum.*)

Glabre, brun ; pieds plus pâles ; palpes fauves ; yeux jaunes de soufre ; deux impressions linéaires transversales ; tarses pâles ; dessous du corps jaune olivacé ; longueur du corps, 4 lignes ½.
Ost. fusc., Perty, *Delectus anim.*, p. 206, pl. 40, f. 1.
Cet insecte a été trouvé auprès du Rio-Negro (Brésil), dans la province du même nom.

Ostracidie ambrée. (*Ostracidium succineum.*)

Entièrement lisse, fauve ; flancs et hanches postérieurs faiblement granulés, bruns ; plus petit que le précédent.
Ostr. suc., Perty, *Delectus Anim.*, p. 202.
Cette espèce vient aussi du Brésil.

Genre GONIOSOME. (*Goniosoma*) (2).

Palpes de la longueur du corps, de grosseur médiocre, à dernier et avant-dernier articles épineux ; le dernier article onguiculé ; mâchoires robustes , appliquées sur la bouche ; saillie oculifère à deux épines ; deux yeux placés en dehors à la base des épines ; cé-

---

(1) Perty. Ce nom a pour racines : οστρακον , coquille ; ειδος , apparence.
(2) Perty, *Loco cit.*, p. 208. De Γωνια angle , σωμα corps.

phalothorax subtrigone , fortement sillonné transversalement vers l'insertion de la troisième paire de
pattes, déprimé, armé latéralement en arrière de petites épines très-courtes ; et sur son milieu , de deux
épines assez grandes et droites ; abdomen entièrement
ou en grande partie caché sous le céphalothorax , visible seulement par ses plis ; pieds inégaux, très-
longs ; les postérieurs assez écartés des autres ; hanches allongées , mutiques.

Nota. D'après M. Perty, le *Phalangium lividum* ,
Actes de la Soc. d'Hist. nat. de Paris , I, 125 (1792),
est sans doute un Goniosome.

1. GONIOSOME VARIÉ. (*Goniosoma varium.*)

Abdomen entièrement caché ; couleur d'un brun ferrugineux
sale, variée de quelques taches et lignes bleues ; céphalothorax
avec deux épines entre les yeux et deux autres droites en arrière ; dessous du corps roussâtre, lisse. Longueur du corps,
5 lignes (0,011).

Gon. var., Perty, *Delec. anim.*, p. 208, pl. 40, f. 4.
Habite le fleuve des Amazones.

2. GONIOSOME RAVISSEUR. (*Goniosoma raptator.*)
(Pl. 47, fig. 1.)

Corps subcarré, un peu plus étroit en avant, comme velouté,
roux vineux, foncé en dessus, lavé de fauve en dessous ; yeux
écartés ; deux fortes épines vers la fin du céphalothorax ; ses segments relevés de tubercules ; palpes deux fois aussi longs que le
corps, blonds ; pattes d'un brun vineux, pâles à la base. Longueur du céphalothorax , 0,008.

De Santa-Fé de Bogota (Colombie). Je l'ai eu chez M. Parzudacki.

3. GONIOSOME SALI. (*Goniosoma squalidum*).

Abdomen entièrement caché ; couleur gris-brunâtre, piqueté
de points blanchâtres en grand nombre. Taille deux fois moindre
que dans le *G. varium.*

Gon. squal., Perty, *loc. cit.*, p. 202.
Du Brésil.

4. Goniosome ferrugineux. (*Goniosoma ferrugineum.*)

Abdomen en partie caché ; corps épineux en dessus, entière-
ment brun ferrugineux ; pieds moins foncés.
Gon. ferr., Perty, *loc. cit.*, p. 202.
Il a pour patrie le Brésil.

5. Goniosome soufré. (*Goniosoma sulphureum.*)

Entièrement soufré-verdâtre ; céphalothorax ayant une petite
épine bi-latérale et deux médianes dont l'antérieure dirigée en
haut et la postérieure en bas.
Gon. sulph., Perty, *loco cit.*, p. 202.
Patrie, le Brésil.

6. Goniosome tacheté. (*Goniosoma conspersum.*)

Abdomen en partie libre ; couleur d'un brun ferrugineux, relevé au-dessus de points blancs ; l'espace oculaire bi-spinulé ;
deux épines postérieures droites.
Gon. consp., Perty, *loco cit.*, p. 202.
Patrie, le Brésil.

7. Goniosome arrosé. (*Goniosoma roridum.*)

L'une des grandes espèces ; abdomen entièrement caché ; céphalothorax déprimé, brun varié de fauve et marqué de points
blanchâtres ; l'aire oculaire à deux épines.
Gon. ror., Perty, *loco cit.*, p. 202.
Patrie, le Brésil.

8. Goniosome de Perty. (*Goniosoma patruele.*)

Abdomen entièrement caché ; céphalothorax déprimé, roux
d'ocre, irrégulièrement varié de pâle, tronqué en arrière, a
deux épines sous les hanches.
Gon. patr., Perty, *loco cit.*, p. 202.
Patrie, le Brésil.

9. Goniosome modeste. (*Goniosoma modestum.*)

Abdomen entièrement caché ; céphalothorax subconvexe, roux
ocracé, varié irrégulièrement de plus pâle, arrondi en arrière,
mutique.
Gon. mod., Perty, *loco cit.*, p. 202.
Patrie, le Brésil.

10. Goniosome versicolor. (*Goniosoma versicolor.*)

Abdomen entièrement caché ; céphalothorax très-déprimé, varié de brun-fauve ; pieds bruns, annelés de fauve

Gon. vers., Perty, *loco cit.*, p. 202.

Patrie, le Brésil.

11. Goniosome blond. (*Goniosoma junceum.*)

Abdomen entièrement caché ; couleur brun-gris, mate pieds gris-blanc.

Gon. junc., Perty, *loco cit.*, p. 202.

Patrie, le Brésil.

12. Goniosome obscur. (*Goniosoma obscurum.*)

Abdomen entièrement caché ; brun ferrugineux, mat ; mâchoires et palpes blanchâtres.

Gon. obs., Perty, *loco cit.*, p. 202.

Patrie, le Brésil.

13. Goniosome gentil. (*Goniosoma lepidum.*)

Un petit tubercule épineux auprès de chaque œil ; deux épines droites près le bord postérieur du céphalothorax ; partie céphalique roussâtre, une tache jaune en dehors de chaque œil ; disque du céphalothorax vert clair, ponctué de tubercules roux-brun, bordé de jaune en arrière ; bord latéral du céphalothorax brun, crénelé ; des petits points jaunes au bord postérieur des anneaux de l'abdomen en dessus ; le dernier anneau marqué de quatre taches de la même couleur ; palpes et pattes antérieurs blonds, les autres roussâtres ainsi que le fond de l'abdomen. Longueur du céphalothorax, 0,006 ; des palpes, 0,009.

Gonom. lepid., Guérin., Coll.

Envoyé de la Nouvelle-Fribourg (Brésil), par M. Pinel.

14. Goniosome monacanthe. (*Goniosoma monacanthum.*)

Diffère du précédent par sa teinte plus claire, fauve-verdâtre ; tubercules oculifères un peu moins rapprochés. Bord postérieur du céphalothorax bordé de points jaunes. Bord latéral brun, finement crénelé. Longueur du céphalothorax, 0,006.

Habite le Brésil ?

15. Goniosome cannelle. (*Goniosoma cinnamomeum.*)
(Pl. 46, fig. 4.)

Trois paires de pointes épineuses; celle du milieu la plus pé-
tite, la postérieure la plus grande; les yeux à la base externe de
la première paire; couleur générale cannelle claire, avec quelques très-petits points jaunes sur la base des épines et près
de l'angle postérieur externe du thoracogastre. Long., 0,010.

Gon. cinn., P. Gerv. et Goudot.

De Colombie, par M. Justin Goudot.

16. Goniosome chlorogastre. (*Goniosoma chlorogaster.*)
(Pl. 46, fig. 7.)

Yeux à la base externe d'une saillie à deux tubercules émoussés, de couleur roussâtre, ainsi que deux tubercules spiniformes
près du bord postérieur thoracogastre, les pattes, les palpes et
les maxilles; celles-ci plus luisantes; moitié postérieure du thoracogastre d'un beau vert; anus cannelle. Long. du corps seul,
0,008.

Gon. chlorog., P. Gerv. et Justin Goudot.

Cette espèce a été découverte en Colombie par M. Justin
Goudot.

Genre. Stygne. (*Stygnus*) (1).

Palpes beaucoup plus longs que le céphalothorax;
dernier et avant-dernier articles spinuleux; celui-ci
pouvant se reployer sur celui-là, onguiculé; mâchoires
éloignées du corps, épaisses, très-volumineuses,
lisses; deux yeux écartés; céphalothorax sub-carré,
sans épines bilatéralement en arrière, ayant deux
épines droites au milieu; abdomen presque entièrement caché; pieds inégaux; ceux de la première paire
courts, grêles; ceux de la quatrième un peu écartés
des autres, spinuleux.

Ce genre ne paraît pas devoir être distingué du précédent.

---

(1) Perty. De στυγνος, malin.

1. Stygne armé. (*Stygnus armatus.*)

Brun ferrugineux; mâchoires tout à fait glabres, lisses; palpes testacés; une épine droite entre les yeux; deux épines droites en arrière et deux plus petites horizontales. Longueur du seul exemplaire observé, 4 lignes (0,009).

Trouvé au fleuve du Rio-Negro, dans la province du même nom (Brésil).

2. Stygne fluxionné. (*Stygnus inflatus.*)

Brun ferrugineux plus pâle aux parties appendiculaires, surtout en avant; pince des mâchoires très-renflée dans la partie digitale, formant une espèce de coiffe ou de renflement fluxionnaire; une épine entre les yeux; un tubercule de chaque côté et à la même hauteur, ainsi qu'en arrière du céphalothorax, deux fortes épines pointues à peu près droites; cuisses des pattes postérieures en scie bilatéralement en dessous vers leur extrémité. Longueur du céphalothorax, 0,005.

Stygnus inflatus, Guérin, Collection.— P. Gerv., *Mag. zool.*, *Arachn.*, pl. 3, f. 4, 1842.—Guérin, *Iconogr.*, *Explic.*, p. 13.

Habite Cayenne.

3. Stygne vésiculaire. (*Stygnus vesicularis.*)
(Pl. 46, fig. 8.)

Fauve-blond; une seule épine thoracogastrique au bord postérieur, médiane, inclinée; antépénultième article du tarse de la troisième paire de pattes vésiculaire. Long. du corps seul, 0,006.

St. vesic., P. Gerv. et J. Goudot.

De Colombie, par M. Justin Goudot.

Genre EUSARQUE. (*Eusarchus*) (1).

Palpes de moitié plus longs que le corps; leur dernier et avant-dernier articles spinuleux, celui-ci se reployant sur l'autre; mâchoires appliquées sur le corps, lisses; saillie oculifère épineuse ou tuberculeuse; deux yeux à la base externe des tubercules ou des épines; corps entièrement sub-ovale, épaissi,

----

(1) Perty. De Ευταρχος, gras.

convexe, plus étroit en avant; céphalothorax profondément sillonné en travers à la hauteur de la troisième paire de pattes, élargi en arrière; une ou deux petites épines ou tubercules en dessous au milieu; abdomen un peu saillant en arrière du céphalothorax, montrant deux de ses segments en dessus et cinq ou six plis en dessous; pattes inégales, de longueur médiocre; les postérieures écartées des autres; hanches plus fortes, mutiques.

Observ. Je n'ai pas vu les exemplaires sur lesquels repose la distinction de ce genre, mais je soupçonne que ce sont principalement des femelles de Gonyleptes.

1. Eusarque grand. (*Eusarchus grandis.*)

Deux tubercules entre les yeux; céphalothorax brun ferrugineux, glabre, terne, offrant en arrière deux points en saillie; abdomen confondu avec le céphalothorax, montrant en dessus trois anneaux et six en dessous; ferrugineux sanguin aux parties inférieures; pieds ferrugineux sales; les antérieurs plus pâles; hanches postérieures mutiques. Longueur du seul exemplaire connu, 5 lignes ⅔ (0,011).

Eus. gr., Perty, *Deliciæ anim. articul.*, p. 203, pl. 40, f. 1.
Patrie, le Brésil.

2. Eusarque nain. (*Eusarchus pumilio*).

Brun; une épine médiane en arrière sur le céphalothorax, taille deux fois moindre que celle du précédent.
Eus. pum., Perty, *loco cit.*, p. 203.
Patrie : auprès du fleuve Saint-François (Brésil.)

3. Eusarque armé. (*Eusarchus armatus.*)

Brun terne; une épine de chaque côté du céphalothorax, en arrière, et une médiane; premier article des pattes postérieures lobé extérieurement. Taille des précédents.
Eus. arm., Perty, *loco cit.*, p. 203.
Patrie : le Brésil.

4. Eusarque mutique. (*Eusarchus muticus.*)

Brun-gris terne ; céphalothorax mutique ; pieds forts, courts.
Plus petit que l'*Eus. armatus.*
Eus. muticus, Perty, *loco cit.*, p. 203.
Patrie : le Brésil.

Genre MITOBATES. .(*Mitobates*) (1).

Corps déprimé, près de deux fois plus large en arrière, à côtés presque droits ; pieds très-longs, les
postérieurs de trois à six fois plus longs que le corps ;
tous également grêles. Palpes plus longs que le corps.

1. Mitobate triangle. (*Mitobates triangulus.*)

Angles postérieurs du céphalothorax subtronqués, mutiques,
ainsi que les côtés de l'abdomen ; couleur testacée, avec des lignes
arquées blondes ; épines du tubercule oculigère et de la partie
postérieure du dos subulées. Longueur du corps, 0,009.
Mit. triang., Sund., *Consp. Arachnid.*
Patrie : le Brésil.
Les animaux de ce genre sont surtout remarquables par l'extrême allongement et la gracilité de leurs pattes. M. Sundevall
dit qu'il en connaît plusieurs espèces également du Brésil. C'est
aussi de cette contrée que vient :
.2. Dolichoscelis hawórthii, Hope, *Trans. linn. soc.*, XVII,
398, pl. 16, ainsi caractérisé : Deux pointes droites, oculigères,
sur le céphalothorax ; celui-ci très-échancré, à bords relevés,
encadrant des tubercules jaunâtres ; dessous et fond de la même
couleur ; les pattes postérieures ont près de 10 pouces de long.

Genre PHALANGODE. (*Phalangodus*) (2).

Palpes à peu près de la longueur du corps, épais,
le dernier et l'avant-dernier articles épineux ; mâchoires robustes, sub-épineuses, renflées ; céphalothorax, ou mieux thoraco-gastre, sub-quadrilatère, un

---

(1) Sundevall. De μιτος, fil, et βαινω, je marche.
(2) P. Gervais. De φαλαγξ, faucheur, et οδους, dent.

peu allongé, non épineux, en continuité avec les arceaux supérieurs de l'abdomen; deux yeux; pattes de longueur moyenne; hanches des postérieures non renflées, sans épines.

1. Phalangode sombre. (*Phalangodus anacosmetus.*)
(Pl. 46, fig. 3.)

Bord supérieur du bras des palpes crénelé, ainsi que celui des mâchoires; yeux à la base externe d'une saillie conique; céphalothorax rugueux; anneaux de l'abdomen bordés d'une rangée de petits tubercules; une impression oblique sur le céphalothorax, à la hauteur des pattes de la troisième paire; abdomen en partie recouvert par ses deux premiers arceaux supérieurs, dont les angles externes sont saillants et imbriqués; pattes rugueuses; une petite épine à la hanche des postérieures; couleur générale brun-vineux mat; pattes un peu plus claires; palpes et mâchoires luisants. Longueur du thoraco-gastre, sur un exemplaire desséché, 0,011.

Phal. anac., P. Gerv., *Mag. zool.*, *Arachn.*, pl. 4.

C'est une espèce de Phalangien assez grosse, dont j'ai acheté de M. Parzudacki, l'exemplaire unique que je possède; il m'a été remis comme venant de la Nouvelle-Hollande. Cet insecte tient en même temps des Stygnus et du genre Cosmetus dont il va être question plus loin.

II.

PHALANGIÉS.

Palpes non épineux; pattes sub-égales ou égales; abdomen plus ou moins caché sous le céphalothorax, surtout dans les individus desséchés.

Genre COSMÈTE. (*Cosmetus*) (1).

Palpes deux fois plus courts que le corps, comprimés, appliqués pendant le repos sur les mâchoires, les recouvrant; tubercule oculifère sans épines; deux yeux; céphalothorax sub-triangulaire, un peu con-

---

(1) Perty. De Κοσμητός, orné.

vexe, sans épines latérales postérieures ; deux petites épines sur sa partie médiane ; abdomen entièrement caché, visible en dessous par des plis ; pieds sub-égaux, longs, grêles ; ceux de derrière écartés, à hanches dilatées, mutiques.

1. Cosmète peint. (*Cosmetus pictus.*)

Ferrugineux ; céphalothorax marqué de quelques points et d'un V de couleur jaune ; celui-ci ponctué de noir ; dessous ferrugineux, uniforme. Longueur, 3 lignes (0,006).
Cosm. pict., Perty, *Delect. anim.*, p. 208, pl. 40, f. 5.
Habite près le Rio-Négro, dans la province de ce nom.

2. Cosmète a deux points. (*Cosmetus bi-punctatus.*)

Brun ferrugineux ; céphalothorax marqué au milieu de deux points jaunes. Plus petit que le précédent.
Cosm. bi-punctatus, Perty, *loco cit.*, p. 203.
Habite le Brésil.

3. Cosmète grêlé. (*Cosmetus conspersus.*)

Brun vif, piqueté de points fauves.
Cosm. consp., Perty, *loco cit.*, p. 203.
Habite le Brésil.

4. Cosmète sommelier. (*Cosmetus lagenarius.*)

Brun ; céphalothorax marqué d'une tache en forme de bouteille.
Cosm. lag., Perty, *loco cit.*, p. 202.
Habite le Brésil.

5. Cosmète de Saint-André. (*Cosmetus Andreæ.*)

Brun-noir ; céphalothorax bordé de fauve et portant au milieu une croix de Saint-André de la même couleur.
Cosm. Andr., Perty, *loco cit.*, p. 203.
Habite le Brésil.

6. Cosmète u-fauve. (*Cosmetus u-flavum.*)

Brun ; céphalothorax marqué d'un U romain de couleur fauve.
Cosm. u-fl., Perty, *loco cit.*, p. 203.
Habite le Brésil.

7. Cosmète varié. (*Cosmetus varius.*)

Brun, encadré et ponctué de blanc.
Cosm. var., Perty, *loco cit.*, p. 203.
Habite le Brésil.

8. Cosmète bordé. (*Cosmetus marginalis.*)

Brun vif; bord latéral varié de blanc.
Cosm. marg., Perty, *loco cit.*, p. 203.
Habite le Brésil.

9. Cosmète ceinture jaune. (*Cosmetus flavi-cinctus.*)
(Pl. 46, fig. 5. ♂.)

Couleur roux-cannelle, un peu plus foncée sur le dos, qui
est marqué, à la hauteur des cuisses postérieures, d'une bande
transversale d'un beau jaune d'ocre, très-régulièrement découpée en dentelle : au bord antérieur de cette bande sont trois ou
quatre paires de petites avances de même couleur qu'elle, et qui
contribuent à lui donner l'aspect denticulé; sur son milieu on
voit trois petits points de couleur cannelle, dont un est tout à
fait médian et les deux autres bilatéraux. Pattes postérieures
plus denticulées chez le mâle que chez la femelle; celle-ci a
aussi les mâchoires moins renflées; deux épines droites et aiguës en arrière de la bande transverse. Taille du Faucheur
commun de nos jardins (0,007).
Cosm. flavi-cinctus, P. Gerv., *Magas. zool.*, *Arachn.*,
pl. 5, 1842.
Habite la Colombie (Santa Fé de Bogota).
M. Justin Goudot a rapporté de Colombie plusieurs autres
jolies espèces de Cosmètes, non encore décrites.

10. Cosmète quatre-oeil. (*Cosmetus quadrimaculatus.*)
(Pl. 46, fig. 6.)

Fauve; à pattes jaunes, une tache jaune doré ovalaire, percée
à son centre, aux quatre angles du céphalothorax; deux petites
pointes dorsales à la hauteur des pattes de la troisième paire, et
deux plus grandes, également dorsales, un peu après l'insertion
de la quatrième paire de pattes. Long., 0,005.
Cosm. quadrimac., Guérin., Coll.
De Cuba, par M. Ramon de la Sagra.

11. Cosmète joint. (*Cosmetus junctus.*)

Fauve-brunâtre, à pattes plus claires, une tache jaune doré à chaque angle du céphalothorax, ces quatre taches réunies entre elles par des lignes de même couleur, les deux inférieures par une ligne transversale un peu courbée, les deux supérieures par une ligne brisée, à peu près en angle droit du sommet duquel part une perpendiculaire à la ligne transversale; deux fortes épines sub-médianes au bord postérieur du céphalothorax; premiers anneaux abdominaux tuberculeux; quatre tubercules épineux sur le céphalothorax, en avant des épines postérieures, un autre à chaque œil. Long. du céphalothorax, 0,006.

Cosm. junctus, Guérin, Coll.

De Cuba, par M. R. de la Sagra.

12. Cosmète cœur. (*Cosmetus cordatus.*)
(Pl. 46, fig. 9.)

Roux-brun, assez trapu; une tache jaune pâle en cœur de carte à jouer sur le dos. Long. du corps, 0,006.

Cosm. cord., P. Gerv. et J. Goudot.

De Colombie, par M. Justin Goudot.

Nota. D'après M. Perty le *Phalangium fusco-ferrugineum*, *Actes de la Soc. d'hist. nat. de Paris*, I, 125 (1792), est sans doute du genre *Cosmetus.*

Genre DISCOSOME. (*Discosoma*) (1).

Palpes deux fois plus courts que le corps, mutiques, déprimés, appliqués sur les mâchoires pendant le repos et les recouvrant; mâchoires appliquées sur la bouche; deux yeux sur un tubercule à peine visible; céphalothorax discoïdal, un peu convexe, mutique; abdomen presque entièrement caché sous le céphalothorax, ne montrant en dessus qu'un segment entier et le rudiment d'un second; plissé en dessous; pieds très-longs, grêles, égaux; les postérieurs écartés, peu différents des autres; hanches mutiques.

---

1) Perty. De διϲκος, disque, ϲωμα, corps.

1. Discosome ceinturé. (*Discosoma cinctum.*)

Brun, glabre; céphalothorax bordé de blanc; palpes et pattes
plus pâles que le corps; le dernier article de ceux-ci un peu
velu. Longueur, 2 lignes ¼ (0,005).
Disc. cinct., Perty, *Delectus anim.*, p. 209, pl. 40, f. 6.
Habite le Brésil (province de Bahia).

Genre FAUCHEUR. (*Phalangium.*)

M. Perty a laissé le nom de Phalangium proprement dit, aux espèces qui ont pour caractère :

Corps ovoïde ou orbiculaire; pieds égaux; abdomen libre.

1.

Parlons d'abord des espèces observées en France :
Latreille, dans son tableau de 1802, en cite dix; mais
il faut en ajouter plusieurs autres, et celle qu'il
nomme *Ph. rostratum* est un Trogule.

1. Faucheur cornu. (*Phalangium cornutum.*)

Ovale, testacé ou cendré, pâle en dessous; palpes longs; main
des maxilles malléiforme, relevée chez le mâle en un prolongement cornuforme; une arête spinifère au dessus de chaque œil;
céphalothorax, hanches et cuisses armés de petits piquants;
pattes longues; une bande noirâtre sur le dos de la femelle.
Ph. opilio, Linn., *Syst. nat.* II, 1027, sp. 2 ♀ ; *Ph. cornut.*,
id. ibid., ♂.—*Ph. parietinum*, de Géer, *Mém.* VII, 68, pl. 10,
fig. 1 ; *id. ibid.*, p. 173, pl. 10, f. 12. — Geoff., *Ins.*, II, 629,
pl. 20, fig. 6., *Opilio par.* et *corn.*, Herbst, *Opil.* p. 12, pl. 1,
fig. 1-2;—*Opil. corn.*, *id. ibid.*, p. 13, pl. 1, fig. 3.—*Ph. op.* et
corn., Latr., *Hist. des Fourmis*, p. 377 et 380, pl. 12, fig. 7. —
Ph. par. Herm., *Mém. aptérol.*, p. 98, pl. 8, *fig.* O, p. q; p. 9,
fig. *f k; Ph. corn.*, *id. ibid.*, p. 102, pl. 8, fig. 6 et *u.* — *Ph.
pariet.*, Perty, *Delect.* p. 203.
Espèce assez commune dans les endroits arides, auprès des
murailles ou même dans les plaines. On la trouve en France, en
Allemagne, en Angleterre, en Suède, en Espagne aussi, d'après
M. L. Dufour, et même dans l'Amérique, suivant Fabricius.

Pallas en cite en Hollande une variété plus petite, et Herbst suppose que le Faucheur qu'il appelle, lui-même, *Opilio bilineatus*, sp. 10, pourrait bien n'être qu'une variété également petite de son *Op. parietinus;* celle-ci vit sur les roches maritimes de la Norwége.

2. Faucheur cornigère. (*Phalangium cornigerum.*)

Abdomen arrondi ; pieds sétacés , très-longs ; palpes chélifères, cornus au sommet.

Ph. cornig., Herm., *Mém. aptérol.*, p. 102, pl. 8, fig. 2, et fig. *e, f, g.* — Hahn, *Die Arachn.*, III , 87, pl. 102, fig. 235 ♂, 236 ♀ .

Il se trouve en Alsace, dans les forêts et sous les feuilles tombées.

Hermann ajoute : « Les pinces ont au-devant du pouce une éminence cornue , courte , et les palpes une apophyse à leur second article; les pieds sont hérissés. Les yeux ont la crête plus distincte que dans l'*Opilio*, à bord cendré, cilié ou crénelé.

» Cette espèce est de beaucoup plus petite que le Faucheur des murailles et que le Cornu, n'excédant pas la longueur de 3 lignes lorsqu'elle a les pattes étendues ; l'ayant trouvée plus d'une fois et toujours de la même grandeur, j'ai lieu de croire qu'elle avait acquis tout son accroissement. »

3. Faucheur arrondi. (*Phalangium rotundum.*)

Rond, roussâtre en dessus, avec une tache dorsale noire , carrée ou en triangle dans la femelle ; pâle , jaunâtre ou nuancé de rouge en dessous; tubercule oculifère lisse; pattes très-longues, très-déliées, cylindriques, glabres, noires ou noirâtres; extrémité des cuisses et des articles de la jambe blanche.

Araneus rufus non crist., Lister, *Aran.*, pl.40.—*Ph. rotund.*, Latr., *Hist. des fourmis*, p. 377. — *Ph. chrysomelas.*, Herm., *Mém.*, *aptér.*, p. 108, pl. 8, fig. 3. — *Ph. rufum*, *id.*, *ibid.*, p. 109, pl. 8. — *Opil. fasciatus,?* Herbst, *Opil.*, sp. 9, pl. 4, f. 1-2. Hahn , *die Arachn.*

De France, en Alsace, aux environs de Paris, à Brives et même d'Espagne, d'après M. L. Dufour. M. Hahn le donne comme l'*Op. fasciatus* de Herbst, qui est des environs de Berlin.

4. Faucheur bimaculé. (*Phalangium bimaculatum.*)

Corps ovalaire globuleux, noir, avec deux taches blanches sur l'abdomen ; thorax semi-lunaire, lisse ; maxilles cornues ; pattes de moyenne longueur.

Ph. bim., Fabr., *Ent. emend.*, II, 431.—*Opil. bim.*, Herbst, *Opil.*, p. 25, pl. 3, fig. 4. —*Ph. bim.*, Latr., *Hist. des fourmis*, p. 376. — Herm., *Mém. aptérol.*, p. 105, pl. 8, fig. 4. — *Nemastoma bim.*, Hahn, *Die Arachn.*, III, pl. 96, fig. 223.

Jolie espèce d'Allemagne, d'Angleterre et de France. Elle préfère les forêts. Je l'ai trouvée dans celles de Montmorency, de Saint-Germain, de Château-Neuf, près Dreux, etc.

5. Faucheur quadridenté. (*Phalangium quadridentatum.*)

Déprimé, subarrondi au pourtour ; une pointe conique antérieurement et quatre à l'anus ; dos tuberculeux. Couleur sombre.

Ph. 4-dent., Fabr., *Suppl. entom.*, p. 293. — G. Cuv., *Mag. encyclopédique.*

Des environs de Paris, etc. Il faut lui rapporter le *Ph. spinosum*, Latr., *Hist. des fourmis*, p. 375 ainsi décrit :

« Corps arrondi, très-plat, d'un gris cendré, quelquefois jaunâtre en-dessous ; une pointe conique sur le milieu du bord du corselet ; tubercule oculifère presque lisse ; deux rangs de tubercules sur l'abdomen, parallèles, disposés longitudinalement ; quatre pointes, dont les latérales plus petites, postérieurement ; hanches et cuisses épineuses.

« Sous les pierres. Paris, Bordeaux, Brives. »

Dans une disposition naturelle des Phalangium, cette espèce devra être rapprochée des Trogules auxquels elle ressemble déjà.

6. Faucheur spinuleux. (*Phalangium spinulosum.*)

Abdomen sans tache, brun-jaunâtre clair ; tubercule oculigère convexe, garni de six petites épines, et, en avant de lui, un autre tubercule portant antérieurement trois épines divisées en avant ; dos et abdomen variés de noir et de roussâtre ; jambes et cuisses épineuses ; deux épines à leur sommet.

Phal. spinul., Herm., *Mém. aptérol.*, p. 167, pl. 7, fig. 1.

Des environs de Strasbourg.

7. Faucheur a crête. (*Phalangium cristatum.*)

Corps ovale, obscur en dessus, cendré en dessous ; partie antérieure du corselet épineuse ; une avance dorsale tranchante, échancrée, recouvrant le tubercule oculifère ; pattes d'un gris obscur, avec quelques pointes très-courtes sur les cuisses.

Ph. crist., Olivier, *Encycl. méthod.* — *Latr.*, *Hist. nat. des fourmis*, p. 375.

Des champs, aux environs de Paris.

8. Faucheur porc-épic. (*Phalangium hystrix.*)

Corps ovale dans les mâles, arrondi, déprimé dans les femelles, d'un gris jaunâtre ou cendré en dessus, blanc jaunâtre en dessous; bords du corselet épineux; une avance, sur le milieu du bord antérieur, formée de plusieurs épines disposées en rayons; tubercule oculifère presque lisse; une tache noirâtre, carrée sur le dos, dans la femelle; arceaux de l'abdomen peu marqués en dessus; pattes pâles; cuisses presque cylindriques, armées de petits piquants.

Phal. hyst., Latr., *Hist. des fourmis*, p. 376.

Dans les champs aux environs de Brive.

9. Faucheur des mousses. (*Phalangium muscorum.*)

Corps ovale, cendré jaunâtre et nuancé d'obscur en dessus; pâle en dessous; tubercule oculifère dentelé; une bande dorsale, longitudinale, noirâtre; cuisses anguleuses.

Phal. musc., Latr., *Hist. des fourmis*, p. 377.

Sous les mousses à Brives.

10. Faucheur mantelé. (*Palangium palliatum.*)

Corps ovale, un peu déprimé, d'un blanc jaunâtre, notamment à la base de l'abdomen; une grande bande en carré long, d'un noir mat, occupant tout le dos; palpes courts, pâles; tubercule oculifère granulé; pattes longues; cuisses et jambes anguleuses, légèrement armées de piquants; une petite pointe sur les hanches des trois paires antérieures.

Phal. pall., Latr., *Hist. des fourmis*, p. 378.

Latreille rapporte qu'il a trouvé cette espèce, en 1795, vers le milieu du mois d'août, au sommet du Puy-Marie, une des montagnes les plus élevées du Cantal, et que M. Alex. Brongniart l'a aussi rapportée des Alpes.

11. Faucheur urnigère. (*Phalangium urnigerum.*)

Corps oblong, anguleux à la partie postérieure, d'un jaune blanchâtre, surtout à la base de l'abdomen; une grande tache d'un noir foncé avec quelques séries transversales de petits points ou tubercules blancs, sur presque tout le dos ; cette tache est en forme d'écusson double dans le mâle et d'urne dans la femelle ; tubercule oculigère élevé , noirâtre, granuleux, à cinq dents de chaque côté ; palpes longs ; pieds longs , d'un brun foncé, armés de piquants courts. Longueur , 0,006 (2 lignes $\frac{1}{2}$) pour le corps.

Phal. urn., Hammer, *in* Herm., *Mém. aptérol.*, p. 110.

Trouvé sur le grand Donnon, une des montagnes les plus élevées des Vosges, près de Tramont.

12. Faucheur annelé. (*Phalangium annulatum.*)

Corps noir, varié de cendré et de blanc ; pieds à deux anneaux blancs.

Phal. ann., Herm., *Mém. aptérol.*, p. 110, pl. 7, fig. 2 et *c, d, e, f, g, h, i.*

Il a été pris par Hermann père à Strasbourg ; Hammer en a publié la courte description qu'on vient de lire et de laquelle nous supprimons que cette espèce a les pinces sans doigts. Le *Ph. annulatum* a les pattes longues et grêles (1).

2.

On a indiqué, dans le reste de l'Europe, et en particulier en Allemagne , d'autres espèces qui n'ont pas encore été vues chez nous , mais qu'on y rencontrera, peut-être, pour la plupart, quand on recherchera ces animaux, comme on collecte actuellement les hexapodes.

13. Faucheur morio. (*Phalangium morio.*)

De l'aspect du *Ph. cornutum* , mais un peu plus gros ; palpes noires ; maxilles de couleur pâle ; corps noir en dessus avec une

----

(1) Ajoutons que plusieurs des prétendus Phalangium de France sont des Acariens. Tel est le *Ph. melanotarsum* , Herm. , *Mém. aptérol.* , p. 103, pl. 5, fig. 2.

Le *Ph. uncatum* du même auteur (p. 106 , pl. 3 , fig. 5), que M. Perty croit devoir former un genre nouveau, et que Latreille supposait être le mâle du *Ph. cornigerum* , pourrait bien être un Trombidien.

Le *Ph. rubens* , Herm., *ibid.*, p. 105, est également à revoir.

ligne ondulée plus pâle ; dessous blanc ; pieds très-longs, scabres, noirs, pâles à leur base.

Opil. mor., Fabr., *Ent. emend.*, II, 429. — Herbst, *Opil.*, p. 4.

Des rochers, en Suède.

Herbst donne son *Opilio rupestris* (*ibid.* sp. 15, pl. 7, f. 1) d'Allemagne comme n'en différant peut-être pas. M. Perty l'admet comme distinct; il l'a retrouvé à Munich.

14. FAUCHEUR HORRIBLE. (*Phalangium horridum.*)

Opilio horridus, Herbst., *Opil.*, sp. 17, pl. 8, f. 2.
De Saxe.

15. FAUCHEUR DIADÈME. (*Phalangium diadema.*)

Un tubercule dorsal élevé, épineux au sommet, portant les yeux qui sont gros.

Phal. diad., Fabr. — Herbst, *loco cit.*
Espèce de Norwège.

16. FAUCHEUR D'HELWIG. (*Phalangium Helwigii.*)

De grande taille, noir, sub-quadrangulaire; maxilles aussi longues que les palpes, en manière de pinces ; abdomen échancré en arrière.

Opil. Helw., Herbst, *Opil.*, sp. 5, pl. 1, f. 4. — Koch, *die Arachn.*, II, p. 71, pl. 72, f. 163.

Vit à terre, dans les trous des souches pourries; il en sort après les orages. On le trouve dans le duché de Brunswick.

17. FAUCHEUR HISPIDE. (*Phalangium hispidum.*)

Gris-brun en-dessus, blanc neigeux en dessous; le céphalothorax semi-lunaire avec trois épines blanches près le bord antérieur et des épines moindres latéralement ; sourcils et pourtour des yeux épineux ; des lignes de tubercules sur l'abdomen, devenant épineuses aux derniers anneaux; maxilles lisses, à doigts noirs; pieds épineux dans le mâle.

Opil. hisp., Herbst, *Opil.*, sp. 7, pl. 3, f. 1, 2.
Des environs de Berlin.

18. FAUCHEUR LONGIPÈDE. (*Phalangium longipes.*)

Corps testacé à son milieu, blanc en dessous ; thorax rugueux,

à deux échancrures antérieures entre trois autres moins avancées; abdomen anguleux ; pieds très-longs.

Opil. long., Herbst, *Opil.*, sp. 20, pl. 2, f. 2. — Hahn., *die
Arachn.*, II, 71, pl. 72, f. 163.

19. Faucheur grosses-pattes. (*Phalangium grossipes.*)

Un peu plus petit que le précédent; céphalothorax lisse, noir,
tronqué en avant; tubercule oculigère fendu ; maxilles lisses, cylindriques, tachetées de noir; bouts de leurs doigts noirs; abdomen
varié de noir et de fauve, rugueux sur les flancs; pieds longs.

Opil. gross., Herbst, *Opil.*, sp. 13, pl. 6, f. 1.
D'Allemagne.

20. Faucheur alpin. (*Phalangium alpinum.*)

De couleur obscure; céphalothorax arrondi en avant, à trois
épines blanches divergentes en arrière desquelles sont plusieurs
points spinuleux; pieds courts, épais, testacés, avec des bandes
brunes.

Opil. palp., Herbst, *Opil.*, sp. 14, pl. 6, f. 2.
De Suisse, dans la vallée de Chamouny, sous les rhododen-
drons.

21. Faucheur palpinal. (*Phalangium palpinale.*)

Forme du *Ph. bimaculatum*; taille petite; céphalothorax gris-
brun ou noir; trois paires d'épines sur le tubercule oculigère ;
bord antérieur du céphalotorax échancré ; trois épines de couleur blanche en avant; palpes pâles, renflés, en scie au bord interne; pieds médiocres, pâles, tachés de noir; abdomen noir,
tacheté de pâle, avec une ligne marginale blanchâtre de chaque
côté.

Opil. palp., Herbst, *Opil.*, sp. 16, pl. 7, f. 1.
De Prusse.

22. Faucheur épineux. (*Phalangium spinosum.*)

Corps petit, noir, varié de fauve en avant; céphalothorax semi-
lunaire, échancré en arrière, finement ponctué; abdomen sub-
arrondi, un peu élargi à son extrémité, présentant en dessus une
double série d'épines, arrondi à son bord postérieur, qui a six
épines blanches; pattes médiocres.

Opil. spin., Herbst, *Opil.*, sp. 18, pl. 9, fig. 1.
Trouvé à Dresde.

23. Faucheur triangulaire. (*Phalangium triangulare.*)

Corps assez gros; pattes longues; palpes allongés; une ligne double en arrière entourant le céphalothorax, qui est pâle à son milieu; tubercule oculigère considérable; abdomen ovalaire, subcaréné de couleur obscure avec des ponctuations pâles.

Opil. triang., Herbst, *Opil.*, sp. 19, pl. 10, f. 2.

Des environs de Berlin.

24. Faucheur hémisphérique. (*Phalangium hemisphæricum.*)

Semblable au F. longipède, mais à pieds plus longs encore et plus grêles; thorax semi-lunaire; abdomen élargi en arrière; couleur testacée, quelquefois noire sur le céphalothorax.

Opil. hemisph., Herbst, *Opil.*, sp. 20, pl. 9, f. 2.

De Saxe.

25. Faucheur 4 points. (*Phalangium quadri-punctatum.*)

Noir, avec deux points blancs de chaque côté du céphalothorax; six tubercules en arrière; tarse de couleur pâle; double du F. bimaculé en grosseur.

Phal. quadr., Herbst, *Delectus*, p. 204, sp. 31.

Des environs de Munich.

26. Faucheur d'Eichwald. (*Phalangium lupatum.*)

Brun-noir, à tubercules oculifères et yeux lisses; cuisses et jambes renflées; une série de spinules aux cuisses des pattes de derrière.

Phal. lup., Eichwald, *Zool. specialis*, II, 63, pl. 2, fig. 19; 1830.

De Volhynie, près Kremenez, dans les forêts, sur les arbres.

27. Faucheur crêté. (*Phalangium crista.*)

Noirâtre, à palpes et maxilles ferrugineux; tarses épineux; un tubercule en forme de crête; dessous du corps pâle; les deux paires antérieures de pattes spinuleuses en dessus et les deux postérieures en dessus et en dessous. Long., 0,010; largeur, 0,007.

Phal. crista, Brullé, *Exp. fr. en Morée, Ins.*, p. 60, pl. 28, f. 12.

Des environs de Coron, en Morée. M. Brullé l'a trouvé sur l'herbe, principalement après la pluie.

28. Faucheur a trois pointes. (*Phalangium tricuspidatum.*)

Ovalaire, allongé, gris testacé, avec trois épines au bord antérieur du céphalothorax; deux bandes dorsales noires; cuisses
garnies d'épines courtes; jambes quadrangulaires; tubercule
oculigère lisse. Long., 3 lignes ½.

Phal. tricusp., **L. Duf.**, *Ann. sc. nat.*, 1ʳᵉ *série*, XXII, 385,
pl. 10, f. 5.

De Barcelone.

29. Faucheur épais. (*Phalangium crassum.*)

Gris–pâle, à bord antérieur du céphalothorax un peu avancé
antérieurement, subtrifide; tubercule oculigère sans épines; abdomen épais, ovale subquadrangulaire, marqué finement de tubercules en séries transversales; pieds médiocres; cuisses noires
à leur extrémité; jambes quadrangulaires. Longueur, 4 lignes.

Phal. crass., **L. Duf.**, *Ann. sc. nat.*, *loco cit.*, p. 386, pl. 10,
f. 4.

Sous les pierres, dans la province de Valence, en Espagne.

30. Faucheur strié. (*Phalangium lineola.*)

Petit, ovalaire, gris, à tubercule oculigère plus pâle, à peine
denticulé; troisième et quatrième articles des tarses uni-dentés;
abdomen noir en dessus, avec une ligne noire; cuisses et jambes
annelées de brun. Longueur, 1 ligne ¼.

Phal. lin., **L. Duf.** *Ann. sc. nat.*, *ibid.*, p. 387.

De Valence (Espagne), sous les pierres.

31. Faucheur mamillé. (*Phalangium mamillatum.*)
(Pl. 46 , fig. 10.)

Déprimé, à corps subquadrangulaire, un peu allongé, rugueux,
et comme chagriné sur toute sa surface; yeux petits, sur un
simple mamelon; une petite épine couchée en avant, au bord
antérieur du céphalothorax; bord postérieur de celui-ci concave;
sur l'abdomen quatre rangs transversaux de quatre tubercules
mamillés, les externes plus émoussés; cinquième rangée également de quatre, mais un peu plus écartée, sur le bord postérieur
de l'abdomen; palpes courts; pattes sub-épineuses, assez courtes,
à tarses grêles; couleur générale fauve terreux. L'animal paraît
luisant en quelques endroits, mais presque tout son corps est
comme couvert d'une couche tomenteuse. Long. du corps, 0,006.

Espèce encore inédite. Nous en avons eu un exemplaire qui provient de Barcelone.

Ce faucheur et le *Ph. quadridentatum* devront sans doute former un groupe distinct.

3.

Les espèces dont il va être fait mention ne sont point d'Europe.

32. FAUCHEUR SPINIFÈRE. (*Phalangium spiniferum.*)

Céphalothorax roussâtre, plus épineux en avant qu'en arrière, avec des taches cendrées ; tubercule oculifère très-épineux, saillant ; palpes épineux, fauves, tachetés de roux ; maxilles fauves, terminés de noir ; pieds fauves, allongés, grèles, épineux, annelés de roux ; abdomen roux, épineux, tacheté de cendré, à taches postérieures noires, lisse en dessous, fauve en avant avec deux points arrondis.

Phal. spin., H. Lucas, *in* Webb et Berthelot, *Hist. des Canaries, Arachn.*, p. 46, avec fig.

Trouvé aux îles Canaries.

33. FAUCHEUR COPTE. (*Phalangium copticum.*)
(Pl. 30.)

Phal. copticum., Sav., *Mém. sur les Anim. S. Vert.*, p. 113, pl. 6, fig. 1.—*Id. Ouvrage d'Egypte, Arachn.*, pl. 9, fig. 2.— Aud., *ibid.*, Expl.

Les figures de l'Ouvrage d'Égypte sont reproduites dans notre Atlas.

34. FAUCHEUR ÉGYPTIEN. (*Phalangium ægyptiacum.*)
(Pl. 28.)

Phal. ægyp. Sav., *Mém.*, p. 113, pl. 6, fig. 2.—*Id. Ouvrage d'Égypte, Arachn.*, pl. 9, fig. 3. — Audouin, *ibid.*, Expl.

Le faucheur égyptien, dont nous avons reproduit les figures, ne nous est pas connu en nature.

35. FAUCHEUR DE SAVIGNY. (*Phalangium Savignyi.*)
(Pl. 29.)

Faucheur...., Sav., *Égypte*, pl. 9, fig. 3. — *Aud.*, *ibid.*, Explication.

Nous avons également fait reproduire les figures de cette espèce telles que les donne M. Savigny. Le Faucheur qui portera le nom de ce naturaliste éminent est assez rapproché par l'ensemble de ses caractères du *Phalangium cornutum* ou *parietinum* d'Europe. Il est probablement d'Égypte, ainsi que les deux précédents (*Ph. copticum* et *ægyptiacum.*)

36. FAUCHEUR RUGUEUX. (*Phalangium rugosum.*)

Brun, à corps tuberculeux et sub-épineux : les tubercules assez petits et assez serrés sur le céphalothorax, plus forts, sub-épineux et en séries transversales au bord postérieur des anneaux de l'abdomen ; tubercule oculigère élevé, multi-épineux ; cuisses courtes, épineuses ; pattes de longueur médiocre ; mâchoires épineuses ; palpes sub-aplatis, aussi longs que le corps, finement villeux. Longueur, 0,006.

Phal. rug., Guérin, *Iconogr. du Règne anim.*, *Arach.*, pl. 4, f. 4 ; — *id.*, *ibid.*, Explication, p. 12.

Du cap de Bonne-Espérance. J'ai vu le type même de l'espèce.

37. FAUCHEUR SPINIGÈRE. (*Phalangium spinigerum.*)

Brun en dessus, avec un tubercule oculigère entouré d'un triangle fauve ; dos bordé de fauve, portant une forte épine ; dessous blanc-jaunâtre. Longueur, 2 lignes.

Phal. spinig., Cantor, *Ann. and Mag. of nat. hist.*; 1842, p. 492.

De l'île de Chusan, sur la côte de Chine.

38. FAUCHEUR MONACANTHE. (*Phalangium monacanthum.*)

Corps testacé, varié de brun ; thorax conique, tronqué à son bord postérieur ; tubercule oculigère pédonculé ; une épine droite sur l'abdomen ; pieds longs ; palpes assez courts.

Opilio monacantha, Herbst, *Opil.*, sp. 6, pl. 2, f. 1.

De l'Inde orientale.

Faucheurs fossiles.

Nous devons pour compléter la liste des phalangium observés en Europe citer le Faucheur fossile des calcaires de Solenhofen, indiqué par M. de Munster (*Beitrage zur petrefacten-kunde*, p. 84, pl. 8, f. 3, 4) sous le nom de *Phalangites priscus*.

On signale encore des *Faucheurs fossiles* dans les gypses d'Aix et dans le succin ; Bronn, *Lethæa*, p. 811.

Genre **TROGULE.** (*Trogulus.*)

Le genre Trogulus (1), dont M. Walckenaer avait déjà indiqué la nécessité dans son ouvrage sur les Insectes des environs de Paris, comprend plusieurs espèces à corps allongé, déprimé et pourvu d'une avance antérieure en forme de chaperon qui recouvre la bouche. Cette avance est perforée à son centre dans quelques espèces : elle résulte de deux ailes antérieures du céphalothorax qui se courbent pour se rejoindre après avoir décrit chacune un demi-cercle. Les yeux sont près de son étranglement postérieur, au nombre de deux, et plus écartés. Les Trogules ont les pattes plus petites que les autres Phalangiens : ils ont la peau plus ferme. Leurs caractères sont représentés dans notre atlas par des figures que nous a communiquées M. Guérin.

On connaît plusieurs espèces de ce genre ; elles vivent dans les bois, et sont plus lentes que les Faucheurs, et d'un aspect assez extraordinaire pour qu'une d'elles ait été appelée *Phalangium horridum*.

1. Trogule tri-caréné. (*Trogulus tri-carinatus.*)
(Pl. 39, fig. 2 et 3.)

Abdomen aplati, caréné ; cuisses antérieures unidentées vers les extrémités ; rugueux ; de couleur noirâtre.

Phalangium tric., Linn., *Syst.*, 2, 1029.—*Ph. carin.*, Fabr., p. 431. — *Opilio carinatus*, Herbst, *Opiliones*, sp. 22, pl. 10, fig. 1 (copiée dans notre atlas). — *Acarus nepiformis*, Scopoli, *Carn.* — *Trog. nepiformis*, Hahn, *die Arachn.*, II, 6, pl. 38, fig. 37.

De diverses parties de l'Europe.

Herbst en distingue, mais avec doute, le Trogule de Hongrie

---

(1) Latreille, *Genera.*

qu'il appelle *Opilio scaber*, *Opil.*, sp. 30, pl. 8, fig. 2. En effet, c'est probablement une autre espèce.

On a d'ailleurs confondu plusieurs espèces sous les noms de *Tricaréné* et *Népiforme*. M. Koch en a commencé la caractéristique, et en distingue déjà quelques-unes dans les livraisons de ses *Arachniden*, ouvrage auquel nous renvoyons le lecteur.

2. TROGULE A BEC. (*Trogulus rostratus.*)

Ellipsoïde, déprimé; d'un cendré terreux; un peu chagriné; avance antérieure triangulaire. Long. 0,010.

Phal. rostr., Latr., *Hist. nat. des Fourmis*, 374.

De France; vit sous les pierres.

3. TROGULE NOIR. (*Trogulus niger.*)

Noir, fortement rugueux; dos côtelé; tête échancrée en avant; pieds à villosités courtes; le dernier article de la seconde paire plus long que le pénultième.

Trog. niger, Koch, *Deutschl. Crust.*, *Myriap. und Arachn.*, fasc. 4, pl. 7.

Du midi de l'Allemagne, sur les montagnes.

4. TROGULE VIOLET. (*Trogulus violaceus.*)

Chaperon ou avance antérieure petit, à peine élargi en languette; yeux saillants, noirs; partie thoracique ailée; corps peu velu, lisse à un faible grossissement, luisant, entièrement d'une belle couleur violette un peu vineuse; la bordure aliforme plus claire, ainsi que le dessous; crochets des mandibules et tarses des quatre paires de pattes noirs; pattes velues. Long. du corps, 0,002; des pattes, 0,004.

Jolie petite espèce que j'ai trouvée en septembre dans les bois, aux environs de Paris, entre Clamart et Meudon.

GENRE CRYPTOSTEMME. (*Cryptostemma.*) (1).

Point d'apparence d'yeux; extrémité antérieure du céphalothorax avancée en forme de chaperon rabattu;

---

(1) Guérin. De κρυπτος, caché; στεμμα, œil.

abdomen distinct, aussi large et plus long que le céphalothorax, en carré long émoussé à ses angles postérieurs, de quatre articles ; palpes pédiformes ; pattes
inégales ; facies des Trogules.

1. CRYPTOSTEMME DE WESTERMANN. (*Cryptostemma Westermannii.*)

(Pl. 39, fig. 4.)

Gris terreux ; couvert de petites aspérités ; chaperon plus
large en avant, rebordé, avec un faible sillon longitudinal au
milieu ; céphalothorax un peu bombé, rebordé sur les côtés et en
arrière avec un sillon longitudinal au milieu, beaucoup plus
profond en arrière, et une forte impression oblique de chaque
côté ; abdomen bordé, avec deux impressions obliques à la base
de chaque segment. Long., 3 lignes.

Crypt. Westermannii, Guérin, *Revue zoologique*, 1838,
p. 11 ; *id.*, *Dict. pitt. d'hist. nat.*, pl. 539, fig. 7

Habite la Guinée. C'est un animal qui rappelle les Trogules
par beaucoup de ses caractères.

ORDRE VI.

ACARIDES.

Cet ordre comprend les Mites ou Acarus de Geoffroy, De Géer et Linné. Les naturalistes modernes l'appellent ordinairement Acarides ou Acariens. Leach lui donnait le nom de Monomerosomata. Sa définition est fort difficile, parce que bien des genres, dont les caractères diffèrent, y ont été réunis, et que, malgré le grand nombre de ces animaux inscrits dans les catalogues méthodiques, leur organisation n'est pas suffisamment connue. Nous lui continuerons cependant, faute de mieux, toute l'extension que lui avait laissée Dugès, mais en reproduisant, comme une preuve de notre assertion, la définition qu'il a donnée lui-même de cet ordre singulier d'animaux (1).

Les difficultés qui accompagnent l'étude des Acarides avaient été bien senties par Hermann, et il en parle dans l'excellent ouvrage qu'il a laissé au sujet de ces animaux. En général, fort petits, vivant dans les lieux obscurs et presque toujours d'une extrême délicatesse, les Acarides ne sauraient bien être conservés en collection, comme la plupart des autres Insectes. Beaucoup d'entre eux ne sont décrits que d'une manière incomplète ; on n'en a pas toujours donné des fi-

---

(1) E quarta animalium provincia (sous-règne), scilicet *Astacariorum* (articulés) ; cujus ad quartam classem sive *Aranistarum* (Arachnides) pertinent ; priorem subclassem, sive *acarulistarum* constituunt, cui unicus inest ordo *Acarensium* (Acarides).

Ordo : ACARENSES.

Thoraco-gaster (abdomen) integer et cum dento et trito-dero (méso et metathorax) coalitus, sæpius etiam cum protodero et capite ; labium maxilligerum, mandibulas includens. DUGÈS, *Ann. sc. nat.*, 2ᵉ série, I ; 1834.

gures soignées, et bien que les espèces cataloguées soient pour la plupart indigènes, on en cite déjà un nombre fort considérable.

De Géer a fait connaître quelques-unes de celles de Suède; Geoffroy en indique plusieurs des environs de Paris; Hermann a observé celles des environs de Strasbourg; Dugès une partie de celles de la France méridionale, et M. Koch celles d'Allemagne, étude dans laquelle il avait été précédé par Schranck. Quant aux Acariens exotiques, on en a signalé quelques-uns d'Amérique, mais en petit nombre; d'autres de l'Inde, et parmi eux le *Trombidium tinctorium*, qui est un des plus gros Acariens connus; M. Fischer a décrit l'Argas de Perse, et M. Savigny, dont les beaux dessins sont malheureusement restés en partie inédits, a donné, à propos des Acariens qu'il avait recueillis en Égypte, les meilleurs détails que l'on ait encore pour l'étude de ces animaux.

§ 1.

Les mœurs des Acariens ne sauraient être décrites d'une manière générale : c'est avec la définition des genres et des espèces qu'il faut en traiter. Leur organisation elle-même varie d'une manière remarquable. Les données comparatives qu'on a cherché à établir à cet égard sont même tout à fait provisoires, peu d'auteurs ayant encore observé les Acarus sous ce rapport.

Le système nerveux de ces petits animaux a la forme générale dans les animaux articulés, c'est-à-dire qu'il est ganglionnaire et inférieur au canal intestinal. Leurs sens participent à la dégradation générale de leur organisme. On ne leur a pas vu de traces de l'organe de l'ouïe; ils ne semblent pas non plus jouir de l'odorat : leur gustation n'a pas montré non plus d'organe spécial, et les agents de la vision manquent à un grand nombre d'entre eux. Les Oribates, les Tyroglyphes, les Sarcoptes, les Gamases, et tous les genres qu'on a établis aux dépens de ceux-ci manquent d'yeux. Chez d'autres, on reconnaît des stemmates disposés par paires, et dont le nombre peut même varier, dans la même famille, comme on le voit pour les Bdelles. Chez les Hydrachnes, ils n'apparaissent que comme de simples taches de pigmentum placées sous la peau. Il n'y a jamais ni antennes, ni pédoncules oculifères ; dans les Ixodes, les yeux sont remarquables par leur position reculée.

L'enveloppe extérieure des Acariens est aussi de nature fort diverse : molle chez ceux qui sont aquatiques ou qui vivent à l'abri des chocs extérieurs, elle est endurcie chez beaucoup d'autres, et le corps semble alors divisé en plusieurs parties, bien qu'on ne lui reconnaisse pas, néanmoins, de division céphalique, thoracique et abdominale proprement dites. La première du moins n'est jamais distincte, et c'est également ce qui a lieu pour les autres Arachnides. La position des yeux, celle du système nerveux central, ne laissent pas de doute à cet égard, et les appendices manducateurs peuvent seuls faire croire à la présence d'une tête.

Chez les Bdelles, le corps est évidemment multi-articulé ; il semble que ce soit là un souvenir de l'organisation des Scorpionides, et en particulier des Pinces. Chez le genre Cœcule, décrit par M. Léon Dufour, et dans quelques Oribates, le *Notaspis teleproctus*, entre autres, il paraît exister aussi une disposition analogue à l'abdomen multi-articulé des Phalangiens. Dugès appelle *thoracogastre* la partie du corps des Acarides qui constitue leur abdomen, et où sont percés les deux stigmates et l'anus. La partie qui supporte les pattes et les appendices manducateurs est, pour lui, analogue au cou et à la tête des Insectes hexapodes, et prend le nom de *Céphalodère*, et les huit appendices ambulatoires ou les pattes, répondent aux six pieds des Insectes et à leurs palpes labiaux. La dénomination un peu longue de *Monomerosomata*, que Leach employait pour désigner l'ordre des Acarides, n'est exacte que pour un certain nombre d'espèces. Nous avons dit que les Bdelles et quelques autres n'avaient pas le corps d'une seule pièce, et chez eux, la tête et le thorax sont seuls réunis et peuvent être appelées un *céphalothorax*. Les Gamases proprement dits et quelques autres ont cette partie couverte d'une pièce clypéale distincte, et comme il y en a une seconde au-dessus de l'abdomen, leur corps, surtout dans les femelles chargées d'œufs, est véritablement dimère. Chez les *Tyroglyphus*, etc., le céphalothorax est lui-même partagé en deux par une rainure transversale, mais il n'y a pas cependant disjonction des anneaux. Les Ixodes, dont le corps prend souvent un si grand renflement après qu'ils se sont fixés et gorgés de nourriture, se distendent, surtout dans leur partie abdominale, et on voit en arrière de leurs appendices buccaux la petite plaque dont se compose leur bouclier céphalothoracique. Tout le reste de leur corps est gonflé et bulleux, et rappelle alors celui des vers intestinaux vésiculaires.

Le canal intestinal est court, ramifié en cœcums latéraux à sa partie stomachale chez beaucoup d'espèces, et ouvert à la face inférieure de l'abdomen plus ou moins près de son bord postérieur ; nous croyons cependant qu'il y a des Acarides sans orifice anal ; mais ce fait est trop contraire aux idées reçues, pour que nous l'admettions qu'avec la plus grande réserve. La respiration est trachéenne, et les stigmates, au nombre de deux, sont placés bilatéralement à la naissance inférieure de l'abdomen. Tous les genres sont loin d'avoir été observés sous ce rapport.

La nourriture varie, et avec elle le genre de vie des Acarides et la forme de leurs appendices buccaux. L'organisation dégradée de ces animaux rend aisément compte de leur tendance à la vie parasitique.

De même que les autres Entomozoaires Arachnides, ils ont quatre paires d'appendices locomoteurs et deux paires d'appendices buccaux. Leurs appendices locomoteurs ont des formes et des proportions assez diverses. Dans quelques espèces, une ou deux paires postérieures de ces organes ne se développent qu'imparfaitement (Sarcoptes). Dans d'autres, tous sont plus ou moins garnis de poils, qui en font presque des rames ; il en est aussi chez lesquels ils ont une grande longueur. Il est quelquefois assez difficile de différencier les palpes ou la seconde paire des appendices buccaux d'avec la première paire ambulatoire.

Les Acarides adultes ont huit pattes, mais dans le jeune âge, ces animaux n'en présentent constamment que six. Quant à leurs appendices buccaux, ils fournissent de très-bons caractères pour la distinction des familles.

Ceux de la première paire ou les maxilles sont fréquemment en pinces ; ils sont en général moins longs que les suivants.

Ceux-ci, dont la partie la plus développée reçoit le

nom de *palpes*, ont été distingués en plusieurs sortes par Dugès, suivant la forme qu'ils affectent dans les groupes qu'on étudie. Voici comment ce naturaliste en parle :

« Les palpes ont généralement cinq articles : c'est un de moins que chez les Araignées; ces articles ont ordinairement des configurations et des dimensions qui influent et sur celles de l'ensemble et sur les aptitudes de ces appendices à remplir des offices divers :

1° Nous nommerons palpes ravisseurs (*rapaces*) ceux qui, renflés par leur milieu, ont l'avant-dernier article armé d'un ou de plusieurs crochets, et le dernier, mousse, et plus ou moins pyriforme; ils rappellent les pattes ravisseuses de la Mante, et servent au même objet;

2° Les palpes ancreurs (*anchorarii*) ont une forme assez analogue à celle des précédents, mais le dernier article même est aigu ou armé de pointes; ils appartiennent toujours d'ailleurs à des espèces aquatiques, comme leur nom l'indique assez;

3° Les palpes fusiformes (*fusiformes*) sont renflés comme les précédents; obtus au bord comme les premiers, mais sans griffe au pénultième article;

4° Les palpes filiformes (*filiformes*) ne diffèrent des fusiformes que parce qu'ils ne sont pas sensiblement renflés;

5° Les palpes antenniformes (*antenniformes*) sont filiformes aussi, mais à articles très-variés dans leur longueur; ils sont d'ailleurs divariqués, redressés et rejetés en arrière;

6° Les palpes valvés (*valvœformes*) sont aplatis, excavés, engaînants;

7° Enfin, les palpes adhérents (*adnati*) sont soudés

à la lèvre par la majeure partie de leur longueur, et toujours peu développés. »

Dugès a aussi distingué, par des noms particuliers, les principales sortes de pattes des Acariens. « Généralement, dit-il, elles sont composées de sept articles, dont le premier, tantôt adhérent, tantôt libre, est la hanche; le deuxième est le trochanter; le troisième, la cuisse souvent plus développée que les autres; les suivants constituent la jambe et le tarse : les proportions varient en grosseur et en longueur; le dernier est ordinairement pourvu de deux griffes mobiles, et qui peuvent se renverser et se cacher dans une excavation de son extrémité libre. J'appellerai :

Pieds palpeurs (*palpatorii*) ceux dont le septième article est renflé;

Pieds marcheurs (*gressorii*) ceux dont ce dernier article s'écarte peu, pour les dimensions, en épaisseur et en longueur, de ceux qui le précèdent;

Pieds nageurs (*remigantes*) ceux qui, avec les mêmes dispositions, sont ciliés;

Pieds coureurs (*cursorii*) ceux dont le dernier article est très-long et très-effilé;

Pieds tisseurs (*textorii*) ceux dont les crochets sont courts et très-courbés, et dont l'avant-dernier article est garni de soies roides, ordinairement au nombre de quatre, qui dépassent l'extrémité du membre;

Enfin, je nomme pieds parasitiques ou caronculés (*carunculati*), ceux dont les griffes sont en grande partie engagées dans une caroncule, ou une membrane qui sert à fixer l'animal sur les corps les plus polis, comme le fait la ventouse d'une sangsue. »

Latreille, Heyden et beaucoup d'autres ont admis

des Acariens à six pattes, comme distincts génériquement de ceux qui en ont huit. On savait, depuis De Géer, que certaines espèces octopodes sont hexapodes dans leur jeune âge. Cette remarque aurait dû mettre plutôt les naturalistes en état de reconnaître que les Acares à six pattes, dont on fait des genres à part, n'étaient que des larves d'animaux rapportés, pour la plupart, à cause de leur huit pattes, aux véritables Acariens. Ces Arachnides peuvent donc éprouver une sorte de métamorphose, et chez elles, la bouche elle-même peut varier entre le jeune et l'adulte, ainsi qu'on en a la preuve pour certaines Hydrachnes.

Les Acarides sont ovipares dans beaucoup d'espèces; vivipares, au contraire, dans d'autres. Outre le nombre des pattes, qui change de six à huit, il en est qui éprouvent de véritables métamorphoses, dont il sera question plus bas. C'est surtout dans leur premier âge qu'ils ont une tendance à vivre en parasites. Un autre point sur lequel nous avons à nous arrêter avant de procéder à l'énumération caractéristique des genres et des espèces de cet ordre, et à l'histoire de leur classification, est celui de leur position dans la série zoologique. Les Hydrachnes, ainsi que nous l'avons vu, ont été d'abord séparées des autres Acariens par Fabricius. Cette faute, que de Géer avait déjà su éviter, ne l'a pas été par quelques méthodistes français, qui avaient préféré la classification de Fabricius à celle de Geoffroy et de De Géer, et nous verrons que Cuvier a aussi suivi cette marche. Les Hydrachnes étaient ainsi rapprochées des Arachnides, mais les autres Acariens prenaient place à côté des hexapodes parasites (*Pediculus*), et même des *Pulex*. En revenant aux errements des véritables fondateurs de la méthode entomologique, Latreille et quelques-uns de ses imitateurs ont peut-être encore donné une trop grande importance à l'analogie qui semble lier les hexapodes parasites aux octopodes Acariens, dont la plupart des espèces ont aussi le même genre de vie. Cette analogie et les caractères qui la traduisent extérieurement ne sont-ils pas en effet purement harmoniques, et par suite de second ordre, l'organisation étant au fond très-différente entre ces deux sortes d'animaux? Aussi, lorsqu'on a placé les hexapodes parasites à la fin de leur classe, parce qu'ils sont, pour ainsi dire, un degré inférieur à tous ceux qui les précèdent, ce que d'ailleurs tous les entomologistes admettent, on aurait dû, pour être conséquent, donner aux Acariens le même rang par rapport aux animaux qui composent avec eux la classe des Arachnides ; d'abord, parce qu'ils sont d'une organisation moins compliquée que la plupart d'entre eux, et ensuite que très-souvent ils sont parasites : il aurait donc fallu les placer aussi les derniers dans cette série partielle de la grande progression zoologique? Ils en fussent alors devenus le terme le plus infime, et c'est aussi ce qui a lieu pour les lamproies dans la série des Poissons; pour les lernées, dans les Crustacés; pour les sangsues, dans les vrais Annelides ; pour les vésiculaires, dans les Intestinaux, etc.

Nous avons avons parlé ailleurs du rang que nous pensions convenable pour les Entomozaires octopodes, parmi les animaux articulés pourvus de pieds articulés (1); les Acariens seraient donc, à notre sens, le dernier groupe de cette série, et par conséquent le terme extrême de la série complexe des Entomozoaires pourvus de pieds articulés.

---

(1) Zoologie du *Million de faits*, p. 602.

Les Phalangiens sont incontestablement les Arachnides les plus rapprochées des Acariens, et l'on conçoit fort bien que Hermann les ait réunis à ces animaux dans la famille des Holètres. Latreille plaçait même parmi les Holètres phalangiens les genres *Macrocheles* et *Siro*, dont les espèces doivent évidemment rentrer parmi les Acarides.

§ 2.

Le mot Ἄκαρι se trouve dans Aristote et dans plusieurs auteurs anciens. Il vient de κείρω, je coupe, et de l'*alpha* privatif, et veut dire *insécable* ou *atomique*.

« Και εν κηρω δὲ γίνηται παλαιουμενω, ωςπερ εν ζυλω, ζωον ο δη δοκει ελαχιςον ειναι των ζωων παντων, και καιλεται ακαρι, λευκον και μικρον. » Livr. v, chap. xxii, 27.

« Il se forme aussi des animaux dans la vieille cire, comme dans le bois. Celui de la cire paraît être le plus petit de tous les animaux : on le nomme Acari ; il est blanc et petit. »

Si l'on adoptait la variante proposée par Sylburge et Maussac sur Scaliger, il faudrait, selon Camus, dire le fromage ancien pour κήρῳ, et non la cire, et alors l'ἄκαρι serait notre mite ou ciron du fromage, l'espèce la plus commune et l'une des espèces les plus connues de l'ordre des Acariens.

C'est, toutefois, de ce mot Ακαρι, qu'ont été dérivés ceux d'Acarus, Acare, Acarides, Acariens, etc., employés par les nomenclateurs modernes pour un groupe d'animaux articulés octopodes fort nombreux en espèces, toutes plus ou moins parasites ou habitant des lieux sales et humides, presque toujours de petite taille, et pour l'étude desquels il faut recourir à 'emploi du microscope.

Outre l'Acare du fromage, on a connu de tout
temps, ou du moins depuis fort longtemps, celui qui
est parasite des chiens ou la Tique, celui qui occasionne la galle, et quelques autres non moins incommodes. Mais les notions véritablement scientifiques
sur ces animaux sont loin de remonter aussi haut, et
nous verrons, par l'étude des espèces, qu'il n'en est
qu'un petit nombre que l'on connût avant les observations de Geoffroy, de De Géer et d'Hermann. Depuis
lors, on en a décrit de bien des sortes différentes, et
ce groupe est présentement un de ceux dont la syno-
nimie offre le plus de difficultés.

Rédi ne distinguait point encore par un nom spécial
les parasites Acariens dont il traite ; il les figure même
sous celui de *Pediculus*. Geoffroy et De Géer ont parlé
de ces animaux sous le nom usuel des *Mites* et sous
celui d'*Acarus*. C'est aussi par ce dernier mot que
Linné les distingue génériquement. Geoffroy en
comptait quelques-unes parmi ses Insectes des environs
de Paris, et De Géer les partageait déjà en sections de
la manière suivante :

1° Mites qui se trouvent dans les provisions de la
bouche (*M. domestique*);

2° Mites qui attaquent les hommes et les animaux
quadrupèdes (*M. de la gale humaine, de la farine,
ricinoïde* et *réduve*);

3° Mites qui vivent sur les oiseaux (*A. avicularum, passerinus, Gallinæ*);

4° Mites qui vivent sur d'autres Insectes (*A. Fuco-
corum* ou *Coleoptratorum, Muscarum, squamosus,
Phalangii, Parasiticus, Libellulæ* ou *Hymenopte-
rorum, Culicis, Aphidis, Vegetans*);

5° Mites qui se trouvent sur les arbres et les plantes (*A. telarius , corticolis , marginatus*) ;

6° Mites vagabondes (*A.phalangoïdes, holosericea*) ;

7° Mites aquatiques (*A. caudatus , ruber, globosus, maculatus, holosericeus-aquaticus, marginatus*).

Les Mites exotiques sont décrites ensuite (trois espèces).

Dans le second mémoire de son septième volume, De Géer place les *Mites* ou *Acarus* en tête de sa treizième classe, que terminent les Pous et les Ricins, mais dans laquelle il place d'autres animaux fort différents de ceux-ci. Les Mites ont pour caractères : 8 pattes, 2 yeux, 2 bras en forme de petites pattes articulées près de la tête, et une trompe courte.

Schranck s'occupa aussi des Acariens, et avec beaucoup de soin, dans plusieurs de ses ouvrages. Muller et Fabricius créèrent les genres *Hydrachna* et *Trombidum* pour des Insectes classés antérieurement parmi les Mites, et la monographie que publia le premier de ces célèbres naturalistes fut un progrès important pour l'histoire des Acariens.

Dans l'édition du *Systema naturæ*, que l'on doit à Gmelin, les genres *Acarus* et *Hydrachna* figurent seuls. Les *Trombidum* n'y forment qu'un sous-genre des Acarus. Ceux-ci ont en tout vingt-deux espèces.

Ce fut Latreille qui commença réellement le partage de tous ces animaux en plusieurs genres, et depuis lors, on a beaucoup ajouté à ce qu'il avait fait sous ce rapport.

En 1797, Latreille (1) place les Acares parmi les

_____

(1) *Précis des caractères génériques des Insectes disposés dans un ordre naturel.* In-8, Brive , an v.

Arachnides, qu'il appelait alors *Acéphales*, et avec lesquels il mettait les Nyctéribies. Voici comment il les partage en genres.

1. NYCTERIBIA, qui est un genre de Diptère (2).

2. CARIOS. Genre nouveau pour un parasite de la Chauve-souris, celui sans doute dont il a fait plus tard le genre *Caris*.

Bec conique avancé. Antennules sétacées, de sa longueur, articulées, avancées.

3. LEPTUS, genre nouveau pour l'*Acarus Phalangii*.

Antennules coniques, de quatre articles; celui de la base très-gros. Un tube obtus, presque conique, avancé.

4. ATOMUS, genre nouveau pour l'*Acarus parasiticus* de de Géer.

Bouche inférieure, peu sensible, remarquable par une simple cavité et deux antennules trés-petites.

5. ARGAS, genre nouveau, ainsi caractérisé :

Bouche inférieure, bec de trois pièces très-dures; l'inférieure dentelée, creuse; antennules courtes, coniques, courbées, de quatre articles.

Latreille a rencontré quelquefois dans son habitation (à Brives) l'insecte qui fait le sujet de ce genre. Il est remarquable par sa grandeur (0,006 à 0,008). Il l'a vu aussi dans le cabinet de Bosc qui l'avait reçu de Toscane.

6. IXODES. Genre nouveau dont les caractères sont :

Trois lames très-dures, dont l'inférieure dentelée, renfermées dans une gaîne obtuse, avancée, formée par les antennes.

7. CHEYLETES, genre nouveau pour l'*Acarus eruditus*, Schrank.

Bec gros, avancé, conique, de trois pièces. Antennules très-grosses, un peu plus longues que le bec, brachiformes, de trois articles; le dernier terminé par un crochet extérieur, en faucille, cilié.

8. PYCNOGONON. Voir l'Hist. nat. des Crustacés par M. Milne Edwards, dans les *Suites à Buffon*.

9. BDELLA, genre nouveau pour l'*A. longicornis*, Linn.

Antennules filiformes, longues, coudées et terminées par deux soies. Bec avancé, allongé et conique, de trois valvules égales.

---

(1) Voyez, dans les *Suites à Buffon*, l'*Histoire naturelle des Diptères*, et dans les *Transactions of the zoological society of London*, t. I, le Mémoire de M. Westwood.

10. SMARIS, genre nouveau pour l'*A. sambuci*, Schrank.

Antennes parallèles à la trompe, guère plus longues, droites, presque cylindriques, de quatre articles ; le dernier armé de deux pièces obsolètes. Trompe longue, avancée, presque cylindrique, un peu en pointe, tronquée, consistant en deux soies très-longues et une lèvre inférieure.

11. LIMNOCHARIS, genre nouveau pour l'*A. aquaticus*, Linn.

Bouche inférieure. Mandibules nulles. Antennules courbées. articulées, terminées en pointe. Lèvre inférieure obtuse, de deux pièces connivantes. Pattes ciliées, propres pour nager.

12. HYDRACHNA, genre dans lequel Latreille conserve comme type l'*H. cruenta* de Muller, qui venait d'établir ce genre et d'en donner la monographie.

Antennules arquées, articulées, d'abord cylindriques, coniques ensuite et terminées par un ongle et un pouce mobile. Bec avancé, conique, consistant en deux soies longues, reçues dans une lèvre inférieure. Pattes ciliées, propres à nager.

13. EYLAIS, genre nouveau pour l'*Hydrachna extendens* de Muller.

Mandibules plates, munies d'un angle à la pointe, reçues dans une lèvre inférieure. Antennules en cône allongé, articulées, arquées, pointues. Pattes propres pour nager.

14. TROMBIDIUM, genre distingué peu de temps avant par Fabricius, bien que celui-ci y rapportât à tort quelques Hydrachnes du genre *Limnocharis* cité plus haut.

15. ACARUS, l'ancien nom générique de tout le groupe de Mites. Latreille y laisse l'*A. geniculatus*, qui prendra plus tard dans ses propres travaux le nom d'*Oribates*.

Bouche en forme de museau, renfermée sous une enveloppe. Mandibules en pinces. Antennules très-petites, coniques, articulées. Lèvre inférieure à deux pièces pointues.

16. CARPAIS ; le genre *Parasitus* de Latreille, *Mag. encycl.*, 1775, p. 19, distingué pour recevoir l'*A. coleoptratorum*.

Antennules saillantes, courbées, terminées en pointes, sans crochets de cinq articles. Mandibules longues, en pinces. Lèvre inférieure de deux pièces pointues, accompagnée de deux crochets.

17. TYROGLYPHUS, genre nouveau pour l'*A. Siro* de Linné.

Mandibules grosses, coniques, très-pointues, à deux pinces.

Deux pièces aiguës, formant la lèvre inférieure. Antennules de la même longueur, peu apparentes, adossées, articulées.

18. Siro , genre nouveau dont le type n'est pas indiqué.

Antennules longues, filiformes de cinq articles. Mandibules allongées , plates, coudées en pinces. Mâchoires ou lèvre inférieure formée par le prolongement des pièces servant d'insertion aux antennules.

16. Chelifer (Voyez p. 74 de ce volume).

Le premier essai d'une classification des Mites par Latreille remonte à 1795 (t. IV, p. 15 du *Magazin encyclopédique* pour cette année). Les Mites qu'il appelle *Tiques* y sont alors partagées en onze genres, savoir :

Argas, Atomus , Ixodes, Pycnogonum, Bdella , Hydrachna, Trombidium , Acarus (pour l'A. coleoptratus), Parasitus, Siro et Chelifer.

Nous avons cru indispensable de rappeler ces travaux, les auteurs , et Latreille lui-même, les ayant trop souvent oubliés, quoique par leur date aussi bien que par le bon esprit qui les a dictés ils doivent servir de base à la classification des Acarides.

En 1798, G. Cuvier (1), qui suivait alors la méthode entomologique de Fabricius , met les *Hydrachnes* seules parmi les Arachnides , qu'il nomme *Aranéides* ou *Unogata,* Fabr., en les caractérisant par la présence de mâchoires et de palpes filiformes, et il reporte les autres Acarus avec les *Pulex* et les *Pediculus*, qu'on regardait encore comme sans mâchoires. Il ne parle pas du genre *Trombidium*, que Fabricius avait distingué, si ce n'est qu'il le donne comme synonyme de celui d'*Hydrachna*.

En 1801 , Lamarck (2) adoptait les genres suivants, qu'il rapportait aux *Arachnides palpistes* :

7. Eylaïs, Latr.	Bouche munie de mandibules et
8. Trombidum, Latr.	de mâchoires.

____

(1) *Tableau élémentaire de l'hist. nat. des animaux.* In-8 ; Paris, an VI.

(2) *Système des animaux sans vertèbres.* In-8 ; Paris, an ix.

9. **Hydrachna**, Lat.
10. **Bdella**, Latr.
11. **Acarus**, Linn.   }   Bouche munie d'un suçoir.

En 1806, un progrès plus évident se remarque dans le travail de Latreille (1); sans employer de dénomination spéciale, il distingue comme groupe à part, à l'imitation de De Géer, toutes les Mites, dont il fait plusieurs familles isolées de ses insectes Acères. Ce sont :

Famille VI. **Acaridiæ**, Acaridies. — Genre : 51. **Trombidium**. — 52. **Erythræus**, nouveau genre. — 53. **Gamasus**. — 54. **Oribata**, Latr., *Hist. nat. des Crust. et des insectes*, VII, 400. — 55. **Acarus**, synonyme de *Tyroglyphus*, Latr., 1797.

Famille VII. **Riciniæ**, *Tiques*. — 56. **Sarcoptes**, Latr., *Hist. nat. des Crust. et des insectes*, VIII, p. 54.—57. **Cheylètes**.— 58. **Smaris**. — 59. **Bdella**.—6o. **Argas**.—61. **Ixodes**.—62. **Uropoda**, nouveau genre.

Famille VIII. **Hydrachnellæ**, *Hydrachnelles*. — 63. **Eylais**. —64. **Hydrachna**. — 65. **Limnochares**.

Famille IX. **Microphtira**, *Microphtires*. — 66. **Caris**. — 67. **Leptus**. — 68. **Astoma**.

Le groupe d'insectes Acères, que forment ces quatre familles, a pour caractères : Corpus annulis segmentisque discretis nullis (*os compositum plerumque rostriforme, pedes coxis, femoribus, tibiis tarsisque forma speciali haud distinctis*).

Les *Hydrachnelles* et les *Tiques* composaient l'ordre des Solenostoma, caractérisé ainsi dans les *Tableaux du nouveau Dictionnaire d'Histoire naturelle* : *Os tubulosum*, mandibulæ nullæ : les premières ayant les pieds propres à la natation, et les autres à la marche seulement. La famille des *Acaridies* rentrait alors avec les Phalangiens, Scorpionides et Arachnides (depuis lors Aranéides) dans l'ordre des Chilodonta.

1804. C'est à cette époque seulement que fut publié le travail d'Hermann (2). Les Mites y forment une fa-

------

(1) *Genera Crust. et Insectorum.* In-8 ; Paris, 1804.
(2) *Mémoire aptérologique*, in-fol., Strasbourg ; an XII.

mille à part, sous le nom d'Holètres (1). Elles ont pour caractères :

« Huit pieds; tête, corselet et abdomen (très-grand) unis. »

Les *Phalangium* en font partie, et malgré des différences nombreuses, les Pycnogonum y sont encore rapportés.

Hermann a donné, de ses genres d'*Holètres*, un tableau que nous reproduisons.

Genres.

1° nus, conique tubulé. . . . . *Pycnogonum.*

a) * à palpes sans pinces; bec — couvert de deux lames de gaînes — très-entières. . . *Hydrachna.*

dentées en scie. . *Rhynchoprion* (2).

à mandibules onguiculées. . . . . *Trombidium.*

** à palpes avec des pinces; à doigts — appliqués. . . . . *Acarus.*

transversaux. . . . . . *Phalangium.*

b) à antennes — droites en massue. . . . . *Cynorhœstes* (3).

brisées; deux soies au sommet. . *Scirus* (4).

2° couverts au dos d'un bouclier. . . . . *Notaspis* (5).

Nitzsch, dont les travaux sur les Hexapodes parasites sont bien connus des naturalistes, a donné à cette époque les articles *Acaridiæ* , *Acarinæ* et *Acarus*, de l'Encyclopédie allemande de Ersch et Grudler. Comme il nous a été impossible de nous les procurer jusqu'à présent, nous les citons sans pouvoir en reproduire la substance.

1818. Lamarck (6) s'éloigne peu de la manière de

---

(1) De ολος entier, ητρον ventre.

(2) Synonyme de *Argas*, Latr. (3) Synonyme de *Ixodes*, Latr. (4) Synonyme de *Bdella*, Latr. (5) Synonyme de *Oribates*, Latr.

(6) *Hist. nat. des anim. sans vertèbres.*

voir qu'il avait adoptée dans son *Système* pour 1801.
Voici le tableau qu'il donne des genres d'Acarides.

† Six pattes en tout temps à l'animal :
   Astome, lepte, caris.
†† Huit pattes dans l'entier développement de l'animal.
1) Pattes simplement ambulatoires. (*Acarides non aquatiques.*)
a) Un suçoir avec ou sans palpes ; point de mandibules apparents :
   Ixode, Argas, Uropode, Smaris, Bdelle.
b) Des mandibules distinctes et toujours des palpes.
* Pattes sans appendices sous leur extrémité ; les mandibules en pinces (ou didactyles).
   Mite, Cheylète, Gamase , Oribate.
** Pattes subchélifères, ayant un appendice mobile sous leur extrémité ; mandibules en griffe.
   Erythrée, Trombidion.
2) Pattes ciliées ou frangées et propres à nager. (*Acarides aquatiques.*)
   Hydrachne.

1814. William Elford Leach (1) appelle *Monomerosomata* tous les Insectes dont nous devons nous occuper, c'est-à-dire toutes les Mites de De Géer, et au lieu des quatre familles de Latreille, il en admet sept , distribuant les genres de chacune d'elles , comme le fait voir le tableau suivant :

Monomerosomata.	Trombidides.	1.	*Trombidium* , Fabr.
			Ocypete , Leach.
		2. .	*Erythræus* , Latr.
	Gamasides.		*Gamasus* , Latr.
	Acarides.		*Oribata* , Latr.
			Acarus , Linn.
	Ixodides. . .	1.	*Argas* , Latr.
			Ixodes , Latr.
		2. .	*Uropoda* , Latr.
	Cheylétides.		*Cheyletus* , Latr.
			Smaris , Latr.
			Bdella , Latr.
			Sarcoptes , Latr.
	Eylaïdes.		*Eylaïs* , Latr.
	Hydrachnides. . . .		*Hydrachna* , Mull.
			Limnochares , Latr.

(1) *Trans. linn. soc. London*, XI , 387.

1817. Nous rappellerons , sans l'analyser, la classification que Latreille donne des Mites , pour cette année , dans l'ouvrage de G. Cuvier (1).

1828. M. Heyden a publié ensuite dans l'*Isis*, le synopsis d'un mémoire relatif aux Acarides, qui paraît fort étendu , mais qui n'a jamais vu le jour en totalité. L'auteur a néanmoins imprimé les noms des genres nouveaux très-nombreux qu'il se proposait d'établir, et ce sont presque autant de dénominations restées sans significations, car, dans la majorité des cas, il n'a pas même indiqué l'espèce type de chacun d'eux. Fidèle à la marche que nous avons adoptée, nous allons, néanmoins , quoique malgré nous , reproduire le tableau de la méthode suivie par M. Heyden.

Les Mites, appelées Acarides, sont pour M. Heyden une famille de l'ordre des *Arachnides-Holètres* ; voici comment elles sont réparties :

Légion I. Pourvues de huit pattes.
Phalange 1. Avec des yeux.

a) 1. Bdella, Latr., pour le *Bd. rubra.* — 2. Cyta, genre nouv., pour le *Sc. latirostris.* — 3. Cunaxa , g. nouv. pour le *Sc. setirostris.*

b) 4. Trombidium, pour le *T. holosericeum.* — 5. Belaustium, g. nouv. , pour le *Tr. murorum*, Herm.

c) 6. Erythræus, pour l'*E. phalangioïdes.* — 7. Fessonia , g. nouv., pour le *Tr. papillosum*, Herm. — 8. Anystis, g. nouv., pour le *Tr. cornigerum* d'Herm. — 9. Smaris, Latr. — 10. Gausapa, g. nouv. — 11. Gambula, g. nouv.

Phalange 2. Point d'yeux.

a) 12. Nura, g. nouv. — 13. Parastata, g. nouv. — 14. Gamasus, Latr. — 15. Syrma, g. nouv. — 16. Ollicula, g. nouv.

17. Ixodes, Latr.

18. Cheyletus, Latr. — 19. Odopeta, g. nouv. — 20. Tribon, g. nouv. — 21. Asca , g. nouv. — 22. Voltula, g. nouv. —

____

(1) *Règne animal*, t. IV ; 1817.

23. GALBA, g. nouv. — 24. CORBYLUS, g. nouv. — 25. TYLOS, g. nouv.

b) 26. CLUNUS, g. nouv. — 27. ANALGES, Nitzsch.

c) 28. SARCOPTES, Latr. — 29. ACARUS. — 30. TERGILLA, g. nouv. — 31. OFFULA, g. nouv. — 32. TRYLA, g. nouv. — 33. LYGDENUS, g. nouv. — 34. ITRIUM, g. nouv.

d). 35. CRYPTOPEZA, g. nouv. — 36. OLURIS, g. nouv. — 37. ABELLA, g. nouv.

38. BALLUCA, g. nouv. — 39. ZURA, g. nouv. — 40. LORAX, g. nouv.

41. BELBA, g. nouv., pour le *Notaspis corynopus*, Herm. — 42. ROX, g. nouv. — 43. LIODES, g. nouv., pour le *Not. theleproctus*, Herm.

44. PANDA, g. nouv. — 45. ORIBATA. — 46. SABURRA, g. nouv. — 47. CAMISIA, g. nouv. — 48. FADUS, g. nouv.

e). 49. SPINTURNIX, g. nouv., pour l'*Ac. Vespertilionis*, Scopoli *non* Linn. — 50. ARGAS. — 51. LIPOSTOMUS, Nitzch; *Astoma?* Leach.

52. UROPODA, Latr. — 53. CETRA, g. nouv. — 54. PANOPLIA, g. nouv., pour l'*A. denticulatus*, Schrank. — 55. CICCUM, g. nouv. — 56. MYCELUM, g. nouv. — 57. GALUMNA, g. nouv., pour le *Notaspis alatus*, Herm. — 58. CILLIBANO, g. nouv., pour le *Not. cassideus*, Herm.

Légion II. — Pourvues de six pattes.

a). 59. LEPTUS, Latr. — 60. CNODAX, g. nouv. — 61. RESCULA, g. nouv. — 62. OCYPETE, Leach.

b) 63. TROCHISCUS, g. nouv. — 64. MYOBIA, g. nouv., pour le *Pediculus musculi*, Schrank. — 65. CARIS, Latr. — 66. ACHLYSIA, Aud.

Légion III. — Pourvus de huit pattes, etc.

67. EYLAÏS, Latr. — 68. HYDRACHNA, Mull. — 69. LIMNOCHARES, Latr.

1833. La classification de M. Sundevall (1), qui est de cette année, doit maintenant être citée. Le quatrième ordre des Arachnides est celui des Acares (*Acari*); ils y forment trois familles.

____

(1) *Conspectus arachnidum*, in-8°, Lund.

1. **Hydrachnides** : *Eylais*, *Hydrachna*, *Limnochares*.
2. **Trombidides** : *Trombidium*; *Erythræus*.
3. **Gamasides** : *Scirus*; *Cheyletes*; *Gamasus*; *Carpaïs*; *Pteroptus*; *Macrocheles*.
4. **Sarcoptides** : *Notaspis*; *Sarcoptes*; *Tetranychus*.
5 **Ixodides** : *Ixodes*; *Argas*.
6. **Leptides** : *Caris*; *Leptus*; *Ocypeta*; *Astoma*; *Achlysia*.

1839. Nous donnerons en dernier lieu la méthode acarologique de Dugès (1). Les Mites dont l'auteur fait l'ordre des Acariens composent sept familles et vingt genres.

I. **Trombidiei**. Palpes ravisseurs.

Tetranychus, L. Dufour, pour le *Trombidium socium*, Herm., etc. — **Pachygnathus**, g. nouv. — **Raphignathus**. g. nouv., pour le *Tromb. lapidum*, Herm. — **Megamerus**, pour le *Tromb. longipes*, Herm. — **Smaridia**. — **Rhyncholophus**, g. nouv., pour le *Tromb. phalangioïdes*, Herm. — **Trombidium**. — **Erythræus**.

II. **Hydrachnei**. Palpes ancreurs.

Atax, Fabr. — **Diplodontus**, g. nouv. — **Arrenurus**, g. nouv., pour l'*Hydr. albator*, etc. — **Eylaïs**. — **Limnochares**. — **Hydrachna**.

III. **Gamasei**. Palpes filiformes.

Dermanyssus, g. nouv., pour l'*Acarus gallinæ*, De Géer., etc. — **Gamasus**. — **Uropoda**. — **Pteroptus**, L. Dufour, pour l'*A. Vespertilionis* (2). — **Argas**.

IV. **Ixodei**. Palpes valvés.

Ixodes.

V. **Acarei**. Palpes adhérents.

Hypopus, g. nouv., pour l'*A. spinipes*, Herm. — **Sarcoptes**. — **Acarus**.

VI. Palpes antenniformes : **Bdellei**.

---

(1) *Recherches sur l'ordre des Acariens, in Ann. sc. nat.* 2e série, t. 1, éd. 2 (3 mémoires, dont il y a un tirage à part)
(2) Type du genre *Spinturnix* de M. Heyden.

Bdella, pour le *Scirus vulgaris*, Herm. — Scirus, pour le *Sc. setirostris*, Herm. (1).

VII. Oribitei. Palpes fusiformes.

Oribates.

Sans s'être occupé directement de la classification méthodique des Acarides, M. Léon Dufour a, néanmoins, proposé quelques genres nouveaux, parmi lesquels nous citerons ceux de *Cœculus*, *Tetranychus* et *Pteroptus*, dont il a déjà été question, ainsi que celui de *Trichodactylus* pour une espèce voisine des *Tyroglyphus*.

Les seuls grands genres qui nous paraissent devoir être réellement acceptés parmi les Acariens dans l'état actuel de cette partie de l'entomologie sont :

Bdella, Latr.

Trombidium, Fabricius.

Hydrachna, Mull.

Gamasus, Latr.

Ixodes, Latr.

Tyroglyphus, Latr.

Oribates, Latr.

On en fera certainement des familles quand ils seront décrits d'une manière plus complète, et lorsque leurs espèces auront été mieux classées. Leurs sous-genres deviendront alors autant de genres, mais le nombre de ces derniers sera bien loin d'atteindre le chiffre auquel l'ont porté les auteurs modernes.

Nous parlerons, dans un appendice, du genre *Anoètes*, Dujardin, que nous ne connaissons pas assez pour le classer, ainsi que de celui que nous nommons *Simonea*, et dans lequel prendra place l'*Ac. folliculorum* décrit avec tant de soin par M. Simon.

____

(1) Type du genre *Cunaxa* de M. Heyden.

Genre BDELLE. (*Bdella*) (1).

Palpes antenniformes ; mâchoires terminées en
griffes ou en pinces ; bec en forme de tête allongée ;
un corselet plus ou moins distinct de l'abdomen, qui
est multi-articulé ; yeux au nombre de deux à six ; rarement nuls.

Les Bdelles, que M. Heyden regarde comme une
section particulière dans l'ordre des Acarides, et que
Dugès élève au rang de famille sous le nom de *Bdellés*,
ont une grande analogie extérieure avec les Pinces :
ce sont de petits animaux à corps plus ou moins
mou, assez agréablement coloré, vivant dans les
lieux humides sous la mousse, quelquefois sur le
sable des caves, etc. Leurs allures sont habituellement assez lentes, mais dans quelques cas, leurs
palpes jouissent d'une assez grande mobilité ; ces singuliers animaux sont alors plus actifs, et, comme les
Pinces, ils peuvent marcher à reculons. Leurs palpes,
que l'on a indiqués comme variant, suivant les différentes espèces, dans le nombre de leurs articles com-
posants, nous semblent au contraire résulter de
cinq articles dans tous les cas, et Dugès avait déjà
émis la même opinion. On ne saurait donc caractériser, comme le faisait Hermann, les divers animaux
de ce groupe, d'après le nombre de leurs articles pal-
paux, et c'est à tort, par conséquent, que M. Heyden a
basé sur l'assertion d'Hermann la distinction de plusieurs genres de Bdelles. Pour M. Heyden, le *Scirus*

---

(1) BDELLA, Latr., *Précis des caract. des Insectes*, p. 180. —
SCIRUS, Hermann, *Mém. aptérol.*, p. 60. — Heyden, *Isis*, 1828. —
Koch et Hahn, *loco cit.* — Dugès, *Ann. sc. nat.*, 2ᵉ série, t. I. —
P. Gerv., *ibid.*, t. XV, p. 1.

coccineus, Hermann, *Bd. rubra*, Latr., auquel Hermann donne quatre articles, est le véritable genre Bdella ; le *Sc. latirostris*, décrit comme ayant trois articles seulement, devient le genre Cyta et le *Sc. setirostris*, qui n'en aurait que deux, celui de Cunaxa. Mais le *Sc. elaphus* a présenté cinq articles à Dugès, aussi bien que le *Coccineus*, et le même auteur donne pour caractère à la famille des Bdellés d'avoir toujours les palpes quinqué-articulés. C'est aussi ce que j'ai vu dans les espèces que j'ai étudiées, et l'on peut reconnaître, même par les figures d'Hermann, que les *Sc. latirostris*, *vulgaris* et *longirostris* sont aussi dans ce cas, l'article basilaire de leur palpe ayant été à peine indiqué par le dessinateur. Quant au *Sc. tenuirostris* d'Hermann, il aurait également cinq articles, si, comme le suppose Dugès, Hermann a pris le dernier pour une soie terminale.

Dugès caractérise ainsi deux genres de Bdellés :

Bdella, Dugès, *loco cit.*, I, 21. — Palpes coudés, obtus, pourvus à leur extrémité de soies roides, longues ; mandibules en pinces, à doigts très-petits ; lèvre égalant les mandibules, triangulaire ; corps partagé en deux par un sillon transversal ; quatre yeux ; cuisses écartées ; larves hexapodes, d'ailleurs semblables aux adultes.

1. *Sc. vulgaris*, Herm. — 2. *Bd. cœrulipes*, Dugès, etc.

Scirus, Dugès, *loco cit.*, I, 21. — Palpes courbés, falciformes à la pointe ; mandibules onguiculées ; lèvre courte ; corps non sectionné ; deux yeux ; une longue soie transversale partant de chaque côté ; cuisses rapprochées ; larves ?

1. *Sc. setirostris*, Herm. — 2. *Sc. elaphus*, Dug.

Amonia est un troisième genre de M. Koch. Je n'en connais point la caractéristique, mais d'après les espèces qu'il y place dans ses *Deutschland Crustaceen, Myriap. und Arach.*, il me semble que ce genre ne diffère pas des *Bdella* de Dugès.

Le nombre des yeux employé par ce dernier naturaliste

pourrait conduire à la distinction de deux autres coupes nouvelles comprenant chacune une espèce, l'une sans yeux et l'autre pourvue de six de ces organes : *Sc. obisium* et *hexophthalmus.*

Section 1re. Bdelles à six yeux.

1. Bdellé hexophthalme. (*Bdella hexophthalma.*)
(Pl. 36, fig. 7.)

Corps et pattes jaune-orangé ; le rostre et les extrémités des pattes passant au rougeâtre ; six yeux d'un rouge carmin ; une soie courte auprès des deux derniers ; pattes velues ; point de grande soie latérale.

Scirus hexoph., P. Gervais, *Ann. sc. nat.*, 2ᵉ série, XVI, p. 6, pl. 2, fig. 1 ; *id.*, *Dict. sc. nat.*, *Supp.*, II, 80.

J'ai trouvé cette espèce dans les prés de Gentilly, à Paris.

Section 2°. Bdelles à quatre yeux.

2. Bdelle longicorne. (*Bdella longicornis.*)

Couleur écarlate ; bec plus long que le corselet. Longueur, ½ ligne.

Acarus longicornis, Linn.—Geoffroy, *Environs de Paris*, II, 618, pl. 20, fig. 5. — *Scirus vulgaris*, Herm., *Mém. aptérol.*, g. 61, pl. 3, fig. 9, et pl. 9, fig. 5. — *Bdella rubra*, Latr., *Gen. Crust. et Insect.*

De diverses parties de l'Europe, en France, en Allemagne, etc. Linné rapporte, avec doute, il est vrai, que cette espèce est parfois parasite de l'homme dont elle préférerait la tête, mais Hermann avait déjà rejeté cette assertion.

3. Bdelle cérulipède. (*Bdella cærulipes.*)

Bec assez court et gros; mandibules épaisses, mousses ; corps roussâtre ; pieds bleus.

Scirus cærul., Dugès, *Ann. sc. nat.*, 2ᵉ série, II, pl. 7, f. 2. — *Amonia chloropus*, Koch, *Deutschl. Crust.*, fasc. V, pl. 8.

De France et d'Allemagne.

4. Bdelle croisé. (*Bdella cruciata.*)

Bec court, épais ; couleur jaune-orangé, avec une sorte d'étoile à quatre branches, plus claire, sur l'abdomen ; une bande

brun-noir entre celui-ci et le thorax ; une longue soie bilatérale.
Amonia cruc., Koch , *loco cit.*, fasc. V, pl. 7.
Cette espèce vit en Allemagne.

5. BDELLE PARÉ. (*Bdélla vestita.*)

Bec plus allongé ; corps de couleur purpurine, avec du noir
sur les flancs ; pieds passant au jaune.
Bdella vestita, Koch, *loco cit.*, fasc. I, pl. 23.
Vit en Allemagne.

6. BDELLE PORTE-BAT. (*Bdella dorsata.*)

Corps peu velu, le dernier article des palpes surtout ; point
de grande soie bilatérale ; couleur rouge-rosé, avec un peu de
noir en marbrure de chaque côté du dos ; yeux rouge cerise,
encadrés dans le noir ; palpes, rostre et pattes de la couleur du
corps ; dessous de l'abdomen rose, présentant en arrière des
pattes un point bilatéral noir. Grosseur d'un petit grain de
millet.
Pris à Paris. Il se tient dans les jardins sur la terre humide,
abrité par les plantes herbacées.

7. BDELLE MALIN. (*Bdella sagax.*)

Bec allongé ; corps jaunâtre , lavé de rouge, avec deux taches
transversales brunes sur les épaules , se réunissant sur le thorax
en manière de fer à cheval.
Scirus sagax, Koch , *Deutschl. Crust.*, fasc. I, pl. 22.
D'Allemagne.

8. BDELLE LARGE BEC. (*Bdella latirostris.*)

Bec plus court que le corselet ; couleur écarlate.
Scirus latirostris, Herm., *Mém. aptérol.*, p. 62, pl. 3,
fig. 11.
D'Alsace et d'Allemagne.

Section 3ᵉ. *Bdelles à deux yeux.*

9. BDELLE SÉTIROSTRE. (*Bdella setirostris.*)

Bec en alène ; antennes pourvues d'une soie terminale (ou
d'un dernier article sétiforme ?) ; couleur écarlate.
Scirus setirostris, Herm., *Mém. aptérol.*, p. 62, pl. 3,
pl. 3, f. 12 et pl. 9, f. T.
Se trouve en Alsace.

10. Bdelle orné. (*Bdella ornata.*)

Corps de couleur de chair, avec trois taches brunes au bord postérieur du thorax ; trois autres de chaque côté de l'abdomen ; le milieu de celui-ci occupé par une ligne blanche bordée de noir ; point de grande soie bilatérale.

Bdella ornata, Koch, *Deutschl. Crust.*, fasc. I, pl. 24.

Espèce d'Allemagne.

11. Bdelle cerf. (*Bdella elaphus.*)
(Pl. 36, fig. 6.)

Bec renflé à sa base ; couleur rouge-carmin, avec des reflets irisés ; yeux noirâtres ; une longue soie bilatérale. Taille petite.

Scirus elaphus, Dugès, *Ann. sc. nat.*, *loco cit.*, pl. 8, f. 38.

Du midi de la France. Vit sous les pierres dans les lieux humides.

Section 4e. *Bdelles sans yeux.*

12. Bdelle obisie. (*Bdella obisium.*)

Corps orangé clair, presque transparent ; une petite soie à la place des yeux postérieurs ; une autre paire de soies plus petites encore au-dessous de la base du rostre ; palpes simples, en crochets très-mobiles ; taille fort petite, surpassant à peine un tiers de millimètre.

Scirus obisium, P. Gerv., *Ann. sc. nat.*, 2e série, XV, 6, pl. 2, f. 1 ; id., *Dict. sc. nat.*, *Suppl.*, II, 79, *Atlas suppl.* pl. des *Acariens.*

Trouvé à Paris dans les graviers humides du sol des caves, avec d'autres petits Acarus.

Section 5e. *Molgus.*

Voici tout ce que M. Dujardin (*Journ. l'Institut*, 1842, p. 316) a dit encore sur son genre *Molgus :*

« Deux Acariéns, l'un de la Méditerranée, l'autre de l'Océan, sur les côtes de Bretagne, devront constituer un genre nouveau (*Molgus*), voisin des Bdelles, et qui nécessitera la réforme de la famille des Bdellées. »

Je ne connais point les animaux dont M. Dujardin a parlé sous ce nom.

Genre TROMBIDION. (*Trombidium*) (1).

Palpes ravisseurs ou à dernier article obtus, le pénultième étant onguiculé et le second très-grand ; pieds ambulatoires, c'est-à-dire onguiculés ; yeux ordinairement latéro-antérieurs.

Les nombreuses espèces d'Acariens que les auteurs ont réunies sous ce nom semblent se rapprocher beaucoup des Faucheurs par plusieurs de leurs traits caractéristiques ; leurs mœurs ont aussi beaucoup d'analogie avec celles de ces animaux. Leur corps a plus de mollesse que celui des Gamases, des Tyroglypes et surtout des Oribates, aussi les conserve-t-on avec moins de facilité, et leur étude demande plus de précautions. On en trouve souvent dans les lieux ombragés par les plantes peu élevées, dans les prairies, par exemple ; mais il en est beaucoup aussi qui préfèrent les endroits plus ou moins desséchés, et ce sont en général ceux dont le corps est le plus velu. Leur couleur la plus fréquente est le rouge, et il en est, comme le Trombidion soyeux, etc., dont la nuance est des plus vives. L'âge leur fait subir des modifications moins profondes qu'à la plupart des Hydrachnes, mais il peut avoir une grande influence sur leurs habitudes ; hexapodes (ainsi que tous les autres Acariens) pendant qu'ils sont jeunes, ils vivent fréquemment en parasites pendant toute la durée de cette première période de leur existence, et c'est sur d'autres Insectes, sou-

---

(1) Acarus, *partim*, Linn., De Géer, etc. — Hermann, *Mém. aptérol.* — Tromb., Smaris, etc., Latr., *loco cit.* — Trombidides, Leach., *Trans., Linn. soc.*, XI. — Trombidiei, Dugès, *Ann. sc. nat.*, 2e série, I, p. 15 et 22, et II, p. 50. — Trombidides, Rhyncholophides et Eupopides, Koch, *Arachnidensystems* ; 1842.

vent même sur des espèces de la même classe qu'eux , c'est-à-dire sur des Arachnides (Aranéides et Phalangides) , qu'on les trouve fixés.

Dans un assez gros Trombidium de couleur fauve sale, à corps globuleux, couvert de petits poils courts et noirs, à deux yeux sessiles sur le tiers antérieur du corps, etc. , que j'ai recueilli dans la forêt de Châteauneuf , près de Dreux , j'ai reconnu très distinctement les deux orifices signalés par Tréviranus (1) sur la ligne médio-infère de la région abdominale. Un d'eux, l'antérieur, est allongé, vulviforme, c'est le génital ; l'autre , plus petit et situé à une petite distance du précédent ; est circulaire ; c'est l'anal. Tréviranus indique , après la seconde paire de pattes, une paire d'orifices latéraux pour les trachées. On n'a sur les autres particularités anatomiques des Trombidions que des renseignements fort incomplets. La classification de ces animaux a beaucoup plus occupé les observateurs.

Fabricius est l'auteur du genre *Trombidium* (2), généralement accepté depuis lors , et fréquemment subdivisé par les autres entomologistes. Le premier soin qu'ils eurent à prendre fut de le circonscrire tel qu'il devait l'être réellement, et c'est principalement à Hermann, dans son Mémoire aptérologique, que la science en est redevable.

« Ce genre, établi par Fabricius, ne peut l'avoir été, à ce qu'il me semble, dit Hermann, que sur l'examen du Trombide soyeux ; car, pour le Trombide portequeue et le Trombide globuleux de cet auteur, ils of-

---

(1) *Vermischte Schriften*, I, p. 41, pl. 5, f. 28.
(2) *Genera Insectorum* , p. 150.

frent des caractères tout à fait différents de ceux qu'il attribue à ce genre, ces Insectes étant de véritables Hydrachnes. Le Trombide teinturier ne paraît pas avoir été examiné par lui. Quant au véritable Trombide aquatique (1), son corps est si mollasse, que, hors de l'eau, il n'admet aucun traitement. »

Le *Mémoire aptérologique* d'Hermann porte à trente-six le nombre des espèces de Trombidions. Les recherches de Dugès, et celles surtout de Koch, l'ont considérablement augmenté. Les sous-genres établis par Hermann sont dès lors devenus insuffisants, et on a établi à leur place plusieurs genres. Divers auteurs ont élevé au rang de famille le genre *Trombidium* de Fabricius et d'Hermann, et employé les noms de *Trombidides* (Leach, Sundevall) et *Trombidiei* (Dugès) ; mais nous devons d'abord rappeler comment Hermann caractérisait ses différents sous-genres. Le voici :

Trombides, *Trombidia.*
I. A huit pieds (Octopoda).
1. Yeux inférieurs.
1) Pieds antérieurs plus longs que les autres.
    Div. I : *Tromb. tinctorium, holosericeum, fuliginosum, bicolor, assimile, curtipes, trigonum, pusillum.*
2) Pieds antérieurs et postérieurs plus longs que les autres.
    Div. II : *Tromb. trimaculatum, murorum.*
2. Yeux supérieurs.
1) Pieds antérieurs plus longs que les autres.
    Div. III : *Tromb. miniatum, papillosum, squamosum, expalpe.*
2) Pieds antérieurs très-longs.
    Div. IV : *Tromb. longipes, macropus.*
3) Pieds antérieurs et postérieurs plus longs que les autres.

-----

(1) Hydrachne, type du genre *Limnocharcs*, Latreille.

(*a*) Égaux.

Div. V : *Tromb. quisquiliarum.*

(*b*) Les postérieurs plus longs que les antérieurs.

Div. VI *: Tromb. phalangioïdes.*

4) Pieds antérieurs plus courts que les autres.

Div. VII : *Tromb. aquaticum.*

5) Tous les pieds presque égaux.

Div. VIII : *Tromb. parietinum, pyrrholeucum, cornigerum, bipustulatum, telarium, tiliarium, socium, celer,
seminigrum.*

II. A six pieds.

Div. IX : *Tromb. insectorum, latirostre, cornutum,
aphidis, parasiticum, libellulæ, culicis, lapidum.*

Latreille, qui avait proposé dans son ouvrage intitulé : *Précis des caractères génériques des Insectes,*
l'établissement d'un genre distinct sous le nom de
Smaris, pour l'*Acarus Sambuci* de Schrank (*Tromb.
expalpe*, Herm.), et de celui de Leptus pour l'*A. Phalangii* de De Géer (*Tromb. Insectorum*, Herm.) qui
est hexapode (1), établit dans son *Genera* le genre
Erythræus, dont le type est le *Tromb. phalangioïdes,*
Herm. Le genre Astoma, Latreille, *Précis*, p. 177,
est dans le même cas que celui de *Leptus*. Il en est
de même de celui d'Ocypete, que Leach distingua plus
tard (*Trans. lin. soc.*, XI , 396).

M. Heyden ajouta les suivants :

Fessonia, pour le *Tromb. papillosum*, Herm. ;

Belaustium, pour le *Tromb. murorum*, Herm. ;

Anystis, pour le *Tromb. cornigerum*, Herm.

et Dugès ceux de :

Tetranychus, d'après M. L. Dufour, *Ann. sc. nat.*, 1re série.

Raphignathus, pour le *Tromb. hispidum*, Herm., etc. ;

Megamerus, pour le *Tromb. celer*, Herm. ;

Rhyncholophus, synonyme d'*Erythræus*, Latr.; ces *Erythræus* comprennent entre autres le *Tromb. cornigerum,*

---

(1) Latreille rapporte à cause de cela, son genre *Leptus* à la famille
des *Micropthira*. (Voyez p. 147.)

pour lequel M. Heyden avait déjà créé le genre *Anystis*.

Dans son troisième mémoire sur les Acariens, Dugès a modifié la distribution qu'il avait d'abord adoptée pour ses *Trombidiées*, et il a résumé ses vues dans un tableau que nous reproduirons ici :

Brévitarses
- brévipalpes, mandibules
  - piquantes... *Tetranychus*.
  - en pince... *Pachygnathus*.
- longipalpes, mandibules
  - piquantes... *Raphygnathus*.
  - en pince... *Megamerus*.

Longitarses
- mandibules piquantes
  - longirostres. *Smaridia*.
  - brévirostres... *Rhyncholophus*.
- mandibules à crochets
  - à corselet... *Trombidium*.
  - à corps entier. *Erythræus*.

La nouvelle coupe générique dont nous avons actuellement à parler est celle que M. Koch a nommée SCYPHIUS et dans laquelle le *Tromb. celer*, Herm., devra certainement rentrer.

M. Koch vient, plus récemment, de publier (1) un synopsis des Trombidions, qu'il partage en plusieurs familles. En voici le tableau :

1° TROMBIDIDES..... *Trombidium*, Fabr. (35 espèces).

2° RHYNCHOLOPHIDES.
- *Rhyncholophus*, Dug. (18 espèces).
- *Smaridia*, Dug. (5 espèces).
- *Erythræus*, Latr. (3 espèces).
- *Stigmæus*, Koch (6 espèces).
- *Caligonus*, Koch (7 espèces).
- *Raphignathus*, Dug. (3 espèces).
- *Actineda*, Koch (7 espèces).

3° EUPOPIDES......
- *Tetranychus*, Duf. (10 espèces).
- *Bryobia*, Koch (4 espèces).
- *Scyphius*, Koch (12 espèces).
- *Pentaleus*, Koch (12 espèces).
- *Linopodes*. Koch (12 espèces).
- *Eupodes*, Koch (28 espèces).
- *Tydeus*, Koch (13 espèces).

---

(1) *Arachnidensystems*, III ; 1842.

Nous avons fait ajouter à nos figures de Trombidions celles que M. Koch a données de ses genres Scyphius et Linopodes. Les espèces qu'elles représentent sont nommées par M. Koch :

Scyphius diversicolor, *Deutschl. Arachn., Crust. und Myriap.*, Fasc. 17, pl. 22; *Arachnidensyst.*, III, pl. 6, fig. 32 (copiée dans notre atlas, pl. 36, fig. 5).

Linopodes ravus, *Deutschl. Crust.*, fasc. 1, pl. 17; *Arachnidensyst.*, pl. 7, fig. 35 (copiée dans notre atlas, pl. 36, fig. 6).

Nous traiterons de diverses espèces connues de Trombidions, en les groupant en genres suivant cet ordre :

1. Cheyletus, Latr. (1).

2. Tetranychus, Duf. . . { *Tetranychus*, Koch. *Scyphius*, Koch.

3. Pachygnathus, Dug.

4. Megamerus, Dug.

5. Smaris, Latr. . . . . { *Erythræus*, Heyd. *Fessonia*, Heyd. *Smaridia*, Dug.

6. Erythræus, Latr., *Rhyncholopus*, Dug.

7. Belaustium, Koch. . . { *Trombidium*, Latr., etc. *Leptus*, Latr. *Astoma*, Latr. *Ocypete*, Leach.

8. Anystis, Heyd., *Erythræus*, Dug., *non* Latr.

I. CHEYLETUS, Latreille, *Hist. nat. des Crust. et des Ins.*, VIII, 54.

Mâchoires? formant deux espèces de bras épais dirigés en avant et falciformes à leur extrémité.

Ce genre est imparfaitement connu, et par suite difficile à classer. Il nous a paru conduire aux *Tétranyques*. On en cite deux espèces :

______

(1) Il est aussi douteux que ce genre appartienne à la famille des *Trombidium*. Latreille à qui on en doit la distinction, le rapproche des *Sarcoptes*, mais il est impossible de l'imiter. Dugès n'en parle pas. M. Dujardin doit en publier une étude.

CHEYLÈTE ÉRUDIT. (*Cheyletus eruditus.*)

Acarus eruditus, Schrank, *Enum. insect. Austriæ*, n° 1058.
—*Cheyl. erud.*, Latr., *Hist. nat. Crust. et Ins.*, VIII, 54.
On le trouve dans les livres et dans les musées.

CHEYLÈTE BORDÉ. (*Cheyletus marginatus.*)

Ch. marg., Koch, *Deutschl. Crust., Myriap. und Insect.*,
copié par M. Guérin, *Iconogr. Règ. anim.*, Arachn., pl. 5,
f. 8.

II. TETRANYCHUS, Léon Dufour, *Ann. sc. nat.*,
1re série, xxv, 279; 1832. — Dugès, *ibid.*, 2e série, I,
p. 24, et II, p. 55.

Suçoir à deux acicules sans soies, assez long; palpes à crochet fort court et épais; ces palpes gros,
courts, conoïdes, appliqués sur une lèvre triangulaire
et formant avec elle une sorte de tête obtuse et bifurquée; deux yeux latéro-antérieurs; hanches insérées,
de chaque côté, en deux groupes, un pour les deux antérieures, un pour les deux postérieures; pattes de la paire
antérieure les plus longues, et à cuisse (troisième article) offrant des dimensions beaucoup supérieures à
celles des autres articles, terminées par deux crochets
fort petits et fort courbés, attachés au septième article, qui est de petite dimension; les crochets dé-
passés par quatre soies roides, grosses, que M. Dufour avait regardées comme des ongles allongés et
presque droits.

Tels sont les caractères que Dugès assigne aux Tétranyques. Les espèces de ce sous-genre commencent
la série des vrais Trombidions.

1. TROMBIDION TISSERAND. (*Trombidium telarium.*)

Abdomen avancé antérieurement en cône; jaunâtre; une tache
jaune foncé des deux côtés du dos.

Tromb. telar., Herm., *Mém. aptérol.*, p. 40, pl. 2, fig. 15.

Il se trouve, suivant le rapport de Linné, sur les plantes qui n'ont pas assez d'air, comme celles qui sont enfermées dans les serres, et il les enduit d'un tissu de files parallèles qui les suffoque ; Linné ajoute qu'en automne on l'observe fréquemment sur la face inférieure des feuilles de tilleul. « Pour moi, dit Hermann, je ne l'ai jamais observé sur des plantes de serres ou d'orangerie ; mais je connais quelqu'un auquel il fait beaucoup de tort en étouffant les œillets qu'il cultive devant ses fenêtres donnant sur une petite cour, où ces plantes n'ont pas beaucoup d'air. Les feuilles sont retenues dans une position roulée par des fils dont elles sont enduites. Mon père cependant a observé la même chose sur une tige de *dracocephalum virginianum* plantée dans un pot ; elle avait jauni et était languissante ; son exposition était assez aérée. »

2. TROMBIDION DU TILLEUIL. (Trombidium tiliarum.)

Abdomen elliptique, à côtés inégaux, d'un jaune pâle, transparent, ponctué sur les côtés, tête conique.

Tromb. til., Hermann, *Mém. aptérol.*, p. 42, pl. 2, f. 12.

Habite la face inférieure des feuilles du tilleul à grandes feuilles et de la rose trémière (*Altea rosea*).

Turpin et Dugès ont étudié depuis Hermann père un Tétranyque également parasite du tilleul et qu'ils rapportent à la même espèce. Le mémoire de Turpin fait partie de ceux des *Savants étrangers* (Acad. sc.).

Dugès (*Ann. sc. nat.*, 2ᵉ série, II, 106) fait aussi connaître l'Acarus de la gale du saule blanc, observé à Montpellier.

3. TROMBIDION SOCIAL. (Trombidium socium.)

Abdomen ovale, tout pâle, transparent ; pieds garnis de soie ; tête échancrée.

Tromb. soc., Herm. père, *Mém. aptérol.*; p. 43, pl. 2, f. 2.

Le Mémoire aptérologique est, comme on le sait, un ouvrage posthume de Jean-Frédéric Hermann, annoté par son père Jean Hermann et édité par Louis-Frédéric Hammer, gendre de celui-ci et son successeur dans la chaire d'histoire naturelle de Strasbourg. Aussi beaucoup d'incorrections y sont-elles restées qui auraient certainement disparu si l'auteur avait revu son œu-

vre lui même : c'est ainsi que la courte description du Tr. social
est accompagnée de la note suivante :

« Je l'ai appelé *social* parce qu'il est en société avec le précédent; mais, par la considération que celui-ci est plus commun
que l'autre, je préférerais de changer les noms et d'appeler celui-ci *tiliarium* et l'autre *socium*. »

4. TROMBIDION DES PIERRES. (*Trombidium lapidum.*)

Pieds grêles, les antérieurs très-longs; bec et palpes peu
saillants; couleur d'un brun noirâtre nuancé de rouge sale,
quelquefois presque tout de cette dernière couleur; plusieurs
rangs de points blancs sur le dos et sur les bords; trois yeux
d'un rouge vif de chaque côté; mâles plus petits que les femelles.

Tromb. lapidum, Hammer, *Mém. aptérol.*, p. 49. pl. 7, f. 7.
— *Tetranychus cristatus*, Dug., *Ann. sc. nat.*, 2ᵉ série, I,
p. 28, et II, p. 56.

Se trouve en divers points de la France, souvent à la face supérieure ou inférieure des pierres, d'autres fois sur des végétaux. Dans le Midi, Dugès en a vu des familles au milieu du duvet qui garnit la face inférieure des feuilles de pruniers; ils y
sont réunis avec des œufs globuleux et rangés comme eux, et
des petits à six pattes, rosés d'abord et pellucides, puis rouge-
brique. A Paris on en trouve, en automne, sous les pierres des
promenades publiques.

5. TROMBIDION LINGER. (*Trombidium lintearium.*)

Rouge, à pieds plus clairs; de longs poils blancs sur le dos et
les pieds.

Tetranychus lintearius, L. Dufour., *Ann. sc. nat.*, 1ʳᵉ série,
XXV, 281, pl. 11, fig. 4 et 5.

Vit en société sur les arbustes, qu'il revêt d'une toile fine,
blanchâtre, comparable à celle des Araignées. Observé à St.-Sever.

6. TROMBIDION PRUNICOLOR. (*Trombidium prunicolor.*)

Un peu plus grand que le *Tr. tisserand*; corps plus allongé,
plus rétréci en arrière; saillant et conoïde en avant; couleur
d'un brun violet, uniforme; pieds pâles, un peu moins grands
et moins serrés; acicules plus longues et se courbant en bec;
deux rangs de poils sur le dos, yeux noirs.

Tetr. prun., Dugès, *Ann. sc. nat.*, 2ᵉ série, I, p. 27., pl. 1,
fig. 3-5.

Trouvé en société aux mois de juillet et d'août sur les feuilles du poirier et du prunier, dans le midi de la France. Ses œufs sont ronds, jaunâtres; la femelle n'en porte qu'un à la fois; les petits sont de couleur verdâtre.

7. TROMBIDION A QUEUE. (*Trombidium caudatum.*)

Fort petit, même à l'état adulte; sa couleur est orangée, avec les pattes jaune-pâle, un peu longues; quatre soies roides, courtes, écartées lui formant une sorte de queue.

Tetr. caudatus, Dugès, *Ann. sc. nat.*, 2ᵉ série, I, p. 29.

Trouvé en famille dans le duvet de la face inférieure des feuilles de laurier-tin, avec des œufs jaunâtres et des larves hexapodes de couleur très-pâle.

8. TROMBIDION GLABRE. (*Trombidium glabrum.*)

Rouge; deux yeux blanchâtres sur l'avance antérieure du tronc; taille fort petite.

Tromb. glabrum, Dugès, *Ann. sc. nat.*, 1ʳᵉ série, I, p. 39. —*Tetran. trombidinus*, *id. ibid*, II, p. 58, pl. 8, f. 61-65.

Du midi de la France, sous les pierres, dans les lieux humides.

9. TROMBIDION TENUIPÈDE. (*Trombidium tenuipes.*)

Couleur fauve et noirâtre; point de rebord anguleux, ni de corselet distinct; pattes grêles; palpes droits, gros, courts, peu visibles en dessus.

Tetran. tenuipes (par erreur *termipède*), Dugès, *Ann. sc. nat.*, 2ᵉ série, II, p. 57.

10. TROMBIDION MAJEUR. (*Trombidium major.*)

Assez semblable au *Tr. crété* pour la forme, sans en avoir les rebords anguleux; dos plat, strié transversalement, épaulé, un peu prolongé en avant et hérissé de quelques soies en avant et autour; deux rangées longitudinales de soies en dessus; bec dirigé en dessous, d'un beau rouge ainsi que les pattes; une tache au-dessous du dos; pattes antérieures plus longues que les autres.

Tetran. major, Dugès, *Ann. sc. nat.*, 2ᵉ série, II, p. 57, pl. 9, f. 57-60.

On en admet d'autres espèces de Tétranyques.

11. TETRAN. ULMI, Koch, *Deutschl. Crust.*

12. TETRAN. URTICÆ, Koch, *loco cit.*

13. **Scyphius terricola**, Koch, *loco cit.*, fasc. 1, pl. 15.

Cette espèce et la suivante sont du genre *Scyphius* de M. Koch, le *Tromb. celer* s'en rapproche beaucoup et les joint aux autres Tetranyques, en même temps qu'elles passent aux Mégamères de Dugès par divers caractères.

14. **Scyph. pratensis**, Koch, *loco cit.*, fasc., pl. 14.

III. MEGAMERUS, Dugès, *Ann. sc. nat.*, 2e série, II, p. 50 (1).

Palpes onguiculés, allongés, libres; corps étroit; hanches distantes; pieds ambulatoires à cuisse très-longue; septième article des pieds court; larves semblables aux adultes, hexapodes.

Ce sont les Trombidiens à pieds antérieurs très-longs d'Hermann. L'*Acarus motatarius*, Linné, en ferait sans doute partie, si on le connaissait mieux. Plusieurs de ceux qu'y place Dugès sont fort voisins du *Trombidium celer* et des *Scyphius* de M. Koch. Les Mégamères vivent à terre sur les lieux ombragés et un peu humides. Leurs mœurs ne diffèrent guère de celles de la plupart des Tétranyques, mais ils sont plus vifs que ne le sont, en général, ces derniers.

15. **Trombidium agile.** (*Trombidium celer.*)

Taille petite; abdomen oblong; côtés rétrécis postérieurement; anus garni de huit poils; pieds postérieurs glabres; palpes étendus; couleur brun rougeâtre. Sous le microscope l'insecte paraît d'un vert brun et il a de la transparence : on lui voit aussi, mais avec difficulté, quelques taches nébuleuses.

Tromb. celer., Herm., *Mém. aptérol.*, p. 44, pl. 2, f. 14. — Dugès, *Ann. sc. nat.*, 2e série, I, p. 30. — *Megamerus celer*, id., *ibid.*, II, p. 53.

D'Alsace; il marche avec une grande rapidité.

---

(1) M. Guérin a proposé, tout récemment, de nommer les Mégamères **Tachybates**, *Iconogr. du règne anim.*, Arachn., p. 15.

16. TROMBIDION LONGIPÈDE. (*Trombidium longipes.*)

Corps fort allongé , un peu sinueux sur les côtés , tronqué en avant ; pattes antérieures six fois plus longues que le corps, grêles, blanchâtres, à cuisse fort longue; quatrième paire de hanches écartée des autres ; lèvre triangulaire allongée ; palpes grêles et libres. Couleur d'un brun chocolat, blanchâtre sur les bords.

Tromb. longipes, Herm., *Mém. aptérol.*, p. 31, pl. 1, f. 8. — Dugès, *Ann. sc. nat.*, 2ᵉ série, I, p. 29.

De divers points de la France. Le corps d'une femelle observé par Dugès renfermait une douzaine d'œufs, d'une couleur grisâtre.

17. TROMBIDION MACROPE. (*Trombidium macropus.*)

Abdomen vert inférieurement et supérieurement ; côtés et pieds pâles ; pieds antérieurs très-longs et mouvants.

Tromb. macr., Herm., *Mém. aptérol.*, p. 32.

D'Alsace. Trouvé entre les mousses, ainsi que le précédent.

18. TROMBIDION ENFLÉ. (*Trombidium inflatus.*)

Corselet bien séparé : abdomen convexe, obovale ; couleur isabelle, à rebord transparent, et parfois avec une ligne médiodorsale en Y ou longitudinale, de couleur blanche ; quelquefois vert ; longues pattes antérieures molles, blanchâtres ; deux petits yeux blancs sur les bords du corselet.

Megamerus inflatus, Dugès, *Ann. scienc. nat.*, 2ᵉ série, II, p. 51.

Fort petite espèce du midi de la France. On la trouve ordinairement en peuplades assez nombreuses, quelquefois isolée ; l'auteur cité a vu des individus plus gros et dont le corps égalait la tête d'une petite épingle ; il les suppose femelles.

19. TROMBIDION OVALE. (*Trombidium ovale.*)

Corselet plat ou moins déprimé, limité par une ligne enfoncée qui lui donne la forme d'un triangle à pointe postérieure ; corps noir, avec un mélange variable de rouge vif ; pattes et bec rouges ; cuisses non renflées ; yeux blancs, sur les angles antérieurs du corselet.

Megamerus ovalis , Dugès, *Ann. sc. nat.*, 2ᵉ série , II, p. 52, pl. 8 , f. 43-45.

Du midi de la France. Il a les pattes moins longues que les précédents. La nourriture influe ici, comme chez beaucoup d'autres Acarides, sur la couleur du corps et principalement sur celle de l'abdomen. C'est ainsi que les jeunes de cette espèce sont tout à fait rouges.

20. TROMBIDION CHATAIN. (*Trombidium castaneum.*)

Corselet distinct ; corps élargi en avant ; sept à huit soies à la partie postérieure ; couleur brune ; pattes rouges ; yeux blancs ; peu de poils sur le corps.

Megamerus castaneus, Dugès, *Ann. sc. nat.*, 2ᵉ série, II, p.52.
De France. Il est fort petit. On le trouve souvent en société.

21. TROMBIDION ROSE. (*Trombidium roseum.*)

De la même forme que le *Tromb. celer;* yeux latéro-antérieurs d'un gris ardoisé ; membres robustes ; corps velu ; plusieurs de ses grands poils sont aplatis ; couleur rose sale ; intestin brunâtre. Longueur du corps seul, une demi-ligne.

Megamerus roseus, Dugès, *Ann. sc. nat.*, 2ᵉ série, I, p.53.
Du midi de la France. Assez rare et ordinairement isolé. Il est très-agile et carnivore.

22. TROMBIDION TROMPEUR. (*Megamerus fallax.*)

Corps élargi en avant, épaulé, aplati, sans corselet bien distinct ; yeux rougeâtres ou blancs, saillants, placés au-dessus de l'insertion de la deuxième patte ou un peu plus en arrière ; corps noir, velouté, avec une tache blanche sur le dos; bec et pattes rouges. A peu près de la taille du précédent.

Megamerus fallax, Dugès, *Ann. sc. nat.*, 2ᵉ série, II, p. 53.
De France.

IV. PACHYGNATHUS, Dugès, *Ann. sc. nat.*, 2ᵉ série, II, p. 54.

Palpes coniques, à peine onguiculés; mandibules fortes, en pinces; corps entier, rétréci en avant, cuisses distantes, pieds marcheurs, leur sixième article le plus long, le septième très-court; les pieds antérieurs les plus longs et les plus forts.

23. Trombidion velu. (*Trombidium villosum.*)

Corps renflé, épaulé, rétréci en avant, où il porte deux gros yeux saillants et brunâtres ; pattes conoïdes, épaisses et si peu longues que la postérieure ne dépasse pas le bout du ventre ; poils du corps plats, courbés, courts, assez nombreux ; ceux des pattes et des palpes plus courts et roides ; couleur roussâtre.

Pachygnathe velu, Dugès, *Ann. sc. nat.*, 2e série, II, p. 54, pl. 8, fig. 52-54.

De France. Il est fort petit, ponctiforme. Trouvé en assez grand nombre en automne, sous les pierres humides, où il marche avec assez de lenteur.

V. RAPHIGNATUS, Dugès, *Ann. sc. nat.*, 2° série, I, p. 15 et 22; *id.*, *ibid.*, II, p. 55.

Palpes à peine onguiculés ; mâchoires remplacées par deux petites pointes courtes, insérées sur un renflement charnu, cachées par une large lèvre ; corps entier ; cuisses contiguës ; pieds ambulatoires, c'est-à-dire peu amincis à leur extrémité ; les antérieurs les plus longs ; leur dernier article le plus long de tous.

Les jeunes sont hexapodes et, du reste, fort semblables aux adultes.

24. Trombidion très-rouge. (*Trombidium ruberrimum.*)

Corps ovale, un peu aplati, lisse et presque sans poils, semblant se terminer en avant par une avance conique, qui n'est autre chose qu'une lèvre triangulaire, concave et logeant l'appareil maxillaire ; un petit œil d'un rouge foncé, arrondi de chaque côté de la région antérieure du corps ; couleur générale d'un beau rouge. Taille fort petite.

Raphignathus ruberrimus, Dugès, *Ann. sc. nat.*, 2e série, I, p. 22, pl. 1, fig. 1, 2.

De France. Ces Trombidions représentent un petit point allongé et d'un beau rouge. Leur marche est médiocrement rapide. On les trouve souvent sous les pierres, mais il est probable qu'ils recherchent aussi les végétaux, et leur organisation semble indiquer que c'est sur ceux-ci qu'ils prennent leur nourriture. Leurs œufs, disséminés en quantité considérable sur les pierres abritées du soleil, les parsèment d'une foule de points blancs; vus à la loupe, ils se montrent sous la forme d'une petite cupule arrondie, crétacée, fermée par un couvercle de même nature, un peu conique et marqué de cannelures radiées, comme un parasol. Le petit en sortant ne détache pas entièrement le couvercle.

25. TROMBIDION HISPIDE. (*Trombidium hispidum.*)

De la taille et de la forme du précédent, mais très-velu. Corps garni en arrière de deux papilles, ce qui semble indiquer chez cet animal la propriété, qu'ont surtout les Tétranyques, de produire des fils.

Raphign. hispidus, Dugès, *Ann. sc. nat.*, 2e série, II, p. 56. De France.

VI. SMARIS, Latreille, *Précis des Car. des Ins.*, p. 180. — *Smaridia, id., in* Cuv., *Règne anim.*, IV, 287. —Dugès, *Ann. sc. nat.*, 2e série, I, p. 34.

Palpes grêles, insérés sur une trompe protractile; mâchoires ensiformes; corps entier, rétréci en avant; cuisses fortes, distantes; les antérieures articulées à une éminence fixe du corps; pieds palpateurs, les antérieurs les plus longs.

26. TROMBIDION DU SUREAU. (*Trombidium sambuci.*)

Acarus sambuci, Schrank, *Ins. Austr.*, 1085.
Latreille, qui le prend pour type de son genre, lui réunit l'espèce suivante:

TROMBIDION MACULÉ. (*Trombidium maculatum.*)

Abdomen rétréci sur les côtés, à peu près parallélogrammique; vermillon dans le jeune âge, foncé dans les adultes; quatre séries de fossettes longitudinales sur le dos, six sur chacune des deux lignes intermédiaires; deux yeux rouges, supérieurement, vers les côtés de l'abdomen; poils du corps courts, blancs, non serrés; taille assez considérable.

Tromb. expalpe, Herm., *Mém. aptérol.*, p. 30, pl. 2, f. 8

et pl. 9, fig. L, M, N. — *Tromb. maculatum*, Hammer,
ibid, p. 31.

Trouvé en Alsace, dans une forêt, sur les feuilles éparses
aux pieds des arbres. Hammer a proposé d'en changer le nom
parce qu'en effet les palpes existent.

27. TROMBIDION ÉCAILLEUX. (*Trombidium squamatum.*)

Abdomen de couleur vermillon foncé, plus large à sa partie
antérieure, à sillons transversaux; corps couvert d'écailles
papilliformes, discoïdes allongées, pédonculées.

Tromb. squam., Herm., *Mém. aptérol.*, pl. 2, f. 7. —
Hammer, *ibid.*, p. 29.

D'Alsace. Il vit entre les mousses.

28. TROMBIDION PAPILLEUX. (*Trombidium papillosum.*)

Abdomen de couleur de vermillon, plus large antérieurement, déprimé; papilles du corps cylindriques, courtes, arrondies au sommet.

Tromb. papill., Herm., *Mém. aptérol.*, p. 29, pl. 2, f. 6. —
Dugès, *Ann. sc. nat.*, 1re série, I, pl. 1, f. 13-16.

D'Alsace. Il vit sur les troncs d'arbres et entre les mousses.
Les pieds de cette espèce sont garnis d'écailles fusiformes au
lieu de papilles cylindriques; les palpes et le bec sont presque
toujours retirés vers le corps; les papilles qui l'entourent ont
plutôt la forme d'écailles.

29. TROMBIDION VERMILLON. (*Trombidium miniatum.*)

Abdomen rétréci; couleur de vermillon pâle; corps garni de
poils blancs épars, simples, longs, non barbus; pieds antérieurs plus foncés.

Tromb. miniat., Herm., *Mém. aptérol.*, p. 29, pl. 1, f. 7 et
pl. 3, fig. P.

D'Alsce. Il se trouve, mais rarement entre les fatras des inondations (Herm.).

30. TROMBIDION ORDURICOLE. (*Trombidium quisquiliarum.*)

Abdomen déprimé, rouge; poils blancs très-courts, comme
brisés en arrière; yeux noirs, à la hauteur des pattes de la seconde paire.

Tromb. quisq., Hermann. *Mém. aptérol.*, p. 33, pl. 1, f. 9.

D'Alsace. Il vit dans les fatras amassés par les inondations. (Herm.)

31. TROMBIDION VILLEUX. (*Trombidium villosum*).

Saillie antérieure du corps peu considérable ; palpes, pieds et corps couverts de poils longs et aplatis ; poils roides et serrés en brosse sur les derniers articles des pattes ; yeux bruns, sur le devant du corps.

Smaridia villosa , Dugès, *Ann. sc. nat.*, 2ᵉ série, II , p. 59.
Du midi de la France , trouvé en automne.

VII. ERYTHRÆUS, Latreille, *Genera Crust. et Ins.*, I, 146.—RHYNCHOLOPHUS, Dugès, *Ann. sc. nat.*, 2ᵉ série , I , p. 30.

Palpes grands, libres; lèvre pénicillée,; mandibules ensiformes, très-longues; corps entier; cuisses très-distantes ; pieds palpatoires (c'est-à-dire renflés à leur extrémité) ; les postérieurs les plus longs.

Il y a plusieurs modifications avec l'âge ; les larves ne sont pas connues, mais les nymphes sont immobiles.

Malgré les différences évidentes entre cette caractéristique , empruntée des Rhyncholophes de Dugès, et celle que Latreille donne des Érythrées, nous avons cru devoir réunir ces deux genres, mais en faisant remarquer, ainsi qu'on le verra plus loin, que les Érythrées de Dugès ne correspondent pas à ceux de l'auteur du *Genera Crustaceorum et Insectorum.*

Dugès, qui prend pour type de son genre les *Acarus* ou *Trombidium phalangioïdes* de De Géer et d'Hermann, dit, il est vrai, que leurs mandibules diffèrent beaucoup de celles des Erythrées parmi lesquelles Latreille les avait placés ; mais il oublie que dans le *Genera*, c'est la seule espèce d'Érythrée citée par cet entomologiste et par conséquent le type de ce groupe ; il a donc tort de donner à ces Trombidies phalangioïdes, qu'il reconnaît constituer deux espèces, un nouveau nom générique. Voici les caractères que Latreille assignait aux Érythrées :

Palpes allongées, coniques, leur dernier article pourvu en dessus d'un appendice mobile, subchéliforme; les quatre pieds antérieurs non séparés des autres par un intervalle notable, et non insérés à une partie distincte de l'abdomen. Deux yeux sessiles.

31. Trombidion phalangioïde. (*Trombidium Phalangioïdes.*)

Ovale, presque globuleux; d'un rouge cannelle plus clair le long du dos; garni de poils noirs et plats assez longs, légèrement courbés; quatre yeux rouges, en deux groupes latéro-antérieurs; deux soies roides sur l'avance rétrécie du corps; trochanter (deuxième article) de toutes les pattes gros, de forme globuleuse.

Acarus phalangioïdes, De Géer, *Mémoires*, VII, pl. 8, f. 7–11. — *Rhyncholophus De Géer*, Dugès, *Ann. sc. n.*, 2ᵉ série, I, p. 30.—*Eryth. phal.*, Hahn, *Arachniden*, I, pl. 23, 6, f. 21. De Suède et du nord de la France.

32. Trombidion d'Hermann. (*Trombidium Hermann.*)

Plus petit que le précédent. Dugès, qui l'a observé, le regarde comme spécifiquement distinct, mais sans en donner la description. Voici les principaux caractères que lui assignait Hermann : corps déprimé, velu de poils noirs, ainsi que les pieds, plus large antérieurement; une bande longitudinale rouge clair sur le dos, élargie à la partie antérieure, où est une papille entourée de soies; rougeâtre; de chaque côté un œil rougeâtre, marginal, entre la première et la seconde paire de pieds; couleur rouge du corps plus claire en dessous qu'en dessus; pieds de la quatrième paire très longs.

Tromb. phalangioïdes, Herm., *Mém. aptér.*, p. 33 (*exclusâ synonymiâ*), pl. 1, f. 10 et pl. 9, fig. D, E. — *Ryncholophus Hermanni*, Dugès, *Ann. sc. n.*, 2ᵉ série, I, p. 31.

Trouvé en Alsace sur la terre, entre les feuilles desséchées, dans les forêts, ainsi que sous la mousse des arbres; c'est dans les endroits des prairies dénués d'herbe, qu'il l'a recueilli; dans ces derniers lieux les Trombidions fuligineux n'étaient que solitaires, et en grande société, au contraire, dans les premiers.

33. Trombidion bicolor. (*Trombidium bicolor.*)

Corselet rouge ainsi que les palpes et les pieds; abdomen oblong, noir bleuâtre, à poils blancs, longs et serrés; yeux noirs

et pédonculés ; taille six fois plus petite que dans les deux précédents.

Tromb. bicolor, Herm., *Mém. aptérol.*, p. 25, pl. 2, f. 2.
On le trouve dans les jardins, mais rarement.

34. TROMBIDION RESSEMBLANT. (*Trombidium assimile.*)

Abdomen presque carré, rouge foncé, à poils blancs, courts,
épars ; un double rang longitudinal de petites fossettes dorsales ;
une ligne plus pâle au milieu du dos ; yeux représéntant deux
points rouges sphériques. Grandeur et port du *Tr. fuliginosum*.

Tromb. assim., Herm., *Mém. aptérol.*, p. 25, pl. 2, f. 3.—
Herm. père, *ibid.*, p. 26, note 1.
Il vit entre les mousses.

35. TROMBIDION TRIGONE. (*Trombidium trigonum.*)

Abdomen de couleur écarlate, soyeux, trigone, pointu postérieurement, à sillons transversaux et fossette terminale ; poils
du corps simples, sans barbe. Taille du *Tromb. soyeux.*

Tromb. trigonum, Herm., *Mém. aptérol.*, p. 26. — Koch,
Deutschl. Crust., *Myriap. und Arachn.*, fasc. 6, pl. 8.
D'Alsace et d'Allemagne.

36. TROMBIDION CURTIPÈDE. (*Trombidium curtipes.*)

Abdomen presque carré, déprimé, arrondi antérieurement et
postérieurement, de couleur de vermillon, à poils cylindriques,
non barbus, globuleux au sommet ; dos ridé de quelques légères
fossettes ; pieds antérieurs plus longs que les autres : les postérieurs n'atteignant pas l'extrémité du corps. De grandeur
moyenne.

Tromb. curtip., Herm., *Mém. aptérol.*, p. 26, pl. 1, f. 4 et
pl. 3 f. 5.
Hermann l'a trouvé avec le Trombide soyeux, mais rarement ;
il est de même forme.

37. TROMBIDION TRIMACULÉ. (*Trombidium trimaculatum.*

Abdomen déprimé, arrondi antérieurement et postérieurement, rouge plus ou moins foncé ; deux taches blanches à la
base de l'abdomen et une à la pointe du dos ; poils du corps en
lamelles fusiformes.

Tromb. trim., Herm., *Mém. aptérol.*, p. 27, pl. 1, f. 6.

Il se trouve dans les fatras amassés par les inondations; Hermann lui assigne la taille d'un pou.

38. TROMBIDION DES MURS. (*Trombidium murorum.*)

Abdomen déprimé, rouge , sans taches ; poils blancs , simples ; onglet terminal des palpes double.

Trombid. muror., Herm., *Mém. aptérol.*, p. 28 , pl. 2. f. 5.

Il vit sur les murs par troupes : c'est le type du genre BELAUSTIUM de M. Heyden.

39. TROMBIDION PETIT. (*Trombidium pusillum.*) •

Abdomen aminci latéralement à la partie postérieure , à sillons transversaux; de couleur d'écarlate foncé; dernier article des pattes antérieures plus gros que les autres.

Tromb. pus., Herm., *Mém. aptérol.*, pl. 2, f. 4. — Hammer, *ibid.*, pl. 27.

La figure de cette espèce a été trouvée dans le portefeuille d'Hermann fils sans description ni renseignements aucuns.

VIII. TROMBIDIUM, Latr., *Genera*, I, 144. — ASTOMA , *id.*, *ibid.*, p. 162 (*Atoma* du *Précis des Car. gén. des Ins.*, p. 177. — LEPTUS , *id.*, *Précis*, p. 177. — LEPOSTOMUS , Nitzsch, *fide* Heyden. — OCYPETE , Leach, *Trans. linn. soc.*, XI , 396. — TROMBIDIUM et BELAUSTIUM , Heyden, *Isis* , 1828 , p. 160. — TROMBIDIUM , Dugès, *Ann. sc. nat.*, 2e série , I, p. 36. — TROMBIDIUM , Koch , *Deutschl. Myriap., Crust. und Arachn.*

Palpes grands, libres; mandibules onguiculées; corps renflé portant les quatre pattes postérieures et une éminence antérieure, étroite, mobile, sur laquelle sont les yeux, les quatre autres pattes et la bouche; pieds palpateurs, les antérieurs les plus longs.

Larves hexapodes, parasites, très-différentes des adultes : on en a fait les genres *Astoma, Lepostomus* et *Ocypete.*

40. Trombidion teinturier. (*Trombidium tinctorium.*)

Abdomen rouge, obtus en arrière, très-velu ; poils barbus, effilés ; jambes des pieds antérieurs pâles. Taille considérable.

Acarus tinctorius, Linn., *Syst. nat.*, 13° éd., 1, p. 1025. — *Tromb. tinctor.*, Herm., *Mém. aptérol.*, p. 20, pl. 1, fig. 1.

On le donne tantôt comme de Guinée, tantôt comme du Bengale. Le fait est que l'Afrique équatoriale et l'Inde fournissent également des Trombidiés semblables à celui dont on a parlé sous ce nom, mais parmi lesquels une étude plus approfondie fera sans aucun doute reconnaître plusieurs espèces.

41. Trombidium fasciculatum, Hahn, *Arachniden*, I, 21, pl. 6, fig. 17.

De Java.

42. Trombidion soyeux. (*Trombidium holosericeum.*)
(Pl. 36, fig. 1.)

Abdomen presque carré, rétréci en arrière et un peu échancré ; d'un beau rouge, satiné ; yeux pédiculés ; poils et papilles cylindriques, arrondis au sommet ou obtus sur le dessus du corps ; barbus sur le ventre et les pattes.

Lister, *De Aran.*, p. 100, fig. 38. — *Tique rouge satinée terrestre*, Geoff., *Ins.*, II, 624. — *Mite satinée terrestre*, De Géer, *Mémoires*, VII, pl. 8, fig. 12-13.—*Acarus holosericeus*, Linn., *Fauna suec.*, ed. 2, n° 1979. — *Tromb. holos.*, Herm., *Mém. aptérol.*, p. 21, pl. 1, fig. 2, et pl. 2, fig.1. — Hahn, *Arachn.*, I, 2, pl. 6, fig. 18.

Cette Arachnide, qui sort une des premières au printemps et dès la fin de l'hiver est très-abondante dans plusieurs parties de l'Europe, sur les murs, à terre ou sur les arbres. Elle a été étudiée par beaucoup d'auteurs, et les personnes qui ne sont pas naturalistes la connaissent aussi. La vivacité de sa teinte rouge, l'aspect velouté de sa robe, sa fréquence fixent fréquemment l'attention des enfants, qui lui donnent dans beaucoup d'endroits des noms particuliers.

43. Trombidion fuligineux. (*Trombidium fuliginosum.*)

Dos voûté ; corps plus allongé que dans l'espèce précédente, à rides moins marquées ; couleur rouge moins vive ; poils du corps et des pieds semblables, barbus.

Albin , *Spiders* , p. 1, n° 1. — Schrank , *Ins. Austr.* , p. 518.
— *Tromb. fulig.* , Herm. , *Mém. aptérol.* , p. 23 , pl. 1, fig. 3.
— Hahn , *Arachniden* , I , 22 , pl. 6 , fig. 9.

Hermann dit qu'on trouve cette espèce très-copieusement et
en société , surtout au printemps, dans les jardins, où dès les
premiers beaux jours on la rencontre , principalement au bas
des murs exposés au midi , courant sur la terre, entre les feuilles
sèches , ou grimpant sur le bas des troncs d'arbres et des vignes
appliquées contre des murailles ou attachées à des échalas. A mesure que la saison avance , ces insectes disparaissent, et l'auteur
n'en a trouvé alors que rarement quelques individus grimpant sur
les plantes. Dans les campagnes et dans les forêts , il n'a observé
cette espèce que rarement et solitaire, courant le long des arbres , ou cachée entre la mousse.

Le Trombide soyeux , avec lequel on confond souvent le *Fuliginosum* , se trouve au contraire de préférence à la campagne,
suivant la remarque du même auteur ; il ne l'a , dit-il , vu qu'une
ou deux fois dans des jardins. C'est surtout sur les talus grave-
leux des fortifications et de leurs fossés (à Strasbourg) , sur des
taupinières ou d'autres qu'on doit le chercher.

Quoi qu'il en soit , nous pensons que le nom de *Tr. holosericeum* devrait appartenir à l'espèce la plus commune , et c'est sans
contredit celle des jardins. La *tique rouge satinée* de Geoffroy
n'est pas autre.

44. Trombidion du faucheur. (*Trombidium phalangii*.)

Jeune : hexapode, égalant à peine une graine de moutarde ;
d'un beau rouge orangé , luisant, ovalaire ; peu velu sur le corps,
un peu plus sur les membres ; suçoir en forme de tête mobile,
composé d'une lèvre qui paraît bitubulée et flanquée de deux
gros palpes fusiformes , serrés sur elle et demi-transparents.

Adulte : corps renflé, subtriangulaire, à angles très-obtus,
d'aspect velouté , hérissé de poils lamelleux paraissant plumeux
à un très-fort grossissement ; avant-train, pattes et bec safra-
nés , demi-transparents ; deux yeux rouge foncé sur une espèce d'auricule.

Tromb. phalangii, Dugès, *Ann. sc. nat.* , 1re série, I, p. 36.
Dugès lui rapporte l'*Acarus phalangii*, De Géer, *Mémoires*, VII,
117, pl. 7, f. 5, et le *Tromb. insectorum*, Herm., *Mém. aptérol.*,

p. 36, pl. 1, f. 16 ; Latreille les croyait de même espèce ainsi que le *Pediculus coccineus*, Scopoli, *Entom. Carn.*, n° 1055. C'était, pour Latreille, l'espèce type de son genre LEPTUS, ainsi caractérisé :

Os rostro conico, porrecto; *palpi breves*, *subconici*; *corpus molle*, *plerumque ovale*.

Ce Trombidion passe son premier âge en parasite sur les faucheurs ; il tourmente surtout les femelles et se place principalement derrière leurs hanches postérieures, là où ne peuvent atteindre les palpes beaucoup plus courts dans ce sexe que chez le mâle. Dugès a observé que, détachées spontanément du corps de ces Arachnides, les larves meurent si elles tombent dans l'eau, bien qu'elles n'aient pas encore été noyées si on les y a laissées quelques heures seulement. C'est la terre qu'elles cherchent. L'observateur cité les a vues se cacher plus ou moins profondément dans les interstices des plus petites mottes, devenir immobiles et rester ainsi pendant vingt jours ; elles représentent alors une nymphe ovoïde, lisse, semblable à un petit œuf d'un jaune rouge et duquel sortira le petit Trombidion octopode et écarlate décrit plus haut.

On trouve de ces parasites rouges et hexapodes, et qui sont bien aussi des larves de Trombidions, sur des Aranéides et sur des insectes ; c'est ce dont nous nous sommes assuré de notre côté (1) ; c'est aussi ce que De Géer, Hermann et Dugès avaient vu. Dugès en cite sur des Pucerons et sur des Tipules ; on en a fait plusieurs espèces.

45. TROMBIDION DU PUCERON. (*Trombidium aphidis*.)

A six pattes, ovale, rouge ; pattes antérieures en massue à l'extrémité (jeune).

Trombidium aphidis, De Géer, *Mémoires*, VII, 122, pl. 7, f. 14. — Herm., *Mém. aptérol.*, p. 48.

Nous avons trouvé sur les Pucerons de la bardanne, à Gentilly, près Paris, des larves d'une espèce curieuse de Trombidion à deux paires d'yeux (pl. 36, f. 2, sous le nom de *Tr. au-*

______

(1) J'ai trouvé de ces insectes sur des Faucheurs ; ils sont plus ou moins renflés, suivant la quantité de nourriture qu'ils ont prise. Tous sont alors hexapodes ; leur couleur est rouge, et leurs yeux que Hermann dit noirs, étaient rouges comme le corps, mais d'une teinte un peu plus foncée. Leurs mouvements étaient assez faciles.

rantiacum). Elles sont de très-petite taille, hexapodes, distinctes à l'œil nu à cause de leur couleur rouge orangé qui contraste avec la teinte noire de ces Pucerons ; les palpes sont courts et aigus ; le corps a quelques poils fort régulièrement disposés en lignes transversales ; les pattes en ont de plus nombreux et plus petits. J'ignore si ces Trombidions sont de la même espèce que ceux de De Géer.

Vit sur les Pucerons.

46. Trombidion parasite. (*Trombidium parasiticum.*)

Six pattes ; oblong, rouge ; bec très-court, sous la tête ; pattes courtes (jeune âge).

Acarus parasiticus, De Géer, *Mémoires*, VII, 118, pl. 7, f. 7. — *Tromb. par.*, Herm., *Mém. aptérol.*, pl. 48. —*Astoma parasiticum*, Latr., *Genera Crust.*, I, 162.

Il vit sur différents insectes. C'est le type du genre Atoma ou Astoma de Latreille, dont les caractères sont :

Os inferum, fere obsoletum, instrumentis cibariis palpisque haud conspicuis; corpus molle, ovale; pedes brevissimi.

47. Trombidion de la libellule. (*Trombidium libellulæ.*)

Six pattes ; globuleux, rouge ; pattes très-courtes ; une marque concave sur le dos (jeune âge).

Trombidium libellulæ, De Géer, *Mémoires*, VII, 119, pl. 7, f. 9.

Il se trouve sur les libellules.

48. Trombidion du cousin. (*Trombidium culicis.*)

Six pattes ; globuleux, rouge ; tête avancée, enflée sur les côtés ; pieds longs (jeune âge).

Ac. cul., De Géer, *Mémoires*, VII, p. 120, pl. 7, f. 12.

Il vit sur les Cousins.

49. Ocypete rubra.

Six pattes ; corps rouge ; dos couvert de poils longs, rares ; pattes couvertes de poils courts, roux cendré ; yeux brun noir.

Leach, *Trans. linn. soc.*, XI, 396.

Parasite des Tipules. Leach dit que sur un seul insecte il n'y en avait pas moins de soixante. (C'est un jeune âge.)

50. Trombidion allongé. (*Trombidium elongatum.*)

Corps d'un rouge cramoisi, velouté, long de 3/4 de ligne,

étroit, en forme de languette, arrondi en arrière et en avant, échancré vers le milieu, là où s'insèrent les quatre pattes postérieures ; les pattes antérieures les plus longues, renflées au bout et onguiculées ; les postérieures, quoique plus longues que les intermédiaires, sont loin d'atteindre le niveau de l'extrémité du corps.

Tromb. elong., Dugès, *Ann. sc. nat.*, 2° série, I, p. 39.

Du midi de la France ; trouvé au mois de juillet, sous les pierres disséminées dans les champs moissonnés. Les poils du corps et des pattes antérieures sont touffus, longs et plats, en forme de spatule courbée en arrière ; leurs bords semblent frangés à un très-fort grossissement ; l'avant-train, comme les pieds et le bec, est d'une couleur pâle ; il est glabre, grêle, et porte, sur deux élévations, des yeux rapprochés, ronds, saillants, brun rouge. Les palpes sont très-velus ; leur appendice est long et grêle.

51. TROMBIDIUM PUNICEUM, Koch, *Deutschl. Crust.*, *Myriap. und Arachn.*, fasc. 1, pl. 1.

D'Allemagne.

52. TROMBIDIUM SYLVATICUM, Koch, *loco cit.*, fasc. 1, pl. 2.

D'Allemagne.

53. TROMBIDIUM FASCIATUM, Koch, *loco cit.*, fasc. 6, pl. 9.

D'Allemagne.

54. TROMBIDIUM CORDATUM, Koch, *loco cit.*, fasc. 6, pl. 7.

D'Allemagne.

55. TROMBIDIUM RHOMBICUM, Koch, *loco cit.*, fasc. 16, pl. 2.

D'Allemagne.

56. TROMBIDION MILIAIRE. (*Trombidium miliare.*)
(Pl. 36, fig. 7.)

Nous avons fait figurer sous ce nom un Trombidion que nous croyons inédit et sur les caractères duquel nous reviendrons ultérieurement. C'est une fort jolie espèce.

Des environs de Paris.

57. TROMBIDION CENDRÉ. (*Trombidium cinereum.*)

Corps presque quadrilatère, déprimé, un peu moins large en arrière, avancé en cône obtus, maculé de brun et de gris blanchâtre ; des poils peu serrés, longs, plats et en forme de spatule recourbée sur le corps et les pattes ; deux yeux rouges de chaque

côté de la région latéro-antérieure , l'antérieur plus petit et plus
en dedans que l'autre ; griffes des pattes d'un beau rouge ; pattes
fort longues. Longueur du corps , 1 ligne.

Rhyncholophus cinereus , Dug., *Ann. sc. nat.* , 2ᵉ série , I ,
p. 31, pl. 1, fig. 7 et 7 *bis.*

Le Rhyncholophe cendré est fort commun pendant l'été aux
environs de Montpellier ; on le trouve en petites sociétés à l'ombre et autour des pierres dans les fossés herbeux , le long des
routes et sur la lisière des champs ou des prairies. Les métamorphoses de cette espèce d'Acarides sont multiples, du moins
il s'en fait encore une après que toutes les pattes sont développ-
pées. Dugès a trouvé en effet, dans le creux des mêmes pierres ,
des nymphes immobiles, velues comme l'adulte et assez grandes ,
aplaties, lenticulaires, et qui portaient à leur extrémité les restes
d'une peau bien reconnaissable à ses poils , aux fourreaux de ses
huit pattes et de ses palpes. Il en sort des individus petits , mais
ressemblant parfaitement aux adultes. Ceux qui n'ont pas encore
subi cette métamorphose, et qu'on peut croire impubères , sont
plus arrondis , plus renflés et d'une couleur rougeâtre plus uniforme ; on les trouve aux mêmes endroits et avec des dimensions
qui varient depuis celle d'une petite tête de camion jusqu'à une
longueur de 3/4 de ligne. Dugès n'en a vu aucun à six pattes ; ce
n'étaient donc pas des larves proprement dites.

58. Trombidion rougissant. (*Trombidium rubescens.*)

Assez voisin du précédent, mais de couleurs plus vives ; le
corps est d'un rouge obscur ; les pattes sont toutes rouges ; poils
aigus et non aplatis ; pattes un peu moins longues que dans le
T. cinereum ; les antérieures trois fois plus épaisses que les
autres.

Rhyncholophus rub., Dug., *Ann. des sc. nat.*, 2ᵉ série, I, p.31.

Du midi de la France. Ce qui a été dit des métamorphoses
du précédent s'applique aussi à celui-ci.

M. Koch ajoute à la liste des *Rhyncholophus* de Dugès un
nombre assez considérable d'espèces.

59. Trombidion rouget. (*Trumbidiun autumnale.*)

Dugès donne à l'*Acarus autumnalis* dont on fait aussi quelquefois une espèce de *Leptus* , les caractères suivants : Acarus
erratil , à six pattes , à corselet large et surmonté de deux pe-

tits yeux, à corps oblong, velu, d'un rouge sale, portant en
avant deux longs palpes, Dugès, *Ann. sc. nat.*, 2ᵉ série, I, p. 37.

Du nord de la France, d'Angleterre, etc. J'ai trouvé, dans la
forêt de Saint-Germain, un Faucheur sur lequel était un jeune
Trombidium hexapode voisin de celui-ci ; mais peut-être encore
spécifiquement distinct, sa couleur était rouge, ses yeux également rouges, mais d'une teinte différente et placés à la hauteur
des pattes de la troisième paire ; les palpes bien distincts étaient
assez longs. Détaché du Faucheur, cet insecte marchait avec facilité.

On lit dans le *Microscopic journal* de feu M. Daniel Cooper,
II, 258 (1842), l'observation curieuse de M. White, qu'à Blackheath
et aux environs les cailloux étaient couverts des œufs d'Acarus,
et que ce sont ces mêmes corps que l'on a décrits comme des
cryptogames sous le nom de *Craterium pyriforme.*

Pendant les pluies on les voyait sur le vieux bois et sur
d'autres corps, des tiges de plantes par exemple, et aussi sur les
cailloux. On en a observé de semblables aux environs de Ply-
mouth, etc., et il faut les regarder comme les œufs de l'*Acarus
autumnalis.*

IX. ANYSTIS, Heyden, *Isis*, 160. — Erythræus, Dug., *Ann. sc. nat.*, 2ᵉ série, I, p. 40, *non* La- treille, *Genera.*

Palpes grands, libres, bi-onguiculés ; mandibules
onguiculées ; corps entier, c'est-à-dire sans avant-
train ; hanches contiguës ; pattes coureuses, c'est-à-
dire onguiculées, longues, à dernier article grêle,
très-long ; les postérieures les plus longues. Larves ?

Dugès a rapporté au genre *Erythræus* tel qu'il l'établit, le
Tromb. cornigerum d'Hermann, mais en se demandant, il est
vrai, s'il ne vaudrait pas mieux en faire un genre à part, et comme
ce Trombidion est la seule espèce que M. Heyden ait cité, parmi
les *Anystis*, le genre *Anystis* est donc, provisoirement du moins,
synonyme de celui des Erythrées tels qu'ils ont été établis par le
savant zoologiste de Montpellier. Nous laissons à ceux qui pourront étudier en nature, plus que nous n'avons pu le faire, les

Trombidions, le soin de rétablir définitivement ce point de synonymie.

60. Trombidion des parois. (*Trombidium parietinum.*)

Presque ovale ; couleur de vermillon ; palpes à un seul onglet mucroné inférieurement ; pattes de couleur sale.

Tromb. par., Herm, *Mém. aptérol.*, p. 37 , pl. 1 , f. 12.

On le trouve vagabond entre les pierres et les mousses assez fréquemment, ou courant très-vite sur les rayons des bibliothèques. L'auteur cité rapporte à la même espèce la petite arachnide rouge dont Roesel fait mention à l'explication de la planche 24, t. III, § 1er de son ouvrage.

61. Trombidion ruricole. (*Trombidium ruricolum.*)

Corps déprimé, à peu près ovale, mais échancré superficiellement sur les côtés, et un peu plus large en arrière qu'en avant ; quelques poils rares disséminés à sa surface ; yeux au nombre de deux, noirs aux angles antérieurs obtus du corps ; couleur rouge de carmin souvent très-vif, quelquefois noirâtre sur le milieu du corps, plus claire le long du dos et en avant ; pattes et palpes incolores, sauf une tache de carmin vif sur les articles un peu éloignés du corps. Taille fort petite.

Erythræus ruricola, Dugès, *Ann. sc. nat.*, 2me série, **I**, p. 40, pl. 1 , f. 22-25.

Espèce commune sous les pierres le long des chemins et des endroits un peu secs, aux environs de Montpellier ; le plus souvent elle vit isolée et donne la chasse aux Acarides plus petits. Comme dans les Trombidions dont il va être question, la course est très-rapide.

62. Trombidion isabelle. (*Trombidium flavum.*)

Corps plus raccourci que dans le Tr. ruricole ; dos hérissé de poils rares, longs et forts ; pattes plus fortes et plus longues, à poils abondants et couchés ; deux yeux ronds, d'un rouge brun, latéro-antérieurs ; couleur fauve ; pattes plus pâles.

Erythræus flavus, Dugès, *Ann. sc. nat.*, 2mo série, **I**, p. 42, pl. 1 , f. 28.

Trouvé dans le midi et dans le nord de la France.

63. Trombidion ignipède. (*Trombidium ignipes.*)

Corps subtétragone, déprimé, un peu plus large en arrière,

marbré de brun gris et jaune rougeâtre ; palpes, bec et pattes orangés ; quatre yeux, en deux groupes latéro-antérieurs ; poils rares et redressés.

Erythræus ignipes, Dugès, *Ann. sc. nat.*, 2e série, I, p. 43. pl. 1, f. 27.

Du midi de la France.

64. Trombidion coureur. (*Trombidium cursorium.*)
(Pl. 36, f. 3.)

De couleur rosée ; corps globuleux indivis, de la grosseur d'une tête d'épingle moyenne ; une paire d'yeux de couleur de brique entre les troisième et seconde paires de pattes ; celles-ci ambulatoires assez longues, médiocrement velues ; tarse des quatrièmes plus long que les autres ; quelques longs poils sur le corps ; extrémité des palpes, maxilles et bout des pattes d'une teinte plus intense ; maxilles considérables.

De Paris, dans les jardins. Il court avec rapidité sur les feuilles, dans les plants de fraises, etc.

65. Erythræus ignipes, Koch, *Deutschl. Crust., Myriap. und Arachn.*, fasc. 16, pl. 24.

66. Trombidion cornigerum. (*Trombidium cornigerum*)

Abdomen déprimé, plus large à la partie postérieure, rouge, avec deux lignes noirâtres sur le dos ; poils blancs ; hanches rapprochées ; poils des pattes couchés.

Tromb. cornigerum, Herm., *Mém. aptérol.*, p. 38, pl. 2, f. 9. — Dugès, *Ann. sc. nat.*, 2e série, I, p. 44, et II, 59.

Du nord et du midi de la France. C'est l'espèce type du genre *Anystis* de M. Heyden ; et comme ses caractères diffèrent, sous quelques points, de ceux des autres Érythrées de Dugès, il faudra donner à ces derniers un nouveau nom sous-générique. Dugès en a observé les jeunes, et il suppose qu'ils ne sont pas parasites : ceux qu'il a trouvés étaient hexapodes et de couleur rouge orangé. Parmi les jeunes Tr. cornigères, ceux dont les pattes étaient déjà au nombre de huit avaient quelquefois les deux postérieures très-grêles et très-courtes, comme si elles n'eussent point encore acquis tout leur développement ; la troisième paire était même aussi proportionnellement moindre que dans un âge plus avancé. Un de ces jeunes à huit pattes, conservé plusieurs jours par Dugès, a filé un réseau lâche de soie très-fine à laquelle il s'est suspendu ; ses pattes se sont alors roidies et dirigées en avant : l'animalcule, devenu immobile, a passé à l'état de nymphe.

Genre HYDRACHNE. (*Hydrachna.*)

Le genre des Hydrachnes de Muller (1) a été considéré comme une famille depuis assez longtemps. Dugès, qui en fait sa famille des Hydrachnées (*Hydrachnei*), lui donne pour caractères :

Palpes ancreurs ou à pointe aiguë et épineuse, à troisième ou quatrième article ordinairement le plus grand ; corps non divisé ; hanches larges ; pieds ordinairement en rames, onguiculés et ciliés, croissant du premier au quatrième ; yeux supéro-antérieurs. Vie aquatique, au moins dans l'âge adulte.

Hydrachnes, c'est-à-dire Araignées d'eau ; Muller, dans le travail spécial qu'il leur a consacré, nomme ainsi un genre d'animaux très-nombreux en espèces, et qui comprend les Acariens aquatiques, dont De Géer avait déjà fait une section sous la dénomination de Mites aquatiques. Latreille, Lamarck, Sundevall et Dugès ont fait depuis lors une famille distincte de ces petits animaux.

L'organisation des Hydrachnes a été surtout étudiée par Dugès, mais elle est encore incomplétement connue. Tréviranus lui a aussi consacré quelques lignes, dans son ouvrage déjà cité.

(1) Mites, section vii, ou Mites aquatiques, De Géer, *Mém.*, vii. — Hydrachna, O. F. Müller, *Hydrachnæ quæ in aquis Daniæ palustribus detexit, descripsit, pingi et tabulis æneis incidi curavit*; in-4, Lipsiæ, 1781. —Atax, Fabricius, — Hydrachnellæ, *fam.*, Latreille, *Genera crust. et Ins.*, etc., p. 158. — Hydrachna, Herm., *Mém. aptérol.*, p. 52. — Anastomes, *fam.*, Lamk., *Anim. sans vert.* 2ᵉ édit., p. 84.—Acariens, 3ᵉ légion, Heyden, *Isis*, 1828, p. 160.—Hydrachnides, Sundevall, *Consp. Arachnid.*, 1833. — Hydrachnei, *fam.* Dugès, *Ann. sc. nat.*, 2ᵉ série, I, p. 16 et 144. — Koch, *loco cit.*

La-génération est ovipare, et avant la ponte, on voit très-bien les œufs dans l'intérieur du corps des femelles. La ponte s'opère différemment, suivant les espèces, mais dans un grand nombre, il y a autour des œufs une substance transparente semblable à la masse albumineuse qui entoure ceux de beaucoup de Mollusques.

On voit très-bien sur les poils de ces petits animaux la différence de ces organes avec les bulbes de même nom qui sont caractéristiques des animaux supérieurs. Ce sont ici des prolongements spiniformes ou piliformes de la peau, et non point des organes qui s'implanteraient dans son tissu. Nous avons figuré cette disposition, sur une Hydrachne des conques, dans le Nouvel Atlas du *Dictionnaire des sciences naturelles*.

Les mœurs des Hydrachnes ont donné lieu à quelques remarques curieuses ; beaucoup d'espèces vivent librement au sein des eaux, et s'y nourrissent d'animalcules ou de débris de végétaux. Beaucoup également sont parasites dans leur premier âge ; quelques-unes vivent pendant toute leur vie d'une manière plus ou moins analogue, mais cependant sans être fixées. On trouve, entre les lames branchiales des Anodontes, principalement de l'*A. cygnea*, plusieurs espèces d'Hydrachnes. M. Baer a, depuis longtemps, figuré l'une d'elles (1); les oscules des spongilles donnent également entrée dans l'intérieur de ces singulières productions à des Hydrachnes, que leurs longues pattes et leurs autres caractères semblent rapprocher des Diplodontes. La grande majorité des Hydrachnes connues est d'eau douce et vit en Europe.

______

(1) Hydrachna concharum, *Nova act. nat. curios.*, XIII, part. 2, p. 590, pl. 29, fig. 17-19.

On en a également fait connaître en Amérique (1), et les autres parties du monde en possèdent aussi. Il y en a même dans les eaux de la mer, mais on n'en a encore décrit qu'une espèce (2).

La description des animaux de ce genre a occupé plusieurs naturalistes, parmi lesquels nous devons principalement citer De Géer, Muller, Dugès et M. Koch. Aussi, grâce aux travaux de ces observateurs et à ceux de quelques autres, comme Férussac et M. de Théis, qui se sont occupés moins complétement du sujet, connaît-on un grand nombre d'espèces d'Hydrachnes. Toutes, il est vrai, n'ont pas été caractérisées avec un soin égal.

De Géer parle de six espèces de ce groupe.

Othon Fréd. Muller a publié séparément, avec une courte introduction, le *Mémoire sur un nouveau genre d'Insectes aquatiques* qu'il avait antérieurement adressé à l'Académie des sciences de Paris. Après avoir procédé à la définition de ce genre (3), il caractérise quarante-huit espèces qu'il y rapporte et qui sont réparties ainsi qu'il suit :

a) Oculis binis.

* Caudatæ :

---

(1) HYDRACHNA FORMOSA, Dana et Whelpley, *American journ. of arts and sciences*, t. XXX, p. 354, av. pl., fig. 1-8, 1836. (Des environs de New-Haven).

HYDRACHNA PYRIFORMIS, *iid. ibid.*, pl. 30, fig. 5. (De la même localité.)

(2) PONTARACHNA PUNCTULATUM, Philippi, *Ann. and Mag. of nat. hist.*, VI, 98, pl. 4, fig. 4-5; 1841. (De la baie de Naples.)

Corps subglobuleux; deux yeux écartés; mandibules nulles ou très-petites; deux palpes allongés, 5-articulés; quatrième article le plus long; le cinquième court, aigu; cuisses d'un même côté rapprochées; celles de la paire antérieure se touchant sur la ligne médiane; deux ongles aigus à chaque patte; vulve entourée d'un cercle dur, ponctué.

(3) Insectum apteron, capite, thorace abdomineque unitis; pedes octo; palpi duoarticulati; oculi duo, quatuor, sex.

*H. globator, tubulator, buccinator, cuspidator, pustulator
albator, maculator, tricuspidator, emarginator, sinuator,
integrator, papillator.*

** Furcatæ :

*H. crassipes, grossipes, clavicornis, spinipes, longicornis,
vernalis, lunipes, trifurcalis, orbicularis, stellaris, ovalis.*

*** Posticæ pilosæ, nec priorum.

H. elliptica, orbiculata, lugubris, truncatella.

**** Glabræ, nec priorum :

*H. despiciens, geographica, impressa, extendens, cruentata,
lunaris, liliacea, ovata, torris, strigata, nodata, ob-
soleta, complanata, musculus, latipes, versicolor.*

B) Oculis quatuor :

H. calcarea, fuscata, undulata, maculata.

V) Oculis sex :

H. umbrata.

1804. Le mémoire aptérologique d'Hermann ajoute
quelques faits à ceux de De Géer et de Muller, mais la
répartition méthodique des espèces y est moins bien
traitée que dans Muller. Celui-ci avait étudié en Danemark ; Hermann, résidant à Strasbourg, retrouva
dans cette localité les espèces suivantes décrites dans
l'ouvrage de son prédécesseur :

H. maculator, spinipes, lunipes, versicolor, maculata (variété à dos rouge), *extendens.*

et il y ajouta six espèces comme nouvelles :

*H. histrionica, longipalpis, globulus, erythrophthalma, lu-
tescens, fucata.*

De Férussac (1), M. de Théis (2) et Dugès ajoutè-
rent quelques espèces de la France centrale et méridionale, et M. Koch donna bientôt après ce dernier l'indication de beaucoup d'espèces d'Allemagne, mais en en exagérant probablement le nombre.

---

(1) *Ann. Mus. Paris*, VII, 216 ; 1806.
(2) *Ann. sc. nat.*, 1re série, XVII, 57 ; 1832.

On n'avait donc signalé que des Hydrachnes d'Europe, quand MM. Dana et Whelpley en décrivirent deux espèces de l'Amérique septentrionale (1), et il n'est pas douteux qu'on n'en trouve dans d'autres parties du monde (2). Toutes ces Hydrachnes sont fluviatiles, mais il y a aussi des espèces marines dans ce groupe, et M. Philippi en a décrit une de la Méditerranée (3).

Nous avons dit plus haut que la méthodologie des Hydrachnes était peu avancée à l'époque de Muller et de De Géer; les auteurs plus récents, bien qu'ils ne l'aient pas formulée d'une manière suffisante, ont cru devoir ériger en genres à part toutes les coupes nouvelles qu'ils ont faites parmi les animaux.

Dès l'an V (1797), Latreille, dans son *Précis des caractères des Insectes*, partageait les Hydrachnes de Muller en trois genres :

LIMNOCHARES (*Acarus aquaticus*). — HYDRACHNE (*H. cruenta*). — EYLAÏS (*H. extendens*). (Voyez p. 145.)

Fabricius avait proposé le mot ATAX pour désigner les Mites aquatiques appelées avant lui HYDRACHNA par Muller; Dugès, qui, le premier, ajouta de nouveaux genres à ceux de Latreille, usa de ces deux dénominations en en restreignant la valeur, et par la création

---

(1) M. Haldeman vient d'étudier aussi plusieurs de celles qui vivent dans les nombreuses espèces d'Unio de l'Amérique septentrionale, et il en parle dans le *Zoological contributions* pour 1842, sous le nom générique d'UNIONICOLA.

(2) M. Lucas nous a dit en avoir recueilli, mais en petit nombre, en Barbarie.

(3) Pour M. Philippi, l'Hydrachne de la Méditerranée est aussi le type d'un genre nouveau sous le nom de PONTARACHNA. (Voyez p. 190.)

de deux autres genres, porta le nombre de ceux des Hydrachnides à six, savoir :

ATAX, DIPLODONTUS, ARRENURUS, EYLAÏS, LIMNO-CHARES, HYDRACHNA.

Bien que deux seulement de ses dénominations soient nouvelles, Dugès crée trois genres nouveaux : *Atax*, *Diplodontus* et *Arrenurus* ; il emploie dans le même sens, à peu près, que Latreille le mot *Hydrachna*, et, suivant un système d'économie, auquel, dans beaucoup d'autres cas, ni lui ni son célèbre prédécesseur n'ont été fidèles, il change la signification des mots *Atax* (Fabricius) et *Hydrachna* (Muller) en restreignant leur valeur, au lieu de créer de nouvelles dénominations, ce qui eût peut-être été préférable, les divers genres de la famille qui nous occupe n'en étant pas moins, dans la manière de voir de Muller et de Fabricius, des Hydrachna ou des Atax, puisque ces deux mots font double emploi. Mais, un défaut plus grave du travail de Dugès, défaut dont les ouvrages de Latreille et de la plupart des grands zoologistes du commencement de ce siècle ne sont pas exempts, est d'avoir négligé de classer la majeure partie des espèces précédemment connues, et de n'avoir pas soumis, par ce moyen, la nouvelle classification à une épreuve plus décisive. C'est ce que le lecteur regrettera, comme nous, en voyant combien d'incertitudes cette manière de faire laisse dans la science, et l'histoire des Hydrachnes en offrira, comme celle de tant d'autres genres, des exemples fréquents.

M. Koch vient aussi de publier, dans son *Système des Arachnides* (1), une méthode de classification pour

---

(1) *Ubersicht des Arachnidensystems*, 2e fasc.; 1842.

les Hydrachnes. Les Acariens y sont partagés en plusieurs familles, et l'auteur indique l'ordre suivant lequel les genres et même les espèces lui paraissent devoir être rangés. En voici le tableau :

FLUVIATILES.

1° HYGROBATIDES.
Atax, Dug. (21 espèces.)
Nesæa, Koch. (28 esp..)
Piona, Koch. (5 esp.)
Hygrobates, Koch. (12 esp.)
Hydrochoreutes, Koch. (8 esp.)
Arrenurus, Dug. (40 esp.)
Atractides, Koch. (6 esp.)
Acerius, Koch. (13 esp.)
Diplodontus, Dug. (5 esp.)
Marica, Koch. (7 esp.)

2° HYDRACHNIDES.
Limnesia, Koch. (20 esp.)
Hydrachna, Mull. (3 esp.)
Hydryphantes, Koch. (5 esp.)
Hydrodroma, Koch. (4 esp.)
Eylais, Latr. (5 esp.)

PALUSTRES. . . . .
Limnochares, Latr. (1 esp.)
Thyas, Koch. (1 esp.)
Smaris, Latr. (2 esp.)
Alycus, Koch. (2 esp.)

Nous avons reproduit dans notre Atlas les figures
de deux espèces, types d'autant de genres dans la méthode de MM. Koch; les genres *Arrenurus*, Dug.;
et *Alycus*, Koch. Ces espèces sont :

ARRERURUS TUBULATOR ; *Hyd. tub.*, Mull., sp. 29, pl. 2, fig. 7 ;
Arr. tub., Koch, *Deutschl. Crust.*, *Myr. und Ins.*, fasc. 21 ,
pl. 19 et 20. *Id.* , *Arachnidensyst.*, II, pl. 2, fig. 8, ♂. — (Copié dans notre Atlas, pl. 38, fig. 3.)

ALYCUS ROSEUS, Koch , *Deutschl. Crust.*, fasc. 37, pl. 19 ; *id.*,
Arachnidensyst. , p. 38, pl. 4, fig. 22. — (Copié dans notre
Atlas , pl. 38, fig. 4.)

I. ATAX, Dugès, *Ann. sc. nat.*, 2ᵉ série, I, p. 145.

Ce nom a été employé par Fabricius, mais Dugès
s'en est servi dans un sens plus restreint. Les Ataces
de ce dernier naturaliste ont pour caractère :

Un corps ovoïde, assez ferme, lisse ; une fente génitale bordée de deux plaques, sur chacune desquelles se montrent trois tubercules transparents,
lisses, arrondis, assez gros, en forme de stemmates ;
les hanches antérieures, en partie contiguës sur la
ligne médiane, serrant les lèvres entre elles et formant aussi ensemble un groupe unique ; les deux
groupes de hanches postérieures écartées ; la quatrième hanche extrêmement large, contiguë à toute
la longueur de la troisième ; des palpes dont le quatrième article est fort long, atténué, un peu excavé
vers le bout pour recevoir le cinquième dans une extrême flexion ; ce cinquième, en forme de doigt
pointu ; des mandibules formées d'un corps épais,
creux, coupé en bec de plume à son extrémité postérieure, tronqué au bout antérieur, sur lequel s'articule et se fléchit vers le haut un grand et fort crochet
ou ongle peu courbé et fendu ou creusé en canal pour
loger en partie et soutenir cette mandibule ; enfin,
une lèvre en cuilleron bifide en avant.

1. **Hydrachne arlequin.** (*Hydrachna histrionica.*)

Corps ovale lisse, rouge foncé, plus pâle en avant des yeux ;
une tache noire en carré derrière eux ; dos marqué de stries
longitudinales convergentes ; cinq taches noires en dessous à
la partie antérieure ; pieds et palpes noir verdâtre.

Hydr. histrionica, Herm., *Mém. aptérol.*, p. 55, f. 2. —
Atace arlequin, Dugès, *loco cit.*, p. 146, pl. 10, f. 13-17.

Les taches noires qui relèvent agréablement le dos de cette espèce ainsi que les taches foncées de beaucoup d'autres Hydrachnes sont dues, ainsi que le remarque Dugès, à la couleur des
viscères aperçus confusément à travers la peau, aussi leur disposition anatomique rend-elle raison de la disposition de ces taches. Deux gros cœcum latéraux, ondulés ou plissés et repliés
même en dessous, produisent les taches latérales ; leur intervalle
laisse le long du dos une bande plus claire ; ils naissent des deux

côtés d'une cavité transversale, et c'est aux intervalles plus ou moins distincts qui séparent cette bande des latérales que sont dues les branches de l'Y qu'on remarque sur tant d'espèces figurées par Muller et par M. Koch ; enfin de cette bande transverse partent aussi en avant trois cœcum courts ; les petits espaces qui les séparent constituent des lignes longitudinales plus claires et qui, chez cette espèce, passent au niveau des yeux. Ceux-ci sont ronds, formés d'un point noir entouré de rouge, situés en avant sur le point déclive du dos ; ils sont peu saillants et derrière eux l'on en aperçoit deux autres plus petits et tout à fait sous la peau qui, en général, est fort lisse. De plusieurs points du dos, cette peau laisse sortir une matière visqueuse qui se réduit en filaments soyeux entre les doigts si l'on tient l'animal à l'air libre. La quatrième paire de pattes de l'Atace arlequin n'a pas de griffe et elle est terminée en pointe obtuse. Sous le deuxième article des palpes qui sont grands et même plus robustes que la jambe antérieure, on voit une saillie d'où la pression fait sortir une papille conique, dont l'usage est inconnu, mais qui n'a aucun rapport avec les organes génitaux des Araignées : l'accouplement s'opérant ici ventre à ventre comme chez les Diplodontes.

Les œufs sont déposés en couches transparentes d'aspect gommeux.

Les larves, qui en sortent aplaties en forme de graine de courge ou d'amande et aquatiques comme les adultes, sont pourvues de deux gros yeux ronds, latéro-antérieurs et peu écartés, et d'un gros suçoir contenant des mandibules à crochet comme celles de l'adulte et dont les palpes sont enflés et terminés par un cinquième article en forme de longue griffe recourbée.

M. Koch considère cette espèce comme l'*H. vernalis*, Mull. sp. 48, pl. 5, f. 1. (Voyez ci-dessous, n° 9.)

2. HYDRACHNE JAUNATRE. (*Hydrachna lutescens*.)

Ovale ; jaune pâle avec cinq taches brunes sur le dos et les pieds bleuâtres. Trois des cinq taches sont sur la partie antérieure et deux sur la postérieure : la moyenne des antérieures est située entre les yeux et rétrécie dans son milieu ; les latérales sont obliques et plus larges du côté extérieur ; les deux taches postérieures sont du double plus longues, longitudinales et réfléchies à leurs extrémités antérieure et postérieure vers le dehors, à courbure antérieure plus grande.

Hydr. lutescens, Herm., *Mém. aptérol.*, p. 57, pl. 6, f. 7.

Se trouve, avec la précédente, dans les fossés limoneux, les étangs, etc.

3. HYDRACHNE RUNIQUE. (*Hydrachna runica.*)

Abdomen ovale, rouge vif, parsemé de taches et de stries noires; six petits trous autour de la fente vulvaire; pattes rougeâtres; yeux petits au nombre de deux paires.

Hydr. runica, De Théis, *Ann. sc. nat.*, pl. 1, f. 2; 1832.

Prise aux environs de Laon (département de l'Aisne), par M. de Théis, avec l'*H. chrysis* (de Théis) et les *Hydr. extendens, undulata, abstergens* (Mull.), *histrionica* et *lutescens* (Herm.).

D'après M. Dugès, il faut aussi rapporter au genre *Atax* les espèces de Muller dont le dos est marqué d'une bande fourchue en avant. Ces espèces, au nombre de quinze, sont caractérisées ainsi qu'il suit par le célèbre zoologiste danois.

4. HYDRACHNA CRASSIPES.

Alba, obovata, disco nigro, furca rufescente, ano papilloso, pedibus anticis crassis.

Mull., *Zool. dan. prodrom*, 2254. — *Hydrachnœ*, p. 41, pl, 4, f. 1-2.

5. HYDRACHNA GROSSIPES.

Alba, subquadrata, maculis tribus, furca rufa, pedibus anticis crassis.

Mull., *Zool. dan. prodr.* 2255. — *Id., Hydrachnœ*, p. 53, pl. 4, f. 3. — *Acarus aquaticus niger*, Geoff., *Ins.*, II, p. 625, pl. 20, f. 7.

6. HYDRACHNA CLAVICORNIS.

Rufa, obovata, furca flava; palpis clavatis, pedibus pallidis.

Mull., *Zool. dan. prodr.*, 2256. — *Hydrachnœ*, p. 44.

7. HYDRACHNA SPINIPES.

Flavo-virens, ovalis, octo-punctata, furca rufa, pedibus spinosis.

Mull., *Zool. dan. prodr.*, 2257. — *Id., Hydrachnœ*, p. 54.

8. HYDRACHNA LONGICORNIS.

Alba subquadratra, maculis quinque obscuris, furca rufa, palpis longis.

Mull., *Zool. dan. prodr.*, 2258. — *Id.*, *Hydrachnæ*, p. 47, pl. 4, f. 4.

9. HYDRACHNA VERNALIS.

Virescens, ovalis, disco saturato, furca rufa.

Mull., *Zool. dan. prodr.*, 2259. — *Id.*, *Hydrachnæ*, p. 48, pl. 5, f. 4.

10. HYDRACHNA LUNIPES.

Alba, ovalis, maculata, furca candida, pedum posticorum articulo quarto lunato.

Mull., *Zool. dan. prodr.*, 2260. — *Hydrachnæ*, p. 49, pl. 5, f. 5-6.

Hermann en signale, aux environs de Strasbourg, une variété ou espèce distincte à pieds non lunulés. *Mém. aptérol.*, p. 58.

11. HYDRACHNA TRIFURCALIS.

Albida, ovalis, dorso fusco, furca triplicata, argentea.

Mull., *Zool. dan. prodr.* 2261. — *Id.*, *Hydrachnæ*, p. 50, pl. 5, f. 2

12. HYDRACHNA ORBICULARIS.

H. lutea, depressa, orbicularis, maculis duabus nigris, furca rufa.

Mull., *Zool. dan. prodr.*, 2263. — *Id.*, *Hydrachnæ*, p. 51, pl. 5, f. 3-4.

13. HYDRACHNA STELLARIS.

Cærulea, globosa, dorso cinereo, furca stellari.

Mull., *Zool. dan. prodr.*, p. 52.— *Id.*, *Hydrachnæ*, p. 52, pl. 6, f. 3. — *Arrenurus stellaris*, Koch, *Deutschland Crust., Myriap. und Arach.*, fasc., 13, pl. 24.

14. HYDRACHNA OVALIS.

Virens, ovata, compressa, supra planiuscula, subtus carinata, fusco-lutea; palpis inferis.

Mull., *Zool. dan. prodr.*, 2264. — *Id.*, *Hydrachnæ*, p. 53, pl. 10, f. 3-4.

M. Koch donne deux espèces du même genre :

15. ATAX FURCULA.

Ovalis, fornicatus, flavido-pellucens, maculis olivaceo fuscis, solum furca flava angusta sejunctis; palpis pedibusque glaucis.

Atax furc., Koch, *Deutschland Crust., Myriap.*, fasc. XI, pl. 18 ♂ et 19 ♀.

16. ATAX FRENIGER.

Subglobosus, viridis, dorso flavo ; macula semicirculari inter oculos, frenataque postice deflexa nigra.
Atax fren., Koch, *Deutschland Crust.*, fasc., II, pl. 20.

II. DIPLODONTUS, Dugès, *Ann. sc. nat.*, 2ᵉ série, I, p. 148, 1834.

Les espèces rapportées à ce genre par Dugès sont
au nombre de trois, et, d'après lui, toutes nouvelles.
Elles sont caractérisées par :

Des mandibules offrant en opposition au crochet
mobile une dent aiguë, droite et immobile, puis des
palpes dont le quatrième article se termine par une
pointe égalant le cinquième en longueur ; par des hanches peu larges, en quatre groupes séparés, dont les
postérieurs offrent entre la troisième et la quatrième
hanche une demi-divergence en dehors ; enfin, par
une plaque génitale bivalve, granulée et en forme de
cœur, dont la pointè serait tournée en avant.

17. HYDRACHNE FILIPÈDE. (*Hydrachna filipes.*)

Ce diplodonte est petit (1 millimètre au plus), elliptique déprimé, en forme de gâteau, d'un rouge clair, marbré parfois
de brun foncé, taches dues aux organes digestifs. Les yeux sont
au nombre de quatre tout à fait au bord antérieur et même un
peu latéralement, de manière qu'on les voit même mieux en
dessous qu'en dessus ; la peau est finement granulée, sans
poils.

Dipl. filip., Dugès, *loco cit.*

Cette espèce se rapproche jusqu'à un certain point de l'*Hydrachna maculata* de Muller, et de l'*H. umbrata* du même auteur ; mais il donne à la première de très-gros palpes et à la
deuxième six yeux, ce qui ne se trouve pas ici.

18. HYDRACHNE MENTEUSE. (*Hydrachna mendax.*)

Yeux médiocrement écartés, antérieurs et marginaux assez
grands, noirâtres au centre, rouges autour, réniformes ou plutôt
composés chacun de deux stemmates ; pattes plus grosses que

dans le *D. filipes*, ciliées et onguiculées ; plaques génitales étroites en avant et allongées , deux raies longitudinales claires , en avant du corps.

Dipl. mendax, Dugès, *loco cit.*

Un peu plus grand que le précédent, ressemble au premier aspect à l'*Eylais extendens*. Il s'en distingue aisément par le mouvement de ses pieds, l'écartement de ses yeux, sa couleur plus foncée, sa forme plus elliptique, etc. Son corps est quelquefois obscurci par un sable noirâtre qui ne forme pas de taches proprement dites ; ses pieds rouges le distinguent ainsi que le *D. filipes* de l'*Hydrachna maculata* d'Hermann qui les a bleuâtres ; ses plaques vulvaires empêcheraient de le confondre avec l'*H. runica* de M. de Théis ; ses œufs sont disposés en croûtes rosées.

19. Hydrachne scapulaire. (*Hydrachna scapularis*.)

Les plus grandes femelles de cette espèce ont jusqu'à une ligne et demie de longueur et toutes sont en dessous d'un rouge violacé ; en dessus elles ont la moitié antérieure toute noire et à peine semée de quelques points rouges ; la postérieure d'un rouge écarlate , mais partagée par une bande noire longitudinale, ce qui lui donne un peu l'aspect d'un insecte coléoptère, d'une Chrysomèle, par exemple ; les yeux sont petits quoique saillants , très-écartés, posés sur les angles arrondis de l'extrémité antérieure du corps , noirâtres et réniformes, parce qu'ils résultent chacun de deux stemmates soudés. Le corps du mâle est plus aplati, plus allongé, ses couleurs sont plus tranchées et plus vives ; ses pattes sont proportionnellement plus grosses et plus longues ; mais au total sa femelle est toujours beaucoup plus grande lui, souvent triple et même quadruple en diamètre.

Dipl. scap., Dugès, *loco cit.*, I, p. 150.

Les Hydrachnes de cette espèce sont communes aux environs de Montpellier. Elles aiment la société de leurs semblables, et sont souvent pelotonnées quatre ou cinq ensemble. C'est aussi en société qu'elles aiment à s'avancer sur le bord humide du vase qui les renferme. L'accouplement s'opère ventre à ventre. Il est prolongé et souvent répété. Les deux individus se tiennent et se roulent étroitement embrassés, et si on les sépare on voit une humeur blanche et visqueuse épanchée autour des organes de la génération. La sociabilité des Diplodontes scapulaires se manifeste encore dans l'acte de la ponte ; c'est sur les tiges et les feuilles des végétaux glabres contenus dans l'eau que les femelles vont pondre leurs œufs ; elles les disposent en une croûte d'un seul lit, et les petits œufs, extrêmement abondants, rouges, ovoïdes, posés verticalement côte à côte, sont enduits et recouverts d'une couche de matière muqueuse bientôt condensée, mais blanchâtre, opaque et non transparente comme celle des Ataces. Quand une croûte est ainsi commencée, il est rare qu'elle ne soit pas étendue et continuée par d'autres femelles, de sorte que des milliers d'œufs se trouvent ainsi réunis et peuvent revètir exactement toute la surface d'une feuille, un long bout de tige, etc.

Après deux semaines (au mois de juin), de petites larves, fort différentes de l'adulte, sortent de ces œufs ; elles ressemblent à un point presque imperceptible, d'un rouge fort vif. Au microscope, elles se montrent hérissées de longs poils : leur corps ovale, tronqué en avant, porte quatre yeux médiocres en deux groupes latéro-antérieurs, et six-pattes longues et grosses, dont le septième article est fort mince, mais garni de deux griffes très-grandes. Deux paires sont dirigées en avant, une en arrière ; leurs insertions sont peu distantes. Le suçoir est volumineux, mobile sur le tronc, au devant duquel il s'insère, armé au bout de deux soies grosses et courtes, flanqué de deux gros palpes, auxquels j'ai reconnu (dit Dugès, l'auteur de ces détails) un crochet et un appendice velu, vrai palpe ravisseur comme celui des Trombidiés, et semblant déjà indiquer des mœurs comparables à celles des Érythrées et des Trombidions. Dans le suçoir, le même auteur crut apercevoir deux lames repliées en arrière comme le seraient les ongles mandibulaires de l'adulte ; d'autres fois il lui a paru qu'on trouvait les deux mandibules semblables à celles des Trombidions ; détails difficiles à constater, vu l'extrème petitesse des objets.

Dugès donne les raisons suivantes à l'appui de son opinion que ces petits animaux éprouvent plusieurs métamorphoses :

« 1º J'ai trouvé dans l'eau un très-petit individu tout rouge, à huit pattes, offrant du reste tous les caractères de forme générale et d'organisation particulière propre au Diplodonte scapulaire. 2º J'ai rencontré bien souvent entre les petites tiges rapprochées des Chara, des nymphes toujours bien plus fortes que le petit individu, rougeàtres, parfois marbrées de noir, portant fréquemment des restes de pattes, et quelquefois leurs huit fourreaux. De ces nymphes sort un Diplodonte scapulaire de la taille, à peu près, qu'ont les mâles adultes, et il n'en diffère que par les couleurs : le noir au lieu d'être rassemblé sur des régions particulières et circonscrites, semble disséminé en nues fuligineuses sur le fond rouge du corps. J'avais d'abord pris ces individus pour ceux d'une espèce différente ; mais frappé de leur ressemblance quant à l'organisation, je les ai conservés vivants et j'ai vu la couleur se dessiner bientôt d'une manière plus nette en même temps que le corps prenait de plus grandes dimensions. Enfin j'ai vu l'accouplement s'opérer entre des individus à teintes mélangées et à couleurs nettes. »

III. ARRENURUS, Dugès, *Ann. sc. nat.*, 2ᵉ série, I, p. 154.

Ce sous-genre comprend les Hydrachnes que Muller rangeait dans sa première section, celles où le mâle a le corps terminé par une sorte de queue : *Hydrachnæ caudatæ*. La femelle est tronquée en arrière, mais le mâle offre, au contraire, un prolongement rétréci du côté du tronc, terminé par deux angles pointus et par un rebord sinueux dans leur intervalle. Au milieu de ce bord est suspendu un appendice pistiliforme perforé à son extrémité ; d'après les observations de Muller et de Dugès, c'est, sans doute, le pénis. Deux points crochus occupent le dessus de ce prolongement. Dans l'un et l'autre sexe, le dos offre une ellipse régulière qui semble circonscrire une portion de peau molle, plus mobile que le reste. Presque tout, effectivement, est dur, crustacé, chagriné, épineux. Les yeux, au nombre de deux, noirâtres, écartés, situés sur la partie la plus avancée du corps, semblent cachés sous cette peau, dont la demi-transparence les laisse apercevoir ; elle permet aussi de reconnaître assez bien la distribution des cœcums intestinaux qui forment des marbrures brunes sur la couleur dominante du corps. La bouche est en dessous, formée d'une lèvre petite, et qui paraît à Dugès percée d'un trou rond comme celle des Eylaïdes.

Une des singularités des Arrénures, c'est l'habitude de rejeter en dessus et en avant leurs pattes postérieures. Toutes sont, du reste, ciliées et onguiculées, comme chez les genres voisins; mais leur septième article est plus long que le sixième : le mâle les a toutes plus fortes que la femelle; les postérieures se font encore remarquer chez lui par la longueur du cinquième article qui est armé d'une épine; les hanches, surtout les postérieures, sont d'une largeur considérable; elles sont rapprochées presque sur la ligne médiane, les antérieures se touchent dans la moitié de leur longueur; derrière le milieu de celles de la quatrième paire, on distingue un stigmate; entre elles on voit chez la femelle un espace elliptique transversalement, bivalve et à peau molle : c'est la vulve; une saillie oblongue et couverte de pointes pellucides en part obliquement de chaque côté; le mâle n'a que deux saillies; elles sont plus petites et arrondies.

Ces détails, également empruntés à Dugès, sont pris des *H. cuspidator, albator* et *viridis*, principalement de ce dernier. Aussi sont-ils loin de s'appliquer à toutes les espèces, surtout pour ce qui est de la forme du prolongement caudal. De Géer ne connaissait qu'une espèce d'Hydrachne à queue; Schranck en avait signalé une autre espèce; Muller en a décrit dix nouvelles; Dugès en a seulement ajouté une; mais M. Koch en donne beaucoup plus. Voici les caractères que chacun de ces auteurs leur assigne.

20. HYDRACHNA GLOBATOR.

Virescens, globosa, oculis rubris; cauda cylindrica basi coarctata; femina triplo major, absque cauda.

Hydr. glob., Mull., *Zool. dan prod.*, 2242; id., *Hydrachnæ*, p. 27, pl. 1, f. 1-5. — *Arr. globator*, Koch, *Deutschl. Crust.*, fasc. 13, pl. 22 ♂ et 23 ♀.

21. HYDRACHNA TUBULATOR.

(Pl. 38, fig. 3.)

Lutescens, globosa, disco maculato; cauda cylindrica æquali.

Hydr. tub., Mull., *Zool. dan. prodr.*, 2243. — *Id., Hy-*

drachnæ, p. 29, pl. 2, f. 6. — *Arr. tubul.*, Koch, *loco cit.*
fasc. 12, pl. 19 ♂ et 20 ♀.

D'après **M.** Koch, l'*Hydrachna lugubris*, Mull., *Hydr.*, p. 54,
pl. 7, f. 5, est le sexe femelle de cette espèce.

H. lugubris subfusca, globosa, strigis nigris pedibus viridi-
bus. (Mull., p. 25.)

22. HYDRACHNA BUCCINATOR.

Rubra, obovata, postice nigra ; cauda cylindrica, basi coarctata, flava.

Acarus caudatus, De Géer, *Mémoires*, VII, 139, pl. 9,
f. 1-2. — *Hydr. bucc.*, Mull., *Zool. dan. prodr.*, 2244; id.,
Hydrachnæ, p. 30, pl. 3, f. 1. — *Arr. caudatus*, Koch,
loco cit., fasc. 2, pl. 24. — *Arr. buccin.*, id., *ibid.*. fasc., 13,
pl. 7 ♂ et 8 ♀.

23. HYDRACHNA CUSPIDATOR.

Fusca, apice truncata, postice mucronata, cauda depressa,
bidentata.

Hydr. cusp., Mull., *Zool. dan. prodr.*, 2245. — *Id.*, *Hydrachnæ*, p. 31, pl. 2, f. 4.

M. Koch, fasc. 12, pl. 18, considère cette Hydrachne comme
étant la femelle de l'*H. maculator*, et fascicule 13, pl. 11, il figure une autre Hydrachne qu'il nomme *Arrenurus tricuspidator*.

24. HYDRACHNA PUSTULATOR.

Rubra, pustulata ; cauda depressa, angulis obtusis.

Hydr. pust., Mull., *Zool. dan. prodr.*, 2246. — *Id.*, *Hydrachnæ*, p. 32, pl. 3, f. 3. — *Arr. pust.*, Koch, *loco cit.*,
fasc. 2, pl. 21.

25. HYDRACHNA ALBATOR.

Grisea, rotundata, disco albo ; cauda depressa tridentata.

Acarus fluviatilis, Stroem, *Acta Nidr.* — *Hydr. obscura*,
Mull., *Zool. dan. prodr.*, 2247. — *Acarus*, Schrank, *Beitr.
zur. naturg.* p. 6, pl. 1, f. 5, 6, 7 et 10. — *Hydr. alb.*, Mull.,
Hydr., p. 33, pl. 2, f. 1-2. — *Hydr. testudo*, Ferruss, *Ann.
Mus.*, Paris, VII, p. 207.—*Arr. alb.*, Koch, *loco cit.*, fasc. 12,
pl. 15 ♂, 16 ♀.

26. HYDRACHNA MACULATOR.

Cinerea, rotundata, maculata, postice mucronata, cauda depressa tridentata.

Hydr. mac., Mull., *Hydrachnæ*, p. 34, pl. 3, f. 3. — *Arr. mac.*, Koch, *loco cit.*, fasc., 12, pl. 17 ♂, 18 ♀. (L'*H. cuspidator*, Mull., selon M. Koch.)

27. HYDRACHNA TRICUSPIDATOR.

Rubra, dorso gibbere triplici, cauda depressa, tridentata.

H. tricusp., Mull., *Zool. dan. prodr.*, 2249. — *Id.*, *Hydrachnæ*, p. 35, pl. 3, f. 2.

28. HYDRACHNA EMARGINATOR.

Rubra, dorso gibbo, cauda depressa, emarginata.

Hydr. emarg., Mull., *Hydrachnæ*, p. 36, pl. 3, f. 4. — *Arr. emarg.*, Koch, *loco cit.*, fasc. 13, pl. 9 ♂ et 10 ♀.

29. HYDRACHNA SINUATOR.

Grisea, dorso antice flavescente, postice tricuspidato ; cauda depressa sinuata.

Hydr. sin., Mull., *Hydrachnæ*, p. 37, pl. 2, f. 5. — *Arr. sin.*, Koch, *loco cit.*, fasc. 12, pl. 21.

30. HYDRACHNA INTEGRATOR.

Viridis immaculata, cauda depressa integra.

Hydr, integr., Mull., *Hydrachnæ*, p. 38, pl. 2, f. 7. — *Arr. integr.*, Koch, *loco cit.*, fasc. 13, pl. 12.

31. HYDRACHNA PAPILLATOR.

Purpurea, rotundata, papilla utrinque caudali; pedibus nigris.

Hydr. pap., Mull., *Zool. dan. pr.*, 2253. — *Id.*, *Hydrachnæ*, p. 39, pl. 3, f. 6.

32. ARRENURUS VIRIDIS.
(Pl. 38, fig. 2.)

Vert bleuâtre, prolongement rétréci du mâle terminé par deux angles pointus et par un bord sinueux dans leur intervalle.

Arr. viridis, Dugès, *loco cit.*, p. 155, pl. 10, f. 18-23.

La figure 19 est copiée dans notre atlas.

33. ARRENURUS RUBIGINOSUS, Koch, *loco cit.*, fasc. 2, pl. 23.

34. ARRENURUS RUBIGINOSUS, Koch, *loco cit.*, fasc. 2, pl. 23.

35. ARRENURUS PUNCTATOR, Koch, *loco cit.*, fasc. 12, pl. 10.

36. ARRENURUS FURCATOR, Koch, *loco cit.*, fasc. 12, pl. 11 ♂ et 12 ♀.

37. ARRENURUS DECORATOR, Koch, *loco cit.*, fasc. 12, pl. 13.

38. ARRENURUS ANNULATOR, Koch, *loco cit.*, fasc. 12, pl. 14.

39. ARRENURUS CALCARATOR, Koch, *loco cit.*, fasc. 12, pl. 22 ♂ et 23 ♀.

40. ARRENURUS VARIEGATOR, Koch, *loco cit.*, fasc. 12, pl. 24.

41. ARRENURUS HYALINATOR, Koch, *loco cit.*, fasc. 13, pl. 1.

42. ARRENURUS FRONDATOR, Koch, *loco cit.*, fasc. 13, pl. 2.

43. ARRENURUS OBLITERATOR, Koch, *loco cit.*, fasc. 13, pl. 3.

44. ARRENURUS ARCUATOR, Koch, *loco cit.*, fasc. 13, pl. 4.

45. ARRENURUS ANGULATOR, Koch, *loco cit.*, fasc., 13, pl. 6.

46. ARRENURUS SAGULATOR, Koch, *loco cit.*, fasc. 13, pl. 5.

47. ARRENURUS CHLOROPHOCATOR, Koch, *loco cit.*, fasc. 13, pl. 13.

48. ARRENURUS DIMIDIATOR, Koch, *loco cit.*, fasc. 13, pl. 18.

49. ARRENURUS JACULATOR, Koch, *loco cit.*, fasc. 13, pl. 19 ♂ et 20 ♀.

50. ARRENURUS VENUSTATOR, Koch, *loco cit.*, fasc. 13, pl. 21.

51. ARRENURUS LOBATOR, Koch, *loco cit.*, fasc. 14, pl. 1.

52. ARRENURUS MUTATOR, *loco cit.*, fasc. 14, pl. 2 et pl. 3 (variété).

53. ARRENURUS PSITTACCATOR, Koch, *loco cit.*, fasc. 14, pl. 4.

54. ARRENURUS RUTILATOR, Koch, *loco cit.*, fasc. 14, pl. 6.

55. ARRENURUS FERRUGATOR, Koch, *loco cit.*, fasc. 14, pl. 5.

A cette liste déjà nombreuse il faudrait ajouter, selon M. Koch, plusieurs espèces de Muller, que celui-ci ne classe cependant pas avec ses Hydrachnæ caudatæ. — Telles sont :

Outre l'HYDRACHNA STELLARIS, dont nous avons parlé à propos des Ataces, sp., 13 ;

56. HYDRACHNA TRUNCATELLA.

Grisea, oblonga, postice truncata, punctis lineolisque obscuris.

Hydr. trunc., Mull., *loco cit.* — *Arr. truncatellus*, Koch, *loco cit.*, fasc. 13, pl. 15.

57. HYDRACHNA ELLIPTICA.

Cærulea, rotundata, maculis punctisque fulvis.

Hydr. ellipt., Mull., *Hydrachnæ*, p. 54, pl. 7, f. 1-2. — *Arren. ellipticus*, Koch, *loco cit.*, fasc. 13, pl. 14.

58. HYDRACHNA VERSICOLOR.

Subquadrata, maculis albis, cæruleis fuscisque.

Hydr. versicolor, Mull., *Hydrachnæ*, p. 77, pl. 6, f. 6. — *Arrenurus versicolor*, Koch, *loco cit.*, fasc. 13, pl. 16 ♂ et 17 ♀.

IV. EYLAIS, Dugès, *Ann. sc. nat.*, 2e série, I, 156.

Palpes courts, claviformes; quatrième article le plus long; le cinquième obtus, un peu renflé, épineux; mandibules onguiculées; bec court; bouche ronde; corps déprimé; yeux en deux paires rapprochées, ce qui les fait paraître comme bilobés; hanches étroites; la quatrième écartée de la troisième; larves hexapodes, aquatiques, différentes de l'adulte.

Dugès qui caractérise ainsi le genre Eylaïs n'en a observé qu'une seule espèce: l'*Hydrachna extendens* de Muller, dont il rapproche toutefois l'*H. chrysis* de M. de Théis. M. Koch a décrit depuis lors quelques espèces nouvelles du même genre.

59. EYLAÏS ÉTENDEUSE. (*Eylais extendens*.)

Corps rouge sans poils ni taches, montrant seulement un peu du brun des intestins.

Hydr. extendens, Mull., *Zool. dan. prodr.*, 2272. — *Id.*, *Hydrachnæ*, p. 72, pl. 9, f. 4. — *Eyl. ext.*, Dugès, *loco cit.* — *Eyl. ext.*, Koch, *Deutschl.*, fasc. 14, pl. 22.

Muller avait très-bien vu les yeux de cette espèce, yeux dont la disposition constitue un des caractères du genre Eylaïs. Voici comment il s'exprime à leur égard:

Oculi quatuor, ægre conspicui, sunt enim puncta elevata rubra, duo paria ita invicem approximata, ut certo tantum situ ope lentis videantur distincta; hæc quoque hoc singulare habent ut non ad latus remota, ut in congeneribus, sed in medio antico sita sint, id est triplo longius a margine laterali abdominis quam inter se distantia.

Dans cette espèce les œufs sont déposés en couche rougeâtre
et enduits d'une matière transparente, à la surface des corps sub-
mergés. Les petites larves hexapodes qui en sortent ont le corps
rougeâtre, pellucide allongé, les yeux au nombre de quatre, et
d'après Dugès, très-écartés; leur bouche est formée d'un suçoir
qui a l'aspect d'un double tube creux et supporte deux palpes.

60. Eylais confinis, Koch, *loco cit.*, fasc. 14, pl. 18.

61. Eylais atomaria, Koch, *loco cit.*, fasc. 14, pl. 19.

V. LIMNOCHARES, Latr., *Précis des car. gén. des Ins.*, 181.—*Id., Gen. Crust. et Ins.*, I, 160. — Dug., *Ann. sc. nat.*, 2ᵉ série, I, p. 159.

Palpes faibles, filiformes, à cinquième article on-
guiforme, petit; mandibules? bec cylindrique, allongé; corps mou; yeux rapprochés; hanches cachées
sous la peau; les antérieures plus fortes que les postérieures; pieds ambulatoires; larves terrestres, parasites, différant des adultes.

L'espèce assez anciennement connue qui sert de type à ce
genre est encore la seule qu'il renferme.

62. Hydrachne satiné. (*Hydrachna holosericea.*)

Rœs., *Insect.*, III, pl. 25. — *Acarus aquaticus*, Linné,
Fauna suec., ed. 2, sp. 1978.—*Tique rouge satinée aquatique*,
Geoff., *Insectes*, II, 625. — *Mite satinée aquatique*, De Géer,
Mém., VII, p. 149, pl. 9, f. 15-17. — *Limn. holosericea*,
Latreille, *Genera Crust. et Ins.*, I, p. 160.—*Limn. aquatique*,
Dugès, *loco cit.*, p. 159, pl. 11, f. 35-40. — *Limn. holos.*,
Koch, *Deutschl.*, fasc. 12, pl. 24.

Les Hydrachnes de cette espèce ont été rapportées par Fabricius au genre des *Trombidium*, et, en effet, bien qu'elles soient
aquatiques, elles diffèrent par leurs habitudes des Acarides qui
vivent dans les mêmes circonstances. Les Limnochares ne nagent
pas; ils marchent au fond de l'eau, à la surface du sol, comme
s'ils étaient à sec. De Géer, qui a conservé vivants deux de
ces insectes, leur a vu pondre des œufs que la femelle a déposés au fond du vase sous la forme d'une croûte blanchâtre,
mêlée de rouge. Il en a vu sortir des Acarides rouges à six pattes

allongées, à corps ovale , à tête en forme de museau et garnie de deux palpes qu'il appelle deux autres pattes plus courtes. Ces petites larves couraient sur l'eau ou nageaient à volonté au milieu du liquide. Dugès ajoute à ces détails que c'est sur le *Gerris lacustris*, hémiptère fort commun à la surface des eaux tranquilles, que la larve de Limnochare va chercher sa subsistance ; c'est ainsi qu'il l'a trouvée vers la fin de juillet fixée sur plusieurs points, mais le plus souvent près de la tête. Ces larves, très-petites et d'un rouge vif, ont un gros suçoir mobile en forme de tête, portant deux gros palpes; les six pattes sont velues , terminées par deux griffes ; les hanches sont groupées vers la partie antérieure du corps, la partie postérieure s'élargit et s'étend davantage ; il y a deux yeux noirs latéro-antérieurs; en somme cette larve ressemble beaucoup à celle du *Trombidium phalangii*. Parvenue à la grosseur d'une tête de camion, chaque larve se détache et tombe dans l'eau, y marche comme auparavant , bien que ses pieds soient devenus plus courts relativement à l'ampleur du corps, s'enfonce dans quelque anfructuosité de pierre submergée, devient une nymphe immobile, et, au bout de 15 jours, laisse éclore un fort petit Limnochare d'un rouge éclatant, à huit pattes et avec toutes les formes apparentes de l'adulte.

VI. HYDRACHNA , Dugès, *Ann. sc. nat.*, 2ᵉ série, t. I, p. 161. — Hʏᴅʀᴀᴄʜɴᴀ (*partim*), Muller, *loco cit.* — Aᴄʜʟʏsɪᴀ , Audouin , *Mém. Soc. hist. nat. Paris*, t. I, p. 98 ; 1821.

Palpes assez longs, à troisième article , le plus long , le quatrième et le cinquième disposés de manière à former ensemble une pince ; mandibules ensiformes ; bec long, à peine plus petit que les palpes ; corps arrondi ; yeux écartés ; vulve cachée par un écusson.

Larves aquatiques, fort différentes des adultes , types du genre Achlysie.

Latreille laissait parmi ses vrais *Hydrachna* les espèces suivantes :

H. geographica, Mull., et *H. cruenta*, Mull.

Ce sont aussi les seules que Dugès y rapporte, mais M. Koch en a depuis lors cité plusieurs autres, et il est bien démontré, depuis les observations de M. Burmeister et de Dugès, que le genre *Achlysia* de M. Audouin ne repose que sur des larves d'Hydrachnes.

63. Hydrachne sanglant. (*Hydrachna cruenta*.)
(Pl. 38, fig. 1.)

Sub-ovoïde, d'un rouge vineux, tirant parfois sur le brun-marron; yeux en deux paires, médiocrement écartés, réniformes, rouge foncé. Soumise à un fort grossissement la peau montre l'aspect du Galuchat. La femelle acquiert jusqu'à deux lignes et un quart de diamètre.

Acarus aquaticus globosus, De Géer, *Mém.*, VII, pl. 9, f. 10-11.—*H. cruenta*, Mull., *Hydrachnæ*, p. 63, pl. 9, f. 1.— *H. globulus*, Hermann, *Mém. aptérol.*, p. 56, pl. VI, f. 10.— *Hydr. globulus*, Dugès, *loco cit.*, I, p. 162, pl. 11, f. 41-56.— *H. cruenta*, Koch, *Deutschl. crust.*, *Myr.*, fasc. XIV, pl. 16.

La ponte des *Hydr. cruenta* commence vers le mois de mai, et la femelle meurt peu de temps après. Son ventre est alors devenu flasque et ridé. Les œufs de cette espèce ne sont pas couverts d'une enveloppe protectrice, c'est dans le centre des tiges spongieuses des potamogétons que les femelles les placent, après avoir percé à l'aide de leur bec un trou rond semblable à celui que l'on ferait avec une épingle. Ces œufs sont ainsi rassemblés par centaines ; leur longueur est d'un huitième de ligne à peu près et leur couleur d'un rouge brun. Il faut beaucoup de temps, plus de six semaines, pour que leur éclosion ait lieu. Lorsqu'elle s'opère les tiges de potamogéton sont mortes et les petits s'en échappent sans peine.

Ils ont six pattes fort rapprochées, et leur bec représente une grosse tête mobile de haut en bas, subpentagonale, terminée par une bouche étroite et bordée de deux gros palpes demi-transparents, dont le quatrième article est en griffe et le cinquième remplacé par deux crochets plus petits et articulés sur la base de celui-ci.

Dugès, à qui l'on doit ces détails, ignorait combien de temps ces petites hydrachnes vivent librement dans l'eau. Alors elles n'en peuvent sortir et c'est là d'ailleurs qu'elles doivent trouver leur subsistance; mais à une certaine époque elles se fixent à divers insectes, et les modifications qu'elles éprouvent lui ont fait dire qu'elles passaient à l'état de nymphe. Ainsi fixées sur le corps de quelque insecte aquatique, elles peuvent être emportées à l'air sans danger. Dès la fin de l'été et durant l'automne on en trouve déjà de fixées sur les corps ou les membres, sur les filets caudiformes, sur les élytres de la nèpe ou sur d'autres parties cornées qu'elles perforent d'un trou fort étroit, mais bien reconnaissable à l'aide d'une forte loupe. Elles attaquent aussi les ranâtres et diverses espèces de dytisques, l'hydrophyle, etc.; sur les coléoptères, elles préfèrent les parties membraneuses. Les nèpes, les ranâtres, etc., sont souvent chargées de ces parasites que la plupart des observateurs ont pris pour des œufs. Swammerdam les nomme des lentes; mais il a constaté qu'il en sortait une petite hydrachne (*Biblia naturæ*, tab. II, fig. 4 g et fig. 5). De Géer et Rœsel ont fait la même observation. M. Audouin a regardé ces petits corps organisés comme des Acarides d'une famille particulière, et il en fait un nouveau genre sous le nom d'*Achlysia*, adopté par plusieurs auteurs et entre autres par Latreille, et par M. le comte de Mannerheim : celui-ci a même décrit une seconde espèce d'Achlysie.

Les observations de M. Burmeister, publiées dans l'*Isis*, et celles de Dugès (1) ont levé tous les doutes qu'on pourrait avoir sur l'identité des Achlysies et des Hydrachnes.

Malgré l'allongement considérable du corps des Achlysies ou des nymphes d'Hydrachnes, leur suçoir, l'écusson qui leur forme une espèce de céphalothorax, et leurs pattes ne grandissent pas. Souvent même les palpes ont disparu en partie ou en totalité, et l'espace membraneux qui sert de jonction entre le corps et le suçoir s'est allongé en forme de cou. C'est que dès que le corps commence à s'allonger, les palpes et les pattes se retirent en dedans, suivent le corps dans l'espèce de sac que forme en arrière la peau distendue, et abandonnent ainsi leur fourreau, que les violences extérieures peuvent rompre aisément. La larve est ainsi passée à l'état de nymphe dont nous avons parlé. Son œsophage cependant n'a pas cessé de traverser le suçoir enfoncé dans les téguments de l'Insecte nourrisseur, et un prolongement

---

(1) *Ann. sc. nat.*, 1ʳᵉ série, II, 498.

membraneux en forme d'entonnoir qui a pénétré peu à peu jusque dans les chairs mêmes de celui-ci, y retient si fortement le suçoir, qu'il y reste encore attaché avec une portion des enveloppes, lorsque l'Hydrachne a brisé ces dernières.

Après cette opération, l'animal n'est pas entièrement parfait; il a encore une mue et un petit changement à subir. Au lieu d'une plaque cordiforme, ses organes génitaux n'ont qu'une dépression en fente superficielle; sur les côtés, à quelque distance, sont deux plaques ovales grenues.

Après avoir vécu ainsi quelques semaines, et pris un notable accroissement, ces individus, impubères ou présumés tels, vont se fixer à l'aisselle d'une feuille de potamogéton. Ils enfoncent leur bec dans la tige et y accrochent leurs palpes; alors ils deviennent immobiles; leurs pieds, leur bec et ses dépendances se retirent encore une fois sous la peau du corps et abandonnent leurs fourreaux cutanés; ces parties éprouvent encore une fois la même élaboration, c'est-à-dire que, d'abord épaisses, informes, courtes et pulpeuses, elles s'allongent, s'amincissent et se durcissent peu à peu, et la dépouille qui montre les anciennes mandibules, qui, sans doute, étaient tout à fait cornées, se reproduit en totalité.

64. Hydrachne géographique. (*Hydrachna geographica.*)

Sphérique, noire, avec quatre taches et des points de couleur jaune; une tache rougeâtre à la partie médio-infère; palpes rouges, aigus; pattes plus courtes que le corps, noires, terminées de rouge.

H. geogr., Muller, *Hydr.*, p. 59, pl. 8, f. 3-5. — *Id.*, *Zool. dan. prodr.*, 2270. — Koch, *loco cit.*, fasc. XIV, pl. 13.

Quand on vient à toucher cet Insecte, il fait le mort pour quelques instants. Ses mouvements sont rapides, mais il aime à rester à la même place endormi, courbant en dedans six de ses pattes, et projetant en avant son bec entre ses palpes. Il peut passer ainsi plus de douze heures, se contentant d'agiter fréquemment ses deux pattes de derrière. Muller rapporte à cette espèce l'Hydrachne figurée par Roesel, t. 2, pl. 24, quoiqu'elle présente quelques différences, et Dugès lui réunit aussi l'*Acarus aquaticus ruber* de De Géer.

65. Hydrachna punicea, Koch, *loco cit.*, fasc., XIV, pl. 17.

66. Hydrachna impressa, Koch, *loco cit.*, fasc., XIV, pl. 14.

67. Hydrachna globosa, Koch, *loco cit.*, fasc., XIV, pl. 15.

Genre GAMASE. (*Gamasus*) (1).

Le genre *Gamasus* de Latreille, qui sert de type aux *Gamasei* de Dugès, comprend aussi, en l'élevant à la dignité de famille, les *Uropoda* et *Argas*, du premier de ces naturalistes, le *Spinturnix* de M. Heyden ou *Pteropus*, L. Dufour, et les *Smaridia*, Duméril, *non* Latr., nommés *Dermanyssus* par le professeur de Montpellier. Nous y rapportons de même le genre *Melichares* de M. Héring. Plusieurs des genres de M. Heyden sont aussi dans ce cas, mais il est difficile d'en spécifier le nombre, ce naturaliste ne les ayant pas décrits et n'ayant pas même indiqué les espèces sur lesquelles ils reposent. Les Acarides, assez nombreux, qui se rapportent aux Gamases sont en général parasites. On en trouve sur les mammifères, les oiseaux, les Reptiles terrestres et les Insectes qui habitent dans les mêmes circonstances. Plusieurs vivent à terre et se tiennent dans les lieux humides ou ombragés, courant à la surface du sol ou sur les plantes avec beaucoup de rapidité. Parasites des animaux, ils ne restent pas le plus souvent immobiles et fixes sur un point déterminé du corps, mais ils changent de place, et parcourent la surface de leur victime avec facilité. Ils ne s'enflent pas autant que le font les Ixodes.

Ils sont caractérisés par leurs palpes libres, filiformes, c'est-à-dire à articles à peu près égaux en épaisseur, variant assez peu en longueur ; leurs mandibules médiocres en pinces didactyles non denticulées, plus ou moins avancées ; leurs pieds de grandeur

---

(1) Acarus, *partim*, De Géer, Linn., etc. — Parasitus, Latr., *Mag. encycl.* — Carpaïs, Argas, *id.*, *Précis*, p. 184. — Gamasus, etc., *id.*, *Genera Ins.*, I, 147. — Gamasides, Leach, etc. — Gamasei, Dugès, *Ann. sc. nat.*, 2ᵉ série, II, 18.

variable, mais à peu près égaux dans chaque espèce,
à dernier article terminé par deux griffes et une caroncule vésiculiforme ou bien par une membrane lo-
bée. On ne leur a pas encore trouvé d'yeux.

Le plus connu des Acarides de ce groupe est celui
que les auteurs du siècle précédent nommaient *Acarus fucorum* ou *coleoptratorum*, et dont Latreille,
cité par M. Walckenaer, *Faune parisienne*, II, 423,
faisait déjà un genre à part sous le nom de CARPAIS,
en assignant à ce genre les caractères suivants :

Palpes saillants, courbés, terminés en pointe, sans crochet,
de cinq articles; mandibules longues, en pinces; lèvre inférieure
de deux pièces pointues, accompagnée de deux crochets; corps
ovale, déprimé, un peu coriace sur le dos, pâle, sans distinction d'anneaux; pattes propres pour marcher, les antérieures et
les postérieures plus longues; une pelote mobile, munie de
crochets au bout des tarses.

Toutefois, la dénomination de *Gamasus* a prévalu,
et c'est même la seule que Latreille emploie dans ses
ouvrages postérieurs à la Faune parisienne; aussi
pourrait-on restituer le nom de *Carpais* aux Gamases
proprement dits de Dugès. Hermann ne distinguait
pas les animaux de cette famille d'avec les Acarus.

Outre les sous-genres que nous avons cités plus
haut, il faut rapporter au même groupe ceux que Latreille appelle *Siro* et *Macrocheles*. Ce dernier, qu'il
range parmi les Faucheurs, repose sur l'*Acarus marginatus*, dont il fait aussi et plus justement une espèce de Gamase. Quant au genre *Siro*, c'est l'*A.
crassipes* d'Hermann qui en est le type, et cet Acarus
est aussi un vrai Gamase.

L'ordre qu'il nous a paru convenable de suivre dans
l'énumération des animaux de ce genre est le suivant :

1. CARPAÏS, Latr. . . .	*Gamasus*, Latr. *Siro*, *id.* *Macrocheles*, *id.*	
2. UROPODA, Latr.		
3. DERMANYSSUS, | Dugès.	*Smaridia*, Dum. non Latr. *Melichares*, Hering. *Caris*, Latr.	
4. SPINTURNIX, Heyden.	*Pteroptus*, L. Duf.	
5. ARGAS, Latr.		
6. HOLOTHYRUS, Gerv.		

I. CARPAÏS, Latr., *Précis des car. gén. des Ins.*, p. 184; 1796; Walck., *Faune parisienne*, II, p. 423. — *Parasitus*, Latr., *Magaz. encyclop.* — *Gamasus*, sect. II, *id.*, *Gen. Ins.*, I, 147.— Dugès, *loco cit.*, p. 19.

Mâchoires didactyles plus ou moins allongées ; corps entier, sub-ovale, plus ou moins aplati, coriace, à partie dorsale divisée en deux plaques : tels sont les principaux caractères des Gamases que Latreille a d'abord nommés Carpaïs, en prenant pour type de ce genre l'*Acarus fucorum* ou *coleoptratorum* de De Géer. Les espèces de ce petit groupe sont souvent parasites des Insectes ; souvent aussi on les trouve courant librement et avec beaucoup d'agilité à la surface du sol ; on en a aussi indiqué sur quelques animaux d'une autre classe que les Insectes. Leurs pattes de la première paire sont plus ou moins longues, suivant les espèces, que celles de la seconde ; ce qui pourrait servir de caractère pour leur disposition sériale ; celles de la deuxième paire sont souvent épaissies, ce qui paraît être distinctif des mâles.

Une espèce de ce genre, que nous avons fait représenter dans l'Atlas supplémentaire du Dictionnaire des sciences naturelles, sous le nom de Gamase commun, est une des plus communes à Paris. Nous l'avons vue saisir avec ses mâchoires didactyles un petit Myriapode du genre Scolopendrelle, et l'emporter rapidement comme une Fourmi le ferait de son butin. Un individu de cette espèce de Gamase, que nous avions plongé dans l'eau, était encore vivant et fort bien portant, après y être resté submergé pendant six jours consécutifs.

1. GAMASE DES COLÉOPTÈRES. (*G. coleoptratorum.*)

Acarus Coleoptratorum, Linn., *Syst. nat.*, 13ᵉ, *id.*, I, p. 1026. — *Mite des Coléopt.*, Geoff., *Hist. Ins.*, II, 623. — *Ac. fucorum*, De Géer, *Mém.*, VII, 112, pl. 6, f. 15. — Dugès, *loco cit.*

On le trouve dans les excréments des bestiaux et sur le corps d'un grand nombre d'Insectes, principalement sur celui des Coléoptères.

2. GAMASE BORDÉ. (*Gamasus marginatus.*)

Acarus marginatus, Herm., *Mem. apterol.*, p. 76, pl. 6, fig. 6.

Cette Mite, dit Hermann, vit sur les cadavres. Elle a été trouvée sur le corps calleux, près la glande pinéale du cerveau d'un soldat grièvement blessé et mort à l'hôpital militaire. Dugès assure avoir observé la même espèce de Gamase sur une mouche dont elle suçait le cou.

Hermann, qui avait, au sujet du parasitisme de certains Acarus, des opinions qui n'ont pas toutes été confirmées par les progrès de la science, fait, à propos de l'*Acarus marginatus*, la digression suivante :

« Le 18 thermidor de l'an II, le peintre qui a dessiné l'espèce précédente, assista à une dissection du cerveau faite par le chirurgien Brasdor, à l'hôpital militaire de Strasbourg. Le sujet avait une forte fracture au crâne ; mais la dure-mère n'avait reçu aucune atteinte. Lorsque les deux hémisphères du cerveau furent écartés, et la pie-mère ôtée, le peintre vit courir sur le corps calleux la Mite dont je viens de donner la description : il la saisit avec des pincettes, l'enveloppa dans du papier, et me l'apporta.

» On dira, peut-être, que cette Mite s'est probablement introduite du dehors ; mais les Mites ne cherchent pas pareils endroits : le crâne avait été ouvert auparavant ; la planche sur laquelle le cadavre avait été posé, ainsi que le local, étaient bien propres.

» D'ailleurs, d'autres observations prouvent que des Mites et des Insectes pareils ont été trouvés dans des endroits extraordinaires. On connaît les Mites trouvées dans la conjonctive de l'œil, qu'une femme de Paris avait l'habitude de retirer, avec une aiguille d'argent, aux personnes de son quartier, qui en étaient affectées. Le fait est rapporté dans une lettre du chirurgien du roi Lejeune, insérée dans le Traité de Guillemeau sur les maladies des yeux, répété par Mouffet, *Theatr. Ins.*, p. 267, et par Gendron, *Maladie des yeux*, t. II, p. 91, qui raconte aussi à cette occasion que le chirurgien Petit l'a assuré avoir observé le même cas. Les Cirons ou Comédones sont connus, et quoique plusieurs médecins n'aient pas voulu les admettre comme Insectes, mais les aient regardés comme des poils ou des portions de graisse épaissie, il se pourrait fort bien qu'ils eussent le sort des Hydatides, et qu'ils fussent reconnus enfin pour être des animaux. Les Crinons, revendiqués par Chabert, différents peut-être des Comédones, me le font croire : du moins les figures de ces derniers, données par les auteurs, ne sont pas des Ascarides. Les Mites de la gale, dont l'existence est mise hors de doute depuis les observations de Wickmann (*Étiologie de la gale*, Hanovre, 1786), ont été trouvées jusqu'ici ailleurs que dans les pustules de la gale ? N'est-il pas possible que certains Insectes soient *congenita*, et propres à certains animaux et à certaines parties intérieures des animaux, comme les vers ? Est-il déraisonnable de croire que, tout comme certains Insectes, tels que les Poux, ne sauraient vivre que sur certains animaux, il en est d'autres qui ne sauraient subsister que dans l'intérieur de certaines parties, ou que, peut-être, leurs œufs ou leurs germes ne peuvent se développer que quand ils ont été portés à ces endroits? Ne savons-nous pas que les Hydatides ne s'attachent qu'à certaines parties, les unes à l'écorce du cerveau, les autres au plexus choroïde, d'autres au mésentère ? Les anguilles de Roffredi auraient-elles plus de facilité de passer le long des tuyaux du chaume que les germes des Insectes par les plus petits vaisseaux ? Ne savons-nous pas d'ailleurs que des substances brutes et grossières, des épingles et d'autres corps se sont montrés, et sont sortis du corps humain à un endroit fort éloigné de la place où ils étaient entrés, et qu'on a de la peine à concevoir comment ils y sont parvenus ? Comment expliquera-t-on les autres maladies pédiculaires, rares à la vérité, mais toujours bien constatées ? D'où viennent les millions de Poux qui se montrent dès le troisième jour dans la *Plica polonica*, comme le rapporte le très-exact descripteur de cette maladie, Lafontaine, dans ses *Traités de chirurgie et de médecine*, imprimés à Breslau et à Leipsic, en 1792 ? Il est à savoir au reste si ce sont des Poux et des Mites ; car ordinairement les praticiens, et souvent les meilleurs, ont peu de connaissance des Insectes et de l'histoire naturelle en général, et confondent les choses qui ne sont que semblables. C'est ainsi que pendant longtemps les Mites et les Poux avaient été confondus, même par des naturalistes de profession.

» Justamond n'avait peut-être pas si tort de supposer que le virus cancéreux pourrait bien venir des Mites dont les germes, nécessairement beaucoup plus petits qu'elles-mêmes, s'introduiraient par les vaisseaux lymphatiques. Voyez son Traité *on Cancerous disorder*, Londres, 1780. Depuis Linné, personne n'a décrit la Mite rejetée avec la matière dyssentérique ; et quoique ce grand auteur dise qu'il n'a trouvé entre la Mite de la farine, de la gale, de la phthisie et de l'hémitritée, d'autre différence que celle du lieu, on peut cependant bien admettre que ces espèces ne sont pas les mêmes, comme il est avéré aujourd'hui que celle de la gale est bien différente, quoique Linné dise qu'il y a *à peine* trouvé de la différence.

» Ce n'est pas, au reste, la première fois que des Insectes ont été trouvés dans le cerveau. Nelius Gemma, dans son *Cosmocritica*, p. 241, rapporte que le crâne d'une femme ayant été ouvert, il y a été trouvé quantité de vermicules et de Punaises ; c'est ainsi qu'il les appelle : c'étaient sans doute d'autres Insectes. On en trouvera probablement plusieurs cas, si on veut se donner la peine de consulter les observateurs. Il est à présumer que certains Insectes ne se trouvent souvent qu'isolés dans le corps humain, et n'y sont pas observés par cette raison, mais qu'ils causent, dans certaines circonstances, de grands ravages et des maladies dont on ne devine pas l'origine ; de la manière que d'autres Insectes vivent sur des plantes pendant plusieurs années sans causer un dommage apparent, mais deviennent un très-grand fléau pour le cultivateur, lorsque certaines causes favorisent leur multiplication.

» En l'an 1787, le 28 mars, mon collègue Lauth, professeur d'anatomie, me fit voir un petit Insecte trouvé sur la glande pituitaire d'un maniaque décédé à l'hôpital. Tout le monde le prit pour un Morpion ; mais je le reconnus pour une nouvelle espèce de Mite, qui ressemblait assez, par la taille et la couleur, à une espèce (*Acarus cellaris*) que je retrouve très-souvent, parmi la terre humide, dans les coins de ma cave. »

3. GAMASE DES CAVES. (*Gamasus cellaris.*)

Acarus cellaris, Herm., *Mem. apterol.,* p. 86.

4. GAMASE TESTUDINAIRE. (*Gamasus testudinarius.*)

Acarus test., Herm., *Mem. apterol.,* p. 80, pl. 9, f. 1. — *Gam. test.,* Dugès, *loco cit.*

5. GAMASE CRASSIPÈDE. (*Gamasus crassipes.*)

Acarus crass., Herm., *Mem. apterol.,* p. 81, pl. 3, f. 6, et pl. 9, f. Q—R.

6. GAMASE DES CADAVRES. (*Gamasus cadaverinus.*)

Acarus cad., Herm., *Mem. apterol.,* p. 79.

7. GAMASE PACHYPÈDE. (*Gamasus pachypes.*)

Acarus pach., Herm., *Mem. apterol.,* f. 74. Peut-être l'*A-carus crassipes*, Schranck, *Observ.,* pl. VI.

8. GAMASE TÉTRAGONOIDE. (*Gamasus tetragonoideus.*)

9. GAMASE LAGÉNAIRE. (*Gamasus lagenarius.*)

10. GAMASE ARRONDI. (*Gamasus orbicularis.*)

Celui-ci se rapproche des Uropodes. C'est, ainsi que les deux espèces précédentes, et le *G. curtus*, un animal décrit par Dugès (*loco cit.*).

11. GAMASE DU COSSUS. (*Gamasus cossi.*)

Pou de la chenille du bois de saule, Lyonet, *Mém. posth.,* in *Mém. Mus.,* XVIII, 277, pl. 14, f. 11-42. — *Gam. cossi,* Dug., *Ann. sc. nat.,* 2ᵉ série, *loco cit.*

12. GAMASE NOIR. (*Gamasus monachus.*)

Koch, *Deustchl. Crust., Myriap. und Arachn.,* fasc. 2, pl. 8.

13. GAMASE NOIR. (*Gamasus ater.*)

Koch, *Deutschl. Crust., Myriap. und Arachn.,* fasc. 2, pl. 7.

14. Gamase de Savigny. (*Gamasus Savignyi.*)
(Pl. 31, fig. 1.)

Savigny, *Égypte*, *Arachn.*, pl. 9, f. 4. (Copiée dans notre Atlas, pl. 31, f. 1.) — *Gam. Sav.*, Aud., *ibid.*, Explic.

15. Gamase géant. (*Gamasus giganteus.*)
Dugès, *loco cit.*
Cette espèce a été recueillie au Brésil sur le *Copris mimas.*

16. Gamase des passales. (*Gamasus passalis.*)
Guérin, *Iconogr. Règne anim. Arachn.*, pl. 5, f. 4.

II. UROPODA, Latr., *Genera Crust. et Ins.*, I, p.147.

Palpes et rostre infères; bouclier dorsal d'une seule pièce élargie, ordinairement circulaire; pieds sub-égaux, souvent un pédoncule anal caduc.

17. Uropode végétant. (*Uropoda vegetans.*)
(Pl. 34, fig. 6.)

Acarus vegetans, De Géer, *Mémoires*, VII, p. 123, pl. 7, f. 15-19. — *Urop. veg.*, Dug., *Ann. sc. nat.*, 2ᵉ série, t. II, p. 20, pl. 8, f. 33-36.

De Géer et Latreille, d'après lui, assignent pour caractère à cette espèce un fil ou support à l'anus. De Géer avait bien reconnu que ce fil est caduc et que l'animal peut s'en débarrasser; mais il eut tort de croire, ainsi que son successeur, que c'est là une sorte de trompe, un canal par lequel l'animal prend la nourriture, soit de l'insecte même sur lequel il vit parasite, soit de quelqu'un de ses semblables sur lesquels ses pédoncules sont parfois implantés de manière à ce qu'il résulte alors de la réunion de ces petits animaux une sorte de grappe suspendue à l'un des membres ou à l'abdomen d'un Coléoptère.

« J'ai trouvé, dit Dugès, l'Uropode végétant fixé par son pédicule sur plusieurs Coléoptères fouisseurs, et je l'ai trouvé libre sous des pierres, durant la mauvaise saison. Le pédicule est un filament corné, roide, élastique quand il est sec, mou, flexible dans l'eau, mais sans s'y dissoudre; on n'y voit ni cavités, ni fibres, ni rien de vraiment organisé: fixé fortement sur les téguments du Coléoptère par un empâtement, il en offre un autre au bout opposé, et celui-ci recouvre exactement une ouverture transversale oblongue, située au-dessous du bord postérieur du corps, et qui parait être l'anus comme chez les Gamases. Ce ne serait donc pas là une matière soyeuse, filée par des organes spéciaux, comme le pensent quelques naturalistes, mais des excréments visqueux et desséchés dont l'animal peut se débarrasser par une nouvelle excrétion. C'est effectivement de son côté même qu'il se détache du pédicule qui reste adhérent au Coléoptère. »

18. Uropode ? casside. (*Uropoda cassidea.*)

Châtain, à bouclier transparent, discoïde et déprimé; pieds de la paire antérieure antenniformes sétigères.

Notaspis cassideus, Herm., *Mém. aptérol.*, p. 93, pl. 6, f. 2.

Il se trouve fréquemment dans les mousses. (Hermann.)

19. Uropode monnaie. (*Uropoda moneta.*)
(Pl. 34, fig. 5.)

Corps discoïde déprimé; appendices buccaux dépassant un peu le bord antérieur; pattes de devant non sétigères.

Cette espèce a été trouvée parasite d'un Palydesmus du Mexique, figuré par M. Lucas dans le *Dictionnaire universel* de M. Ch. Dorbigny sous le nom de *Polydesmus mexicanus*. Elle ne nous a pas présenté de support anal. C'est aussi le cas de l'espèce précédente.

20. Acarus acarorum.

Schranck, *Ins. Austriæ*, p. 524. Linn. Gmel., 2934; que nous citons ici sans affirmer qu'il soit réellement du sous-genre *Hypopus*. Il est hémisphérique, pâle, glabre, à pieds égaux. On le trouve en quantité sur l'*Acarus crassipes* adulte.

21. Uropode navette. (*Uropoda navicula.*)

Aplati; en navette ovalaire, rétrécie et un peu appointie en arrière; tronqué en avant; parties buccales et pattes courtes; quelques soies courtes au pourtour du disque; couleur fauve claire. Longueur, 0,001.

Trouvé sur un écureuil (*Sciurus vulgaris*) tué dans la forêt de Fontainebleau par M. Emm. Rousseau.

III. DERMANYSSUS, Dugès, *Ann. sc. nat.*, 2ᵉ série, I, p. 19. — *Smaridia*, Dum., *Consid. gén.*, p. 34 (*non* Latr.).

Cinquième article des palpes le plus petit; lèvre aiguë; mandibules du mâle en pinces, à onglet fort long; celles de la femelle ensiformes; corps mou; pieds antérieurs les plus longs; hanches rapprochées. Larves hexapodes, à peine différentes des adultes.

22. DERMANYSSE CORIACE. (*Dermanyssus coriaceus.*)

Corps subvilleux, à peau coriace et sans lignes courbes comparables à celle de la pulpe des doigts, ovalaire, un peu élargi en arrière et subéchancré à son bord postérieur; un petit point de couleur brune de chaque côté du dos à la hauteur de la première paire de pattes; couleur générale fauve; mâchoires en stylets plus longs que les palpes, et très-facilement extensibles par le compresseur. Long., 0,001.

Derm. cor., **P. Gerv.**, *Ann. soc. entom. de France*, **XI**, p. **XLVI**.

Vit sur la Noctule (*Vespertilio noctula*). Cette espèce se rapproche des Carpaïs par la dureté de ses téguments.

La taupe m'en a donné une assez semblable, mais plus velue sur le corps et les pattes, et un peu plus forte. Un autre parasite du même animal est plus allongé.

23. DERMANYSSE DU MURIN. (*Dermanyssus vespertilionis.*)

Dermanyssus vespert., Dugès, *loc. cit.*, **II**, pl. 7, fig. 5. — Mite de la chauve-souris? Geoffroy, *Insectes.*

24. DERMANYSSE DE LA PIPISTRELLE. (*Dermanyssus pipistrellæ.*)
(Pl. 34, fig. 2.)

Fauve, avec un peu de brun rougeâtre au-dessus des viscères digestifs; palpes acuminés; corps mou, portant quelques poils de médiocre longueur, ceux des parties marginales postérieures plus longs.

P. Gerv., *Ann. sc. nat.*, 2ᵉ série, **XV**, 7, pl. 2, fig. 3.

Vit sur la Chauve-souris pipistrelle.

25. DERMANYSSE DE L'ÉMÉRILLON. (*Dermanyssus œsalonis.*)

Pou d'une sorte d'Émérillon, Lyonet, *Mém. Mus.*, XVIII, 279, pl. 13, fig. 12.

26. DERMANYSSE DES PETITS OISEAUX. (*Dermanyssus avium.*)
(Pl. 34, fig. 3.)

Smaridie des petits oiseaux, Duméril, *Dict. sc. nat.*, atlas, *Entomol.; id.*, *Consid. gén. sur les Ins.*, pl. 52, fig. 1. — Dugès, *loc. cit.*, II, p. 19, pl. 7, fig. 1-4 (copiée d'après notre Atlas).

Commune dans le creux des petits bâtons de sureau, etc., dont on se sert pour faire percher dans leurs cages les petits oiseaux chanteurs.

27. DERMANYSSE DE L'HIRONDELLE. (*Dermanyssus hirundinis.*)

Ac. hirund., Herm., *Mém. aptérol.*, p. 83, pl. 1, fig. 13.

« Elle vit dans le nid de l'hirondelle de cheminée avec la Punaise des lits, et cette Puce grêle qui ne fait pas de grands sauts, et avec l'hippobosque des moutons. (Hermann.) »

28. DERMANYSSE DE LA POULE. (*Dermanyssus gallinæ.*)

Pulex gal., Redi, *Ins.*, pl. 11. — *Ac. gallinæ*, De Géer, *Mém. Ins.*, VII, p. 111, pl. 6, fig. 13-14.

29. DERMANYSSE DU DINDON. (*Dermanyssus Gallopavonis.*)

Corps mou, sans pièces clypéacées qui séparent le thorax de l'abdomen, marqué de stries transversales comparables à celles de la partie pulpaire des doigts de l'homme ; de petites impressions circulaires, nombreuses et serrées sur le dos ; corps et pattes peu velus.

Vit dans les plumes du dindon domestique et se nourrit de sang.

30. DERMANYSSE DU NATRIX. (*Dermanyssus natricis.*)

Dermanysse..... Dugès, *loc. cit.*, II, p. 23.

Sur le *Coluber natrix* (la Couleuvre à collier).

Dugès n'a pas fait connaître cette espèce, et une autre dont il parle en même temps, d'une manière suffisante, aussi sommes-nous incertain si un Dermanysse qui attaque depuis quelque temps les grands serpents des genres Python et Boa de la ménagerie du Muséum (Gerv., *Ann. soc. entom.*, XI, p. XLVI), doit leur être rapporté. Celui-ci a le corps assez velu , les pattes pâles et le tronc marqué en dessus et en dessous d'une tache blanche sur un fond brun-noir. Le blanc forme en dessus une figure à peu près lyriforme , et en dessous une plaque arrondie , échancrée en avant. Ces taches changent incessamment de forme par la contraction de l'estomac. La plaque thorachique est variée de couleur blonde.

Ce Dermanysse vit dans les cages des serpents pythons et dans les couvertures dont on enveloppe ces animaux ; il se fixe fréquemment sous leurs écailles, et alors son corps s'enfle et prend, à cause du sang dont il est rempli , une couleur très-foncée. On n'a remarqué la présence de ces parasites , aujourd'hui fort incommodes et très-nombreux , que depuis l'arrivée à la ménagerie de quelques couleuvres à collier, prises dans les environs de Paris, et d'un *Coluber hippocrepis* de Barbarie. Nous en avons fait représenter dans notre Atlas (pl. 34 , fig. 4) un adulte peu gonflé , le jeune âge hexapode et l'œuf.

Metaxa (1) avait déjà signalé deux Acarides parasites de serpents des environs de Rome ; l'un a quelques rapports avec les Dermanysses , et l'autre paraît plus voisin des *Spinturnix* ou *Pteroptes.*

31. Dermanysse de l'oribate. (*Dermanyssus oribatis.*)

Dugès , *loc. cit.*, II, p. 24.
Assez commun dans les nids de l'*oribates castaneus.*

32. Dermanysse du limaçon. (*Dermanyssus helicis.*)

Pou du limaçon, Lyonet, *Mém. Mus.* , XVIII, 280 , pl. 13, fig. 13.
Est-ce l'*A. limacum*, Schranck ,*Beytrag. z. naturg.*, p. 13 ; et celui dont parle Réaumur (*Acad. sc.*, 1710) comme parasite de l'Helix pomatia?

33. Dermanysse de la pivoine.

Pou de pivoine, Lyonet, *loco cit.*, p. 275 , pl. 13 , fig. 11.

34. Dermanysse du liseron. (*Dermanyssus convolvuli.*)

Derm. convolv., Dugès , *loco cit.*, II, p. 25.

---

(1) *Monografia de Serpenti di Roma* , in-4°, p. 46, pl. 1 , fig. 7-8.

35. DERMANYSSE DE BORY. (*Dermanyssus Boryi*.)

Espèce douteuse. Les deux pattes antérieures les plus longues, palpiformes ; corps renflé, garni de poils à son pourtour ; une tache noire, tirant sur le rouge à son centre. Égale en grosseur la moitié d'un grain de tabac.

Sorte d'Acaride, Bory de Saint-Vincent, *Ann. des sc. nat.*, 1re série, XVIII, p. 125, pl. 1, fig. 6.

Cet Acaride a, sans contredit, des affinités avec les Smaridies ou Dermanysses, et il lie ces insectes à celui que M. Hering a décrit comme un genre à part sous le nom de *Melicharis*.

Voici ce que M. Bory dit à son égard dans son Mémoire sur un nouveau genre d'Acaridiens sorti du corps d'une femme :

« Une dame d'une quarantaine d'années vint demander à l'opticien une loupe pour examiner de petits animaux qui sortaient, disait-elle, du corps de l'une de ses amies. Frappé de cette singularité et entrant en explications, il pria la personne qui s'adressait à lui de lui fournir de ces animaux, et il se hâta de me les apporter. Il résulta des questions faites à la dame qu'elle était elle-même la malade, qui, par un sentiment de mauvaise honte, n'avait pas d'abord voulu dire ce qui en était. Cette personne a été durant quinze ans fort souffrante et traitée pour diverses maladies sans éprouver le moindre soulagement par l'effet des remèdes qui lui furent administrés ; elle était enfin menacée d'hydropisie et se mit, en désespoir de cause, dans les mains d'un docteur qu'elle ne m'a pas nommé et qu'elle assure lui avoir rendu la santé. Sans approfondir ce qui en est, elle en avait du moins l'apparence lorsque nous eûmes occasion de la voir, mais elle mourut quinze jours après assez replète : son teint avait de l'éclat ; mais à mesure qu'elle paraissait se rétablir, elle éprouvait de légères démangeaisons sur toutes les parties du corps ; ces démangeaisons devenues de plus en plus fortes ont fini par être insupportables, et bientôt à peine la malade avait-elle frotté ou gratté la partie souffrante pour y porter quelque soulagement, qu'il en sortait de très-petits animaux brunâtres qui couraient par milliers et avec rapidité dans tous les sens ; on a remarqué que ces animaux semblaient, après leur évasion, se plaire dans du linge de coton. La malade s'enveloppait conséquemment de toile ; et, selon qu'il faisait chaud, il fallait la changer de trois à six fois par jour, tant le nombre des petites bêtes qui sortaient d'elle devenait considérable.

» Ces êtres singuliers ne recherchaient pas les autres personnes, et le mari de la malade, qui n'avait jamais abandonné le lit conjugal, prétendait que ceux qui parfois s'étaient égarés sur son corps y mouraient promptement. Quoi qu'il en soit, ceux qu'on a renfermés dans une petite boîte qui contenait un morceau de percale sur lequel on les voyait courir, ont vécu quarante-huit ou cinquante heures; la plupart étaient à peine perceptibles à l'œil nu; les plus gros équivalaient à peine à la moitié du volume d'un grain de tabac. »

A propos de l'Acarus décrit par **M.** Bory, nous devons parler de celui qui a été trouvé par **M.** George Busk dans une pustule du pied sur un matelot, et dont il est question, avec figure, dans le *Microscopic Journal* de Daniel Cooper (1). Disons d'abord que, d'après la figure citée, cet Acarus semble avoisiner les Dermanysses et les Glyciphages et qu'il est bien certainement distinct de celui de la gale, très-probablement aussi de celui de **M.** Bory.

Le malade, qui était un nègre, fut admis pendant l'automne de 1841, au *Seaman's hopital ship*, pour de larges ulcères d'un caractère tout particulier affectant la plante du pied; il paraissait devoir cette affection à des souliers qu'il avait eus d'un autre nègre dont les pieds étaient également malades et qui les avait portés un jour ou deux. Le malade soigné par **M.** Busk était originaire et venait directement des Indes occidentales et d'une localité où cette maladie n'est pas connue; mais l'autre était de Sierra-Leone, ce qu'il importe de noter, car dans de l'eau rapportée de la rivière de Sinoé, sur la côte d'Afrique, par le **D.** Stranger, on a trouvé un individu complet et des débris d'Acarus en tout semblable à celui dont il est ici question et peut-être identique avec lui. Aussi **M.** Busk pense que c'est dans ce pays que l'affection avait été contractée.

A ces détails, fort incomplets comme on le voit, eu égard à l'intérêt du fait, l'éditeur du *Microscopic Journal*, feu Daniel Cooper, ajoute que **M.** Murray, chirurgien aide major, lui a dit qu'à Sierra-Leone on connaît une maladie pustuleuse spéciale au pays, et qu'on l'appelle *craw-craw*; que c'est une sorte de

---

(1) T. II, p. 65, pl. 3, fig. 7; 1842.

gale qui s'ulcère et qui est très-difficile à guérir, et que peut-être l'insecte observé par M. Busk en est la cause, comme le Sarcopte est celle de la gale ordinaire.

36. DERMANYSSE AGILE. (*Dermanyssus agilis.*)

Melichares agilis, Hering, *Nova act. nat. curios.*, XVIII, 620, pl. 45, f. 18-19.

C'est aussi à propos des Dermanysses que nous parlerons du genre *Caris*.

IV. CARIS, Latr., *Gen. Crust. et Ins.*, I, 161.

Établi sur un parasite de la Pipistrelle, *Vespertilio pipistrellus*, et que l'auteur plaçait parmi ses *Microphthira* ou Mites hexapodes (voyez p. 144).

37. CARIS DE CHAUVE-SOURIS. (*Caris Vespertilionis.*)
(Pl. 34, f. 4.)

Carios Vesp., Latr., *Préc. des car. gén. des Ins.*, p. 177; 1797; *id.*, *Caris Vesp.*, *Gen. Crust. et Ins.*, I, 161. — *Argas pipistrellœ*, Audouin, *Ann. sc. nat.*, XXV, 412, pl. 14, f. 1.

Cet insecte, qui n'est pas écailleux comme le dit Latreille, vit sur le corps de chauve-souris pipistrelle, fixé au derme par son rostre et caché sous les poils de l'animal. J'en ai trouvée sur une pipistrelle qui avait aussi des *Dermanyssus pipistrellœ*; on n'en connaît pas encore à l'état parfait. Latreille dit avoir observé les individus qu'il a étudiés sur une chauve-souris noctule.

V. CELERIPES, Montagu, *Trans. linn. soc.*, IX, 166; 1808. — SPINTURNIX, Heyden, *Isis*, 1828. — PTEROPTUS, L. Dufour, *Ann. sc. nat.*, 1re série, XXVI, p. 98.

Frisch, *Ins. d'Allemagne*, fasc. VII, pl. 12, f. 7, a le premier signalé un Insecte de ce genre. Linné, dans son *Fauna suecica*, et Scopoli, dans son *Entomologia carniolica*, donnent l'un et l'autre l'animal qu'ils décriventsous le nom d'*Acarus vespertilionis*, comme étant de même espèce que celui de Frisch. Baker, dans son *Employement for the microscope*, p. 406, pl. 15, fig. *e-g* , donné aussi des détails sur un Acaride de même sorte , mais ces auteurs , non plus que Geoffroy, *Hist. des Ins. des environs de Paris* , II , p. 627, ne disent pas sur quelle Chauve-Souris vivaient leurs animaux. Les observateurs suivants nous donnent à cet égard des renseignements plus positifs ; voici sur quelles Chauves-Souris leurs *Spinturnix* ou Ptéroptes ont été recueillis , et quels noms ils leur donnent :

38. PTÉROPTE DES CHAUVES-SOURIS. (*Pteroptus vespertilionis.***)**

1° *Du Vespertilio murinus :*
Pteroptus vespertilionis, L. Dufour, *Ann. sc. nat.*, XVI, 98, et **XXV**, pl. 9, f. 6-7. — *Pteropt. vespert.*, Nitzsch, *Wegmann's archiv.*, I, 326 ; 1837.

La figure 1 de notre pl. 34 est également faite d'après l'espèce du Murin.

2° Du *Vespertilio noctula :*
Acarus vespertilionis, Herm., *Mém. aptérol.*, p. 84, pl. 1, f. 14, et pl. 19, f. *g-i*; 1804. — *Pteroptus acuminatus*, Koch *Deutschl. Crust.*, fasc. IV, pl. 21. — *Pteroptus abominabilis*, *id.*, *loco cit.*, pl. 22.

3° Du *Vespertilio serotinus :*
J'ai vu des Ptéroptes sur cette Chauve-Souris; mais je ne les ai point comparés avec ceux du Murin.

4. Du *Vespertilio barbastellus :*
Pteroptus punctatus, Sundevall, *Conspectus arachnidum*, p. 37; 1833.

5° Du *Rhinolophus uni-hastatus :*
Ptéropte de la Chauve-Souris, Audouin, *Ann. sc. nat.*, XXV.
6° Du *Rhinolophus bi-hastatus.*
Je n'ai pas non plus établi les caractères de ceux que j'ai pris sur ce Rhinolophe , le petit Fer-à-cheval de nos environs; mais il est probable qu'une même espèce de Ptéropte vit sur plusieurs espèces de Chauves-Souris.

M. Léon Dufour a décrit plus récemment deux Acarides parasites des insectes et qu'il considère comme du même genre que les animaux précédents, ce sont :

39. **Pteroptus sciaræ**, L. Dufour, *Ann. sc. nat.*, 2ᵉ série, XI, 276. (Pris sur des Sciares nouvellement nés chez l'auteur et provenant de larves nourries avec des champignons.)

Ovalaire oblong, roux pâle, velu, avec deux sillons en dessus; pieds velus, à deux soies terminales. Long. ¼ de ligne.

40. **Pteroptus limosinæ**, L. Duf., *loco cit.*, p. 275, pl. 8, f. 1-2. (Parasite du *Limosina lugubris*.)

Ovalaire oblong, glabre, roussâtre pâle, à pieds velus, portant une double soie à leur extrémité. Long. ¼ de ligne.

Il faudra probablement rapprocher des Spinturnix ou *Pteroptus*, quand elle sera mieux connue, l'espèce parasite des serpents des environs de Rome, et qui a été figurée d'une manière trop incomplète par Metaxa (1).

VI. ARGAS, Latr., *Précis des caract. gén. des Ins.*, p. 178. — Rhynchoprion, Herm., *Mém. aptérol.* p. 69.

Mâchoires en suçoire, non engaînées par les palpes et cachées ainsi que ceux-ci au-dessous d'une avance de la partie antérieure du corps; dessous du corps granuleux, non écailleux et d'une seule pièce; pattes bi-onguiculées, non vésiculifères.

Ces animaux, dont M. Savigny a étudié avec le plus grand soin les caractères extérieurs, sont fréquemment parasites : deux d'entre eux vivent sur des oiseaux; un autre, devenu célèbre sous le nom d'*Argas persicus*, fait souvent éprouver à l'homme des douleurs très-violentes.

L'*Argas persicus*, au sujet duquel M. Fischer de Waldheim a rédigé un mémoire publié sous le titre suivant : De l'Argas de Perse (*Malleh de Mianeh*), décrit par les voyageurs sous le nom de Punaise venimeuse de Miana (in-4°, Acad. de Moscou, 1823), a donné lieu à beaucoup d'exagérations de la part des voyageurs.

Dupré (2), cité par M. Fischer, s'exprime ainsi au sujet de ces

---

(1) *Monografia de' Serpenti di Roma*, in-4, p. 47, pl. 1, fig. 9-10.
(2) *Voyage en Perse fait dans les années* 1807, 1808 et 1809; t. II, 324; Paris, 1809.

Insectes : « Il y a aussi une espèce de Teigne , nommée dans le pays *Malleh*, qui est fort à craindre, parce que l'homme qui en est piqué tombe dans une consomption qui le fait dépérir à vue d'œil, surtout s'il ne se soumet pas sans restriction au régime dicté par l'expérience ; c'est de s'abstenir de viande ou de boissons acides ou fermentées. Le sucre est regardé comme un grand spécifique contre la piqûre de cet Insecte, que l'on ne trouve pas dans les maisons nouvellement construites, et que la clarté de la lumière éloigne, dit-on, des appartements. »

Maurice Kotzebue (1), également cité par **M.** Fischer, en parle en ces termes : « L'Insecte dangereux que l'on appelle la Punaise de Miana mériterait les recherches d'un naturaliste exercé. Il est un peu plus grand que la Punaise d'Europe, d'un gris tirant sur le noir, et parsemé sur le dos d'une multitude de points rouges. Il se cache dans les murailles, et fréquente de préférence les vieilles. C'est là que les Punaises se trouvent en grande abondance et que leur piqûre est la plus dangereuse. Jamais elles ne se montrent en plein jour; elles craignent aussi la lumière : cependant la clarté des lampes et des bougies ne les met pas toujours en fuite. Elles infestent Miana depuis un temps immémorial et se répandent jusque dans les environs, où elles sont un peu moins dangereuses. En hiver, elles restent immobiles dans les trous de murailles, et, semblables à tous les animaux venimeux, c'est dans les grandes chaleurs de l'été que leur venin a le plus d'activité. Ce qu'il y a de plus merveilleux, même unique à l'égard de ces Punaises, c'est qu'elles n'attaquent pas les naturels, ou du moins la piqûre qu'elles leur font n'a point de suites plus graves que celle des Punaises d'Europe, mais, en revanche, elles font une guerre cruelle aux étrangers qui ont le malheur de passer une nuit à Miana, et souvent elles donnent la mort en moins de vingt-quatre heures. J'en ai entendu raconter deux exemples :

» Les Anglais de Tauris m'ont unanimement déclaré qu'ils ont perdu, à Miana, un de leurs domestiques qui fut atteint par ces terribles Insectes. Il éprouva bientôt dans tout son corps une chaleur violente, tomba dans une espèce de délire et expira enfin au milieu d'épouvantables convulsions.

---

(1) *Voyage en Perse à la suite de l'ambassade russe*, *en* 1817, VIII, 180. Paris, 1819.

» J'ai reçu d'autres informations non moins dignes de foi du colonel baron Wrède, qui a servi longtemps avec distinction en Grusinie, et qui, il y a quelques années, a été envoyé en Perse comme ambassadeur. Lorsqu'il passa à Miana, la saison était fort avancée ; ne croyant rien avoir à craindre des Punaises, il y resta la nuit, mais avec la précaution de tenir une bougie allumée. Il n'éprouva aucun mal. Un cosaque de son escorte éut le lendemain matin une tache noire au pied, tint des propos délirants et tomba enfin dans un accès de fureur. Les habitants conseillèrent un remède usité en pareil cas ; ce fut d'écorcher un bœuf et d'envelopper le pied du malade dans la peau encore chaude. On eut recours à cet expédient, mais cela ne servit de rien, et le pauvre cosaque mourut dans une douloureuse agonie. On assure que ce moyen réussit ordinairement, mais il faut que le malade reste pendant quarante jours sans prendre autre chose que de l'eau sucrée et du miel. Comme je l'ai déjà dit, les naturels de Miana prennent sans danger ces Punaises dans leurs mains. Quel bonheur que ces formidables Insectes ne se mettent point dans les habits ! car ils se seraient bientôt propagés dans toute la Perse. »

41. ARGAS RÉFLÉCHI. (*Argas reflexus.*)

Marqué sur tout le corps de sillons tortueux et de fossettes ; couleur jaunâtre ou violacée quand il s'est repu.

Ixodes marginatus, Fabr., *Entom. syst.*, IV, 427. — *Arg. refl.*, Latr., *Hist. Crust. et Ins.*, VIII, 53. — *Id.*, *Gen. Crust. et Ins.*, I, 55, pl. 6, fig. 3. — *Rhynchoprion columbæ*, Hermann, *Mém. aptérol.*, p. 69, pl. 4, fig. 10-11.

Vit parasite des pigeons, dont il suce le sang. On en voit souvent en quantité extraordinaire sur le corps de ces oiseaux, principalement sur celui des jeunes. Lorsqu'il est gonflé il est mou, et les cœcums de son estomac ne sont plus distincts. Hermann a conservé vivant, pendant huit mois, un Argas de cette espèce, placé dans un verre et qui fut privé de nourriture pendant tout ce temps, sans rendre d'excréments et sans qu'on s'aperçût de la moindre diminution de son corps ou du plus petit dépérissement. Latreille dit avoir trouvé l'*Arg. reflexus* errant dans les habitations. C'est une espèce de grande taille.

42. ARGAS TROGULOÏDE. (*Argas troguloïdes.*)

Corps fauve jaunâtre, elliptique, déprimé au-dessus ; appareil mandibulaire presque antérieur ; pattes courtes. Taille du Sarcopte de l'homme.

Ce petit Insecte, que nous avons trouvé à Paris dans un jardin,
vit à la surface du sol dans les endroits ombragés par les feuilles
sessiles des végétaux.

43. ARGAS DE SAVIGNY. (*Argas Savignyi.*)
(Pl. 31, fig. 2.)

Savigny, *Égypte*, *Arachn.*, pl. IX, fig. 5 (copiées dans notre
Atlas, pl. 31). — *Arg. Sav.*, Aud., *ibid.*, Explic.

44. ARGAS DE FISCHER. (*Argas Fischeri.*)
(Pl. 33, fig. 4.)

Savig., *Égypte*, *Arachn.*, pl. IX, fig. 6 (copiées dans notre
Atlas, pl. 33, fig. 4.) — *Arg. Fisch.*, Aud. Explic.

45. ARGAS D'HERMANN. (*Argas Hermanni.*)
(Pl. 33, fig. 5.)

Savig., *loc. cit.*, fig. 7 (copiées dans notre *Atlas*, pl. 33,
fig. 5). — *Arg. Herm.*, Aud., Explic.

46. ARGAS DE PERSE. (*Argas persicus.*)

Corps ovalaire allongé, plus rétréci en avant que celui de la
Punaise des lits, avec laquelle on l'a comparé ; tout le dos garni
de petits grains blanchâtres, comme chagrinés ; le bord très-peu
ourlé, un peu échancré bilatéralement en avant ; couleur d'un
rouge sanguin clair, parsemé sur le dos de points élevés blancs ;
pattes pâles (Fischer).

Arg. pers., Fischer, *Notice sur l'Argas de Perse*, p. 14,
fig. 8-11 de la pl. unique.

C'est la Punaise venimeuse de Miana des voyageurs, et dont
on a tant exagéré les accidents. M. Audouin rapportait à l'*Argas
persicus* l'espèce représentée par M. Savigny (*Égypte*, pl. IX,
f. 6), et que nous avons reproduite d'après lui. (Pl. 33, f. 6.)

47. ARGAS DE MAURICE. (*Argas mauritianus.*)

Arg. maur., Guérin, *Iconogr.*, *Arach.*, pl. 6, f. 3.
Vit sur les poules, à l'île Maurice, et occasionne, dans quelques basses-cours, des pertes considérables.

Nota. Dugès, *loco cit.*, considère comme un jeune Argas l'Acarus de la figure 13 de **M**. Savigny , pris par **M**. Audouin pour un Ixode , et nommé par ce dernier *Ixodes Forskalii*.

VI. HOLOTHYRUS , P. Gerv.; *Ann. soc. entom.*, XI , p. xlvi ; 1842.

Bouclier supérieur d'une seule pièce , clypéiforme , ainsi que le tégument inférieur qui s'enchâsse sous une sorte de bourrelet de son pourtour ; orifice abdominal près du bord postérieur, bivalve ; palpes étendus , de quatre articles , le quatrième un peu plus fort que les autres ; pattes longues , de six articles , à onglet très-faible ; point d'yeux.

48. Holothyre coccinelle. (*Holothyrus coccinella.*)
(Pl. 34 , fig. 7.)

Presque aussi grand que le *Coccinella septempunctata*, plus large en arrière qu'en avant où le bord du bouclier est un peu chaperonné au-dessus des palpes qui le débordent ; pattes plus grandes que le corps, celui-ci à peu près lisse, peu luisant ; quelques poils très-courts et peu serrés sur les pattes, principalement aux tarses ; pattes sub-géniculées ; dessus du corps très-convexe ; dessous à peine convexe, marginé par un rebord du bouclier supérieur. Long. du corps, 0,005 ; de la patte postérieure, 0,008 ; de l'antérieure , 0,006.

Hol. cocc., P. Gerv., *loco cit.*

De l'île de France.

J'ai vu plusieurs exemplaires de cet Insecte, deux entre autres dans une collection qui avait appartenu à Latreille ; l'un d'eux était marqué comme *genre nouveau*, mais sans nom et sans indication de pays. Les Holothyres lient évidemment les Gamases aux Oribates. Outre l'ouverture bivalve de la partie postérieure de l'abdomen, on leur voit près des deux pattes postérieures une partie éclaircie bien plus large, mais dont nous ignorons l'usage.

Depuis la publication de ce genre j'ai vu dans la collection du Muséum quelques *Holothyrus coccinella* , indiqués comme originaires de l'île de France. Ils y portent un nom spécifique inédit qui est différent de celui que j'ai employé , mais dont malheureusement je n'ai pas eu connaissance assez tôt.

Genre IXODE. (*Ixodes*) (1).

Les Ixodes sont tous des Acarides parasites. Au moyen des crochets dont leurs appendices buccaux sont armés, ils se fixent au corps des autres animaux, et principalement des mammifères, en sucent le sang et ne tardent pas à se gonfler outre mesure, leur abdomen prenant alors l'apparence d'une boule, dont le volume est souvent décuple de celui qu'il avait d'abord. L'homme n'est pas exempt de leurs attaques, et fréquemment ils se fixent sur les voyageurs ou les chasseurs ; il suffit même, dans bien des cas, d'une petite promenade au bois pendant la belle saison, et les dames alors, à cause de la nature de leurs chaussures, y sont plus sujettes, les hommes étant mieux garantis par les bottes et les pantalons. Les chiens en ont plus souvent encore, et du temps des Grecs, les Acarus qui se fixent ainsi à la peau de ces animaux recevaient déjà un nom particulier. Aristote en parle sous la dénomination de κυνοραιϛης, dont Hermann a fait le nom générique *Cynorhæstes*, signifiant qui tourmente ou vexe les chiens.

La disposition valviforme ou canaliculée des palpes ; les crochets de leurs maxilles ; la présence d'un bouclier gastrique et celle de deux yeux près le bord abdominal de ce bouclier sont les principaux caractères du genre qui va nous occuper.

La manière dont ces animaux, vulgairement appelés *Tiques*

(1) Acarus, *partim.*, De Géer, Linné, etc. — Ixodes, Latreille, *Précis des caract. des Insectes*, p. 180. — Cynorhæstes, Herm., *Mém. aptérol.*, p. 63.—Ixodides, Leach, Sundevall, etc. — Ixodes, G. Fischer, *Notice sur l'Argas de Perse*, in-4°, Moscou, 1823.—Ixodei, Dug., *Ann. sc. nat.*, 2ᵉ série, II.

ou *Ricins*, font leurs petits a été longtemps douteuse. Hermann,
qui parait les regarder comme ovovivipares, rapporte, d'après
De Géer, un fait singulier observé sur l'espèce du chien. C'étaient,
dit-il, de petits individus noirs de cette espèce qu'il a trouvés
attachés, dans une position renversée, au ventre d'autres individus, plus grands, entre les deux pieds postérieurs. « J'ai
également, ajoute Hermann, observé ce phénomène sur cette
Tique, ainsi que sur le Cynorhæste égyptien, et j'y ai vu distinctement l'insertion de la trompe dans l'orifice du tubercule
du ventre ; je conserve même des individus dans lesquels cette
union subsiste depuis la mort. L'idée de De Géer est que ce
pourrait bien être un accouplement à la manière des Araignées.
La chose est possible, à la vérité ; cependant ces parties sont
beaucoup plus dures que dans les Araignées, et ne semblent
pas contenir des organes mous et papilleux propres à une pa-
reille fonction. »

Latreille, dans le *Règne animal* de Cuvier, rapporte que les
Ixodes pondent une quantité prodigieuse d'œufs, et que ceux-ci
sont expulsés par la bouche, ce qu'il tient de M. Chabrier.
L'analogie seule aurait pu démontrer l'invraisemblance de cette
opinion ; mais M. Lucas (1) a eu l'occasion d'en reconnaitre par
l'observation même toute la fausseté. L'oviducte des Ixodes
s'ouvre près de la bouche, et c'est par lui et non par celle-ci
que les œufs sont pondus. Dugès avait aussi constaté la véritable
nature de cet orifice.

L'imperfection de nos connaissances au sujet des Ixodes ne
nous permet pas de donner l'ordre sérial naturel des espèces
connues dans ce groupe, et comme l'on sait que chacune d'elles
peut se retrouver parasite d'animaux de plusieurs sortes, on
conçoit aussi qu'elles ne peuvent être rigoureusement énumérées
en suivant la classification des animaux sur lesquels on les a
trouvées fixées. Nous avons des Ixodes pris sur des mammifères, sur des oiseaux et sur des reptiles chéloniens, sauriens et
ophidiens, d'espèces terrestres. Souvent aussi on en trouve qui
errent librement sur les végétaux, et quand on fauche avec un
filet dans un champ ou dans un bois, on en prend habituellement. Latreille a donné aux animaux de ce genre le nom sous
lequel nous en parlerons, et Hermann les appelait *Cynorhœtes*,

---

(1) *Ann. soc. entom. de France*, 1836, p. 630.

dénomination que Dugès réclamait à l'avance pour l'une des coupes qu'il faudra, sans doute, établir plus tard parmi les Ixodes. Plusieurs années avant que le savant professeur de Montpellier exprimât ce désir, qui, suivant nous, est contraire aux règles de la nomenclature, M. Risso, qui adopte le genre Ixode, avait décrit, sous le nom de *Cynorhœstes Hermanni*, un Acarus particulier qu'il caractérise d'une manière beaucoup trop abrégée (1).

Les Ixodes sont au nombre des Acarides les plus anciennement connus, et il en est déjà question dans Aristote. Ils sont, en effet, de taille assez considérable, et comme ils sont fort incommodes, soit pour les animaux, soit pour l'homme, on a dû les remarquer à toutes les époques ; mais peut-être que dans ces dernières années on en a trop multiplié les espèces. On en cite actuellement de toutes les parties du monde.

1. Ixode ricin. (*Ixodes ricinus.*)

Corps ovale ; globuleux, quand l'insecte s'est repu ; d'un noir violacé déterminé par le sang dont il est gonflé ; pattes et appendices de couleur brune.

Ricinus caninus, Ray, *Ins.*, p. 10. — *Tique des chiens*, Geoff., *Ins.*, II, 621. — *Acarus ricinus*, Linn., *Syst. nat.*, éd. 12, p. 1023. — *Ac. ricinoïdes*, De Géer, *Mém.*, VII, 98, pl. 5, f. 16-19.—*Cynorhœstes reduvius*, Herm., *Mém. aptérol.*, p. 66.

C'est la Tique des chiens, ou, pour mieux dire, une des espèces auxquelles les chiens, et particulièrement ceux qu'on emploie à la chasse, sont exposés. Hermann, qui accuse De Géer d'avoir transposé les noms des *Acarus reduvius* et *ricinus* et la synonymie qu'il en donne, caractérise ainsi l'*Ixodes ricinus* :

D'un brun violet ; crénelé à la partie postérieure ; une aire blanche à la base du corps ; cinq taches rayonnantes et des points bruns ; antennes (palpes) et bec de la longueur du corselet.

---

(1) Voici le texte de M. Risso : *Europe mérid.*, v, 183.

Cynorhæstes, Herm. Corps oviforme, renflé ; corselet ovale, petit, coriace, dur ; rostre fort court, bilobé, à lobes ovales ; palpes coniques, à peine apparentes ; pieds très-courts ; ongles coniques.

C. Hermanni, Risso ; corps de couleur de plomb ; corselet, rostre et pattes d'un rouge intense ; long. 0,012 ; séj. sous les pierres. App. hiver, printemps.

2. IXODE RÉDUVE. (*Ixodes reduvius*.)

Corps rouge pâle tirant sur le jaune ; tête et pattes noires ; écusson d'un noir luisant. 3 lignes $\frac{1}{2}$ de largeur au maximum , sur 2 $\frac{1}{4}$ de longueur.

Acarus reduvius, De Géer, *Mémoires*, VII, 101, pl. 6, f. 1-7. — *Ac. ricinus*, Herm., *Mém. aptérol.*, p. 65.

Sur les moutons. Hermann dit que cette espèce se trouve aussi sur les chiens, les martes et les cerfs, et voici comment il la caractérise :

D'un rouge jaunâtre, une tache noire à la base du corps ; le bord de l'abdomen très-entier ; les antennes (palpes) plus grosses au milieu.

De Géer donne comme parasite des chiens et des bœufs une variété d'Acarus reduve à corps gris ardoisé, dont nous n'avons pas à parler ici, Dugès la rapportant à son *Ixodes plumbeus*, dont il sera question plus loin sous le nom d'*I. Dugesii*.

Le savant entomologiste suédois raconte, au sujet de l'Acarus reduve, des particularités que nous croyons devoir reproduire :

« J'ai fait sur ces Mites une observation des plus curieuses, c'est qu'en dessous du ventre de plusieurs d'entre elles se trouvait attachée une autre Mite toute noire et beaucoup plus petite, n'ayant que la grandeur d'une graine de navet, et qui leur embrassait le ventre avec ses pattes , se tenant là dans un profond repos. Cette petite Mite est ovale et aplatie en dessus comme en dessous, couverte d'une peau tout écailleuse et un peu chagrinée , et sa couleur est noire et luisante ; mais son corps est bordé des deux côtés et par derrière d'une marge relevée, transparente , d'un brun très-clair. Les huit pattes sont fort longues, et les deux antérieures, beaucoup plus grosses que les autres, sont aussi plus longues, de même que les deux postérieures, et elles sont toutes terminées par une petite vessie ou membrane accompagnée de crochets comme dans la grande Mite. La tête ressemble absolument à celle de cette dernière , ayant en devant une trompe assez grosse , garnie de dentelures et accompagnée des deux côtés par de petits bras larges, aplatis et mobiles, qui couvrent la trompe quand elle est dans l'inaction, mais qui s'écartent vers les côtés quand la Mite veut faire usage de sa trompe. Cette trompe et ces bras sont plus gros que ceux de la grande Mite, proportion gardée, et les bras sont attachés à la tête par une articulation mobile. On voit donc que cette petite Mite écailleuse a beaucoup de conformité avec la grande, à laquelle elle s'attache, en exceptant seulement la grandeur et la figure du corps qui est parfaitement ovale.

» J'ai toujours remarqué que cette petite Mite se tient constamment attachée au ventre de la grande, dans une position renversée exactement entre les deux pattes postérieures, et jamais plus haut ni plus bas, la tête se trouvant toujours dans l'endroit où nous avons fait remarquer une petite partie relevée, et dont j'ignore l'usage. J'ai vu, à n'en pouvoir douter, que la petite Mite avait sa tête enfoncée dans cette éminence, où, par conséquent, il doit se trouver une ouverture, que j'ai même cru voir, en y apercevant une petite fente transversale, et que ses bras en masse étaient alors considérablement écartés vers les côtés, et appliqués sur la peau de la grande Mite. J'ai observé qu'elle gardait cette position plusieurs jours de suite sans bouger de place, et toujours dans un parfait repos, la grande Mite se promenant partout chargée de la petite, qui ne l'abandonnait pas.

» Mais pourquoi, et dans quelle intention la petite Mite se tient-elle ainsi attachée à la grande? Serait-elle une ennemie occupée à la sucer, ou bien serait-ce un accouplement? Dans la première supposition, il me semble que la Mite attaquée donnerait quelque signe d'incommodité et s'affaiblirait peu à peu jusqu'à extinction de sa vie, ce dont je ne me suis point aperçu; au contraire, elle me parut se porter bien plusieurs jours de suite, même après que la petite Mite l'eut abandonnée. D'ailleurs, si elle y était dans l'intention de sucer son hôte, pourquoi aurait-elle toujours sa tête appliquée sur l'éminence du ventre dont j'ai parlé, et sa trompe introduite dans l'ouverture de cette même éminence et non ailleurs? Si telle est la cause qui l'attache à la grande Mite, elle pourrait aussi facilement l'attaquer par tout autre endroit de son corps, ce que je ne lui ai jamais vu faire. J'ai donc tout lieu de croire que l'union intime de ces Mites est un vrai accouplement, en quelque sorte semblable à celui des Araignées, dont la femelle a également la partie du sexe placée en dessous du ventre, et que la petite Mite est le mâle de la grande, surtout comme elles se ressemblent d'ailleurs dans la conformation de leurs principales parties, excepté que le mâle supposé est considérablement plus petit, et que son corps est plus exactement ovale et couvert d'une peau écailleuse, comme nous l'avons déjà dit. Parmi les Araignées, le mâle est de même toujours beaucoup plus petit que la femelle.

» Dans la supposition assez probable que l'union de ces Mites est leur véritable accouplement, il faut donc regarder la partie relevée du ventre de la grande Mite ou de la femelle, et qui est toujours placée à la hauteur des pattes postérieures, pour celle qui caractérise son sexe, puisque c'est cette éminence que le mâle recherche pour s'y accrocher, en y introduisant sa trompe et appliquant en même temps ses deux bras horizontalement sur le ventre. Mais c'est toujours un accouplement des plus singuliers, et dont la vraie opération est difficile à démêler ; il ressemble beaucoup à celui des Araignées, et peut-être que ce sont les bras qui contribuent à la fécondation, tout comme dans ces derniers Insectes. »

Hermann, qui a observé le même fait, ainsi que nous l'avons dit plus haut, ajoute, à ce que nous avons déjà extrait de son ouvrage, les réflexions suivantes, qui ne sont guère plus concluantes :

« Si ce n'était pas toujours le même endroit où le petit Insecte se fixe, et si ce n'était la considération qu'il n'y en a constamment qu'un seul et toujours un plus petit, ce qui semble en effet annoncer le sexe masculin, on pourrait se demander si ces Insectes ne s'entremangent pas comme d'autres le font. Fuesli (ou un autre auteur) a élevé la question plaisante de savoir si les petits Scorpions attachés à leur mère n'en tirent pas par hasard quelque nourriture en suçant, comme autant de mamelles, les dents du peigne que ces Insectes portent au ventre. S'il avait eu connaissance du fait dont nous parlons, il aurait pu soupçonner plus raisonnablement, à ce que je pense, que la tique mère allaite son petit. Était-ce peut-être un pareil Insecte, attaché au ventre d'un autre plus grand, qui a été remarqué par une personne fort adonnée à la chasse, et qui lui a fait assurer à mon père que les tiques des chiens sont vivipares ? »

3. IXODE PEINT. (*Ixodes pictus.*)

Dos blanc, crénelé par derrière ; taches et pieds bruns ; bec et palpes de la longueur du corselet.

Cynorhæstes pictus, Herm., *Mém. aptérol.*, p. 67, *non* De Cooper, *Micr. Journ.*, II, p. 31. — *Ix. reticulatus*, Latr. *enera*, I, 157.

Il vit sur les cerfs et se trouve aussi vagabond entre les mousses. Daniel Cooper, dans le t. II, p. 31, de son *Microscopic Journal*, donne, par erreur, sous le nom d'*I. pictus*, des Ixodes recueillis sur un *Boa constrictor*.

4. IXODE PLOMBÉ. (*Ixodes plumbeus.*)

Écusson cordiforme un peu rugueux ; rostre et palpes, ainsi que les pattes, ferrugineux pâle ; abdomen de couleur plombée. Longueur du corps, 3 lignes.

Ix. plumb., Leach, *Linn. trans.*, XI, 396, *non* Dugès, *Ann. sc. nat.*, 2e série.

D'Angleterre. Vit dans le nid et sur le corps de l'hirondelle de rivage (*Hirundo riparia*).

5. IXODE HEXAGONE. (*Ixodes hexagonus.*)

Écusson hexagone, ferrugineux pâle, ainsi que les pattes et les palpes ; hanches et articles terminaux plus pâles ; abdomen blanc testacé ou plombé pâle. Long. du corps, 5 lignes.

Ix. hexag., Leach., *Linn. trans.*, XI, 397.

D'Angleterre. Vit sur le hérisson (*Erinaceus europeus*).

6. IXODE GRAND-BOUCLIER. (*Ixodes megathyreus.*)

Écusson obovale, grand, brun, largement ponctué, échancré en avant, marqué bilatéralement de deux petites lignes dépassant la moitié de sa longueur, brun, ainsi que les palpes et les pattes ; pieds bruns, pâles à leur extrémité ainsi qu'aux jointures. Long. du corps, 3 lignes au plus.

Ix. meg., Leach, *Linn. trans.*, XI, 398. — Risso, *Europe mérid.*, V, 182.

D'Angleterre. Vit sur les chiens et sur le hérisson (*Erinaceus europeus*). On l'y trouve fréquemment en société avec le précédent, et il n'en est peut-être que le mâle. M. Risso le cite parmi les animaux des environs de Nice.

7. IXODE D'AUTOMNE. (*Ixodes autumnalis.*)

Bouclier ovalaire, sub-hexagone, brun ferrugineux ; palpes

ferrugineux , bordés de brun ferrugineux ; pieds ferrugineux , pâles à leurs articulations ; abdomen plombé , marqué de trois lignes plus obscures ; tarses pâles.

Ix. aut., Leach , *Linn. trans.*, XI , 398.

D'Angleterre. Vit sur les Chiens, principalement sur les *pointers* ; en automne il est plus rare.

8. IXODE DE LA MÉSANGE. (*Ixodes pari.*)

Écusson allongé , sub-hexagone , brun; rostre brun ferrugineux , à palpes bruns; pieds bruns à articulations plus claires, blanchâtres.

Ix. pari, Leach, *Linn. trans.*, XI , 399.

D'Angleterre. Se trouve au printemps sur la Mésange grande charbonnière (*Parus major*).

9. IXODE MARBRÉ. (*Ixodes marmoratus.*)

Corps ovale , déprimé , d'un noir verdâtre , mêlé et marbré de gris sur le dos , avec des points noir violâtre; ventre d'un rouge sanguin ; rostre bordé de gris ; pieds rouges. Long., 0,005.

Ix. marm., Risso , *Europe mérid.*, V, 183.

Des environs de Nice. On le trouve sous les pierres au printemps.

10. IXODE BIPONCTUÉ. (*Ixodes bipunctatus.*)

Diffère de l'espèce précédente par son corselet transparent , verdâtre , marqué de deux points en devant , et sculpté d'un grand nombre de petits points ; le dos , le ventre et les pieds sont d'un rouge vif; le rostre est verdâtre , pointillé de rouge. Longueur, 0,006.

Ix. bipunct., Risso, *Europe mérid.*, V, 183.

Des environs de Nice. On le trouve sous les cailloux , en hiver et au printemps.

11. IXODE PORTE-CHASE. (*Ixodes trabeatus.*)

Tète marquée en dessus de deux petits enfoncements ; écusson ovalaire ; on y voit un sillon demi-circulaire qui dessine les limites d'un petit espace relevé , sous lequel est placée la tète , et d'où partent deux autres petites lignes longitudinales atteignant le milieu de l'écusson ; tète, pièces buccales , écusson et pattes noirs; abdomen brun rougeâtre , bordé latéralement d'une ligne un peu plus claire. Long., 1 ligne.

Ix. trabeatus, Aud., *Ann. sc. nat.*, 1ʳᵉ série , XXV, 20,
pl. 14 , f. 3.

A été trouvé aux environs de Paris, dans les bois, sur des gra-
minées.

12. Ixode du Hérisson. (*Ixodes crinacei.*)

Tête irrégulièrement quadrilatère ; palpes aplatis , élargis à
leur milieu, écartés latéralement ; écusson en losange , tronqué à
son bord antérieur ; abdomen ovalaire allongé. Couleur brune.
Longueur, 1 ligne ½.

Ix. erin., Audouin, *Ann. sc. nat.*, 1ʳᵉ série , XXV, 20,
pl. 14 , f. 4.

Il a été trouvé sur le Hérisson, aux environs de Paris. Quand
son corps est repu , il est renflé, globuleux, ovale, les parties antérieures étant , comme chez les autres espèces , plus
amincies que les postérieures.

13. Ixode de Dugès. (*Ixodes Dugesii.*)

De forme ovale , quand il est repu , un peu aplati , comparable
à une petite fève ; surface lisse, luisante, d'un gris plombé , sans
aucune tache ni marbrure ; il devient rouge brun dans l'alcool.
A jeun, il ressemble à une graine flétrie, plissée longitudinalement , mais sans cannelure sur les bords ; écusson pentagonal ;
hanches un peu élargies , brunes , ainsi que le reste des pattes.

Ix. plumbeus, Dugès , *Ann. sc. nat.*, 2ᵉ série , II , pl. 7,
f. 7-12, *non* Leach , *loco cit.*

Dugès rapporte à cet Ixode la Mite reduve, variété grise, de De
Géer, *Memoires*, VII, 101. Il l'a trouvé sur des Chiens, dans le
midi de la France. Le nom dont il s'est servi ayant déjà été employé par Leach , pour une espèce du même genre , nous avons
dû le changer. Dugès donne de son Ixode plombé une longue
description , mais dans laquelle les caractères du genre sont
examinés plutôt que ceux de l'espèce elle-même.

14. Ixode marginal. (*Ixodes marginalis.*)

Koch , *die Arachniden* , II, 63, pl. 66, f. 153.

15. Ixode des sables. (*Ixodes arenicola.*)

Corps roux ; pieds roux pâle , fasciés de blanc.

Ix. aren., Eichwald , *Zool. specialis* , II, 63 , pl. 2, fig. 18;
1830.

Vit sur le sable, dans les îles et sur les côtes de la mer Caspienne. Il attaque l'espèce humaine et se glisse sous les vêtements jusqu'aux parties les plus secrètes. On le trouve aussi dans la Podolie méridionale.

16. Ixode pallipède. (*Ixodes pallipes.*)

Entièrement d'un jaune pâle, tirant un peu sur le rougeâtre, orné de lignes longitudinales rougeâtres, foncées postérieurement; côtés de la partie postérieure de l'abdomen montrant de petites taches d'un jaune très-pâle; plaque thoracique de couleur rouge, tirant un peu sur le noirâtre, chagrinée; tête et palpes de même couleur; les palpes hérissés latéralement de poils très-courts; abdomen jaune, pâle en dessous, teinté de rougeâtre au milieu; pattes d'un rouge foncé, annelées de jaune pâle. Long. du corps, 0,010.

Ixod.pallip., Lucas, *in* Webb et Berthelot, *Hist. des Canaries*, *Arachn.*, p. 47, pl. 7, fig. 9.

Trouvé aux îles Canaries, par MM. Webb et Berthelot.

17. Ixode ceinturé. (*Ixodes cinctus.*)

Dessus du corps légèrement chagriné, entièrement d'un rouge foncé, avec quelques lignes longitudinales noirâtres; une bordure jaune pâle; tête et palpes rouges, un peu plus clairs que le corps; mâchoires jaune très-clair; dessous du corps jaunâtre sale, avec quelques taches d'un rouge foncé, dont deux très-grandes situées près de la partie postérieure, et différant des autres en ce qu'elles ne sont pas arrondies; pattes peu allongées, robustes, jaune clair, teintées de rougeâtre aux articulations. Longueur du corps, 0,007.

Ixod. cinct., Lucas, *loco cit.*, p. 47, pl. 7, fig. 12.

Trouvé aux îles Canaries, par MM. Webb et Berthelot.

18. Ixode a trois lignes. (*Ixodes trilineatus.*)

Corps plus large en avant, rouge noirâtre, très-finement strié; trois lignes longitudinales en dessus, de couleur cendrée claire; les deux latérales partent de la quatrième paire de pattes et vont jusqu'au bord postérieur; la médiane part du milieu du corps; plaque thorachique d'un noir rougeâtre, plus foncée que le corps, finement chagrinée; pattes allongées, grêles.

Ix. trilineatus, Lucas, *loco cit.*, p. 48, pl. 7, fig. 11.

Trouvé aux îles Canaries, par MM. Webb et Berthelot.

19. Ixode cendré. (*Ixodes cenereolus.*)

Corps très-finement strié dans le sens traversal, de couleur cendrée claire, avec quelques taches jaunâtres; plaque thoracique rouge foncé, avec quelques lignes longitudinales plus claires, très-petite, chagrinée, ayant de chaque côté à sa partie antérieure un petit sillon longitudinal, légèrement sinueux, qui ne se continue pas jusqu'à la partie postérieure; palpes et pattes rouge peu foncé; celles-ci très-courtes. Longueur du corps, 0,014.

Ixod. ciner., Lucas, *loco cit.*, p. 48, pl. 7, fig. 10.

Trouvé aux îles Canaries, par MM. Webb et Berthelot.

20. Ixode des Chameaux. (*Ixodes camelinus.*)

Corps allongé, d'un rouge brun; pieds courts et distants entre eux. La seconde paire des pieds a une articulation très-renflée.

Ix. cam., G. Fischer, *Notice sur l'Argas de Perse*, p. 13, pl. unique, fig. 1 et 2.

C'est une espèce, dit l'auteur cité, qui paraît bien distincte, et par la grandeur, car elle est tout aussi grande que l'Ixode du Rhinocéros, et par l'emplacement et la forme des pieds. On la trouve sur les Chameaux dans les steppes.

21. Ixode égyptien. (*Ixodes ægyptius.*)

D'un noir brunâtre; les côtés de l'abdomen, qui est crénelé postérieurement, garnis de points imprimés; le bord du corps et les articulations des pieds blancs; les palpes grossis au sommet.

Acarus ægypt., Linn., *Syst. nat.*, édit. 12, sp. 2. — *Cynorhæstes ægypt.*, Herm., *Mém. aptérol.*, p. 66, pl. 4, 9 et L; Pl. 6, fig. 13.

Vit en Égypte et en Barbarie. On le trouve souvent sur les Tortues terrestres. C'est à la peau tendre du cou et des aines qu'il adhère de préférence.

22. Ixode de Savigny. (*Ixodes Savignyi.*)
(Pl. 32, f. 1.)

L'Ixode égyptien, tel du moins que le définit Hermann, et celui que nous avons rapporté à la description de ce naturaliste, diffèrent sans aucun doute de l'Ixode égyptien, *Ixodes ægyptius* de M. Audouin, établi sur les figures publiées par M. Savigny dans l'ouvrage d'Égypte (pl. 9 , fig. 10), et reproduit dans notre Atla sous ce nom. Celui-ci prendra pour nous le nom d'*Ixodes Savignyi*.

23. Ixode de Fabricius. (*Ixodes Fabricii*.)
(Pl. 33 , fig. 2.)

M. Savigny a publié la figure d'un autre Ixode (pl. 9, fig. 13) auquel M. Audouin donne la dénomination ci-dessus. Nous avons reproduit cette figure dans notre Atlas.

24. Ixode de Linné. (*Ixodes Linnei*.)
(Pl. 33, fig. 1.)

Cette espèce est dans le même cas que la précédente. M. Savigny en a publié la figure dans son magnifique Atlas (Pl. 9 , fig. 12), et c'est la copie de son analyse que nous avons reproduite. Le nom d'*Ixodes Linnei* est de M. Audouin, *ibid.*, Explication.

25. Ixode de Leach. (*Ixodes Leachii*.)
(Pl. 33 , fig. 3.)

Même remarque que pour les précédents.

Ixode. . . . ., Savigny, *loco cit.*, pl. 9 , fig. 9 (copiée dans notre Atlas). — *Ixodes Leachii*, Aud. , *ibid.*, Explication.

26. Ixode élégant. (*Ixodes elegans.*)

Noir luisant, avec le bord externe jaune ; une tache rouge oblongue, bordée de jaune sur le dos, et, en arrière de celle-ci, une autre tache de la même couleur, transverse et quadrilobée. Pattes d'un brun rougeâtre, annelées de jaune. Long. , 0,005.

Ixod. eleg. , Guérin, *Iconogr. du règne anim.*, Arachn. , pl. 6 , f. 1 ; *id.*, Explic., p. 15.

On le reçoit assez souvent du Sénégal. M. Guérin le donne aussi comme d'Égypte.

27. Ixode des bois. (*Ixodes sylvaticus.*)

Tête et thorax d'un jaune pâle un peu blanchâtre, celui-ci marqué en dessous de deux raies ondées , longitudinales , noires ; une raie semblable de chaque côté ; entre ces dernières et les premières on voit de chaque côté une petite tache noire , et le fond jaune de cette partie est parsemé de points noirs ; abdomen entièrement de couleur rousse, tant en dessus qu'en dessous ; pattes d'un brun obscur. Volume d'un petit pois.

Acarus sylvaticus, De Géer, *Mémoires*, VII, 162, pl. 38, f.7.

Trouvé au cap de Bonne-Espérance , par Sparmann , qui l'a pris sur une Tortue terrestre; il vit sur les arbres et les buissons et il se fixe, quand il en trouve l'occasion , sur le corps des hommes et des animaux.

28. IXODE DU RHINOCÉROS. (*Ixodes rhinocerotis.*)

Corps brun-marron orné en déssus de taches plus ou moins grandes , nuancées d'un jaune fauve avec un grand nombre de points bruns; les plus grandes de ces taches se voient au milieu du dos, et le bord postérieur du dos est màrqué de dix taches de cette même couleur disposées en demi-cercle; pattes brunes. Volume d'un pois ordinaire.

Acarus rhinocerotis, De Géer, *Mémoires*, VII, 160, pl. 28, f. 5-6.

Il a été pris au cap de Bonne-Espérance, sur des Rhinocéros , par Sparmann; ce célèbre voyageur en a trouvé sur trois individus ; ils se tenaient ordinairement aux environs des parties génitales de ces animaux , la peau étant plus molle à cet endroit que partout ailleurs. Quand ils sont repus et gonflés leur corps devient quatre fois plus gros qu'auparavant et en même temps il s'allonge un peu.

29. IXODE DE WALCKENAER. (*Ixodes Walckenaerii.*)
(Pl. 34, fig. 1.)

Corps roux-grenat , un peu plus pâle en dessous, passant au roux-cannelle ainsi que les pattes, qui sont allongées et fauves à leurs articulations; abdomen ridé en dessous ; point de taches sur le dos; denticules des machoires médiocres ; palpes un peu velus montrant un pore terminal à leur dernier article ; ouverture génitale au niveau de la deuxième paire de pattes ; hanches de la première paire bispinulées à leur bord postérieur ; celles des autres simplement échancrées ; stigmates dans une impression en fossette subréniforme à l'aisselle de chaque patte postérieure (1). Longueur du corps, 0,005 ; de la patte postérieure, 0,006 $\frac{1}{2}$.

____

(1) Lyonet, *Mém. Mus. Paris* , XVIII , 285, figure sur une Tique européenne les mêmes parties (pl. 14, fig. 3).

Ixod. Walck., Gerv., *Ann. soc. entom.*, XI, p. xlvii.

Cette espèce, dont les hanches antérieures ressemblent à celles de l'*Ixode de Savigny*, a été prise sur un Rhinocéros dont nous ignorons le nom spécifique ; nous l'avons dédiée à M. de Walckenaer, de qui nous tenons l'unique exemplaire que nous en ayons observé.

30. Ixode Nigua. (*Ixodes americanus.*)

De Géer réunit sous ce nom des Ixodes de Surinam et de Pensylvanie ; ceux dont ont parlé Kalm (*Act. Acad. sc. Sueciæ*, 1754) et Ulloa (*Voyage en Amérique*) lui paraissent aussi de la même espèce ; mais il est probable que plusieurs Ixodes, spécifiquement distincts, sont ici confondus sous une même dénomination. La *Pique* ou *Nigua*, *Acarus americanus* de De Géer et de Linné, est rapportée au genre *Rhynchoprion* (*Argas*, Latr.) par Hermann, qui l'appelle *Rh. americanus* ; mais c'est plutôt un Ixode, si l'on examine les figures de De Géer, pl. 37, f. 9-13.

Cette espèce et celles qu'on a confondues avec elle sont célèbres par l'habitude qu'elles ont d'attaquer souvent l'homme et les animaux, ce qui se voit également pour les Ixodes de nos pays. Nous empruntons ce qui suit à De Géer : « Selon le rapport de M. Kalm, ce qui m'a été aussi confirmé par M. Acrélius, ces Mites américaines se trouvent pendant tout l'été dans les bois où elles se tiennent sur les buissons et les plantes qui y croissent, mais plus particulièrement sur les feuilles sèches tombées l'année précédente et dont le terrain est jonché ; elles y sont en si grande abondance que dès qu'on s'avise de s'asseoir par terre ou sur quelque tronc d'arbre abattu, on en a bientôt les habits et même le corps tout couverts ; car elles grimpent d'abord, quoique d'un pas lent, sur les habits, cherchant quelque endroit nu du corps pour s'y fixer dans l'instant en introduisant leur trompe dans la peau. Ceux qui marchent pieds nus dans les bois en ont bientôt les pieds et les jambes pleines. Elles ne s'attachent pas seulement aux hommes, mais encore aux animaux, comme les chevaux et les bêtes à cornes, qu'elles font périr souvent en se fixant en trop grand nombre sur leur corps dont elles sucent le sang ; mais elles ne se tiennent jamais dans les prairies, dans les champs cultivés, ni dans les autres plaines, vivant toujours dans les lieux où croissent des arbres. Elles percent la peau si subtilement que les personnes attaquées ne sentent pas d'abord leur piqûre et ne s'en aperçoivent que quand elles se sont introduites si avant dans les chairs que la moitié de leur corps s'y trouve engagée; c'est alórs qu'on sent d'abord une forte démangeaison et puis une douleur assez vive à l'endroit piqué où s'élève une enflure assez dure de la grosseur d'un pois et même plus grande. C'est alors qu'il est très-difficile de s'en défaire; car en voulant retirer la Mite elle se rompt plutôt que de lâcher prise, de façon que pour lors la tête et la trompe restent dans la plaie, ce qui produit bientôt une inflammation et ensuite une suppuration qui rend très-souvent la plaie profonde et très-dangereuse, y causant en même temps une démangeaison insupportable. C'est donc en scarifiant la chair tout autour qu'il faut tâcher d'ôter la Mite tout entière de l'endroit où elle s'est logée, ou bien se servir d'une petite pincette pour la tirer dehors, comme M. Kalm dit l'avoir fait avec succès; mais elle se tient si fortement cramponnée, que dans cette opération on enlève souvent en même temps une portion de la peau. Cet auteur raconte avoir vu des chevaux qui avaient le dessous du ventre et les autres endroits du corps si couverts de ces mites, qu'à peine pouvait-on introduire entre elles la pointe d'un couteau; elles s'étaient profondément enfoncées dans la chair de l'animal qui, enfin, continuellement sucé par cette maudite engeance, y succomba et se trouva si affaibli qu'il mourut dans de grandes douleurs. »

Divers auteurs ont parlé depuis lors de ces Ixodes américains; mais les espèces restent encore à distinguer convenablement.

G. R. Tréviranus a donné la description anatomique d'un Ixode du Brésil qu'il considère comme le *Nigua* (*Acarus americanus*) (1).

M. J. Muller a publié aussi des détails sur une espèce qu'il nomme *I. ophiophilus*.

31. IXODE DE BIBRON. (*Ixodes Bibronii*.)

Thorax assez grand, peu séparé de l'abdomen; dessus du corps agréablement varié de roux sanguin en marbrures et en petits

---

(1) *Zeitschrift fur Physiologie*, IV, p. 185, pl. 15-16; 1832.
(2) *Nova act. nat. curios.*, XIII, part. 2, p 236, pl. 67.

points sur un fond blond châtain ; un assez grand nombre de petits pores sur le dos ; douze petites impressions linéaires, courtes au rebord abdominal postérieur ; les marbrures sont ainsi disposées : une ligne ondée sur chaque branche de l'impression lyriforme du thorax ; une, en fer à cheval, au bord abdominal de celui-ci ; trois autres perpendiculaires au rebord postérieur de l'abdomen, les deux latérales plus petites ; tête et appendices (pattes et palpes) variés de reflets verdâtres ; dessous de l'abdomen châtain fauve ; deux épines au bord postérieur des hanches de la première paire de pattes ; celles des hanches de la seconde paire un peu moindres ; celles de la troisième presque nulles, et celles de la quatrième saillantes, l'externe étant la plus forte et conique. Corps à peu près circulaire, long de 0,004 ; pattes médiocres.

Ixod. Bibr., P. Gerv., *Ann. soc. Entom.*, XI, p. XLVIII,

Trouvé vivant, en 1843, sur des Serpents boas nouvellement reçus à la ménagerie du Muséum et originaires de l'Amérique méridionale. Les jeunes sont plus clairs. Desséchés, ces Insectes prennent une teinte générale plus jaune.

32. IXODE COXAL. (*Ixodes coxalis.*)

Corps en disque ovalaire, roux-cannelle, ainsi que les pattes et les palpes, marbré en dessus de jaune lâchement réticulé ; quatorze impressions linéaires au rebord abdominal postérieur ; pattes assez courtes, fortes, à hanches aplaties, croissant de la première à la dernière qui est discoïde ; des pores nombreux sur le dessus du corps. Longueur, 0,005.

Ixod. cox., Gerv., *Ann. soc. Entom.*, XI, p. XLVII.

De la Nouvelle-Hollande. Trouvé sur un Scinque australasien provenant des collections de Péron et Lesueur.

33. IXODE GRÊLÉ. (*Ixodes variolatus.*)

Sub-arrondi, sauf en arrière où il est écourté ; dessus du corps marqué de petites impressions ponctiformes inégales, comme grêlé ; hanche renforcée d'une espèce de tubercule dentiforme à son bord postérieur. Couleur d'écaille plus ou moins variée ; les impressions ponctiformes et quelques marbrures de couleur d'or ; pattes fauves ; dessous du corps châtain. Longueur du corps, 0,012 ; largeur, 0,003.

Nous en avons trouvé un certain nombre sur l'épiderme d'un grand Saurien du Brésil, de la collection du Muséum.

M. H. Denny vient tout nouvellement de décrire plusieurs espèces du même genre :

34. Ix. BIMACULATUS, Denny, *Ann. and mag. of nat. hist.*, T. XII, p. 312, pl. 17, fig. 1 ; 1843. (Trouvé sur l'Hippopotame de l'Afrique australe par M. Melly.)

35. Ix. HIPPOPOTAMENSIS, Denny, *ib.*, p. 313, pl. 17, fig. 2. (Également parasite de l'Hippopotame et dû à M. Melly.)

36. Ix. RHINOCERINUS, Denny, *ibid.*, p. 313, pl. 17, fig. 3. (Parasite du *Rhinoceros bicornis* de la Sud-Afrique par M. Melly.)

37. Ix. HYDROSAURI, Denny, *ibid.*, p. 314, pl. 17, fig. 4. (De l'*Hydrosaurus Gouldii?* de la Nouvelle-Hollande, par M. Gould.)

Il faut encore citer parmi les Ixodes, mais comme espèces presque toutes à revoir :

38. *Pediculus tigridis*, Redi, pl. 24.—Seba, *Thes.*, II, pl. 84, f. 3.

39. *Acarus elephantinus*, Fabr., *Spec. Ins.*, II, 484 ; Linn. Gmel., 2924 (Inde).

40. *Ac. indus*, Fabr., *Spec. ins.*, II, 486 (Amérique australe et Inde, suivant Fabricius).

41. *Ac. sanguisugus*, Linn. Gmel., p. 2926 ; *Jatebuca* de Margrave (Amérique).

42. *Ac. marginatus*, Sulzer, *Ins.*, éd. 2, pl. 29, f. 7. Hermann le rapporte à l'*Ix. pictus*, décrit plus haut sous le n° 3.

43. *Ac. grossus*, Pallas, *Spicil. zool.*, fasc. IX, p. 43, pl. 3, fig. 2 (Amérique méridionale).

44. *Ac. aureolatus*, id., *Spicil. zool.*, fasc., IX, p. 41 ; Linn. Gmel., p. 2925 (Amérique).

45. *Ac. undatus*, Fabr., *Spec. ins.*, II, p. 485 ; Linn. Gmel., p. 2925 (Nouvelle-Hollande).

46. *Ac. iguanæ*, id., *ibid.*, p. 486 ; Linn. Gmel., p. 2925 (Amérique).

47. *Ac. cayennensis*, id., *Mantissa Ins.*, II, 372 (de Cayenne).

48. *Ac. lineatus*, id., *Spec. Ins.*, II, 486 (Amérique).

49. *Ac. hispanus*, id., *Mantissa Ins*, II, p. 371 (de Barbarie).

50. *Ac. hirudo*, id., *Spec. Ins.*, II, 485 (de Norwége ; sur l'homme et les animaux).

Ajoutez aussi les Ixodes trouvés par :

Lyonet, *Mém. Mus.*, XVIII, p. 285, pl. 14 (sur la Fouine).
Robineau-Desvoidy, *Acad. sc. Paris* (sur le Blaireau).

C'est à la suite des Ixodes que nous placerons provisoirement le genre mal connu que M. Desvoidy
nomme *Cryptostome*.

CRYPTOSTOMA, Robineau Desvoidy, *Ann. des sc. d'observ.*, III, 122; 1830.

Ainsi caractérisé par l'auteur cité :

Corps aplati, circulaire, coriace ; yeux situés dans
le bord antérieur du corps ; bouche inférieure munie
de deux palpes adossés et courbés en crochet vers le
sommet, et munie de très-petites lames qu'on ne peut
distinguer nettement ; huit pattes, dont les deux antérieures plus allongées font l'office de palpes, et où
le premier article des tarses est plus gros : ces deux
pattes et les suivantes dirigées en avant et les deux
postérieures en arrière.

51. Cryptostome tarsal. (*Cryptostoma tarsale.*)

Très-petit ; roux pâle en dessus, roussâtre en dessous ; pellucide sur les côtés ; palpes et pieds pellucides ; premier article
des pieds antérieurs renflé.

Cryp. tars., Rob. Desvoidy, *loco cit.*
Trouvé parasite sur un Mulot (*Mus campestris.*)

Genre ORIBATE. (*Oribata.*)

Les Acarides de ce genre sont surtout caractérisés
par la dureté de leur enveloppe extérieure, que sa consistance a fait comparer à une cuirasse ; aussi Hermann les appelait-il *Notaspis* (1), et il comparait,
ainsi que l'avaient fait avant lui Geoffroy et Linné,
mais également à tort, cette espèce d'écaille ou d'é-

---

(1) De ναωτος, dos, ασπις, bouclier.

cusson aux étuis réunis de plusieurs Insectes Coléoptères. La dénomination d'*Oribata* , publiée antérieurement (1) à celle qu'avait adoptée Hermann , a dû être
préférée. Les Oribates , à cause de leur nature coriace , résistent mieux aux circonstances extérieures
que les autres Acariens , et on les rencontre souvent
dans les lieux arides.

On n'en connaissait avant Hermann que deux ou
trois espèces , mais dans le mémoire de ce savant aptérologiste , douze sont déjà signalées avec soin, et ce
nombre a été à peu près doublé depuis lors ; aussi ver-
rons-nous que plusieurs coupes génériques ont été
indiquées dans les Oribates.

Les parties de la bouche de ces animaux sont assez
difficiles à reconnaître , et tous les auteurs n'ont pas
également bien observé leurs palpes. L'appareil buc-
cal , d'après la remarque de Dugès , se compose néanmoins des mêmes parties que chez les autres Acarides ,
savoir : 1º une lèvre large , triangulaire , obtuse , un
peu festonnée à son angle antérieur, qui avoisine le
bord du museau ; 2º deux palpes attachés sur les
côtés de sa base , fusiformes, à cinq articles, dont le
premier très-petit , le deuxième gros , renflé , faisant
en longueur presque la moitié de tout le palpe ; les autres s'atténuant progressivement, mais le dernier un
peu olivaire et plus allongé que les précédents ; ils
sont tous velus, en dehors seulement ; 3º deux mandibules (maxilles) en pinces didactyles , à mors dentelés , crochues, cachées par la lèvre.

La forme du corps est très-variable ; son bouclier
dorso-abdominal est quelquefois unique, d'autres fois

---

(1) Latreille, *Hist. nat. des Crust. et des Insectes* , VII , 400.

coupé transversalement, de manière à simuler un thorax. Souvent il est séparé de la plaque ventrale par un rebord ; celle-ci présente les ouvertures génitale et anale. On n'a pas encore bien indiqué la position des stigmates. La carapace est souvent ailée bilatéralement, et plus ou moins aiguillonnée de petites épines ou de poils très-forts , ce qui peut donner à la physionomie des Oribates quelque chose de singulier. Les yeux manquent le plus souvent , ou bien il est très-difficile de les apercevoir, et les pattes, plus ou moins longues, ont un, deux ou trois ongles. Hermann a employé ce dernier caractère pour partager ses Notaspis en trois sections, suivant qu'elles ont, en effet, un , deux ou trois de ces organes.

M. Heyden a signalé comme type de ses genres plusieurs des espèces de ce naturaliste , et M. Koch a dénommé aussi plusieurs coupes spéciales ; ni lui, ni d'autres n'ont employé dans deux sens différents, ainsi que le voudrait Dugès , les mots *Oribata* et *Notaspis* , bien qu'ils fassent double emploi.

Feu M. Langle, attaché pendant quelque temps au laboratoire d'entomologie du Muséum , sous le professorat de M. Audouin , avait commencé une monographie des Oribates des environs de Paris ; mais ce travail n'a point encore été publié. Admettant avec Dugès que ces Insectes constituent une famille , ce jeune auteur les partageait en trois genres, mais que nous ne pouvons indiquer, aucun d'eux n'ayant été publié. Quelques-uns des Acarides qu'il avait recueillis sont actuellement en notre possessions.

M. Dujardin (1) a fait connaître deux espèces aquatiques d'Oribates : l'une d'elles est fluviatile , elle a été trouvée à Fontainebleau sur l'*Hypnum inundatum* ; c'est l'Oribates demersa de M. Dujardin (2). Ce naturaliste lui accorde un œil médian sur la nuque , caractère qui tendrait à l'éloigner des Oribates connus.

---

(1) *Journ. l'Institut*, 1842 , p. 316.

(2) Schranck avait déjà décrit un Acarus vivant dans l'eau douce : A. Confervæ , Schranck, *Ins. Austr.*, p. 511 ; Linn. Gmel., p. 2932, (se tient sous l'eau, rampe sur les filaments des conferves, et meurt à l'air).

L'autre espèce de **M.** Dujardin est marine ; il l'a trouvée à Lorient. C'est son *O. marina*.

On pourrait établir ainsi qu'il suit la subdivision des Oribates :

Nothrus, Koch.

Belba, Heyden. . . . *Amœus*, Koch.

Galumna, Heyd. . . { *Liodes*, Heyd. / *Pelops*, Koch. / *Oribates*, Koch. / *Zetes*, Koch.

Hoplophora, Koch.

Sillibano, Heyd.

Nous y joindrons le genre *Cœculus*.

I. NOTHRUS , Koch, *Deutschl. Crust. , Myriap. und Ins.*

Corps allongé, irrégulièrement quadrilatère, garni de filaments épineux, plus ou moins considérables ; pattes médiocres, épaisses.

1. Oribate horrible. (*Oribata horrida.*)

Oblong, rude, abdomen garni par derrière de deux dents et de quatre crochets ; couleur de cendre rembrunie, mat et sans aucun brillant ; doigts bionguiculés.

Notasp. horridus, Hermann père, *in* Herm., *Mém. aptérol.*, p. 90, pl. 6, f. 3.

Trouvé dans les mousses aux environs de Strasbourg. Il peut allonger et raccourcir les deux dents obtuses et écartées qui terminent son corps ; les deux crochets qui suivent ces dents sont également mobiles, et peuvent être ou écartés ou appliqués contre les corps, tandis que deux autres, plus courts et placés plus en avant, restent toujours à la même place.

2. Nothrus echinatus , Koch , *loc. cit.*, fasc. 2, pl. 17. D'Allemagne.

3. Nothrus spiniger , Koch , *loc. cit.*, fasc. 2, pl. 18. D'Allemagne.

4. Oribate paresseux. (*Oribata segnis.*)

Déprimé ; abdomen en parallélogramme, émoussé par derrière, et à deux cornes ; corselet trigone , garni de balanciers.

Notaspis? segnis, Herm., *Mém. aptérol.*, p. 94, pl. 4. f. 8.

D'Alsace. Il vit entre les mousses. Sa démarche est très-lente. On le trouve dans plusieurs autres parties de la France, dans la mousse et sur des terrains assez arides.

5. ORIBATE CHATAIN. (*Oribata castanea.*)

Abdomen presque globuleux, simple ; tête courte, conique ; fémurs en massue ; couleur châtain luisant, quelquefois un peu noirâtre.

Not. castaneus, Hermann père , *Mém. aptérol.*, p. 89, pl. 7, f. 4. — Dugès , *Ann. sc. nat.*, 2ᵉ série , II, 48.

De plusieurs parties de la France.

Dugès a trouvé à la surface de quelques grosses pierres , dans des creux capables de contenir un pois , les nids de l'O. châtain ; ils étaient plus ou moins exactement fermés par une croûte mince de matière papyracée d'un gris sale. Là étaient aussi rassemblés une quarantaine d'individus adultes, dont les plus grands n'avaient toutefois qu'une demi-ligne de longueur ; il s'y trouvait aussi beaucoup de peaux blanchâtres et de petits dont la plupart, n'ayant qu'un quart de dimension de l'adulte , en avaient pourtant toutes les formes; ils étaient seulement un peu aplatis ; leurs yeux étaient d'un gris bleuâtre. D'autres, plus petits encore et un peu plus aplatis, n'avaient que six pattes , et ces pattes étaient moins également renflées que celles de l'adulte , mais, du reste , onguiculées de la même manière. Les deux paires antérieures s'attachaient également sous le corselet, qui portait deux gros yeux.

Une espèce de Dermanysse est parasite de ces Oribates.

M. Robineau Desvoidy a communiqué à la Société entomologique de France la description très-incomplète d'un Insecte trouvé par lui dans le département de l'Yonne , et dont il fait un nouveau genre de Coléoptères , sous le nom de XENILLUS CLYPEATOR , *Ann. Soc. entom. de France*, VIII , 455 ; 1839. D'après M. Audouin , *ibid.*, p. 472, Dugès réunissait cet Insecte à l'*Oribata castanea;* c'est également avec les Acarides que M. Demary, chargé par la Société de lui faire un rapport sur le *Xenillus*, place cet Insecte ; mais le travail de cet entomologiste (*ibid.*, p. 463), quoique fort étendu , ne décide pas du tout la question. Le spécimen type de ce genre était d'ailleurs en assez mauvais état de conservation.

II. BELBA, Heyden, *Isis*, *loco cit.* — Damæus, Koch, *loco cit.*

Abdomen séparé du thorax , arrondi , comme bulleux ; pattes longues , géniculées.

M. Heyden prenait pour type de son genre *Belba* le *Notaspis corynopus*, Herm., qui est un *Damœus* pour M. Koch ; nous avons donc dû étendre la première de ces dénominations à toutes les espèces qui présentent à peu près les mêmes caractères.

6. ORIBATE PIEDS EN MASSUE. (*Oribata corynopus.*)

Pieds de la longueur du corps ; les articles en massue , lisses ; le dernier en forme de pince ; corps presque sphérique , à demi pointu postérieurement, noir luisant ; corselet distinct.

Not. coryn., Hermann , *Mém. aptérol.*, p. 89, pl. 4, f. 2. — Dugès , *Ann. sc. nat.*, 2º série, II, 48.

D'Alsace. Il vit entre les mousses. Celui qu'a observé Dugès est de la France méridionale.

7. ORIBATE GROS-GENOUX. (*Oribata geniculata.*)

Corps sphérique , noir luisant ; une série circulaire de soies noires sur le dos ; corselet distinct ; pieds plus longs que le corps, à articles en massue, garnis de soies ; abdomen sinué des deux côtés à la partie antérieure ; une apophyse latérale du corselet à deux cornes.

Acarus geniculatus, Linn., *Fauna suec.*, éd. 2 , nº 1977. — Tique noire et lisse des pierres, Geoff., *Ins.*, II , 626. — *Acar. corticalis*, De Géer, *Mém.*, VII, 131, pl. 8, f. 1-5. — *Not. clav.*, Herm., *Mém. aptérol.*, p. 88, pl. 4, f. 7. — P. Gerv., *Dict. sc. nat.*, *suppl.*, *Atlas.*

M. Simon , dans son Mémoire sur l'*Acarus folliculorum* , cite un travail de M. Harting sur les métamorphoses de l'*Oribata geniculata (Fortsl. und forstnaturwissenschaft. Converversations lexicon* de G. L. et Th. Harting , Berlin ; 1834, p. 737).

8. ORIBATE TATOU. (*Oribata dasypus.*)

Gros comme un grain de moutarde ; d'un brun châtain trèslisse, arrondi , mais un peu comprimé et plus large en arrière qu'en avant. Pattes courtes relativement au volume du corps, conoïdes, terminées par un seul crochet fort grand et très-courbé ; le sixième article est assez large, les autres sont fort courts, non claviformes, les derniers étant garnis de longues soies qui font de chaque patte une sorte de pinceau.

Oribates dasypus, Dugès, *Ann. sc. nat.,* 2e série, I, p. 47.

Cette espèce, que l'auteur a décrite sans la figurer et sans indiquer de quelle autre elle doit être rapprochée dans la série, n'est placée ici que provisoirement. Les palpes ressemblent, à ce qu'il paraît, à ceux de l'*O. castanea*, mais leur deuxième article est plus court et plus mince ; ils sont hérissés de quelques soies. L'Oribate tatou vient des Ardennes.

9. ORIBATE A OREILLE. (*Oribata aurita.*)

DAMÆUS AURITUS, Koch, *loco cit.,* fasc. 2, pl. 11.

III. GALUMNA, Heyden, *Isis*, *loco cit.* — *Nec non* LIODES, *id.*, *ibid.* — PELOPS, Koch, *loc. cit.,* *nec non* ORIBATES et ZETES, *id.*, *ibid.*

Abdomen subglobuleux, déprimé ; les bords de la partie pseudo-thoracique en angle saillant ou aliforme ; pattes de médiocre longueur.

La deuxième section des Oribates de Latreille (*Genera*, I, 149) répond à ce groupe, et nous étendons à toutes les espèces qui s'y rapportent le nom de *Galumna*, que M. Heyden imposait à un genre dont le *Notaspis alatus*, Herm., est le type. Nous y joindrons le *Notaspis theleproctus* ou le genre *Liodes*, Heyden, et les espèces désignées par M. Koch sous les dénominations génériques d'*Oribates*, *Pelops* et *Zetes*.

10. ORIBATE THÉLÉPROCTE. (*Oribata theleprocta.*)

Corps orbiculaire, nu, de couleur cendré noir ; un corselet distinct ; abdomen déprimé, allongé en une papille par derrière ; des rides semi-circulaires en dessus.

Not. theleproctus, Herm., *Mém. aptérol.,* 91, pl. 7, f. 5.

D'Alsace. Il vit entre les mousses. C'est, ainsi que nous l'avons déjà dit, le type du genre *Liodes*, Heyden ; il est fort voisin de *Belba*.

11. Oribate acrome. (*Oribata acromios.*)

Corps brillant; une série circulaire de poils blancs linéaires droits sur le dos et au bord postérieur; abdomen noirâtre, tuberculé; deux poils blancs spatulés au milieu du bord antérieur; ailes latérales trigones, tronquées à la partie antérieure.

Notasp. acr., Herm., *Mém. aptérol.*, p. 91, pl. 4, f. 1.

D'Alsace. Se trouve entre les mousses.

12. Oribate huméral. (*Oribata humeralis.*)

Abdomen presque globuleux, d'un châtain noirâtre, très-lisse, luisant; les ailes latérales trigones, tronquées antérieurement.

Not. hum., Herm., *Mém. aptérol.*, p. 92, pl. 4, f. 5. — *Mite à rebord?* De Géer, *Mém.*, VII, 133, pl. 8, fig. 6.

D'Alsace. Il vit entre les mousses.

13. Oribate ailé. (*Oribata alata.*)

Abdomen presque globuleux, châtain-noirâtre, très-lisse, luisant; ailes latérales oblongues, détachées antérieurement et postérieurement.

Not. alatus, Herm., *Mém. aptérol.*, p. 92, pl. 4, f. 6.

D'Alsace. Il se trouve entre les mousses.

Cette espèce, suivant l'observation d'Hermann, paraît être la même que l'*Acarus aquaticus marginatus* de De Géer, ou du moins très-voisine de ce dernier. Muller, dans la description de son *Trombidium aquaticum*, fait remarquer avec raison que cette Mite, trouvée par De Géer à la surface des marais, et ne plongeant jamais dans l'eau comme les Hydrachnes, doit être plutôt rangée parmi les espèces terrestres. Latreille (*Genera*, I, 148) lui rapporte aussi l'*Acarus coleoptratus*, Linn., *Fauna suec.*, éd. 2, n° 1973. L'*O. alata* est celui que M. Heyden cite comme type de son genre *Galumna*.

14. Oribate tégéocrane. (*Oribata tegeocrana.*)

Corps ovale-oblong, d'un roux foncé, tuberculé, non luisant; le bouclier de la tête détaché, triangulaire, avec une petite écaille latérale transparente, échancré au sommet et garni de deux soies; quatre soies blanches au bord antérieur de l'abdomen.

Not. tegeocranus, Herm., *Mém., aptérol.,* p. 93, pl. 4,
f. 3-4.

D'Alsace. Il vit entre les mousses.

15. PELOPS OCCULTATUS , Koch , *loco cit.,* fasc. 2 , pl. 15.
16. PELOPS CALCARATUS , *loco cit.,* fasc. 2, pl. 13.
17. PELOPS TARDUS , Koch , *loco cit.* , fasc. 2, pl. 16.
18. ZETES DORSALIS , Koch, *loco cit.,* fasc. 2 pl. 14.

IV. HOPLOPHORA, Koch, *Deutschland Crust., Myriap. und Arachnid.*

Corps et habitus extérieur des précédents ; point
d'appendices aliformes au pseudo-thorax.

19. HOPLOPHORA DECUMANA , Koch , *loco cit.,* fasc. 2, pl. 9.
20. HOPLOPHORA STRICULATA , Koch, *loco cit.,* fasc. 2 , pl. 10..

21. ORIBATA LUISANT. (*Oribata nitens.*)
(Pl. 35, fig. 7.)

Nous avons laissé à cette espèce le nom que lui avait imposé
M. Langle dans son travail inédit sur les Oribates. Elle est des environs de Paris.

22. ORIBATA DEUX-POILS. (*Oribata bipillis.*)

Corps globuleux , châtain , brillant ; tête acuminée , à quatre
poils tendus en avant, deux extérieurs gros, et deux inté-
rieurs plus minces; deux autres poils écartés sur l'extrémité du
corps , et un autre fort sur les côtés des cuisses de la troisième
paire.

Notaspis bip., Herm. père, *Mém. aptérol.,* p. 95.

D'Alsace. Trouvé sur une substance attachée contre l'écorce
d'un arbre, et qui a paru à l'auteur être la fiente desséchée de
quelque limaçon. Cette espèce est de celles dont il est le moins
facile de décider les affinités , aussi la plaçons-nous ici , sans affirmer qu'elle doive y rester.

V. SILLIBANO , Heyden , *Isis, loco cit.*

Bouclier unique déprimé, recouvrant tout le corps ;
palpes courts; pieds antérieurs plus longs que les autres, antenniformes.

23. Oribate cassidé. (*Oribata cassidea.*)

Corps parfaitement orbiculaire, presque en forme de lentille ; à bouclier discoïde, élevé au milieu, déprimé et plane au bord, couvrant l'abdomen comme dans les Cassides, et transparent comme du verre ; corps châtain ; pattes de la première allongées.

Notaspis cassideus, Herm., *Mém. aptérol.*, p. 93, pl. 6, fig. 2.
Espèce d'Alsace.

VI. COECULUS, L. Duf., *Ann. sc. nat.*, 1re série, XXV, 289.

C'est à la fin des Oribates que nous placerons provisoirement ce genre, sans affirmer cependant qu'il leur appartienne.

24. Coeculus échinipède. (*Cœculus echinipes.*)
(Pl. 38, fig. 5.)

L. Duf., *loco cit.*, pl. 9, fig. 1-3 (cop. dans notre Atlas). — Lucas, *Hist. nat. Crust., Arachn. et Myr.*, p. 465.
Du royaume de Valence, en Espagne.

Genre TYROGLYPHE. (*Tyroglyphus.*)

Nous laissons provisoirement sous ce nom les *Sarcoptes* et les *Tyroglyphes* de Latreille, quoiqu'on puisse, dès à présent, en faire deux genres distincts. La disposition de la bouche en rostre est leur caractère commun. Ils comprennent les genres ou sousgenres suivants :

1. Tyroglyphus, Latr.
   - *Acarus*, Latr.
   - *Glyciphagus*, Hering.
   - *Myobia*, Heyden.
   - *Hypopus*, Dugès.
2. Trichodactylus, L. Dufour.
3. Psoroptes, P. Gerv.
4. Sarcoptes, Latr.

---

(1) Acarus, *partim*, De Géer, Linn., etc. — Tytroglyphus, Latr., *Précis car. Ins.* (syn. d'Acarus, *id.*, *Genera Crust.*, I, p. 150), *nec non* Sarcoptes, *id.*, *Genera*, p. 151. — Acarei, Dug., *Ann. sc. nat.*, 2e série, I, p. 20, et II, p. 40.

I. TYROGLYPHUS , Latr., *Précis des car. gén. des Ins.*, p. 187. — Walck., *Faune paris.*, II, 422. — *Acarus*, id., *Genera Crust. et Ins.*, I , 150 ; Dugès , *Ann. sc. nat.*, 2ᵉ série , I , p. 40.

Corps étranglé entre la deuxième et la troisième paire de pattes par une rainure transversale qui semble le partager en thorax et en abdomen ; pattes sub-égales entières , vésiculaires.

M. Dujardin (*Journ. l'Institut*, 1842 , p. 316) cite une espèce d'Acarien non nageur, vivant dans l'eau de la mer, qui se rapprocherait des *Acarus* proprement dits de Latreille (1).

1. TYROGLYPHE DOMESTIQUE. (*Tyroglyphus siro.*)
(Pl. 35 , fig. 4.)

Ciron du fromage, Geoffroy, *Hist. des Ins.*, II, p. 622. — *Ac. siro*, Linn. Gmel., p. 2928. — *Ac. domesticus*, De Géer, *Mém.*, VII, 37, pl. 5, f. 1-8. — *Acarus scabiei*, Galès , *Thèse inaug.* Faculté de médecine de Paris , 1812 , av. fig. (Copiée *Dict. sc. nat.*, *Atlas*, et *Dict. sc. méd.*, XVII, pl. 2.) — Lyonet, *Mém. Mus.*, XVIII , p. 282, pl. 14, fig. 15. — *Ac. dom.*, Dug., *Ann. sc. nat.*, 2ᵉ série , II , p. 40, pl. 7 , f. 13-18. — *Ac. siro*, Hering , *Nova act. nat. curios.*, XVIII , 615, pl. 44, f. 12-13.

La tête de ces Acarides est distincte du corselet et susceptible de mouvements propres d'abaissement et d'élévation. J'y ai bien vu la lèvre et les palpes styliformes dont parle Dugès , mais ce n'est que par l'écrasement, ceux-ci étant d'habitude accolés à la lèvre. Lorsqu'on écrase ces Acares , c'est par la partie antérieure qu'ils se vident, et la matière qui s'échappe de leur corps, a l'apparence de globules nageant dans un liquide transparent. En avant de leur bec , en dehors des maxilles chélifères , sont deux petites soies , le rudiment de celles des Hypopus. Le corps porte quelques soies simples , surtout en arrière, où elles sont plus longues. Les pattes sont médiocres, mais complètes ; leurs

---

(1) Fabricius indique déjà des Acarus marins : *Acarus zosteræ*, *Species*, II, 491; Linn. Gmel., 2929 (des Fucus sur les côtes de Norwège , et *Ac. fucorum, id. ibid.* 493; Linn. Gmel., 2931.

hanches aux paires antérieures dont une autre direction que celles des postérieures ; celles-ci, dirigées en arrière, sont sur la seconde partie du thoracogastre ; les autres, dirigées en avant, sont sur la première. C'est au sillon transversal qui sépare le corps en deux parties que Latreille a probablement voulu faire allusion en employant anciennement le nom générique de *Tyroglyphus*. Quoiqu'il l'ait depuis lors abandonné, nous avons cru devoir nous en servir. La cuisse de chaque patte présente un poil épineux, de couleur rosée, ainsi que la patte elle-même ; le corps est transparent ou blanc luisant, ovalaire, raccourci. La forme générale rappelle assez bien celles de quelques petits Coléoptères, et comme il n'a que trois paires de pattes dans le jeune âge, l'analogie est alors plus frappante encore.

Ces petits animaux sont extrêmement nombreux sur le fromage un peu fait, et toute la vermoulure qu'on remarque à sa surface est composée de leurs associations mêlées à des fèces et à leurs œufs. Ils s'accouplent par l'extrémité postérieure et se tiennent alors dans une position renversée.

Lyonet avait depuis longtemps constaté que pendant la belle saison ces animaux sont vivipares.

2. TYROGLYPHE ALLONGÉ. (*Tyroglyphus longior.*)
(Pl. 35, fig. 5.)

Seconde espèce de Mite, Lyonet, *Mém. Mus.*, XVIII, 283, pl. 14, fig. 7-8.

Nous avons trouvé cette espèce vivant avec la précédente sur la croûte des fromages nommés fromages de Gruyère et de Hollande.

3. TYROGLYPHE BICAUDE. (*Tyroglyphus bicaudatus.*)

Suballongé ; partie thoracique petite ; de couleur rosé pâle avec les épines basilaires des pattes fauves ; abdomen des adultes prolongé en deux tubercules pédiformes sétigères portant chacune un stigmate inférieurement près son extrémité ; ce qui lui donne quelque analogie avec les *Psoroptes*.

Trouvé par Myriades dans les plumes et sur l'épiderme d'une Autruche d'Afrique, morte à la ménagerie du Muséum en 1843.

4. TYROGLYPHE DE LA FARINE. (*Acarus farinæ.*)

Ac. far., De Géer, *Mém.*, VII, 97, pl. 15, fig. 15.

Il faut peut-être ajouter à ce genre les espèces suivantes qui sont peu connues :

5. Acarus destructor, Schrank, *Enum. Ins. Austriæ*, sp. 1057. — *Mite*....., Lyonet, *Mém. Mus.*, XVIII, p. 284, pl. 12, fig. 10-12.

6. Acarus lactis, Fabr., *Spec. ins.*, II, 490.

Vit sur la crème conservée longtemps dans des vases, ou dans ceux-ci, lorsqu'ils sont tenus salement.

7. Acarus dysenteriæ, Nyander, *Amenit. Acad.*, V, p. 97 ; Linn. Gmel., p. 2929, *partim*.

Nyander appelait la dyssenterie une gale de l'intestin (*Epidemica scabies intestinorum*) ; il rapporte que des Acares, semblables à l'*A. exulcerans*, ont été constatés dans les déjections.

L'*A. dysenteriæ* de Gmelin vit dans les vieux tonneaux.

8. Acarus passerinus, De Géer, VII.—*Ac. chelopus*, Herm., *Mém. aptér. l.*, p. 82, pl. 4, f. 7. (Junior.)

9. Acarus passularum, Hering, *Nova act. nat. curios.*, XVII, p. 618, pl. 45, f. 14-15. A deux soies buccales, à peu près comme dans les Hypopus ; il vit sur les figues sèches. M. Dujardin figure sous ce nom (1) la tête d'un Acarus qui n'a pas ce caractère. D'après ce naturaliste, l'insecte qu'il a étudié a les mandibules étroites formées de deux doigts amincis et dentés en dedans, et le menton, qui est d'une structure assez compliquée, montre encore les traces des palpes et des maxilles.

D'autres Acariens voisins des Tyroglyphes ont les poils plumeux:

10. Acarus plumiger, Koch, *Deutschl. Crust.*, *Myriap. und Ins.*, fasc. 5, pl. 15.

11. Acarus destructor, Schrank, *Enum. Ins. Austriæ*, 1057 ; *Mite*, Lyonet, *Mém. Mus.*, *Paris*, XVIII, 284, pl. 12, fig. 10-12.

D'autres espèces, que nous citerons pour la plupart, ont donné lieu à l'établissement des genres *Glyciphagus*, *Myobia* et *Hypopus*.

a) Glyciphagus (2), Hering, *Nova acta nat. curios.*, XVIII, 619.

Corps mou, non divisé en deux parties par une

____

(1) *Observ. au microsc.*, p. 149, pl. 17, fig. 10 (copiée dans notre Atlas, pl. 35, fig 2).

(2) Γλυκυς, doux, φαγος, gourmand.

ligne transversale ; pattes entières à tarses vésiculifères.

**12. Glyciphage des prunes. (*Glyciphagus prunorum*.) He-
ring, *loco cit.*, pl. 45, f. 16-17.

13. Glyciphage des Chevaux. (*Glyciphagus hippopodos*.)

Corps aussi long que large, fortement appointi en avant,
jaune blanchâtre, entièrement couvert de poils courts, formant
une sorte de velouté ; ouverture buccale un peu inférieure ,
munie de deux poils courts ; une petite saillie au bout de l'abdomen entre quatre soies assez longues et en forme de petites
plumes.

Sarcoptes hipp., Hering, *Nova act. nat. curios.*, XVIII,
607, pl. 44, f. 1. (Copiée *Dict. sc. nat.*, *Atlas suppl.*, et *Ann.
sc. nat.*, 2ᵉ série, XV, pl. 2, f. 4.)

Ce petit Acarus, considéré comme un Sarcopte par M. Hering, à cause de son genre de vivre, a été trouvé par ce naturaliste dans les croûtes ulcéreuses des pieds des Chevaux.

Les vétérinaires signalent (1), sous les onglons des Moutons
affectés du crapaud, un Acare d'espèce particulière, mais dont
les naturalistes n'ont point fait la description.

14. Glyciphage coureur. (*Glyciphagus cursor*.)

Gl. curs., P. Gervais, *Ann. sc. nat.*, 2ᵉ série, XV, 18,
pl. 2, f. 5.

**15. Sarcoptes palumbinus, Kock, *Deutschl. Crust.*, *Myriap.
und Arachn.*, fasc. , 5, pl. 12 (du Pigeon.)

Nous citerons provisoirement à la suite de ce genre (outre l'*A.
horridus*, Turpin, *Compt. rend. Ac. sc.*, V, 668), les espèces
dont voici les noms :

**16. Acarus avicularum, De Géer, *Mém.*, VII, 106, pl. 6, fig. 9.
— *Pou du Coq de bruyère?* Lyonet, *Mém. Mus.*, XVIII, 281,
pl. 15, f. 16.

**17. Acarus marilæ, P. Gervais, *Dict. sc. nat.*, *Suppl.*, I,
45. (Du Canard milouinan, *Anas marila*.)

Il est plus difficile encore, pour ne pas dire impossible, d'assigner une place aux deux Cirons dont les noms suivent :

----

(1) Grognier, *Zool. vétér.*, p. 233.

18. ACARUS FAVORUM, Herm., *Mém. aptérol.*, p. 86.
19. ACARUS FUNGI, Herm., *Mém., aptérol.*, p. 86.

b) MYOBIA, Heyden, *Isis*.

Corps allongé, multilobé ; pattes entières, les postérieures plus fortes.

Ce genre a pour type :

20. PEDICULUS MUSCULINUS, Schranck, p. 501, pl. 1, f. 5 ; *Sarcoptes musculinus*, Koch, *Deutschl. Crust., Myriap. und Arachniden*, fasc. 5, pl. 13.

c) HYPOPUS, Dugès, *Ann. sc. nat.*, 2ᵉ série, II, p. 37. L. Dufour, *ibid.*, XI, 279.

Corps ellipsoïde aplati, coriace ; palpes nuls, lèvre oblongue, prolongée en rostre et armée de deux longues soies roides ; pieds courts, à hanches mutiques, inonguiculées, terminés par une caroncule vésiculaire.

21. A. SPINIT., Herm., *Mém. aptérol.*, p. 85, pl. 6, f. 5. — *Hyp. spinit.*, Dugès, *loco cit.*, p. 37.
Trouvée par Hermann sur le ventre et les pattes de la *Trichie ermite*, et par Dugès sur un *Hister*.

22. MITE DES MOUCHES. (*A. muscarum.*)

A. musc., De Géer, *Mém.*, VII, 114, pl. 7, f. 1-2.
Espèce rapportée, mais avec doute, par Dugès, au genre Hypopus. Ses pattes postérieures très-longues et filiformes semblent bien éloignées.

23. HYP. FERONIARUM.
(Pl. 35, fig. 9.)

L. Dufour, *Ann. sc. nat.*, 2ᵉ série, XI, 278, pl. 4, f. 4-6 (cop. dans notre Atlas).
Se tient en troupe serrée sous la tête, le corselet et l'abdomen des Féronies et ressemble, à cause de sa petitesse, à des grains de poussière.

24. HYPOPUS SAPROMYZARUM.

L. Dufour, *Ann. sc. nat.*, 2ᵉ série, XI, 278, pl. 8, f. 7.

25. A. OVALE. (*A. ovalis.*)

Plus ou moins ovalaire; à plaque céphalothoracique scutiforme; tarse de la patte antérieure pourvu en avant de deux
soies inégales, dont l'une égale la moitié de sa longueur.

J'ai trouvé cet insecte en grand nombre sur les appendices
buccaux de certains *Lithobius forcipatus* pris à Paris. La
transparence de son corps permet de voir son système nerveux
qui m'a paru former un cordon longitudinal à la face inférieure,
et fournit bilatéralement deux paires de nerfs ascendants pour
les quatre pattes antérieures et deux autres descendants pour
les postérieures.

II. TRICHODACTYLUS, L. Dufour, *Ann. sc. nat.*,
2° série, XI, 276.

Rostre court, garni de petites soies; pattes de la
quatrième paire plus courtes que les autres, et garnies d'une très-longue soie.

26. TRICHODACTYLE DE L'OSMIE. (*Trichodactylus osmiæ.*)
(Pl. 34, fig. 10.)

Glabre, avec deux soies marginales de chaque côté; roux pâle;
pattes et région postérieure du corps plus foncées. ¼ de ligne.

Trich. osm., L. Duf., *Ann. sc. nat.*, *loco cit.*, pl. 8, f. 3 (cop.
dans notre Atlas).

Trouvé en grande quantité sur le corselet et principalement
sur le mésothorax de l'*Osmia bicornis* ♀, et de l'*Osmia fron-
ticornis* ♂, dans le département des Landes. M. J. Bigot, qui s'occupe avec ardeur de l'étude des Insectes, m'a remis des Acarides
de cette espèce trouvés par lui sur le *Xylocopa violaceum*,
près Paris.

III. PSOROPTES, P. Gerv., *Ann. sc. nat.*,
2° série, XV, p. 9.

Corps mou, déprimé, épineux en dessous, au collier et à la base des pattes; une des deux paires de
pattes postérieures ou toutes les deux complètes et ca-
ronculées; l'une ou l'autre, ou toutes les deux, longuement sétigères; espèces parasites des mammifères.

27. Psoropte du Cheval. (*Psoroptes equi.*)
(Pl. 35, fig. 3.)

Acarus equi, Saint-Didier, *Soc. linn. Paris*, II, 250. — Raspail, *Chimie organique*, 1ʳᵉ éd., p. 509, pl. 10, fig. 7-9; 2ᵉ éd., II, 611, pl. 15, fig. 8-10. — *Sarcoptes equi*, Hering, *Nov. act. n. cur.*, XVIII, 585, pl. 43, fig. 1-2. — *Sarc. equi*, Héring, *Nova acta nat. cur.*, VIII, 585, pl. 43, fig. 1-2. — *Ps. equi*, Gerv., *Ann. sc. nat.*, 2ᵉ série, XV, p. 9. — *Acarus exulcerans*, Dujardin, *Observateur au microscope*, p. 147, pl. 16, et pl. 17, fig. 1-9.

Il vit en grand nombre dans les croûtes écailleuses formées de pellicules agglutinées qui recouvrent la peau des Chevaux aux endroits atteints de la gale. On le voit aisément à la vue simple.

« La tète, dit M. Dujardin, ou plutôt la bouche de l'Acarus du Cheval, car ce prolongement antérieur ne contient pas autre chose que les organes de la manducation, se compose en dessus d'une paire de mandibules effilées et terminées par deux dents; elles représentent évidemment les mandibules en pinces qu'on voit chez les autres Acarus, en supposant que les deux doigts de la pince ont fini par se souder.

» En dessus la tète présente une large plaque faisant l'office d'un menton et d'une lèvre inférieure, et qui est formée par la soudure de deux pièces membraneuses représentant les mâchoires ou maxilles, comme on le voit dans l'Acarus du fromage avec les palpes maxillaires soudés au bord, et que l'on voit clairement formés de trois articles.

» Au milieu de la face ventrale se voit l'origine des organes génitaux, qui peut se comparer avec ce que l'on voit dans les Ixodes et les autres Acariens. Près du bord de la face ventrale, se voient aussi deux pièces formées de plusieurs cercles cornés, concentriques, et dont le plus intérieur est formé de globules (1). La position et l'aspect de ces pièces rappellent assez bien les ventouses de certains Helminthes (Octostomes, Polystomes, etc.). Enfin, à l'extrémité du corps se trouvent deux prolongements des lobes charnus, symétriquement placés, et terminés par un faisceau de soies roides. Entre ces lobes, dans l'axe même du corps, se voit une petite échancrure où l'on pourrait supposer un orifice. »

Il n'est pas certain que par *A. exulcerans* on ait toujours voulu

____

(1) Sans doute les stigmates.

indiquer spécialement l'Acaride de la gale du Cheval. Gmelin dit à l'égard de l'animal de ce nom : *Habitat in ulceribus scabie ferinâ laborantium ; an sat distinctus ab A. scabiei?* Nyander donne cependant à l'*A. exulcerans* plusieurs des caractères des Psoroptes (*Amœn. acad.*, V, 96).

IV. SARCOPTES, *partim*, Latreille, *Genera Crust. et Ins.*, I, 151 ; 1806.

Corps mou, armé de crochets au collier et à la base des pattes ; les deux paires de pattes postérieures rudimentaires, longuement sétigères ; les deux paires antérieures seulement vésiculigères. Espèces parasites de la gale de l'homme et des mammifères.

1. Sarcopte de l'homme. (*Sarcoptes scabiei.*)
(Pl. 35 , fig. 1.)

Blanc ; ponctiforme ; corps marqué en dessus de stries en arc de cercle à son pourtour en dessus et de petits mamelons à son milieu ; collier pourvu d'un prolongement postéro-infère spiniforme ; soie médio-latérale médiocre ; abdomen terminé par deux grandes soies, ayant extérieurement auprès d'elles deux paires de soies plus petites, sub-égales ; épine basilaire des pattes postérieures simple.

Acarus scabiei, De Géer, *Mém. pour l'Hist. des Ins.*, VII, p. 94, pl. 5, fig. 12-15. — *Sarcoptes scab.*, Latr., *Genera*, I, p. 152. — Fournier, *Dict. sc. méd.*, XVII, p. 76 et 251. — Raspail, *Ann. sc. d'obs.*, II, 446, et III, 298, 1830 ; *id.*, *Lancette française*, 15 août 1831 ; *id.*, *Mém. comp. sur l'Hist. nat. de l'Insecte de la gale* ; in-8° ; Paris, 1834 ; *id.*, *Chimie organique*, première édit., I, 511, 1833, et deuxième édit., II, 598, pl. 15. — Dugès, *Ann. sc. nat.*, 2ᵉ série, III, 245, pl. 11.—Leroi et Vandenhecke, *Rech. miscros, sur l'Ac. scab., ou Insecte de la gale de l'homme*, in-8°, 1835 (Extr. des *Mém. soc. sc. de Seine-et-Oise*) avec 4 pl. — P. Gerv., *Ann. sc. nat.*, 2ᵉ série, XV, 9, pl. 2, f. 8.

Vit dans la gale humaine, dont il est l'origine.

Quoique la gale humaine, par ses symptômes, diffère, sous quelques rapports, de celle des animaux mammifères, chez lesquels on l'a étudiée, elle est, aussi bien que chez ces derniers, causée par un Acarides. Cette notion, dès longtemps populaire dans le midi de l'Europe, n'est cependant acquise à la science celle de quelques médecins, du moins, que depuis un petit nombre d'années, et comme c'est, pour ainsi dire, un sujet encore à l'ordre du jour, nous n'avons pas craint d'être blâmé en rapportant ici l'historique des discussions auxquelles a donné lieu, à différentes époques, le Ciron de la gale.

Quoique les anciens, et particulièrement Aristote, aient connu des Acarides, puisqu'ils font mention de ceux qui se développent sur le vieux fromage, ils n'ont point vu celui de la gale humaine. C'est dans un auteur arabe du douzième siècle, *Abou Merroan Abdel Maleck ben Zohar*, plus connu sous le nom d'*Abenzoar*, que se trouve le premier indice de cette observation. L'ouvrage de ce médecin a pour titre : *Taïsir Elmedouat oua Eltadbir*, ce qui signifie : *Interpretatio et testificatio medicationis et regiminis*. On y lit un passage signalé aux érudits par Moufet, naturaliste anglais du seizième siècle, et dont voici la traduction :

« Il y a une chose connue sous le nom de *soab*, qui laboure » le corps à l'extérieur ; elle existe dans la peau, et lorsque » celle-ci s'écorche à quelque endroit, il en sort un animal ex- » trêmement petit, et qui échappe presque aux sens. »

A ces renseignements, Abenzoar ajoute un système de traitement qui consiste en une tisane de semences de carthame et d'orties, et en onctions ou lotions extérieures avec de l'huile d'amandes amères et une décoction de feuilles de persicaire.

Le Sarcopte était donc connu des Arabes à cette époque, et comme la gale est plus fréquente dans les pays méridionaux, ce fait n'a rien de surprenant ; c'est pour cette raison sans doute que l'auteur italien d'une traduction d'Abenzoar, publiée, pour la première fois, à Venise, en 1494, remplaça positivement le mot arabe *soab*, qui veut dire *lentes*, par celui de *pedicelli parvunculi*. En Italie, en effet, et dans beaucoup d'autres pays, la connaissance du Sarcopte est vulgaire depuis un temps immémorial, ainsi que de la manière de se débarrasser de ce parasite incommode. Mais alors, comme aujourd'hui, les savants différaient d'opinions sur des faits qui ne font pas le moindre doute pour l'empirisme populaire. Avicenne professait encore sur l'étiologie de la gale l'opinion de Galien, qui devait longtemps suffire aux médecins de l'Europe occidentale.

Moufet, ainsi que nous l'avons dit, ne lut pas, sans en sentir

la valeur, les écrits d'Abenzoar et de quelques auteurs méridionaux sur la gale, et dans son *Théâtre des Insectes* (1) resté
trente ans inédit, il s'exprime ainsi :

« Syro animalculum est omnium minutissimum, solens in-
» nasci caseo et ceræ inveteratis et cuti item humanæ... Syroni-
» bus nulla forma expressa præter quàm globi : vix oculis capi-
» tur; magnitudo tam pusilla, ut non atomis constare ipsum,
» sed unum ex atomis Epicurus dixerit... Ita sub cute habitat,
» est actis cuniculis, pruritum maximum loco ingeneret, preci-
» puè manibus vel aliis partibus et igni admotis... Hos peculia-
» riter vulgus aciculâ extrahit; sed, cùm non simul tollatur
» causa, eorum fomes, perseverat affectio. Itaque præstat un-
» guento vel fotu eos occidere, quo simul tollatur pruritus ille
» infestissimus. »

Dès 1557, Scaliger, dans son ouvrage contre Cardan, s'exprimait ainsi :

« En écrivant sur l'Acarus d'Aristote, vous l'avez justement
» comparé avec le *Garapara*. Les Padouans le nomment *Pedi-
» cello*, les Turiniens *Sciro*, et les Gascons, *Brigans* : sa forme
» est globuleuse : il est si petit, qu'on peut à peine l'apercevoir,
» et que l'on peut dire de lui qu'il n'est pas composé d'atomes,
» mais que c'est l'atome d'Épicure. Il se loge sous l'épiderme,
» en sorte qu'il brûle par des sillons qu'il se creuse. Extrait avec
» une aiguille et placé sur l'ongle, il se met peu à peu en mou-
» vement, surtout s'il est exposé aux rayons du soleil. Écrasé en
» le pressant entre deux ongles, il fait entendre un bruit, et il
» en sort une matière aqueuse. »

Les médecins d'Italie professaient la même opinion, et elle
avait même des partisans en France, surtout dans la personne de
Joubert, professeur à Montpellier et élève du célèbre Rondelet.

Vers 1580, Joubert considère le Sarcopte, qu'il nomme *Syro*,
comme la plus petite espèce de *Pou*, et il dit qu'elle vit constamment sous l'épiderme, où elle se creuse des galeries, à la
manière des Taupes, dans la terre, ce qui produit les démangeaisons insurmontables qui sont un des caractères de la
gale.

En 1638, plus de trente années après la mort de l'auteur,

______

(1) *Insectorum sive minimorum animalium theatrum*, p. 266. Lon-
dini, 1634.

parut l'ouvrage d'Aldrovande, dans lequel le sujet n'est pas traité
avec moins de lucidité. Les auteurs les plus récents, dit *Aldrovande* (liv. V, chap. IV, p. 215), ajoutent un troisième genre
de Poux de l'homme; on le nomme *Scyro*, et vulgairement *Pe-
dicello;* il rampe entre la peau et l'épiderme, se creusant des
espèces des galeries sinueuses et formant des vésicules non sup-
purantes; si on crève celles-ci, il en sort des animaux si petits,
que l'on peut à peine les apercevoir, si ce n'est quand on est doué
d'une bonne vue et à une lumière extrèmement vive. Aldrovande ajoute que, n'ayant pas vu l'Acarus dont parle Aristote,
il ne peut pas dire si c'est le même animal que son Pédicello,
mais qu'il est porté à le croire différent.

Peu de temps après la publication des indications précises
qui viennent d'être rapportées, Hauptmann, médecin allemand,
soupçonna que les animalcules que le P. Kircher avait cru voir
dans les bubons pestilentiels, pourraient bien être les mèmes
Insectes (*riethliesen*) que les Allemands nomment *Acari*. Dans
une lettre à Kircher, et dans un ouvrage sur les eaux thermales
de Wolkenstein, imprimé à Leipsick en 1657, il dit que ces
mèmes animalcules, examinés avec le microscope, lui paraissent
avoir quelque ressemblance avec les Mites qui naissent dans le
vieux fromage. Hauptmann est le premier qui ait donné une figure du Sarcopte : il le représente pourvu de six pattes et de
quatre crochets.

Dans les ouvrages de Rédi, l'Insecte de la gale humaine est
décrit avec beaucoup plus d'exactitude encore, et même figuré,
d'après les observations communiquées à ce savant et célèbre
aptérologiste dans une lettre qu'il a publiée comme lui ayant
été adressée par le docteur Bonomo, et qui a été depuis réclamée
par Cestoni, son véritable auteur.

Cette lettre, écrite en italien, en 1687, a été traduite en latin
par Lanzoni, et insérée, en 1691, dans les *Miscellanea naturæ
curiosorum*. On la trouve en français dans la collection acadé-
mique, mais l'on y a fondu une autre lettre de *Cestoni* à Vallis-
nieri, écrite en 1710. Voici un extrait de cette lettre :

« Tandis que, guidé par vos vues et sous vos auspices, je fai-
» sais des expériences sur des Insectes, je lus par hasard, dans
» le *Dictionnaire de l'Académie della Crusca* (1), que le Ciron

____

(1) Rédi était un des principaux rédacteurs de ce dictionnaire.

» est un petit ver qui se forme sous la peau des galeux , et dont
» la morsure cause une extrême démangeaison ; ayant trouvé
» depuis que Giuseppe Lorenzio adopte cette opinion , j'eus la
» curiosité de vérifier le fait par moi-même. Je communiquai
» ce dessein à M. Hyacinthe Cestoni. Il m'assura avoir vu plu-
» sieurs fois des pauvres femmes, dont les enfants étaient ga-
» leux , tirer, avec la pointe d'une épingle , des plus petites pus-
» tules , avant qu'elles fussent mûres et purulentes , je ne sais
» quoi, qu'elles écrasaient sur l'ongle, non sans un petit craque-
» ment ; et qu'à Livourne , les galériens se rendaient récipro-
» quement le même service. Il ajouta qu'il ne savait pas avec cer-
» titude si les Cirons étaient effectivement des vers. Ainsi , nous
» résolûmes tous deux de nous en éclaircir. Nous nous adres-
» sâmes donc à un galeux, en lui demandant l'endroit où il
» sentait la plus forte démangeaison. Il nous montra un grand
» nombre de pustules qui n'étaient pas encore purulentes ; j'en
» ouvris une avec la pointe d'une aiguille très-fine, et après
» avoir exprimé un peu de la liqueur contenue, j'en tirai un
» petit globule blanc presque imperceptible. Nous observâmes
» ce globule au microscope, et nous reconnûmes , avec toute la
» certitude possible , que c'était un ver dont la figure approchait
» de celle des tortues ; de couleur blanchâtre ; le dos d'une cou-
» leur un peu plus obscure , garni de quelques poils longs très-
» fins. Le petit animal montrait beaucoup de vivacité dans ses
» mouvements. Il avait six pattes , la tête ponctuée et armée de
» deux petites cornes ou antennes à l'extrémité du museau.

» Nous ne nous en tînmes pas à cette première observation ; nous
» la répétâmes un grand nombre de fois sur diverses personnes,
» attaquées de la gale , d'âge , de tempérament et de sexe dif-
» férents, et en différentes saisons de l'année ; nous trouvâmes
» toujours des animaux de même figure. On en voit dans
» presque toutes les pustules aqueuses ; je dis presque toutes ,
» parce qu'il nous a été quelquefois impossible d'en trouver.

» Il est très-difficile d'apercevoir ces Insectes sur la superficie
» du corps, à cause de leur extrême petitesse et de leur couleur
» semblable à celle de la peau. Ils s'introduisent d'abord par
» leur tête, et ils s'agitent ensuite, rongeant et fouillant, jusqu'à
» ce qu'ils se soient entièrement cachés sous l'épiderme, où il
» nous a été facile de voir qu'ils savent se creuser des espèces de
» chemins , ou des routes de communication d'un lieu à un

» un autre ; de sorte qu'un seul insecte produit quelquefois plu-
» sieurs pustules aqueuses ; quelquefois aussi nous en avons
» trouvé deux ou trois ensemble, et, pour l'ordinaire, fort près
» l'un de l'autre.

» Nous étions fort curieux de savoir si ces petits animaux
» pondaient des œufs ; et après de longues recherches nous eû-
» mes enfin la satisfaction de nous assurer de ce fait ; car ayant mis
» sous le microscope un Ciron pour en faire dessiner la figure
» par M. Isaac Colonello, il vit, en dessinant, sortir de la partie
» postérieure de cet animal un œuf blanc à peine visible et
» presque transparent ; il était de figure oblongue comme un
» pignon.

» Animés par le succès, nous recommençâmes à chercher ces
» œufs avec la plus grande attention, et nous en trouvâmes
» beaucoup d'autres en différents temps ; mais il ne nous arriva
» plus de les voir sortir du corps de l'animal sous le microscope.

» Il me semble que l'on peut conclure de la découverte de ces
» œufs que les Cirons se multiplient comme les autres animaux
» par le concours des deux sexes, quoique je n'aie jamais aperçu
» dans ces insectes aucune différence qui puisse faire distinguer
» le mâle de la femelle. Peut-être trouvera-t-on dans la suite
» cette différence, soit par un hasard heureux, soit par des ob-
» servations plus suivies, plus exactes, et faites avec de meil-
» leurs microscopes.

» En considérant toutes ces choses mûrement et sans préven-
» tion, il me semble qu'on peut révoquer en doute les opinions
» des auteurs de médecine touchant les causes de la gale. Parmi
» la multitude des anciens, quelques-uns, avec Galien, la font
» provenir de l'humeur mélancolique, sans qu'on sache bien en-
» core dans quelle partie du corps réside cette humeur ; d'autres,
» avec Avicenne, veulent qu'elle soit produite par le sang seul ;
» et d'autres, enfin, par l'humeur atrabilaire, mêlée avec la pi-
» tuite salée.

» Quant aux auteurs modernes, quelques-uns, avec Sylvio
» Deleboe, attribuent cette maladie à un acide mordicant exhalé
» par le sang ; d'autres, avec Van-Helmont, à une fermentation
» particulière, et d'autres aux sels âcres et irritants contenus
» dans la lymphe ou dans la sérosité et portés dans la peau par
» différents conduits.

» Parmi tant d'opinions je hasarde aussi mes conjectures :

» j'avoue donc que je suis très-porté à croire que la gale, nom-
» mée par les Latins *scabies* et décrite par eux comme une af-
» fection de la peau, et comme une maladie très-contagieuse,
» n'est autre chose que la morsure des petits insectes dont j'ai
» parlé, lesquels rongeant continuellement la peau y font de
» petites ouvertures par où s'extravasent quelques gouttes de sé-
» rosité et de lymphe. Cette sérosité ou lymphe extravasée,
» comme les pustules aqueuses dans lesquelles ces vers conti-
» nuent à manger, causent une extrême démangeaison ; et lors-
» que le malade se gratte, il augmente le mal et la démangeai-
» son même ; il déchire non-seulement les pustules aqueuses,
» mais encore la peau et les petites veines dont elle est parse-
» mée, d'où suivent de nouvelles pustules, des plaies et les
» croûtes qui se forment sur les plaies. En effet, on ne voit ja-
» mais de ces plaies dans les endroits du corps où les doigts ne
» peuvent aisément atteindre, lors même que ces endroits sont
» tout couverts de gale : la seule morsure des Cirons ne produi-
» sant que des pustules aqueuses. Du reste ces petits animaux se
» glissent sous la peau par tout le corps ; mais ils se rassemblent
» en plus grande quantité dans les articulations, parce qu'ils
» s'introduisent et se nichent avec facilité dans les plis de la
» peau. En quelque partie qu'ils soient d'abord logés, il s'en
» trouve bientôt dans les mains, et surtout entre les doigts ; car
» en grattant les parties où l'on sent la démangeaison, les ongles
» rencontrent des Cirons qui ne peuvent en être entamés, parce
» qu'ils ont la peau très-dure, et ces Cirons se glissant sous les
» ongles et se faisant des routes sous la peau, se nichent plus
» facilement entre les doigts que partout ailleurs, et s'y font des
» espèces de nids où ils déposent leurs œufs en si grande quan-
» tité qu'un petit nombre de Cirons suffit pour couvrir bientôt
» tout le corps.

» Il me semble que ce que j'ai dit jusqu'ici peut servir à ex-
» pliquer pourquoi la gale est si contagieuse. Les Cirons passent
» aisément d'un corps à un autre par le seul contact de ces corps ;
» car ces petits animaux ayant une extrême agilité et n'étant pas
» tous continuellement occupés à se creuser des passages sous
» l'épiderme, il s'en trouve souvent quelques-uns sur la superficie
» de la peau, et ils sont très-prompts à s'attacher à la première
» personne qui se présente ; et en quelque petit nombre qu'ils
» aient été reçus ils multiplient prodigieusement en pondant des

» œufs. Il ne faut pas s'étonner non plus de ce que la gale se
» communique par le moyen des linges et autres hardes qui ont
» servi aux personnes galeuses ; car il peut y rester quelques Ci-
» rons. Ils vivent même hors du corps jusqu'à deux ou trois
» jours, comme j'ai eu lieu de m'en assurer plusieurs fois par
» l'observation. On comprend aussi comment la gale se guérit
» par les lessives, les bains et les onguents composés de sel, de
» soufre, de vitriol, de mercure simple, précipité, sublimé et
» d'autres semblables drogues corrosives et pénétrantes; car ces
» préparations s'insinuent dans les cavités les plus profondes, dans
» les labyrinthes les plus reculés de la peau et y tuent infaillible-
» ment les Cirons, ce qu'on ne peut jamais faire en se grattant,
» quoiqu'on fasse des plaies assez considérables, parce que
» les Cirons ne peuvent guère être entamés par les ongles et
» qu'ils échappent par leur extrême petitesse. Les médicaments
» internes n'agissent pas non plus sur ces petits animaux, et l'on
» est toujours forcé de revenir aux onguents dont je viens de
» parler pour parvenir à une parfaite guérison.

» Il arrive aussi qu'après avoir fait usage des remèdes externes
» pendant dix ou douze jours et s'être cru totalement guéri, on
» voit bientôt reparaître la gale comme auparavant : Cela vient
» de ce que l'onguent n'a tué que les Cirons vivants et n'a point
» détruit les œufs déposés dans les cavités de la peau comme dans
» des nids, où, venant à éclore, ils renouvellent le mal; c'est
» pourquoi on fait très-bien de continuer l'usage des onguents
» pendant quelques jours après que la gale a disparu : cette pra-
» tique est d'autant plus facile qu'on peut composer ces on-
» guents avec des parfums très-agréables, comme avec de la pom-
» made jaune de fleur d'oranger ou de rose incarnate mêlée d'une
» quantité convenable de mercure précipité rouge. »

Les *Acta eruditorum* pour 1682, et les *Transactions philosophiques* pour 1703, contiennent aussi des notices relatives au
Sarcopte, mais qui sont loin de valoir la précédente.

Linné s'occupa du même insecte, et il lui donna le nom d'*A-
carus humanus subcutaneus*, puis celui d'*Acarus scabiei* qui a
prévalu, malgré l'erreur assez singulière du célèbre naturaliste
suédois, qui ne tarda pas à considérer l'Acarus de la gale humaine et ceux du fromage et de la farine, comme autant de
variétés d'une même espèce. Geoffroy et surtout De Géer com-
battirent cette manière de voir, et le second, dans ses Mémoires

pour servir à l'Histoire des Insectes, décrivit avec soin l'animal qui nous occupe, et il en donna une figure fort exacte. « C'est, suivant la phrase caractéristique de De Géer, une Mite arrondie, blanche, à courtes pattes roussâtres avec un très-long poil aux quatre postérieures et dont les quatre tarses antérieurs sont en tuyau terminé par un petit bouton. »

Nyander, dans une dissertation inaugurale sur les *Exanthemata viva*, soutenue sous la présidence de Linné, avait cependant, en 1757, des idées fort justes sur l'Acarus de la gale, dont il indiquait même la véritable retraite au bout des sillons sous-épidermiques et non dans la vésicule. « *Acarus sub ipsâ pustulâ*, est-il dit dans cette thèse, *minimè quœrendus est; sed longiùs recessit; sequendo rugam cuticulœ observatur; in ipsâ pustulâ progeniem deposuit, quam scalpendo offringimus et disseminamus, ita cogente natura.* »

Morgagni, Othon Fabricius, et quelques autres savants du Nord, s'étaient occupés, après les méridionaux dont nous avons parlé, de ce petit animal, mais les contestations auxquelles il devait donner lieu n'étaient pas encore terminées ; l'école de Paris qui, à l'exception de Geoffroy, ne s'en était point encore occupée, devait remettre en doute tout ce que les observations précédentes avaient démontré.

La thèse, habilement faite, de M. Galès (1) devait être la cause de ces nouvelles discussions. Attaché, comme élève interne, à l'hôpital Saint-Louis, où l'on traite les galeux, ce médecin fit des recherches sur la cause de leur mal, et, comme presque tous ses prédécesseurs, il accepta l'opinion que l'Acarus en est la véritable origine, opinion qu'il soutint dans sa thèse inaugurale en même temps qu'il signalait les données thérapeutiques auxquelles elle conduit. M. Galès combat avec raison dans ce travail l'opinion admise par quelques personnes que l'Acarus est parasite des pustules, mais qu'il n'en est pas la cause (2). Une figure, dessinée avec beaucoup de soin par M. Meunier, l'un de nos bons peintres de zoologie, est jointe à la thèse du nouveau docteur.

____

(1) *Essai sur le diagnostic de la gale, sur ses causes et sur les conséquences médicales et pratiques à déduire des vraies notions de cette maladie.* (Faculté de Paris, 1812.)

(2) Dix ans avant, M. Walckenaer s'était exprimé ainsi à cet égard : « Il (l'*Acarus scabiei*) se trouve dans les ulcères de la gale. Il pénètre

« Je ne puis disconvenir, dit celui-ci à la page 24, que la
» figure que je donne ne soit fort différente de celle de Cestoni ,
» Etmeller, De Géer et autres. Qu'en conclure ? que les Cirons
» de la gale, décrits par les autres observateurs , n'existent pas
» réellement ? Je n'oserais le dire ; je consentirais plutôt à re-
» connaître plusieurs espèces de cet Insecte. C'est un parti que
» je prends volontiers, surtout pour me concilier avec De Géer,
» à l'opinion duquel on ne peut se dispenser d'ajouter foi ; je
» crois même avoir rencontré deux fois sa Mite, mais morte,
» et ne pouvant prêter à un examen suffisant.

» Voici un autre sujet de différent avec le même naturaliste.
» Parmi les descriptions accompagnées de figures qu'il a don-
» nées, celle de la Mite de la farine se rapporte si exactement à
» l'Insecte que j'ai trouvé dans la gale, qu'il me serait impos-
» sible de le décrire autrement; ce qui semblerait absoudre
» *Linnæus* du reproche qu'on lui fait d'avoir regardé ces deux
» Cirons comme des variétés l'un de l'autre. Je me suis donc
» trouvé dans l'obligation d'examiner si la Mite de la farine est
» réellement la même que celle que j'ai trouvée dans les pustules
» de la gale. Quoique en les observant comparativement au mi-
» croscope, je n'aie pu contredire l'idée que la description et la
» figure de De Géer m'avaient fait naître, l'analogie semblait re-
» pousser leur similitude ; ainsi il n'y avait que l'expérience qui
» pût décider. En conséquence, je pris des Mites de la farine ,
» je les plaçai dans un verre de montre sur mon bras èt les y
» laissai une nuit : aucune d'elles n'entra sous ma peau , ne l'en-
» tama, ni même n'en changea l'apparence. On verra bientôt
» qu'il n'en est pas ainsi des Mites de la gale. »

On doit peu s'étonner, d'après ce qui précède , que M. Raspail
ait reconnu , en 1829 (1), que l'Acarus représenté par M. Galès
n'était autre que celui du fromage ou de la farine ; mais, si à la
même époque, cet observateur nia l'existence des véritables Sarcoptes chez les individus atteints de la gale, c'est qu'au lieu de

---

entre les rides de la peau , et y cause une forte démangeaison et des
pustules, et l'analogie avec les vésicules aux gales, qui surviennent
aux plantes par la piqûre des Insectes, semble prouver que celui-ci est la
cause et non le produit de la gale. » *Faune parisienne* , II, 422; 1802.

Ajoutons que les autres naturalistes, français et étrangers, conservè-
rent aussi cette opinion, la même que Geoffroy avait déjà soutenne.

(1) *Ann. des sc. d'observation* , t. II , 446.

les chercher dans les sillons, comme l'avait indiqué Nyander, il les cherchait dans les vésicules elles-mêmes. Cette manière de voir fut cependant admise par quelques personnes. Aussi M. Lugol, M. Biet et beaucoup d'autres médecins, qui n'étaient pas au courant de la partie zoologique de la question, niaient-ils tout à fait l'existence des vrais Acarus psoriques; singulière opinion dont M. Vallot fut un des champions les plus favorables à M. Galès, lorsqu'il soutint devant l'Académie de Dijon, et publia, en 1829, dans les actes de cette société savante, que les prétendus Cirons de la gale ne sont autre chose que des Cirons domestiques observés sur des individus pustuleux, et que leur malpropreté expose seule ces derniers aux insultes des Mites, qui vivent alors sur eux aussi bien que sur le fromage.

Mais un fait qui paraît bien positif, c'est que l'Acarus ne réside pas dans la pustule; cependant M. Galès, en cela plus heureux que ses prédécesseurs, avait, dit-il, retiré des pustules elles-mêmes plus de trois cents Acarides, et il assure que l'habitude avait fini par lui apprendre à distinguer au premier coup d'œil les boutons qui en recelaient! Ce n'est donc pas sans raison que M. Raspail accuse ici M. Galès d'avoir « fait le plus joli tour d'étudiant qu'on puisse imaginer » en substituant l'Acarus du fromage à celui de la gale humaine; mais il a tort de nier que la gale soit le produit d'un Insecte. Cette dernière opinion cependant ne tarda pas à être généralement admise, et elle le fut, dans l'école de Paris du moins, jusqu'à ce qu'une nouvelle thèse, soutenue par M. Renucci, vint remettre le sujet en discussion et convertir les plus incrédules, M. Vallot excepté.

« Comme Cestoni, comme Cassal, dit M. de Blainville dans un
» rapport très-savant fait à l'Académie des sciences sur ce nouveau
» travail, M. Renucci est né dans un pays (la Corse) dont la tem-
» pérature est fort élevée, dont la masse de la population est pau-
» vre et vit dans un état dégoûtant de malpropreté et de privations,
» et où, par conséquent, la gale est presque générale ou endé-
» mique. Comme eux, il a vu les galeux, et surtout les mères à
» l'égard de leurs enfants, enlever un à un les Acarus à l'aide
» d'une épingle, sachant très-bien que, dans cette maladie plus
» que dans toute autre, le précepte *causâ sublatâ, tollitur effec-*
» *tus*, est de la plus exacte vérité..... C'est ainsi qu'il est parvenu
» à pouvoir, à volonté et autant de fois qu'on le désire, trou-
» ver et extraire les Acarus sur les galeux, et surtout sur

» ceux qui n'ont pas encore commencé le traitement antipso-
» rique (1). »

L'Acarus de la gale a été depuis lors fréquemment étudié
à Paris, et son étude a donné lieu à plusieurs publications
nouvelles de la part de MM. Baude (2), Sédillot (3), Raspail (4), etc. M. Aubé (5) ajoute, comme cause de communication des Sarcoptes, et, par suite, de la gale, le genre de vie
nocturne de ces Insectes. C'est en effet de nuit qu'ils font le plus
souffrir; la chaleur du corps du patient, sa tranquillité, etc.,
sont autant de causes de l'activité plus grande alors de ces Acarides ; aussi couche-t-on rarement avec des galeux sans en prendre le germe de leur maladie.

La gale elle-même est donc une maladie symptomatique, et
les traitements externes suffisent pour la guérir en quelques
jours. Elle peut, au contraire, ainsi que les maladies vermi-
neuses, durer indéfiniment si l'on n'y fait pas attention, ce qui
a souvent lieu quand elle est peu intense, le prurit étant alors
très-supportable et, assure-t-on, agréable pour quelques personnes. C'est ainsi, au rapport de M. Galès, que M. Peyrilhe
fait mention d'un homme qui ne voulut pas qu'on le guérît de
la gale, de peur d'être privé de cette singulière jouissance. Dans
la Basse-Bretagne, l'une des anciennes provinces de France où
la gale peut être regardée comme endémique, les habitants se
plaisent, également d'après M. Galès, à porter des chemises
neuves; ils vendent comme vieilles celles qui, par l'usage, ont
acquis quelque souplesse, et le tissu rude et grossier des toiles
dont ils les font leur procure, par l'effet du frottement, un
soulagement exempt des lésions et de la cuisson douloureuse
dont l'action des ongles est ordinairement suivie.

Sur presque tous les points du globe, même dans des archipels
à peine fréquentés par les navigateurs, on a constaté des cas de
gale, souvent même en grand nombre. Le Sarcopte de la gale
n'est pas la seule espèce d'Acaride qui soit parasite de notre
espèce. En Europe on en a même constaté de plusieurs genres,

---

(1) *Nouv. Ann. Mus. Paris*, t. IV, p. 213.
(2) *Journ. des Conn. médicales*, 1834.
(3) *Acad. sc.*, 1834.
(4) *Chimie organique*, 2ᵉ édition.
(5) *Thèses de la Faculté de médecine de Paris*, 1836, n° 60.

sans parler des Ixodes, Argas, etc. En effet, nous avons parlé plus haut (p. 225) d'un Dermanysse qui a été trouvé sur une femme, et nous verrons plus loin, dans l'*Acarus folliculorum*, notre genre *Simonea*, une preuve bien plus certaine de cette assertion. L'étude comparative des diverses variétés de gales donnerait peut-être des Sarcoptes différentes, surtout s'il était possible de la faire dans des pays éloignés. D'autres maladies de peau en fourniront sans doute aussi quand elles seront mieux connues, le *Prurigo* en particulier : Bateman figure même deux parasites du *Prurigo senilis*, dans la planche 6 des *Delineations of the cutaneous diseases comprised in the collection of the late Dr. Willan*; in-4, 1815 (1).

J'ai trouvé en grand nombre, sur un Maki de la ménagerie du Muséum qui était galeux, des Acarides du genre *Sarcopte* fort semblables, dans leur apparence générale, à celui de l'homme. Je ne pourrais cependant décider à présent de leur véritable identité. La gale de plusieurs autres espèces d'animaux est de même produite par la présence d'Acarides, et nous avons décrit plusieurs des animaux qui l'occasionnent. Ils sont d'espèce particulière, quelques-uns même de genre différent. Il est à regretter qu'on n'ait pas fait connaître les caractères des Sarcoptes du Phascolome dont M. Duméril (2) parle en ces termes : « Nous avons vu ceux d'un Phascolome de la Nouvelle-Hollande attaqué d'une sorte de gale qui s'est communiquée à plusieurs des aides-naturalistes du Muséum, lorsqu'ils étaient occupés à préparer la peau de l'un de ces animaux qui avait succombé et dont on a conservé la dépouille. »

29. Sarcopte du Dromadaire. (*Sarcoptes dromedarii.*)

D'un tiers plus gros que le précédent; plus ovalaire; soie bilatérale plus antérieure; quatre grandes soies au bord postérieur

---

(1) « Fig. 4, Represents an insect, of which a great number were detected on the skin of an old man, affected with *Prurigo senilis*, by Dr. Willan, who never met with a second instance of the same occurrence. Neither the disease, nor the insect was communicated to the patient's wife, or to any of his family. It is obviously not a *pediculus*, but, both from the structure of its hind legs, and the rapidity of its jumping motion, it was deemed to belong to the genus *Pulex*. » (*Loco cit.*)

(2) *Dict. sc. nat.*, XLVII, 565; 1827.

de l'abdomen; les deux internes un peu plus petites; point d'é-
pine postérieure au collier; épine basilaire des pattes de derrière inégalement bifide.

Sarcoptes dromed., P. Gerv. , *Ann. sc. nat.*, 2ᵉ série , XV,
9, pl. 2, f. 7; *id. Dict. sc. nat.*, *Atl. suppl.*

Cette espèce, qui est bien distincte de la précédente; mais
dont la forme est cependant fort analogue , vit dans les croûtes
de la gale sur la peau des Dromadaires , et ces animaux en sont
souvent atteints. On a eu, au Muséum de Paris, il y a plusieurs
années, de nombreux exemples de communication de cette gale,
du Dromadaire à l'homme; et comme l'Acaride est plus gros et
que ses pattes sont mieux armées que dans le parasite de
l'homme, on conçoit aussi comment cette maladie, prise du
Dromadaire, faisait plus souffrir les personnes qui en étaient
atteintes que celle qui est ordinaire aux individus malpropres
de notre espèce.

30. Sarcopte du Chamois. (*Sarcoptes rupicapræ*.)

Sarc. rupicapræ, Hering, *Nova act. nat. curios.*, XVIII,
603, pl. 43, f. 7-8.

Des croûtes galeuses du Chamois, *Antilope rupicapra*.

On a constaté l'existence d'Acarus de la gale sur d'autres espèces de mammifères : le Chien,. le Mouton, le Lapin, etc.
Les *Sarcoptes cynotis* et *cati* , Hering , sont plus rapprochés
des *Psoroptes*.

Nous terminerons l'histoire des Acarides par celle de
trois autres genres de classification douteuse.

ANOETUS.

M. Dujardin a communiqué, en 1842, à la Société
philomatique de Paris (1) quelques détails sur un genre
qui semble rappeler la Mite des tilleuls et même l'Insecte hexapode découvert par M. de Siebold sur les Sty-
lops (2). Il le nomme *Anoetus*. C'est un petit animal
trouvé parasite sur les ailes d'une abeille, à Saint-Gau-

(1) *Journ. l'Institut*, 1842, p. 316.
(2) *Neueste Schrif. naturf. in Danzig*, III, pl. 1, f. 70.

dens (Haute-Garonne). Son corps est ovale, oblong, un peu rétréci en arrière où il présente douze ventouses inégales, mais symétriquement placées comme celle des Helminthes nommés Octostomes. Sa tête est très-petite et paraît se composer seulement d'un suçoir; presque toute la face ventrale est occupée par les hanches des quatre paires de pattes, fortes, dirigées parallèlement en avant, et dont les deux dernières paires sont presque rudimentaires. L'Anoetus semble surtout remarquable à M. Dujardin, parce qu'il forme, dans son opinion, le passage entre les Acarides et les Pentastomes du groupe des Helminthes. Mais il nous paraît que notre habile micrographe donne ici trop d'importance au faciès, et que l'organisation de ces deux sortes d'animaux (Anoetus et Pentastomes) est fort différente.

M. Dujardin ne donne pas de nom à l'espèce type de ce genre.

SIMONEA.

(Pl. 35, fig. 6).

Acare des follicules. (*Acarus folliculorum.*)
Simon, *Archives de Muller*, 1842, p. 218, pl. 9 (copiées fig. 1 et 2 dans notre Atlas); *id.*, *in* Rayer, *Archives de médecine comparée*, I, p. 45 (trad. fr. avec copie de la fig.). Nous en avons fait un genre à part sous le nom de l'habile observateur auquel on en doit la description.

L'*Acarus folliculorum* est un parasite de l'espèce humaine découvert depuis quelque temps seulement par M. Gustave Simon, de Berlin. Il a été trouvé dans la tanne des cryptes altérés qui se voient si communément sur les ailes du nez.

Voici un extrait du travail fort intéressant que l'auteur cité a publié sur ce sujet :

« L'existence d'un animal inconnu jusque-là, vivant dans la peau de l'homme, était un fait si extraordinaire, que je me fis d'abord l'objection qu'il avait pu être mêlé à la matière de la tanne, soit par l'eau que j'avais employée, soit de toute autre manière. Il est vrai que ces animaux étaient en général enveloppés dans une grande quantité de cellules graisseuses, et ne devenaient visibles que lorsqu'on les en avait doucement séparés. Pour résoudre cette difficulté, je pris deux lames de verre bien propres que je soumis à une forte chaleur sur une lampe à alcool, pour les débarrasser complètement de toute matière organique qui pourrait y adhérer. Avec des aiguilles nettoyées de la même manière, j'exprimai le contenu d'une tanne chez un sujet vivant, et le plaçai sans addition d'eau ou d'aucune autre substance, entre les deux lames de verre. Il s'y trouva des animaux. On ne pouvait supposer qu'ils existassent à la surface de la peau et non pas dans l'intérieur, car l'examen à la loupe les eût fait reconnaître s'ils avaient été libres à la surface de la peau. Pour plus de certitude, chez des sujets dont les tannes contenaient des animalcules, je raclai avec un scalpel la surface de la peau, et j'examinai au microscope la substance ainsi recueillie ; je ne pus jamais y rencontrer d'animaux, tandis qu'on les apercevait dès que l'on comprimait les tannes et qu'on exprimait la matière qu'elles contenaient. Au total, j'ai trouvé des animalcules dans la matière des tannes chez trois sujets vivants ; chez un homme de quarante ans, un de trente et un de vingt-deux ; tous trois en bonne santé et fort propres. Chez tous trois, les tannes ont leur siége au nez. Chez sept autres personnes, chez lesquelles j'ai examiné la matière des tannes, je n'ai pu découvrir d'animalcules.

» Après m'être assuré, de la manière indiquée, de l'existence dans la peau, et pendant le vivant, d'une espèce particulière de parasites, je vins à les rechercher aussi sur le cadavre. Dans ce but, j'examinai six cadavres, dont quatre avaient beaucoup, et deux fort peu, de tannes sur le nez. Par des sections perpendiculaires, j'obtins des lames très-minces de la peau, disposées de manière à contenir chacune quelques tannes. Ayant placé ces lamelles sous le microscope, je remarquai que les tannes, qui avaient l'aspect des follicules pileux dilatés et distendus par la matière sébacée, contenaient presque toutes des animalcules, dont quelques-uns étaient encore vivants. En comprimant les fragments de peau, on pouvait faire sortir ceux-ci par l'ouverture du follicule, en même temps que la matière sébacée. Mais ce qui me surprit en examinant ces lamelles, ce fut de voir que beaucoup de follicules pileux, de grosseur tout à fait normale, contenaient aussi des animalcules.

» En résumé, jusqu'à présent, j'ai fait des recherches sur dix cadavres ; les seuls qui ne m'aient pas présenté d'animalcules, sont ceux de deux enfants nouveau-nés.

» Ces animalcules des folliculeux pileux n'avaient pas tous le même aspect, mais présentaient des différences qui dépendaient de leur âge. La forme que j'ai rencontrée le plus souvent avait 0,085 à 0,125 de ligne de long, sur environ 0,002 de ligne en largeur. La tête, qui se rétrécit en avant, est formée de deux corps placés latéralement (palpes) et d'un suçoir (maxilles) situé entre ces deux palpes. Les palpes sont composés de deux articles, un postérieur plus long, et un antérieur plus court. Ce dernier paraît avoir à son extrémité de petites dentelures. Le suçoir, qui, quelquefois, dépasse les palpes, et qui, d'autres fois, est moins long qu'eux, ressemble à un tuyau allongé. Au-dessus du suçoir existe un organe triangulaire, dont la base, très-courte, appuie sur la partie postérieure du suçoir, mais dont le sommet ne va pas jusqu'à l'extrémité de celui-ci. Au moyen d'un fort grossissement, on voit que ce corps triangulaire est formé de deux lames pointues ou soies placées l'une à côté de l'autre.

» La tête se continue immédiatement avec le thorax, lequel forme environ le quart de la longueur du corps, et est un peu plus large que la partie supérieure de l'abdomen. Des deux côtés du thorax existent quatre paires de pieds très-courts, ayant la forme d'un cône dont la base appuierait sur la partie latérale du thorax. En général, on remarque sur chaque membre trois lignes transversales obscures, qui semblent indiquer l'existence de trois articulations. Entre ces lignes se trouvent souvent des raies transversales plus courtes, moins marquées et irrégulièrement distribuées, qui semblent des plis très-fins. A l'extrémité de chaque pied on aperçoit, avec un fort grossissement, trois crochets déliés, un long et deux plus courts. Ces crochets se terminent généralement par une pointe aiguë, quelquefois cependant

ils m'ont paru arrondis. De la partie antérieure de la base de
chaque pied part une raie formée d'une double ligne, laquelle
s'avance jusqu'à la ligne médiane du thorax : il en existe quatre
en tout. Sur la ligne médiane , chacune de ces raies est unie à
celle qui est placée immédiatement en arrière d'elle , au moyen
d'une raie longitudinale ordinairement plus marquée. Les raies
transversales font probablement le tour du thorax : du moins, je
les ai trouvées aussi marquées , soit que j'examinasse l'animal par
le dos, soit que je le visse par le ventre. Quant à la forme générale
du thorax , il avait une longueur presque égale partout : seulement à la partie moyenne , au niveau de la deuxième paire de
pattes , il était plus large qu'ailleurs.

» Au thorax succède , sans interruption , l'abdomen , qui , à sa
partie antérieure , est seulement un peu plus étroit que le thorax,
mais qui s'amincit insensiblement , et qui se termine par une
extrémité arrondie. Sa longueur est environ trois fois celle du
thorax. Sur tout l'abdomen on remarque des lignes transversales
très-fines , très-rapprochées et très-régulières qui paraissent formées par des enfoncements ou des saillies ; car, quand on examine les parties latérales de l'abdomen avec un grossissement un
peu fort, on voit, entre deux enfoncements, une petite saillie ,
en sorte que le bord paraît rayé comme avec une lime.

» La deuxième forme sous laquelle j'ai observé ces animalcules
se rapproche beaucoup de la précédente , et n'en diffère que par
la moindre longueur de l'abdomen. La tête et le thorax sont conformés exactement de même , seulement, l'abdomen n'a qu'une
fois ou une fois et demie la longueur du thorax. L'abdomen s'a-
mincit progressivement , et se termine comme dans la première
forme, ou bien il ne perd que peu de sa largeur, et finit par une
extrémité tronquée et arrondie ; on retrouve ici les lignes transversales de l'abdomen. En général , il n'existe pas de ligne de
séparation bien tranchée entre cette forme et la précédente :
elles paraissent se fondre par une gradation insensible.

» Une troisième forme est caractérisée surtout par un abdomen très-court et terminé en pointe. Cette partie est encore
plus courte que dans la forme précédente et simule à son extrémité un angle aigu ou une pointe arrondie par le bout. En outre,
lorsqu'on place l'animal sur le dos ou sur le ventre , les lignes latérales du thorax paraissent plus courbées , ce qui dépend de la
plus grande largeur du thorax vis-à-vis la deuxième paire de

pattes, et de son rétrécissement plus prononcé près de la dernière paire. Par cette conformation du thorax et de l'abdomen, tout le corps de l'animal a de la ressemblance avec un petit navet.

» Dans cette forme, les lignes transversales de l'abdomen manquent complétement.

» Enfin, une quatrième forme a, par son apparence générale et la longueur considérable de son abdomen, une grande ressemblance avec la première, tandis qu'elle en diffère en ce qu'elle n'a que trois paires de pieds. En outre, l'animal entier paraît plus délicat ; ses contours sont moins foncés et moins nets. Il est toujours remarquablement plus grêle que dans la première forme, et notablement plus court ; diminution de longueur qui tient au moindre développement, non-seulement de l'abdomen, mais encore de tout le corps. La tête de l'animal est plus longue par rapport aux autres parties, et se termine moins en pointe. Le thorax, par suite de l'absence d'une paire de pieds, est plus court et beaucoup plus bombé latéralement. L'abdomen paraît tout à fait lisse par l'absence de lignes transversales. La matière granuleuse de l'intérieur de l'abdomen semble moins abondante et surtout moins colorée.

» Ces Acares sont en général placés plus près de l'orifice du follicule que dans son fond ; sur le cadavre, j'en ai cependant rencontré tout à fait au fond du follicule. L'axe le plus long de l'animal est dirigé parallèlement à celui du follicule, l'abdomen regardant l'ouverture et la tête le fond du sac : la disposition contraire est très-rare.

» Je venais de communiquer la découverte de ces Acares à la Société des naturalistes de Berlin, lorsque M. le professeur Henle, de Zurich, m'a appris, par une lettre datée du 3 mars de cette année (1842), que dans le courant de l'automne dernier, il avait observé un petit animal dans les follicules pileux du conduit auditif externe, et qu'il avait fait annonce provisoire de ce fait dans l'*Observateur de Zurich*, au mois de décembre précédent. D'après quelques détails que m'a fournis sur ce sujet M. le professeur Henle, l'animal qu'il a vu aurait de la ressemblance avec celui que j'ai décrit : je ne puis pour le moment décider s'ils sont identiques. »

Nota. En corrigeant cette feuille, j'apprends par le dernier cahier des *Annals and Magazine of natural history* (janvier 1844), que le genre Simonea , que l'on a aussi observé en Angleterre , y a déjà reçu deux noms génériques différents de celui que nous avons employé à la page 153 de ce volume et dans les planches déjà tirées de notre Atlas. M. E. Wilson (dans un précédent numéro des mêmes *Annals*) l'avait appelé *Ento-zoon* , ce que nous n'avions pas cru devoir imiter ; M. R. Owen l'a nommé plus récemment *Demodex*.

M. Tulk , dans une communication faite le 20 décembre 1843 à la Société microscopique de Londres , a fait connaitre une espèce de *Simonea* trouvée sur le Chien par M. Topping.

TARDIGRADUS.

Les Tardigrades , dont une espèce était classée par Muller et Gmelin avec les Acarus sous le nom d'*A-carus ursellus* (1), ne sont point aussi éloignés des Acarides qu'on l'a cru dans ces derniers temps. Il est même beaucoup plus rationnel de les placer avec eux qu'avec les Infusoires rotateurs , dont plusieurs zoologistes français ont changé le nom en *Systolides*; c'est ce que nous avions déjà admis dans la zoologie précédemment citée du *Million de faits;* c'est aussi l'opinion adoptée par M. Milne-Edwards dans la deuxième édition de ses *Éléments de zoologie.* Cependant , comme on pourrait admettre encore certains doutes à cet égard , nous nous abstiendrons d'en parler ici , nous contentant de renvoyer au volume des Suites à Buffon , qui traite des Infusoires (2) , et surtout au travail que M. Doyère a publié(3) sur ces intéressants animalcules.

____

(1) Linné Gmelin , *Syst. nat.* V , 2924, Sp. 36.

(2) *Hist. nat. des Zoophytes: Infusoires* , par F. Dujardin, p. 661 ; 1841.

(3) *Mémoire sur l'organisation et les rapports naturels des* Tardigrades, *et sur la propriété remarquable qu'ils possèdent, de revenir à la vie après avoir été complétement desséchés* , par L. Doyère. (*Thèses de la Faculté des sciences de Paris* , 1842 ; et *Ann. sc. nat.*, 2ᵉ série, t. XIV.)

Acarides fossiles.

Turpin, dans une note qui fait partie des *Comptes rendus de l'Académie des sciences* pour 1838, T. VIII, p. 502, a signalé, dans le semi-opale de Bilin, un débris de corps organisé qu'il regarde comme une patte d'*Acarus*, mais sans en donner une démonstration tout à fait concluante. M. Bronn, à la page 811 de son *Lethœa*, avait antérieurement indiqué un Trombidium fossile dans le succin.

SÉCONDE CLASSE.

HEXAPODES.

Les Aptères dont nous traitons dans les trois chapitres suivants sont de la classe des Insectes hexapodes (1). Ils sont *Dicères*, c'est-à-dire à deux antennes, comme tous les animaux de ce groupe, mais ils sont remarquables, les Lépismoïdes exceptés, par le nombre des anneaux de leur corps, qui est constamment moindre que chez les autres Hexapodes. La plupart n'éprouvent pas de vraies métamorphoses, et ont été pour cela nommés *Hemimetabola*, *Monomorpha*, etc.

Ce sont les trois ordres des Épizoïques, des Aphaniptères et des Thysanoures, déjà signalés et caractérisés dans les généralités de cet ouvrage (2).

Ils constituent plusieurs familles naturelles, fort difficiles à classer pour la plupart, et dont voici les noms :

Poux. . . . . . } *Épizoïques.*
Ricins. . . . }

Puces. . . . . . *Aphaniptères.*

Podurelles. . } *Thysanoures.*
Lépismes. . . }

---

(1) Entomozoaires hexapodes, de Blainville, etc. — Insectes, Latr., Leach, Savigny. — On en a fait quelquefois un ordre unique parmi les Hexapodes sous le nom d'*Aptères*.

(2) Voyez t. I, p. 40.

ORDRE I.

ÉPIZOÏQUES.

C'est à François Rédi (1) que l'histoire des Insectes épizoïques doit ses premières pages. Dans plusieurs de ses ouvrages, le savant naturaliste du dix-septième siècle traite avec soin des espèces qui vivent aux dépens des autres animaux; les détails qu'il donne à leur sujet ne manquent pas d'intérêt, même à présent, et souvent ils sont accompagnés de figures parfaitement reconnaissables.

De Géer, bien qu'il n'ait fait connaître qu'un nombre beaucoup moins considérable d'espèces, fut aussi très-utile à cette partie de l'entomologie, les vues méthodiques qui présidaient à toutes ses recherches lui ayant permis de poser les premières bases de la classification des épizoïques. C'est ainsi qu'il distingue très-convenablement des Poux, dont nous parlerons d'abord, les Hexapodes aptères et parasites dont la bouche est pourvue de mâchoires, celle des premiers constituant au contraire un suçoir; et son genre des Ricins (en latin *Ricinus*) n'est autre que la réunion des prétendus Poux qui ont des mâchoires, c'est-à-dire qu'il répond à la famille de *Mallophaga* de Nitzsch.

« Sur les oiseaux et les quadrupèdes, on trouve presque toujours, écrit De Géer, de très-petits In-

---

(1) *Esperienze intorno alla generazione degl' insetti fatte da* Francesco Redi, in-4; Firenze, 1668. — Francisci Redi (Patrici aretini), *Opusculorum pars prior sive experimenta circa generationem Insectorum*, in-18. Amstelodami, 1686. — *Opere di* Francesco Redi, *Gentiluomo Aretino, e accademico della Crusca, in questa nuova edizione accresciute e migliorate*, t. I, in-4, Napoli; 1741.

sectes de la grandeur des Poux humains, et souvent
même plus petits, qui se nourrissent du sang qu'ils
sucent de ces animaux, et qui sont ordinairement
d'une figure très-singulière; ce sont leurs Poux, et les
auteurs les ont rangés, pour cette raison, dans le
même genre d'Insectes. Rédi en a donné plusieurs figures dessinées en grand au microscope. Ils ont six
pattes comme les véritables Poux et un corps aplati,
divisé en tête, en corselet et en ventre; mais on leur
trouve, au lieu de trompe, comme aux Poux qui tour-
mentent les hommes, deux petites dents écailleuses
et mobiles, placées au milieu du dessous de la tête,
à la hauteur des antennes. En conséquence d'une cir-
constance si notable et si essentielle, j'ai cru qu'il serait mieux d'établir un genre distingué pour ces Insectes, et de les séparer des véritables Poux, en leur
donnant un nom générique particulier. »

Fabricius a placé les *Ricins* parmi les Ulonates, et
les *Pediculus* avec les Rhyngotes (*Rhynchota*). Latreille en fait un seul ordre sous le nom de *Parasites*,
et Leach, sous celui d'*Anoplura*. M. Burmeister s'est
plus rapproché de la manière de voir de Fabricius.

I.

POUX (1).

Animaux parasites, aptères, à bouche formée uniquement d'un suçoir en gaîne inarticulée, armée à son
sommet de crochets rétractiles; pieds grimpeurs,

---

(1) Pediculus, *partim*, Rédi, Linn., etc. — *Pediculus*, De Géer,
Mémoires, VII, 62. — Pediculus (*Hemiptera epizoica*), Nitzsch, *Thierinsekten*. — Pediculidæ, Leach, *Zool. Miscell.*, III, p. 45. — Pediculina, Burmeister, *Genera*. — *Id.*, *Handbuch der Entomologie*, II,
58. — Pediculidæ, Denny, *Monographia Anoplurorum Britanniæ*,
in-8 avec pl., Londres, 1842.

c'est-à-dire à jambes courtes, épaisses, armées en dedans, en avant, d'une dent avec laquelle l'ongle des tarses, qui est grand et recourbé, forme une pince.

Nitzsch ajoutait à cette caractéristique : l'absence du jabot ; les vaisseaux biliaires au nombre de quatre, libres, d'égale longueur et sans renflements ; deux paires de testicules chez les mâles, et cinq paires de follicules ovariens chez les femelles ; point de métamorphoses.

Les Insectes auxquels le nom de Poux est donné par les entomologistes n'ont encore été trouvés que sur des Mammifères, et ils ne sont qu'une assez faible partie de ceux que l'on appelle vulgairement de même. Beaucoup des prétendus Poux des mammifères sont fort voisins des Ricins, et c'est à propos de ces derniers que nous en parlerons. Quant à certains Acarides qui vivent aussi aux dépens des quadrupèdes, il est inutile de répéter ici que cette dénomination leur convient encore moins. Le Pou du corps humain est pour ainsi dire l'espèce type de la famille des *Pediculus*. Nitzsch, dont les travaux publiés en partie par lui, en partie par M. Burmeister, laissent bien loin derrière eux tout ce qu'on avait écrit sur le même sujet ; Nitzsch admettait que la famille des *Pediculus* ou les *Pediculina* appartient à l'ordre des Hémiptères (*Rhynchota*, Fabr.). Son savant continuateur, M. Burmeister, partage aussi cette manière de voir, et dans son *Genera*, il vient de publier un travail dans cette direction.

Leach avait fait trois genres de *Pediculus*, sous les noms de *Phthirius*, *Pediculus* et *Hœmatopinus*. M. Burmeister adopte les genres *Phthirius* et *Pe-*

diculus, et il porte à vingt et un le nombre des espèces qui n'était que de sept dans Nitzsch.

Un autre travail important sur ce groupe est celui de M. H. Denny (1). Cet auteur adopte les trois genres proposés par Leach, et il en établit ainsi les affinités.

Insecta Hemimetabola Anoplura **Rhynchota** *aut* **Haustellata** : Bouche en petit suçoir (*haustellum*) court et tubuleux. *Famille unique* : **Pediculidæ**.

I. Pattes de deux sortes, les antérieures ambulatoires, les postérieures grimpeuses; thorax large, non distinctement séparé de l'abdomen. . . . . **G. Phthirius.**

II. Pattes toutes grimpeuses; thorax large, non distinctement séparé de l'abdomen; abdomen à neuf segments. . . . . **G. Pediculus.**

III. Pattes toutes grimpeuses ; thorax généralement plus étroit que l'abdomen et distinctement séparé de lui; abdomen à huit ou neuf segments. . . . . **G. Hæmatopinus.**

Les auteurs n'ont pas étudié avec tout le soin qu'il aurait fallu y mettre les Poux des diverses races humaines, et ce que l'on sait à l'égard de ces animaux est relatif à une partie de la population européenne. Il est encore dans notre continent des pays où les Poux de diverses sortes vivent sur l'homme avec autant de sécurité que le font leurs congénères sur les animaux mammifères. La même indifférence favorise l'Acarus de la Gale, les Puces, les Punaises, etc.

On a décrit quatre espèces de Poux particulières à l'homme :

P. capitis, celui de la tête; *P. vestimenti*, celui du corps ; *P. tabescentium*, celui du phthriasis , et *P. inguinalis*, espèce désignée dans Geoffroy par le nom de

---

(1) *Monogr. Anoplurorum Britanniæ*; in-8°. Londres, 1842.

Morpion, qui est celui qu'elle a reçu du vulgaire en France. M. Pouchet a supposé que le Pou de la tête des nègres africains pourrait bien être aussi une espèce distincte. Nous parlerons plus loin de cette opinion.

Voici donc la présence des Poux, celle du moins des Poux de tête, constatée en Europe et en Afrique. Ils existent aussi, au rapport des voyageurs, dans les cheveux des Indiens asiatiques ou américains, et dans ceux des habitants de la Nouvelle-Hollande. Labillardière a écrit depuis longtemps que les femmes, dans ces malheureuses peuplades, mangent les Poux qu'elles prennent sur la tête de leurs enfants (1). Les singes, et, dans certains autres endroits, des individus de notre espèce, les Hottentots, etc., ont aussi cette habitude. M. Martius, cité par M. Perty (2), dit que les Indiens du Brésil ont rarement des Poux, mais que la vermine est fréquente chez les colons, dont la paresse et la saleté sont extrêmes. On voit quelquefois, ajoute-t-il, une mère refuser de marier sa fille, pour ne pas être privée, dans sa vieillesse, de l'occupation de chercher ses Poux. M. Justin Goudot nous apprend qu'ils sont rares chez les Indiens de la Madalena, en Colombie. Oviedo, l'un des premiers écrivains par lesquels on connut, en Europe, l'Histoire naturelle des pays conquis en Amérique par les Espagnols, avait écrit cependant que, par le travers des Açores, les Poux disparaissaient sur les Espagnols qui faisaient voile vers l'Amérique, et que, au retour, ceux-ci en étaient de nouveau attaqués dans les mêmes parages. Mais on sait bien aujourd'hui qu'il n'en est rien, et l'on admet aussi qu'il y avait des Poux

____

(1) Une tête en chair, de Tasmanien, rapportée au Muséum par M. F. Eydoux, avait beaucoup de lentes.

(2) *Deliciæ Insect. Brasil.*

en Amérique avant l'arrivée des conquérants espagnols. Il est vrai de dire qu'ils y étaient fort rares.
M. Perty cite une relation déjà ancienne (1), et dont
on ignore l'auteur, dans laquelle il est question du
petit nombre de ces parasites que les premiers visi-
teurs du Brésil virent dans ce pays; et encore ces
Poux, trouvés dans les couches des Indiens, sont-ils
signalés comme plus semblables aux *Pediculus inguinalis* qu'à ceux de tête.

Pour ne pas nous écarter de la marche adoptée dans
cet ouvrage, nous ne reconnaîtrons parmi les épizoïques du groupe des Poux que le seul genre adopté
par De Géer, en le caractérisant d'après Nitzsch, et
en indiquant toutefois, comme sous-genres, les subdivisions que les aptérologistes y ont établies depuis
avec raison.

Genre POU. (*Pediculus.*)

Tête de forme variable, globuleuse, elliptique ou
en lyre; sinciput tronqué et coupé en ligne droite,
arrondi, aigu ou parabolique ; occiput arrondi, aigu
ou envoyant une avance trigone sur le thorax.

Rostre rétractile caché sous la tête, formant une
gaîne tubuleuse molle dilatée au sommet, où elle est
pourvue d'une double série de crochets, et contenant
un tube corné, formé par quatre soies; point de palpes
ni de lèvre inférieure; antennes grêles, de cinq articles (2), le plus souvent égaux, quelquefois décroissants, le premier souvent épais, et le second plus
long que les autres.

---

(1) *Noticia Brazil.*, Cap. 121.
(2) Sauf dans le *Pediculus eurygaster*, qui n'en a que trois bien
séparés.

Yeux très-petits, à chacun des côtés postérieurs de la tête, derrière les antennes, souvent invisibles.

Thorax petit, toujours plus étroit que l'abdomen, à segments indivis, pourvu de chaque côté d'un stigmate entre la première et la seconde paire de pattes.

Abdomen distinct du thorax, sauf dans les Phthirius, à segments bien séparés, surtout latéralement. Sept, huit ou neuf segments; leur surface papilleuse ou aciculée, présente de longues soies roides éparses. Toujours six paires de stigmates abdominaux.

Pieds semblables entre eux, grimpeurs; les antérieurs souvent plus petits, de même forme que les quatre derniers (sauf dans les Phthirius), mais à jambe pourvue au sommet entre sa dent et son articulation tarsienne, surtout dans les grandes espèces, d'une petite pelote, au moyen de laquelle le poil saisi par ces pattes est mieux retenu.

M. Burmeister fait remarquer que les stigmates abdominaux sont sur les six premiers segments quand l'abdomen est composé de sept articles, sur les six intermédiaires quand il en a huit, et sur le troisième et les cinq suivants lorsqu'il en a neuf. Tous ces stigmates sont orbiculaires et percés d'une petite ouverture à leur centre. Dans le *Pediculus capitis*, de l'homme, ces stigmates sont bien évidents; mais le stigmate thoracique peut être facilement confondu avec les deux papilles, portant une petite soie, qui existent sur le bord noir du thorax au-dessous des cuisses de la première et de la seconde patte; aussi pourrait-on croire, mais à tort, à la présence, chez cette espèce, de trois paires de stigmates thoraciques, bien qu'il n'y en ait qu'une comme chez les autres. Quant aux différences qui caractérisent le dernier anneau abdominal suivant le sexe, voici ce que M. Burmeister en dit : « Dans les mâles il est plus proéminent et arrondi, percé, à sa face supérieure, d'un grand pore qui est l'anus et dont on voit parfois sortir le pénis; celui-ci est charnu et armé d'un ou de deux ongles cornés. Dans les femelles le segment terminal est profondément échancré, quelquefois comme bilobé ; l'anus, s'ouvrant entre ces lobes et la vulve , est à la face ventrale , entre le dernier et l'avant-dernier segment; celle-ci est avancée dans une pente arquée transversalement et pourvue bilatéralement de caroncules subcornées. L'accouplement ne peut avoir lieu que lorsque la femelle se place sur le dos du mâle. »

I. PEDICULUS, Leach, *Zool. Misc.*, III , 66. — Denny, *Anopl. Brit.*, p. 12. — PEDICULUS, *partim*, De Géer et *auct.*

Abdomen à sept segments ; physionomie du Pou de la tête.

On n'a trouvé les espèces de ce premier groupe que sur l'homme.

1. POU DE TÊTE. (*Pediculus capitis.*)

Livide ou blanc cendré ; tous les segments noirs au bord externe; thorax en carré long. Longueur $\frac{2}{7}$ de ligne à 1 ligne $\frac{1}{5}$.

Swammerdamm , *Hist. gen. Ins.* ,pl. 7 ; *id.*, *Biblia naturæ*, p. 29, pl. 1 , f. 2. — *Pedic. humanus*, Linn., *Fauna suec.*, ed. 2 , nᵒ 1939. — *Ped. cap.* , De Géer, *Mémoires*, VII , 67, pl. 1 , f. 6. — Geoff. , *Ins.*, II , 577. — *Pedic. cervicalis*, Leach , *Zool. Misc.*, III , 66. — *Ped. cap.* , Burm. , *Genera*, f. 1 ♂ et 2 ♀ . — Denny, *Anopl. Brit.*, p. 13, pl. 26 , f. 2.

Espèce trop connue pour que nous nous y arrètions longtemps. Elle ne vit que dans les cheveux et elle est surtout commune dans les enfants : ses œufs sont désignés par le nom de *lentes*.

Le pou de la tête des vieillards est plus petit , d'un autre aspect et mérite d'être examiné avec soin.

M. Pouchet (1) a donné le pou du nègre comme d'espèce distincte ; les caractères que nous a présentés un de ces animaux (pl. 48, fig. 1 de notre Atlas) ne nous permettent pas encore d'admettre une différence spécifique entre lui et le pou du blanc.

Les Dictionnaires d'Histoire naturelle et de Médecine donnent au sujet du *P. capitis* tous les renseignements désirables. .

____

(1) *Traité élémentaire de Zoologie*, II, p. 205 ; 1841.

2. Pou de corps. (*Pediculus vestimenti.*)

Jaunâtre uniforme ou blanc sale; tête avancée; ovalaire allongé ; thorax subarticulé; second article des antennes allongé ;
pattes plus grêles que dans le précédent ; allongées. Longueur
1 ligne ou 1 ligne ½.

Ped. hum. corporis, De Géer, *Mémoires*, VII, 67, pl. 1.,
f. 7. — *Ped. hum.*, *var.* B, Linn., *Syst. nat.*, II, p. 1016.
— *Ped. vestimenti*, Nitszch, *Thierins.*, p. 47. — Burmeister,
Genera, f. 8. — Guérin, *Iconogr. règne anim.*, pl. 2, f. 5. —
Denny, *Anopl. Brit.*, p. 16, pl. 26, f. 1.

3. Pou des malades. (*Pediculus tubescentium.*)

Entièrement jaunâtre pâle; tête arrondie; thorax plus grand
que dans le précédent, carré; antennes allongées; segments abdominaux plus serrés. Long. 1 ligne ¼.

Alt, *Dissert. de phthiriasi*, Bonn, 1824, av. pl. — Goldfuss,
Zool. Atl., II, p. 45., pl. 213, f. 5. — *Ped. tab.*, Burm., *Genera; id. Handb. der Entom.*, II, 60. — *Dissert. de phthiriasi*, Bonn ; 1824, av. fig. — Denny, *Anopl. Brit.*, p. 19.

Nous reproduirons au sujet de cette espèce de poux le résumé
donné par M. Burmeister des observations qu'on a faites à son
égard. Ces Poux ont été recueillis sur une femme de soixante-dix
ans. Le soir, et surtout au lit, elle était prise d'une démangeaison
insupportable. Elle avait des Poux au cou, au dos et à la poitrine ; ceux-ci disparaissaient quand la malade se refroidissait à
ces endroits du corps, mais ils reparaissaient bientôt. Ils ne de-
vinrent pas contagieux et furent détruits par l'essence de téré-
benthine. L'épiderme, aux parties signalées, était malade et
couvert de petites croûtes, dans lesquelles les Poux s'arrêtaient
volontiers.

Des personnages célèbres ont succombé à cette dégoûtante
maladie : Hérode, Sylla, Phérécide, Philippe II d'Espagne et,
d'après quelques auteurs, le divin Platon lui-même, en furent
également victimes. Aujourd'hui elle est commune encore dans
certaines parties de l'Europe où les habitants sont sales et mal-
heureux ; en Galice et dans les Asturies elle n'est pas rare ; en
Pologne elle accompagne souvent la plique. Dans le phthiriasis
les Poux se développent avec une telle rapidité que le vulgaire

ne l'explique pas autrement que par génération spontanée (1),
et Amatus Lusitanus raconte avec simplicité qu'ils se produi-
saient si vite et en telle abondance sur un riche seigneur, que
deux domestiques étaient exclusivement occupés à porter à la
mer des corbeilles remplies de la vermine qui sortait du corps de
leur maître.

II. PHTHIRIUS, Leach, *Zool. Misc.*, III, 65. — Burmeister, *Genera*.

Thorax large, non distinct de l'abdomen, qui a
huit segments, pour la plupart appendiculés latéralement ; antennes un peu allongées ; pattes antérieures
grêles, non chélifères, ambulatoires.

4. Pou du pubis. (*Pediculus inguinalis.*)

Pâle, avec la partie moyenne du corps brun rougeâtre, et les
pinces des quatre pattes postérieures roussâtres claires ; corps de
forme triangulaire, émoussé ; pattes assez longues. Longueur,
1 ligne au plus.

Pediculus inguinalis, Rédi, *Exper.*, pl. 19. — *Ped. pubis*,
Linn, *Syst. nat.*, II, 1017.—*Morpion*, Geoffr., Ins., II.—*Phthirius pub.*, Leach, *Zool. Misc.*, III. — *Ped. pub.*, Nitzsch,
Thierins., p. 47. — Guérin, *Iconogr. Règ. anim.*, Ins., pl. 2,
fig. 7. — *Phth. pub.*, Nitzsch, *in* Burm., *Genera*, pl. du genre
Phth., f. 1 (*eximia*). — *Phth. ing.*, Denny, *Anopl. Brit.*, p. 9,
pl. 26, f. 3.

Cet insecte est, comme l'on sait, parasite de l'espèce humaine.
Il s'attache aux poils des organes reproducteurs, à ceux de la
poitrine chez l'homme, à ceux des aisselles et quelquefois à la
barbe et aux sourcils. Les rapports vénériens avec des personnes
qui en sont infestées ne sont pas l'unique moyen d'en contracter.
On peut en être incommodé par le simple contact, par le linge
qui en conserve, par les habits, etc., et les personnes les plus

---

(1) Leuwenhoeck a calculé pour le Pou de tête, dont la reproduction
est loin d'être aussi rapide, que, dans l'espace de deux mois, deux femelles, par la succession rapide des générations, pouvaient donner
naissance à 18000 individus.

réservées en prennent quelquefois sans qu'il leur soit possible de s'en aperçevoir au premier moment. On les détruit d'ailleurs très-aisément à l'aide de lotions, d'onguents, etc., dont la composition est fort simple. La description suivante du *Pediculus inguinalis* est empruntée au *Genera* de M. Burmeister :

Tête panduriforme, à sinciput proéminent, arrondi, un peu en saillie à son sommet où se trouve enfermé le suçoir ; côtés sinueux à la partie antennigère ; occiput assez court, élargi, arrondi.

Yeux très-petits, placés de chaque côté immédiatement derrière les antennes, un peu proéminents.

Antennes filiformes, de cinq articles égaux.

Thorax très-large, aplati, plus large que l'abdomen, échancré en avant pour l'insertion de la tête, montrant de chaque côté, comme dans tous les autres *Pediculus*, un stigmate entre la première et la seconde paire de pattes.

Abdomen aplati, cordiforme, soudé au thorax, composé de huit articles ; les trois premiers segments très-petits, presque confondus en un seul, mais reconnaissables aux trois paires de stigmates réunis sur la base de l'abdomen ; cinq autres segments plus considérables, bien séparés, surtout les trois premiers, qui ont chacun une paire de stigmates, et à la partie latérale inférieure une verrue latérale mobile et charnue. Outre ces trois paires de verrues, il en existe une quatrième fixée à l'extrémité du thorax, très-petite, mais néanmoins saillante ; les deux dernières paires sont les plus grosses ; toutes sont sétifères à leur extrémité. Les deux derniers segments abdominaux sont plus petits que les trois dont il vient d'être parlé et n'atteignent pas le sommet des verrues du sixième segment ; le dernier est échancré à son bord postérieur ; c'est là qu'est l'orifice génital.

Pieds allongés, dissemblables, les antérieurs ambulatoires, allant en s'amincissant, à jambe cylindrique non échancrée, à ongle petit, à peu près droit ; les quatre pieds postérieurs épais et grimpeurs sont plus forts, surtout après la cuisse. La jambe est en effet grande, campanuliforme, sinueuse à son sommet et, un peu avant, armée d'une dent interne ; le tarse est long, grêle, courbé, uni-articulé, corné, portant un grand ongle un peu crochu, également corné, se reployant sur la dent de la jambe pour saisir, comme dans une pince, entre lui et cette dent, les poils sur lesquels l'insecte se tient.

Abdomen de huit segments, le premier allongé, résultant de la réunion de deux.

III. PEDICINUS.

Abdomen de neuf segments, ovalaire-élargi ; tête allongée ; antennes de trois articles ; pattes semblables.

Je n'en connais qu'une espèce, laquelle est commune sur les Singes des genres Guenon, Macaque et Cynocéphale de notre ménagerie, mais sans qu'il soit possible de dire à quel singe elle appartient en propre, ces animaux se donnant réciproquement des Poux, puisqu'on les tient en commun.

5. Pou eurygastre. (*Pediculus eurygaster.*)
(Pl. 48, fig. 1.)

Pâle, à stigmates bruns testacés, très-apparents aux troisième, quatrième et cinquième articles ; corps allongé, ce qui le distingue des Poux humains dont il a l'aspect. Long., 1 à 2 lignes.

Pediculus euryg., Burmeister, *Genera.*

Parasite des Singes. Il s'éloigne moins des Pediculus humains que la plupart des *Hœmatopinus.*

Il a le corps aplati, très-peu velu, finement granuleux ; sa tête allongée n'a que trois articles distincts aux antennes, les cinquième et quatrième étant confondus avec le troisième ; son corselet est étroit, à divisions nulles ; l'abdomen a neuf segments. Le sang contenu dans le tube digestif donne une teinte rosée au corps.

IV.—HŒMATOPINUS, Leach, *Zool. Miscell.*, III. — Denny, *Anopl. Brit.*, p. 5 et 24.

Les espèces de ce groupe sont de taille petite ou même très-petite ; leur tête est petite, tronquée en avant ou obtuse ; les segments moyens de l'abdomen sont bien séparés, souvent dentés ou en saillie aiguë à leur bord ; les pieds de derrière sont les plus longs, ayant deux fois ou trois fois la longueur de ceux de devant ; les yeux se voient difficilement.

1° *Abdomen de huit segments , le premier résultant de la jonction de deux en un seul.*

* *Occiput tronqué ou arrondi, ne s'avançant pas sur le thorax.*

6. Pou sphérocéphale. (*Pediculus sphœrocephalus.*)

Tête orbiculaire, pâle ; les cinq segments abdominaux antérieurs armés d'une dent droite. Long. ⅓ de ligne.

Ped. sphœroc., Nitzsch , *Thierins.*, p. 47.—Burmeister, *Genera.*

Espèce parasite de l'Écureuil d'Europe (*Sciurus vulgaris.*)

7. Pou acanthope. (*Pediculus acanthopus.*)

Tête cordiforme, à joues renflées derrière les antennes ; corps testacé, à segments abdominaux bordés de fauve, tronqués obliquement, mutiques ; cuisses de derrière armées d'une dent à leur base. Long. ⅓ de ligne.

Ped. acanth., Burmeister, *Genera*, g. phth., f. 2. — *Hœm. ac.*, Denny, *Anopl. Brit.*, p. 25, pl. 26.

Parasite du Campagnol des champs (*Hypudœus arvalis*).

8. Pou en scie. (*Pediculus serratus.*)

Tête plus courte, à joues renflées en arrière des antennes ; livide ; abdomen étroit à sa base ; ses segments dilatés bilatéralement et comme en dents de scie. Long. ⅓ de ligne.

Ped. serr., Burmeister, *Genera.*

Parasite de la Souris (*Mus musculus*).

9. Pou spiculifer. (*Pediculus spiculifer.*)

Articles abdominaux serratiformes avec un poil court spiniforme de chaque côté de chaque article ; trois ou quatre paires de poils longs et flexibles aux deux articles postérieurs ; article basilaire des antennes renflé, le deuxième plus étroit, cylindrique, égal aux troisième et quatrième réunis qui sont moniliformes ; le cinquième de la grandeur du troisième.

Trouvé sur un *Mus barbarus* d'Algérie envoyé vivant à M. de Blainville par M. le D. Guyon.

10. Pou leucophe. (*Pediculus leucophœus.*)

Tête ovale ; abdomen allongé, elliptique ; ses six premiers

segments s'imbriquant au moyen d'une plaque cornée. Longueur, ¼ de ligne.

Ped. leuc., Burmeister, *Genera.*

Parasite du Lérot (*Myoxus nitela*).

** *Occiput avancé au-dessus du thorax.*

11. Pou spinuleux. (*Pediculus spinulosus.*)

Occiput court, obtus; les six premiers segments abdominaux
armés d'une dent à leur bord postérieur; pieds de derrière renflés. Long. ½ ligne.

Ped. spin., Burmeister, *Genera*, sp. 8. — *Hœm. spin.*,
Denny, *Anopl. Brit.*, p. 26, pl. 24, f. 5.

Parasite du Surmulot, *Mus decumanus.*

12. Pou spiniger. (*Pediculus spiniger.*)

Gris; occiput aigu; les deuxième et quatrième segments abdominaux armés, à leur milieu, d'une forte dent; tous les pieds
grêles. Long. ⅐ de ligne.

Ped. spin., Burmeister, *Genera*, sp. 9, pl. des *Phthirius*,
f. 5. — *Hœm. spin.*, Denny, *Anopl. Brit.*, p. 27, pl. 24, f. 6.

Parasite du Rat d'eau (*Hypudœus amphibius*).

2° *Abdomen de neuf segments, dont le premier petit et peu
distinct du suivant.*

a) *Pieds grêles, petits, croissant peu à peu; dernier article
des antennes épais. Occiput aigu, plus ou moins avancé sur
le thorax.*

Ils vivent sur les rongeurs.

Les Poux de cette section ont les pieds forts et plus égaux
entre eux.

13. Pou semblable. (*Pediculus affinis.*)

Pâle; sinciput parabolique; joues renflées derrière les antennes; thorax en rhombe. Long. ⅐ de ligne.

Ped. aff., Burmeister, *Genera.*

Parasite des Mulots (*Mus agrarius* et *sylvaticus*).

14. Pou lyriocéphale. (*Pediculus lyriocephalus.*)

Testacé; abdomen gris; tête en lyre, sinueuse bilatéralement
derrière les antennes, aiguë au sinciput; thorax orbiculaire.
Long. ¼ de ligne.

Ped. lyrioceph., Burmeister, *Genera*, pl. des *Pediculus*, f. 7.
— *Hœm. lyr.*, Denny, *Anopl. Brit.*, p. 27, pl. 24, f. 4.

Parasite du Lièvre (*Lepus timidus*).

** *Pieds épais égaux.*

a) *Tête courte, large, de la longueur du thorax.*

15. Pou de phoque. (*Pediculus phocæ.*)

Brun, à pattes d'un rouge foncé ; abdomen arrondi ; entièrement couvert de poils brun doré ; thorax tuberculeux. Long. 1 ligne.

Ped. phocæ, Lucas, *Mag. zool.*, *Ins.*, pl. 12 ; 1834. — *Ped. setosus*, Burmeister, *Genera.*

Trouvé parasite sur un des Phoques qui ont vécu à la ménagerie du Muséum et qui est plutôt le *Phoca vitulina* que le *Phoca groenlandica*, comme le dit M. Burmeister.

Il se tient sur les lèvres et auprès des narines.

16. Pou pilifère. (*Pediculus piliferus.*)

Testacé, unicolor, grêle, couvert de poils pâles et serrés. Long. 1 ligne.

Ped. pilif., Burmeister, *Genera*, sp. 13. — *Hœm. piliferus*, Denny, *Anopl. Brit.*, p. 38, pl. 25, f. 4.

Parasite du Chien domestique : c'est sans doute le *Ped. Canis familiaris* de Muller, *Prodr.*, 2182.

17. Pou eurysterne. (*Pediculus eurysternus*).

Tête, thorax, qui est très-large, et pieds testacés : abdomen blanc ; stigmates saillants au bord latéral des segments. Long. $\frac{2}{3}$ de ligne

Ped. euryst., Nitzsch, *Thierins.*, p. 47. — Burmeister, *Genera*, sp. 14. — *Hœm. euryst.*, Denny, *Anopl. Brit.*, p. 29, pl. 25, f. 5.

Parasite du Bœuf domestique et du cheval. Peut-être le même que le *Pediculus vituli* de Linné.

Les vétérinaires admettent comme distincts le *Pou du bœuf* et le *Pou du veau*, quoique ce dernier se rencontre aussi sur le Bœuf. Il est du double plus grand que le précédent, à pattes courtes, grosses, grises ainsi que la tête et le corselet ; son abdomen est de couleur bleuâtre et plombée ; c'est ainsi, du moins, qu'il est décrit par M. Grognier, dans son *Cours de zoologie vétérinaire*, p. 225 ; 1837. M. H. Denny rapporte au *Ped. tenuiros-*

tris, Burm., le *Ped. vituli* indiqué par Linné, Stephens et autres.

18. Pou ventru. (*Pediculus ventricosus.*)

Châtain non transparent ; tête sublyriforme ; abdomen grand, mou, blanc livide ; tarses châtains. Long. $\frac{1}{3}$ ou $\frac{1}{2}$ ligne.
Hæm. ventr., Denny, *Anopl. Brit.*, p. 30, pl. 25, f. 6.
Parasite du Lièvre (*Lepus timidus*).

19. Pou crassicorne. (*Pediculus crassicornis.*)

Tête considérable, thorax étroit, testacés ainsi que les pattes ; abdomen blanc, stigmates non saillants. Long. $\frac{2}{7}$ de ligne.
Rédi, *Experim.*, I, pl. 23, f. *sup.—Ped. crassic.*, Nitzsch, *Thierins.*, p. 46. — Burmeister, *Genera*, f. 11-22 de la pl. des *Pediculus*.
Parasite du Cerf d'Europe (*Cervus elaphus*).
b) Tête allongée, étroite, dépassant le thorax en longueur.

20. Pou stenops. (*Pediculus stenopsis.*)

Testacé, unicolor ; abdomen allongé ovale, couvert de poils longs, épais. Long. 1 ligne.
Ped. stenopsis, Burmeister, *Genera*, fig. 3 de la pl. de *Phthirius*.
Parasite de la Chèvre domestique (*Capra hircus*) et du chamois) *Antilope rupicapra*).

21. Pou ténuirostre. (*Pediculus tenuirostris.*)

Brun, à abdomen pâle ; segments abdominaux portant latérament les stigmates sur une plaque cornée ; tête allongée, échancrée derrière les antennes. Long. 1 ligne ou 1 $\frac{1}{7}$.
Ped. tenuir., Burmeister, *Genera*, sp. 27. — *Hæm. vituli*, Denny, *Anop. Brit.*, p. 32, pl. 25, f. 3.
Parasite du Cheval (*Equus caballus*) ainsi que le *Pedic. eurysternus*. D'après M. Denny, c'est le *Ped. vituli* des auteurs.

22. Pou d'ane. (*Pediculus asini.*)

Abdomen ovale, de couleur obscure, ferrugineuse et striée ; tête allongée, profondément sinueuse derrière les antennes ; des excroissances cornées autour des stigmates. Long., 1 ligne $\frac{1}{7}$.
Ped. asini, Rédi, *Exper.*, pl. 21. — Grognier, *Cours de*

zool. vétérin., p. 225. — *Hœm. asini*, Denny, *Anopl. Brit.*, p. 32, pl. 25, f. 1.

Parasite de l'Ane domestique (*Equus asinus.*)

23. Pou de chameau. (*Pediculus cameli.*)

Ped. cam., Rédi, *Exper.*, pl. 20.

Parasite du Chameau.

Par une erreur singulière, *l'Encyclopédie méthodique* représente, au lieu de cette espèce, le Charançon du blé, d'après la figure qu'en a donnée Rédi. L'auteur d'un ouvrage élémentaire publié en France, il y a quelques années, a reproduit précisément la figure de l'Encyclopédie comme exemple d'un insecte de l'ordre des Parasites de Latreille.

c) Occiput tronqué, coupé carrément.

24. Pou du cochon. (*Pediculus suis.*)

Brun, à abdomen blanc; segments membraneux ayant de chaque côté une plaque cornée noire qui porte le stigmate. Longueur, 1 ligne 1/2.

Pedic. suis, Linn., *Fauna Suec.*, n° 1942. — *Hœm. suis*, Leach, *Zool. Misc.*, III, 65, pl. 146. — *Ped. urius*, Nitzsch, *Thierins.*, pl. 46. — Burmeister, *Genera*, fig. 4, 9, 10, 13 et 14 de la planche des *Phthirius*. — *Hœm. suis*, Denny, *Anopl. Brit.*, 34, pl. 25, f. 2.

Parasite du Cochon domestique (*Sus scrofa*).

25. Pou tuberculé. (*Pediculus tuberculatus.*)

Brun; abdomen élargi, à segments pourvus latéralement de papilles cornées, en séries; une bande claire le long du dos. Long., 2 lignes.

Ped. tuberc., Burmeister, *Genera*.

Parasite du Buffle d'Italie (*Bos bubalus.*)

26. Pou phthiriopse. (*Pediculus phthiriopsis.*)

Jaunâtre, rayé de brun obscur, à six gros tubercules coniques ou appendices lamellaires blancs des bords de l'abdomen; tête petite; pattes courtes, les deux antérieures épaisses. Long. un peu moindre que dans le *Ped. capitis.*

P. buffali, De Géer, *Mém.*, VII, 68, pl. 1, f. 12.

Parasite du Buffle du Cap (*Bos cafer*). Il a dans ses appendices abdominaux un caractère qui rappelle le *Phthirius inguinalis.*

Il nous est impossible d'assigner une place définitive au

27. Pediculus leptocephalus.

Ehr., *Symb. phys.*, *Mamm.*, art. *Hyrax.* M. Ehrenberg le décrit ainsi :

Capite antennarum porrectorum articulis duobus separato, gracili ; colis distinctis nullis.

Parasite du Daman de Syrie (*Hyrax syriacus*).

Il est, dit M. Ehrenberg, très-voisin du

28. Pediculus. . . . . ,

Pallas, *Miscellanea zoolog.*, p. 47, pl. 4, f. 15.

Parasite du Daman du Cap (*Hyrax capensis*). Il a la tête plus grande, et non séparée en deux par les antennes (*et antennis non separatur*), expression de M. Ehrenberg que je reproduis textuellement dans la crainte de n'en avoir pas bien compris le sens.

29. Pediculus saccatus.

Tête étroite, ainsi que le thorax ; abdomen ovalaire allongé, plus large que le thorax, plus long que lui et la tête réunis, et dont les segments sont membraneux et confondus.

Nous nommerons ainsi, et en la plaçant également à part, une espèce de Pou longue de 0,003, à cinq articles bien distincts aux antennes, mais qui s'éloigne des précédentes par la nature molle de son abdomen.

Nous en avons trouvé un seul exemplaire sur un Bouc d'Égypte, voisin des Bouquetins, mort en 1841, à la Ménagerie du Muséum, qui le devait au docteur Clot-Bey. La tête et le thorax sont jaunes ; l'abdomen roussâtre ; celui-ci a quelques poils rares et assez longs sur ses bords.

Le même Bouc nourrissait des Trichodectes fort semblables au *Tr. limbatus*, si même ils en diffèrent.

I.

RICINS (1).

Les Ricins vivent sur les mammifères et sur les oiseaux, mais on n'en trouve pas sur les animaux des

---

(1) Pediculus, *partim*, Rédi, Linné, etc. — Ricinus, De Géer,

autres classes. Ils sont très-nombreux en espèces,
principalement sur les oiseaux, et il en existe parfois
plusieurs et de genres différents sur un même animal. Ils se conservent assez aisément par la dessica-
tion, et l'on peut en chercher même sur des oiseaux
empaillés depuis plusieurs années. A la mort des animaux, ils viennent, comme les Poux, à la surface de
leur appareil tégumentaire, et plus la mort a re-
froidi le cadavre, plus on les voit sortir. Dans quelques cas, ils vivent encore après plusieurs jours, et
c'est vers les parties molles, aux yeux, autour du bec
ou des lèvres, aux oreilles, etc., qu'on a plus de
chance d'en rencontrer, si on a un peu différé leur recherche.

Nitzsch (1) a publié, en 1818, un travail important
sur les Ricins, mais qui, malheureusement, n'a point
été assez connu des entomologistes français. C'est principalement d'après lui que nous nous guiderons pour la
caractéristique de nos genres et sous-genres. Dès 1810,
cet excellent zoologiste avait distingué les genres *Philopterus* et *Liotheum*, et, en 1813, ceux de *Trichodectes* et *Giropus*. Les uns et les autres rentrent dans le
groupe des Mallophaga rapporté aux Orthoptères par
l'auteur cité, comme étant des animaux de cet ordre
modifiés pour la vie épizoïque (*Orthoptera epizoica*).

Mém. Hist. Inst., VII, p. 69 ; 1778. — Nirmus, J.-F. Hermann, *Mém.
aptérol.*, p. 12 ; 1804.—Ricinus, Latr., *Genera Crust. et Ins.*, I, 166;
1806. Mallophaga (*Orthoptera epizoica*), Nitzsch, *Thierinsekten*,
p. 22 et 29; 1818. — Ornithomyziens, Dum., *Consid. gén. sur la cl.
des Ins.*, p. 235 ; 1823. — Malloph., Burmeister, *Handb. der Entomologie*, II, 418. — Anoplura mandibulata, Denny, *Monogr. Anop.
Brit.*, p. XXI.

(1) *Darstellung der Familien und Gattungen der Thierinsekten*,
(Insecta epizoica), in-8°. Halle, 1818. *Extrait du Magasin d'Entomologie de Germar et Zincken*, t. III.

Voici d'ailleurs un tableau de la répartition des Mallophages en sous-genres :

A — Antennes filiformes, c'est-à-dire non renflées au sommet (*non capitatis*); point de palpes maxillaires.

Genre. I. PHILOPTERUS , Nitzsch.

Sous-genres : 1. *Docophorus* ; 2. *Nirmus* ; 3. *Lipeurus* ; 4. *Goniodes*.

Genre II. TRICHODECTES, Nitzsch.

B. — Antennes renflées au sommet ; des palpes maxillaires.

Genre III. LIOTHEUM, Nitzsch.

Sous-genres : 1. *Colpocephalum;* 2. *Menopon;* 3. *Trinoton;* 4. *Eureum ;* 5. *Læmobothrion ;* 6. *Physostomum*.

Genre IV. GIROPUS, Nitzsch.

Les figures et les descriptions de Ricins laissées par Lyonet, et dont plusieurs se rapportaient à des espèces déjà signalées par les auteurs précédents, ont été insérés dans les *Mémoires du Muséum de Paris*, et M. de Haan en a donné la détermination en se guidant d'après le travail de Nitzsch.

M. Henry Denny, qui a aussi étudié, d'une manière toute particulière, les Hexapodes parasites des mammifères et des oiseaux d'Angleterre, a éclairci, de son côté, ce point d'entomologie, et rempli, dans beaucoup de cas, les *desiderata* que le travail de Nitzsch, qui n'est encore publié qu'en prodrome, avait laissés. Dans son ouvrage déjà cité (p. 291), il suit la classification que voici :

PHILOPTERIDÆ.		LIOTHEIDÆ.	
Genres.	Sous-genres.	Genres.	Sous-genres
PHILOPTERUS.	*Docophorus*, N. *Nirmus*, N. *Goniocotes*, D *Goniodes*, N. *Lipeurus*, N. *Ornithobius*, D.	LIOTHEUM.	*Colpocephalum*, N. *Menopon*, N. *Nitzschia*, D. *Trinoton*, N. *Eureum*, N. *Læmobothrium*, N. *Physostomum*, N.
TRICHODECTES.		GYROPUS.	

M. Denny s'occupe actuellement d'une Monographie des Épizoïques exotiques , mais ce travail, pour lequel il a déjà réuni beaucoup de matériaux, n'est point publié.

Nous avons encore, pour terminer ce petit aperçu historique , à signaler l'établissement d'un genre nouveau de Mallophages par M. Ehrenberg. Ce genre, qu'il appelle *Leptophthirium*, mais qu'il n'a décrit qu'imparfaitement, repose sur une seule espèce (1).

Genre TRICHODECTE. (*Trichodectes*) (2).

Tête déprimée, scutiforme, horizontale, plus large que le prothorax ; bouche infère.

Mandibules bidentées au sommet.

Mâchoires?

Lèvre supérieure élargie à sa base, qui est variable, un peu échancrée à son bord libre.

Lèvre inférieure moins large, à bord libre sub-

---

(1) D'après les caractères qui lui sont assignés , ce genre semblerait devoir former une nouvelle tribu, à joindre aux deux indiquées, par Nitzsch sur les Mammifères. Voici en quels termes M. Ehrenberg en a parlé :

LEPTOPHTHIRIUM.

Antennes filiformes, remarquables par le grand nombre (15) de leurs articles ; des palpes maxillaires et labiaux ; ceux-ci allongés, de cinq articles ; tarses de trois articles, bionguiculés.

LEPTOPHTHIRIUM LONGICORNE , Ehrenberg, *Symbolæ physicæ* , Mamm., article *Hyrax*.

Parasite du Daman de Syrie.

L'auteur n'en a eu qu'un seul exemplaire trouvé par lui sur le Daman de Syrie , (*Hyrax syriacus*, Hempr. et Ehr.), il en fait un genre d'Orthoptères aptères.

(2) TRICHODECTES, Nitzsch, *Thierinsekten*, 36 ; 1818. — Burmeister, *Handbuch der Entomol.*, II , 435. — Denny, *Monogr. Anoplurorum Brit.*, p. 186

échancré, laissant un petit orifice dans son application contre la supérieure.

Palpes maxillaires nuls, ou du moins non visibles.

Palpes labiaux très-courts, bi-articulés.

Antennes filiformes, tri-articulées, plus épaisses, et presque chéliformes dans les mâles de quelques espèces.

Thorax bi-parti.

Yeux sur la partie latérale du corps, derrière les antennes, le plus souvent invisibles ou même nuls.

Abdomen à neuf anneaux; le pénultième accompagné dans les femelles de valves latérales courbées.

Tarses crochus, scanseurs, bi-articulés, formant une pince avec la fin bi-spiculée de la jambe.

A ces caractères, Nitzsch ajoute que le jabot est longuement prolongé en avant d'un seul côté, sub-claviforme et à sommet obtus. Les vaisseaux biliaires sont au nombre de quatre, libres, égaux, sans renflements; les testicules, doubles de chaque côté, sont rapprochés à leur base; cinq paires de follicules ovariens s'insèrent à l'oviducte.

Les Trichodectes sont parasites des Mammifères carnassiers et ruminants. Nitzsch en signalait dix espèces. Ils vivent de poils ou de parcelles d'épiderme.

Pendant le coït, le mâle de ces animaux est placé sous la femelle. Il n'y a pas de métamorphoses, et les âges diffèrent à peine, les larves et les nymphes étant fort semblables aux adultes, agiles comme eux et avides des mêmes aliments.

1. TRICHODECTE PUISSANT. (*Trichodectes pinguis.*)

Pâle; tête, thorax et pieds testacés; deux taches sur les joues en arrière des antennes. Long. ¼ de ligne.

Trich. ping., Burm., *Handbuch der Entomologie*, II, 435.
Parasite de l'Ours (*Ursus arctos*).

2. TRICHODECTE RASÉ. (*Trichodecte retusus*.)

Sinciput raccourci, obtus, profondément échancré. Long. $\frac{1}{7}$ de ligne.

Trich. ret., Nitzsch, *Thierins.*, p. 38. — Burm., *Handb.*, II, 436.
Parasite de la Fouine (*Mustela foina*).

3. TRICHODECTE ÉPAIS. (*Trichodectes crassus*.)

Ped. melis, Fabr., *Syst. Antliatat.*, p. 341. —*Trich. crass.*, Nitzsch, *Thierins.*, p. 37. — Denny, *Anopl. Brit.*, p. 187, pl. XVII, f. 3.
Parasite du Blaireau (*Meles taxus.*)

4. TRICHODECTE LARGE. (*Trichodectes latus*.)

Ricinus canis, De Géer, *Mémoires*, VII, 81, pl. 4, f. 16. — *Trich. lat.*, Nitzsch, *Thierins.*, p. 38. — *Pediculus setosus*, Olfers, 84. — *Trich. lat.*, Burm., *Handb.*, II, 436.—Denny, *Anopl. Brit.*, p. 188, pl. XVII, f. 1.
Parasite du Chien domestique (*Canis familiaris*), principalement dans le jeune âge. C'était la seule espèce de Ricin parasite des Mammifères que De Géer connût.

5. TRICHODECTE SUBROSTRÉ. (*Trichodectes subrostratus*.)

Sinciput allongé, trigone, bituberculé au sommet. Long., $\frac{2}{7}$ de ligne.
Tr. subrostr., Nitzsch, *Thierins.*, p. 36.
Parasite du Chat domestique (*Felis catus domestica*). Nitzsch lui rapporte, mais avec doute, le *Pediculus canis*, Oth. Fabricius, *Fauna groenlandica*, p. 215.

6. TRICHODECTE DU RENARD. (*Trichodectes vulpis*.)

Trich. vulp., Denny, *Anopl. Brit.*, p. 189, pl. XVII, f. 5.
Parasite du Renard (*Canis vulpes*).

7. TRICHODECTE DOUTEUX. (*Trichodectes dubius*.)

Pedic. mustelæ, Schranck, *Fauna boïca*. —*Trich.* (*dubius*),

Nitzsch, *Thierins.*, p. 38. — *Trich. dubius*, Denny, *Anopl. Brit.*, p. 190, pl. XVII, f. 2.

Parasite de la Belette (*Mustela vulgaris*). Nitzsch donne cette espèce comme la seule, parmi les six dont il parle, qu'il n'ait pas suffisamment étudiée. M. Denny, depuis lors, en a reconnu les principaux caractères ; il l'a obtenue de l'Hermine (*Mustela erminea*) aussi bien que de la Belette (*M. vulgaris*), mais sans pouvoir la comparer avec le *Tr. retusus*.

8. TRICHODECTE GRÊLE. (*Trichodectes exilis.*)

Trich. exil., Nitzsch, *Thierins.*, p. 38.
Parasite de la Loutre d'Europe (*Lutra vulgaris*).

9. TRICHODECTE SPHÉROCÉPHALE. (*Trichodectes sphæroce- phalus.*)

Rédi, *Experim.*, pl. 23 (fig. de gauche). — *Ped. ovis*, Linn., *Syst. nat.*, 264, sp. 8. — Schrank, *Fauna aust.*, p. 502, f. 8-9. — *Trich. sph.*, Nitzsch, *Thierins.*, p. 38. — Denny, *Anopl. Brit.*, p. 193, pl. XVII, f. 4.

Fréquent dans les poils du Mouton (*Ovis aries*).

Les Trichodectes des *Moutons à tête noire* d'Abyssinie (*Ovis melanocephala*) que possède la ménagerie du Muséum ne m'ont pas parú en différer.

10. TRICHODECTE CLIMAX. (*Trichodectes climax.*)
(Pl. 48, fig. 3.)

Trich. clim. Nitzsch, *Thierins.*, p. 38.
Parasite de la Chèvre domestique (*Capra ægagrus domest.*)
Nitzsch n'en a pas publié de description. J'ai trouvé, sur des Chèvres, deux espèces de ces animaux, celles figurées dans notre atlas sous le nom de *Tr. élargi* et *bordé*.

11. TRICHODECTE BORDÉ. (*Tr. limbatus.*)
(Pl. 48, fig. 4.)

Corps ovalaire, assez mou, mais avec des pièces endurcies, une de chaque côté et une en bande transversale sur le milieu des anneaux en dessus ; thorax de deux articles ; huit pour l'abdomen ; poils nombreux, courts, rangés en lignes sur les anneaux.

L'autre Trichodecte (*Tri. climax?*) a le corps plus élargi, plus consistant ; mais sans endurcissement partiel des anneaux ;

le premier article , dans les antennes du mâle , est plus gros que les autres.

Ces deux espèces vivaient sur des Chèvres d'Angora : je ne les ai pas trouvées sur le même individu.

12. Trichodecte du cheval (*Trichodectes equi.*)

Pedic. equi , Linn. , *Syst. nat.* , II, 1018. — *Trich. equi* , Denny, *Anopl. Brit.* , p. 191, pl. XVII, f. 7. — Stephens , *Catal.*, p. 330.

Parasite du Cheval (*Equus caballus*) et de l'Ane (*E. asinus*).

Les Daw (*Equus Burchelii*) de la ménagerie du Muséum ont un Trichodecte différent de celui du Cheval et plus approchant du *Trichodecte bordé* de la Chèvre.

13. Trichodecte scalaire. (*Trichodectes scalaris.*)

Pedic. bovis , Linn. , *Syst. naturæ*, 1017. — *Trich. scal.*, Nitzsch , *Thierins.*, p. 38. — Denny, *Anopl. Brit.* , p. 191 , pl. XVII , f. 9. — Rayer, *Arch. med. comp.*, I, p. 176, pl. 5, fig. 4–6.

Parasite du Bœuf domestique (*Bos taurus*) et de l'Ane, d'après M. Denny. M. Rayer a parlé (*loco cit.*) d'une sorte de phthiriasis du Bœuf qui aurait pour cause l'apparition rapide d'un nombre considérable de *Trichodectes scalaris.*

14. Trichodecte longicorne (*Trichodectes longicornis.*)

Pedic. cervi , Rédi, *Experim.* pl. 23 (fig. inférieure). — *Trich. long.*, Nitzsch , *Thierins.*, p. 38. — *Id.*, Denny, *Anopl. Brit.* , pl. 192, pl. XVII , f. 8.

Parasite du Cerf (*Cervus elaphus*). M. Denny le décrit d'après des individus provenant du Daim (*C. dama*). Le même auteur appelle *Trich. similis* (p. 194, pl. XVII, f. 6) le parasite du Cerf ordinaire (*C. elaphus*) ; peut-être vaudrait-il mieux distinguer spécifiquement par un nom nouveau celui du Daim.

15. Trichodecte a deux pointes. (*Trichodectes diacanthus.*)

Articles basilaires des antennes épineux ; anneau anal du mâle entier, sans appendices abdominaux et à second article des antennes renflé ; la femelle a l'anus bifide , deux appendices abdominaux et les antennes plus grêles à leur base.

Trich. diac., Ehrenberg, *Symbolæ physicæ*, *Mamm.*, article *Hyrax*.

Parasite du Daman de Syrie. Voici sa description d'après M. Ehrenberg :

16. TRICHODECTE CORNU. (*Trichodectes cornutus.*)
(Pl. 49, fig. 10.

Tête aplatie, scutiforme, échancrée en avant, subcanaliculée en dessous ; antennes du mâle recourbées en arrière en manière de cornes de Buffle, à article basilaire aussi long et plus gros que les deux autres, très-mobile ; thorax moins large que la tête ; abdomen ovale allongé, de huit articles ; ses anneaux finement marqués de petites apparences squamiformes ; couleur roux clair, pâle entre les anneaux ; quelques petits poils rares à l'extrémité du corps. Les jeunes entièrement de couleur pâle. Long. 0,004.

Trouvé parasite d'un *Antilope dorcas* femelle d'Algérie, mort à la ménagerie du Muséum.

GENRE GYROPE. (*Gyropus*) (1).

Tête déprimée, scutiforme ; horizontale ; tempes échancrées ; bouche antérieure.

Mandibules non dentées.

Des mâchoires.

Lèvres supérieure et inférieure avancées, trapézoïdales, non échancrées.

Palpes maxillaires exsertes, sub-rigides, conico-cylindriques, quadri-articulés.

Palpes labiaux nuls.

Antennes quadri-articulées, boutonnées, leur dernier article et le pénultième formant une petite tête pédiculée.

Yeux nuls ou invisibles.

---

(1) GYROPUS, Nitzsch, *Thierinsekten*, p. 44; 1818. — Burmeister, *Handbuch der Entomologie*, II, 442. — Denny, *Monogr. Anoplurorum Britanniæ*, p. 244.

Thorax bi-parti.

Abdomen à dix segments (1).

Tarses ou courbes, ou à peu près droits, bi-articulés.

Ongle unique formant aux pattes médianes et postérieures (dans une espèce du moins) une pince circulaire par son application contre la base de la cuisse.

Nitzsch a signalé deux espèces dans ce genre, toutes deux parasites du Cochon d'Inde domestique (*Cavia cobaya*), sur lequel nous les avons , en effet , retrouvées. Il supposait qu'il y en a aussi sur les autres rongeurs caviens (*forte in omnibus saviis* , Linn.) ; on en a , en effet, trouvé une espèce sur l'Agouti. Leur nourriture consite en poils ou en fragments d'épiderme. Pendant le coït, la femelle est sous le mâle. Il n'y a pas de métamorphose distincte.

Nitzsch a reconnu que les *Gyropus* ont le jabot symétrique et non déjeté d'un côté; que leurs vaisseaux biliaires sont libres , au nombre de quatre , égaux en longueur et en diamètre, et que les mâles paraissent avoir trois paires de testicules.

1. GYROPE GRÊLE. (*Gyropus gracilis.*)
(Pl. 48 , fig. 5.)

Pedic. porcelli, Schrank, *Ins. austr.* , p. 500, pl. 1 , f. 1. — *Gyrop. grac.*, Nitzsch, *Thierins.*, p. 46. — Denny , *Anopl. Brit.*, p. 246, pl. XXIV, f. 2.

Parasite du Cochon d'Inde domestique (*Cavia cobaya*). Il est fort commun et très-agile. Séparé de l'animal sur lequel il vivait, il marche avec facilité et monte verticalement le long des parois les plus lisses , même contre le verre.

____

(1) Je n'en ai vu que huit dans le *G. gracilis*.

2. GYROPE OVALE. (*Gyropus ovalis.*)

De forme bien différente du précédent et assez semblable pour l'apparence à celle des Philoptères du sous-genre Docophore, tandis que l'autre est allongée à la manière des *Liotheum.*

Gyrop. ov., Nitzsch, *Thierins.*, p. 45. — Burm., *Handb. der Entom.*, II, 443. — Denny, *Anopl. Brit.*, p. 245, pl. XXIV, f. 1.

Également parasite du *Cavia cobaya.* Il est plus court et plus large que le précédent ; il est aussi beaucoup plus rare.

3. GYROPE LONGICOL. (*Gyropus longicollis.*)

Fauve, allongé, étroit ; tête plus courte que le prothorax. Long., $\frac{1}{1}$ de ligne.

Gyr. long., Burm., *Handb. der Entomol.*, II, 443.

Parasite de l'Agouti ordinaire (*Dasyprocta* ou *Chloromys acuti*).

4. GYROPE HISPIDE. (*Gyropus hispidus.*)

Hispide, fauve, un peu élargi ; tête et partie antérieure très-larges, égales. Long., $\frac{1}{1}$ de ligne.

Parasite du Paresseux Aï (*Bradypus tridactylus*).

GENRE LIOTHÉ. (*Liotheum*) (1).

Tête déprimée, scutiforme, horizontale ; bouche infère, plus rapprochée du bord antérieur du front.

Mandibules bidentées, dures, courtes.

Des mâchoires.

Lèvres supérieure et inférieure sub-échancrées à leur bord libre.

Palpes maxillaires les plus longs, filiformes, quadri-articulés, mobiles.

Palpes labiaux très-courts, bi-articulés.

Antennes quadri-articulées, insérées sous le bord

---

(1) LIOTHEUM, Nitzsch, *in* Voigt, *Mag. f. d. naturk.*, XIII, 426 ; 1806. — *Id.*, *Thierins.*, p. 38. — LIOTHEIDÆ, *partim*, Burmeister, *Handbuch der Entomologie*, II. 438 ; 1835. — Denny, *Monogr. Anoplurorum Britanniæ*, p. 39.

latéral de la tête, le plus souvent cachées dans une fossette et invisibles ; leur dernier article ovale ou sub-
arrondi, formant un capitule ou bouton avec le dernier, qui est sub-pédiculé.

Yeux sous le bord latéral de la tête, derrière les
antennes, le plus souvent invisibles.

Thorax bi-parti ou tri-parti ; mésothorax habituellement grêle, peu distinct et peu mobile, nul dans
quelques espèces ; prothorax plus ou moins anguleux
bilatéralement.

Abdomen composé de neuf ou dix anneaux.

Tarses droits, coureurs, bi-articulés ; chaque article pourvu de pelotes ; deux ongles divariqués à
peu près droits, courbés à la pointe ; un prolongement entre les ongles.

Nitzsch, qui est l'auteur de ce genre, ne signale
qu'une vingtaine d'espèces parmi celles qu'il avait observées. Toutes sont parasites des oiseaux et vivent
dans leurs plumes en société des Philoptères, avec
lesquels on les classait précédemment. Les Liothés
ont plusieurs des caractères des Trichodectes, et ce
qui les distingue surtout des Philoptères, c'est leur
extrême agilité. Ils trottent avec vitesse sur le corps
des oiseaux, le quittent dès que la mort a commencé
à en diminuer la chaleur : c'est ainsi que les chasseurs
sont souvent très-incommodés par ces parasites, et que
dans les laboratoires de zoologie, lorsqu'on touche à des
oiseaux nouvellement morts, on attrape aisément des
Liothés. Ils courent sur les mains avec agilité, et s'introduisent dans les vêtements ; ils ont en peu de temps
gagné tout le corps et même la tête, où ils occasionnent des démangeaisons. Il est, du reste, très-facile

de s'en débarrasser, et probablement ils mourraient naturellement après un temps assez court.

D'après Nitzsch, ils ont le jabot symétrique et non déjeté sur l'un des côtés ; leurs vaisseaux biliaires, au nombre de quatre et libres, sont renflés sur le milieu de leur longueur. Les mâles ont trois paires de testicules, et les femelles trois follicules ovariens ; mais toutes les espèces n'ont pas été étudiées sous ce rapport. Pendant le coït, le mâle est sur la femelle. Il n'y a pas de métamorphose distincte. La larve a les habitudes et la vivacité des adultes.

I. COLPOCEPHALUM, Nitzch, *Thierinsekten*, p. 40.

Tête large, ordinairement presque panduriforme.

Tempes séparées du front et du lorum par une échancrure orbitaire profonde.

Antennes visibles, à capitule sub-globuleux ou ovale.

Prothorax peu distinct, petit.

Ces Liothées sont principalement parasites des Accipitres, des Corvidés et des Gralles.

1. Liothé zébre. (*Liotheum zebra.*)

Lioth. zebr., Nitzsch, *Thierins.*, p. 40. — *Colp. zebr.*, Denny, *Anopl. Brit.*, p. 210, pl. XIX, f. 2.

Parasite de la Cigogne blanche (*Ciconia alba*).

2. Liothé jaunatre. (*Liotheum flavescens.*)

Lioth. flav., Nitzsch, *Thierins.*, p. 40. — Lyonet, *Mém. Mus.*, XVIII, 262, pl. 12, f. 1. — *Colp. flav.*, Denny, *Anopl. Brit.*, p. 206, pl. XVIII, f. 2.

Parasite de plusieurs espèces de *Falco* d'Europe, du *Harpya destructor* et du Gypaète (*Gypaetus barbatus*).

3. Liothé sub-égal. (*Liotheum sub-æquale.*)

Lioth. subæq., Nitzsch, *Thierins.*, p. 41. — *Pou du corbeau,*

Lyonet, *Mém. Mus.*, XVIII, 266, pl. 12, f. 5.— *Colp. subæq.*, Denny, *Anopl. Brit.* p. 213, pl. XVIII, f. 5.

Parasite du Corbeau et du Freux (*Corvus corax* et *C. fregilus*), ainsi que de la Corneille (*Corvus corone*).

4. LIOTHÉ OCHRACÉ. (*Liotheum ochraceum.*)

Pulex avis pluvialis, Rédi, *Exper.*, pl. IX (*fig. sup.*).— *Lioth. ochr.*, Nitzsch, *Thierins.*, p. 41.— *Colp. ochr.*, Denny, *Anopl. Brit.*, p. 211, pl. XVIII, f. 3.

Parasite du *Vanellus cristatus* et de quelques autres oiseaux d'eau, parmi lesquels M. Denny cite les *Hæmatopus ostralegus*, *Totanus hypoleucus*, *Charadrius hiaticula, Limosa rufa.*

5. LIOTHÉ.....

Pou de la plus grande espèce de corbeau, Lyonet, *Mém. Mus.*, XVIII, 274, pl. 14, f. 13.—(*Nouv. esp.*) De Haan, *ibid.*, p. 311. — *Menopon gonophæum*, Burm., *Handb.*, II, p. 440.

Parasite du grand Corbeau (*Corvus corax*).

6. LIOTHÉ.....

Pou de huppe, Lyonet, *Mém. Mus.*, XVIII, 269, pl. 13, f. 1-2. — De Haan, *ibid.*, p. 309 (Nouv. esp.).

Parasite de la Huppe (*Upupa epops*).

7. LIOTHÉ IMPORTUN. (*Liotheum importunum.*)

Pou du Héron, Lyonet, *Mém. Mus.*, XVIII, p. 265, pl. 12, f. 4. — *Colp. imp.*, Nitzsch, *Mss.*, *fide* Denny, *Anopl. Brit.*, p. 214, pl. XVIII, f. 1.

Parasite du Héron (*Ardea vulgaris*).

8. LIOTHÉ DU FREUX. (*Liothcum fregili.*)

Colp. freg., Denny, *Anopl. Brit.*, p. 208, pl. 20, f. 4.

Parasite du Freux (*Corvus fregilus*); la Foulque (*Fulica atra*) en a d'assez semblables, d'après M. Denny, mais probablement d'une autre espèce.

9. LIOTHÉ TURBINÉ. (*Liotheum turbinatum.*)

Colp. turb., Denny, *Anopl. Brit.*, p. 209, pl. XXI, f. 1.

Parasite du Pigeon domestique nommé en Angleterre *Turbet pigeon.*

10. LIOTHÉ BRUN. (*Liotheum piceum.*)

Colp. pic., Denny, *Anopl. Brit.*, p. 212, pl. XVIII, f. 4.

Parasite de l'Hirondelle de mer Caugek (*Sterna cantiaca*).

11. Liothé eurysterne. (*Liotheum eurysternum.*)

Louse of the Magpie , Albin , *Aran.* , 76 , pl. 45. — *Pulex picæ* , Rédi , *Experim.* , pl. 5. — *Menopon euryst.* , Burm. , *Handb.*, II, 439.— *Colp. euryst.*, Denny, *Anopl. Brit.*, p. 212, pl. XVIII, f. 6.

Parasite de la Pie (*Corvus pica*).

12. Liothé nyctardée. (*Liotheum nyctarde.*)

Colp. nyct. , Denny , *Anopl. Brit.* , p. 215, pl. XX , f. 9.
Parasite du Héron bithoreau (*Ardea nycticorax*), le *Nycticorax ardeola* , Temm.

13. Liothé quadri-pustulé. (*Liotheum 4-pustulatum.*)
Colp. 4-pust., Denny , *Anopl. Brit.*, p. 216, pl. XVIII, f. 8.

Parasite de la Cigogne (*Ciconia alba*).

14. Liothé du balbuzard. (*Liotheum haliæetis.*)

Colp. hal., Denny, *Anopl. Brit.*, p. 216, pl. XIX, f. 1.
Parasite du Balbuzard (*Falco haliæetus*).

15. Liothé inégal. (*Liotheum inæquale.*)

Colp. inæq., Burm., *Handb*, II , 438.
Parasite du Pic noir (*Picus martius*).

16. Liothé trochioxe. (*Liotheum trochioxum.*)
Colp. troch., Burm., *Handb.*, II, 438.
Parasite du Héron grand butor (*Ardea stellaris*).

17. Liothé ombré. (*Liotheum umbrinum*).
Colp. umbr. , Burm. , *Handb.*, II, 438.
Parasite de Bécasseau cocorli (*Tringa subarquata*).

18. Liothé du percnoptère. (*Liotheum percnopteri.*)
(Pl. 48 , f. 6.)

Grande espèce à corps suballongé, aplati, jaune de cire, bordé de noirâtre , avec une double ligne longitudinale de même couleur sur le dos ; corps très-finement granuleux; tête coupée carrément en avant, échancrée en avant et en arrière des antennes; quelques longs poils sur les bords de l'abdomen. Long., 0,011; largeur 0,003.

Nous avons fait figurer cette espèce remarquable le Colpocé-

phale, d'après des individus recueillis sur un Vautour percnoptère (*Vultur percnopterus*) d'Alger.

19. LIOTHÉ DEMI-DEUIL. (*Liotheum semi-luctus*.)

(Pl. 49, f. 7.)

Un peu rétreci en arrière ; palpes assez longs ; antennes dans
l'échancrure latérale de la tête ; couleur brun noir sur du pâle ;
le dessus de la tête et des anneaux du thorax, une grande tache
bilatérale sur chaque anneau de l'abdomen et les espaces inter-
articulaires de celui-ci sont de cette couleur ; le reste brun noirâtre ; une tache noirâtre, allongée au-dessus de la base des
antennes. Long. 0,002.

Trouvé sur une Grue couronnée (*Grus balearica*).

II. MENOPON, Nitzsch, *Thierinsekten*, p. 41. — Denny, *Anopl. Brit.*, p. 217.

Tête large, semi-lunaire ou trapézoïdale.

Tempes sans échancrure ni lorum.

Antennes à capitule ou bouton, le plus souvent
sub-claviforme, habituellement cachées.

Mésothorax peu distinct, petit.

Il y en a sur presque tous les oiseaux, et le nombre de leurs
espèces est considérable.

20. LIOTHÉ PALE. (*Liotheum pallidum*.)

Pulex capi, Rédi, *Experim.*, pl. 17.—*Ped. gallinæ*, Panz.,
Fauna Ins. Germ., fasc. 51, pl. 21. — *Lioth. pallid.*, Nitzsch,
Thierins., p. 41. — *Men. pallid.*, Denny, *Anopl. Brit.*, p. 217,
pl. 21, f. 5.

Un des parasites du Coq domestique (*Gallus gallinaceus*) ;
on dit qu'il vit encore sur d'autres gallinacés.

21. LIOTHÉ TRANSVERSE. (*Liotheum transversum*.)

Menop. transversus, Denny, *Anopl. Brit.*, p. 226, pl. XXI,
f. 7.

Parasite de la Mouette tridactyle (*Larus tridactylus*) et du
Pingouin macroptère (*Alca torda*).

22. LIOTHÉ DU TOURNE-PIERRE. (*Liotheum strepsilæ.*)

Menop. streps., Denny, *Anopl. Brit.*, p. 226, pl. XXI, f. 8.
Parasite du Tourne-pierre (*Strepsilas collaris*).

23. LIOTHÉ DE LA MOUETTE RIEUSE. (*Liotheum ridibundi.*)

Men. ridibundi, Denny, *Anopl. Brit.*, p. 226, pl. XX,
f. 3.
Parasite de la Mouette rieuse (*Larus ridibundus*).

24. LIOTHÉ JAUNISSE. (*Liotheum icterum.*)

Menop. icterum, Burm., *Handb.*, II, p. 440. — ? Denny,
Anopl. Brit., p. 228, pl. XX, f. 8.
Parasite de la Bécasse (*Scolopax rusticola*), et du Bécasseau
brunette (*Tringa variabilis*).

25. LIOTHÉ DU CHARDONNERET. (*Liotheum carduelis.*)

Menop. card., Denny, *Anopl. Brit.*, p. 228, pl. XX, f. 7.
Parasite du Chardonneret (*Fringilla carduelis*).

26. LIOTHÉ TRIDENT (*Liotheum tridens.*)

Menop. trid., Burm., *Handb.*, II, p. 440.
Parasite de la Foulque macroule (*Fulica atra*).

27. LIOTHÉ JAUNATRE. (*Menopon lutescens.*)

Men. lut., Burm., *Handb.*, II, p. 440.
Parasite du Chevalier arlequin (*Totanus maculatus*), le *T.
fuscus* de M. Temminck, du Combattant (*Machetes pugnax*),
et du Pingouin macroptère (*Alca torda*).

28. LIOTHÉ LEUCOXANTHE (*Menopon leucoxanthum.*)

Menop. leucox., Burm., *Handb.*, II, p. 440.
Parasite de la Sarcelle d'hiver (*Anas crecca*).

29. PHILOPTÈRE DU TADORNE. (*Philopterus tadornæ.*)
(Pl. 49, fig. 6.)

Nous avons trouvé cette espèce de Ménopon sur un des Ta-
dornes (*Anas tadorna*) des côtes de France envoyés à la Ménagerie, par M. Baillon, en 1840.

III. NITZSCHIA, Denny, *Anopl. Brit.*, p. 230.

Tête triangulaire, oblongue.
Tempes sinueuses.

Palpes maxillaires larges et saillants.

Antennes boutonnées presque cachées.

Prothorax étroit.

Mésothorax large, très-distinct.

Abdomen oblong.

Tarses pourvus de larges pelotes roulées.

30. Liothé pulicare. (*Liotheum pulicare.*)

Monopon pulicare, Nitzsch, fide Denny. — *Nitzs. Burmeisteri*, Denny, *Anopl. Brit.*, p. 230, pl. XXII, f. 5.

Parasite du Martinet (*Cypselus apus*).

IV. TRINOTON, Nitzsch, *Thierinseckten*, p. 42.

Tête presque triangulaire.

Tempes séparées du front par une faible échancrure.

Antennes toujours cachées.

Mésothorax distinct, plus grand.

Les espèces observées par Nitzsch vivent palmipèdes de la famille des Canards.

31. Liothé sali. (*Liotheum conspurcatum.*)

Pedic. anseris, Sulzer, *Gesch. Ins.*, pl. 29, f. 4. — *Lioth. consp.*, Nitzsch, *Thierins.*, p. 42. — *Trin. consp.*, Denny, *Anopl. Brit.*, p. 232, pl. XXII, f. 1.

Parasite de l'Oie cendrée (*Anser cinereus*) et du Cygne domestique (*Cygnus olor*). On le trouve aussi sur le *Cygnus Bewickii* et sur la Mouette à pieds bleus (*Larus canus*).

32. Liothé blême. (*Liotheum luridum.*)

Lioth. lurid., Nitzsch, *Thierins.*, pl. 42.—*Trin. lur.*, Denny, *Anopl. Brit.*, p. 234, pl. XXII, f. 2.

Parasite de plusieurs espèces de Canards (*Anas penelope, acuta, crecca* et *clangula*); ainsi que du Harle huppé et du Grand harle (*Mergus serrator* et *merganser*).

33. Liothé rayé. (*Liotheum lituratum.*)

Lioth. lit., Nitzsch, *Thierins.*, p. 42.

Parasite du Harle piette (*Mergus albellus*).

Nitzsch suppose que l'on pourra aussi rapporter à ce sous-genre le *Ricinus lari*, de Géer, *Mémoires*, VII, p. 77, pl. 4, f. 12, espèce de Liothé que **M.** Denny a même depuis lors considérée comme étant peut-être identique au *L. lituratum.*

34. LIOTHÉ SOUILLÉ. (*Trinotum squalidum.*)

Trin. squal., Denny, *Anopl. Brit.*, p. 23, pl. XXII, f. 3.
Parasite de l'Oie rieuse (*Anser albifrons*) et du Canard Souchet (*Anas clypeata*). **M.** Denny en a trouvé un individu sur une Oie domestique.

35. LIOTHÉ PAILLÉ (*Liotheum stramineum.*)

Pedic. meleagridis, **Panz.**, *Fauna ins. Germ.*, 51, fig. 20. — *Lioth. stram.*, Nitzsch, *Thierins.*, p. 42.
Parasite du Dindon (*Meleagris gallopavo*, de Linné).

36. LIOTHÉ CUCULLAIRE. (*Liotheum cucullare.*)

Pulex sturni candidi, Rédi, *Experim.*, pl. 17, ♂. — *Lioth. cucull.*, Nitzsch, *Thierins.*, p. 42. — *Menop. cuc.*, Burm., *Handb.*, II, p. 439.
Parasite du Merle commun (*Sturnus vulgaris.*)

37. LIOTHÉ MILIEU-BLANC. (*Liotheum mesoleucum.*)

Ricinus cornicis, de Géer, *Mémoires*, VII, p. 76, pl. 4, f. 11. — *Nerm. cornicis*, 2, Latr., *Gen.*, I, 169. — *Lioth. mesol.*, Nitzsch, *Thierins.*, p. 42. — *Men. mesol.*, Denny, *Anopl. Brit.*, p. 223, pl. XX, f. 2.
Parasite de la Corneille (*Corone cornix*), du Freux (*C. fregilegus*), de la Corneille (*C. corone*).

38. LIOTHÉ NAIN. (*Liotheum minutum.*)

Pedic. currucæ, Schrank, *Beitrage*, pl. 5, f. 1. — *Lioth. min.*, Nitzsch, *Thierins.*, p. 42.
Parasite de plusieurs petites espèces de Passereaux.

39. LIOTHÉ PHANÉROSTIGME. (*Liotheum pharenostigmaton.*)

Pedic. fasciatus, Scopoli, *Entom. Carn.* — *Lioth phaner.*, Nitzsch, *Thierins.*, p. 42.
Parasite du Coucou (*Cuculus canorus*).

40. LIOTHÉ TACHÉ DE FAUVE. (*Liotheum fulvo-maculatum.*).

Men. fulvo-m., Denny, *Anopl. Brit.*, p. 218, pl. XXI, f. 6.

Parasite de la Caille (*Perdrix coturnix*) et du Faisan (*Phasianus colchicus*).

41. LIOTHÉ CEINT DE BRUN. (*Liothum fulvo-cinctum.*)

Men. fulvo-c., Denny, *Anopl. Brit.*, p. 219, pl. XXI, f. 4.

Parasite de la Pie-Grièche écorcheur (*Lanius collurio*).

42. LIOTHÉ DU PIC-VERT. (*Liotheum pici.*)

Men. pici, Denny, *Anopl. Brit.*, p. 219, pl. XX, f. 5.
Parasite du Pic-Vert (*Picus viridis*).

43. LIOTHÉ DU BRUANT JAUNE. (*Liotheum citrinellæ.*)

Men. cit., Denny, *Anopl. Brit.*, p. 220, pl. XXI, f. 3.
Parasite du Bruant jaune (*Emberiza citrinella*) et de la Bergeronnette grise (*Motacilla alba.*)

44. LIOTHÉ DU TROGLODYTE. (*Liotheum troglodyti.*)

Men. trogl., Denny, *Anopl. Brit.*, p. 221, pl. XVIII, f. 7.
Parasite du Troglodyte (*Troglodytes vulgaris* ou *europæus*).

45. LIOTHÉ SCOPULICORNE. (*Liotheum scopulicorne.*)

Men. scop., Denny, *Anopl. Brit.*, p. 221, pl. XVIII, f. 9.
Parasite du Ralle d'eau (*Rallus aquaticus*), du Grèbe castagneux (*Podiceps minor*) et de la Poule d'eau (*Gallinula chloropus*).

46. LIOTHÉ SINUEUX (*Liotheum sinuatum*).

Men. sin., Denny, *Anopl. Brit.*, p. 222, pl. XX, f. 6.
Parasite de la Mésange grande charbonnière (*Parus major*).

47. LIOTHÉ BORDÉ DE NOIR (*Liotheum nigro-pleurum*).

Men. nigro-pl., Denny, *Anopl. Brit.*, p. 224, pl. XX, f. 1.
Parasite du Combattant (*Machetes pugnax*), du Pingouin macroptère (*Alca torda*), du Chevalier gambette (*Totanus calidris*), du Courlis cendré (*Numenius arquata*) et de la Mouette tridactyle (*Larus tridactylus*).

48. LIOTHÉ GÉANT. (*Liotheum giganteum.*)

Men. gig., Denny, *Anopl. Brit.*, p. 225, pl. XXI, f. 2, *non* Nitzsch.
Parasite du Pigeon colombin (*Columba œnas*).

49. Liothé de la perdrix. (*Liotheum perdicis*).

Men. perd., Denny, *Anopl. Brit.*, p. 225, pl. XXI, f. 9.
Parasite de la Perdrix grise (*Perdix cinerea*).

V. EURÉUM, Nitzsch, *Thierinsekten*, p. 43.

Tête très-large.

Tempes petites, point d'échancrure notable entre elles et le front.

Antennes toujours cachées.

Point de mésothorax.

Nitzsch n'en a observé que deux espèces, toutes les deux de grande taille pour ce genre.

50. Liothé cimecoïde. (*Liotheum cimexoïdes.*)

Lioth. cim., Nitzsch, *Thierins.*, p. 43. — *Eur. cim.*, Denny, *Anopl. Brit.*, p. 237, pl. XII, f. 4. — *Nirmus truncatus?* Olfers, 91.
Parasite du Martinet (*Cypselus apus*).

51. Liothé marteau. (*Liotheum malleus.*)

Lioth. mall., Nitzsch, *Thierins.*, p. 43. — *Eur. mall.*, Burm., *Handb.*, II, p. 441.
Parasite de l'Hirondelle de cheminées (*Hirundo rustica*).

VI. LOEMOBOTHRION, Nitzsch, *Thierinsekten*, p. 43.

Tête oblongue.

Tempes petites, à angle rétroverse.

Antennes toujours cachées.

Gorge excavée.

Mésothorax et abdomen marginés.

Les Læmobothrions n'ont fourni à Nitzsch qu'un petit nombre d'espèces, en général de grande taille. Il en cite sur les Faucons, Vautours et Foulques, ainsi que sur l'Autruche, mais en accompagnant d'un signe dubitatif l'indication de leur existence sur ce dernier oiseau.

52. Liothé géant. (*Liotheum giganteum.*)

Pedic. maximus, Scopoli, *Entom. Carn.*, 382, 1036. — *Ped. buteonis*, Fabr., *Antl.*, p. 343. — *Ped. circi*, Geoffr., *Ins.*, t. II, pl. 20, f. 1. — *Lioth. gigant.*, Nitzsch, *Thierins.*, p. 44.

Parasite des *Falco albicilla, æruginosus et buteo.*

53. Liothé hasticeps. (*Liotheum hasticeps.*)

Pediculus Tinnunculi, Panz., 51, 17., Rédi, *Experim.*, pl. 13.—*Lioth. hast.*, Nitzsch, *Thierins.*, p. 44.—*L. hastipes*, Burm., *Handb.*, II, 442.

Parasite de la Cresserelle (*Falco tinnunculus*).

54. Liothé noir. (*Liotheum atrum.*)

Redi, *Experim.*, pl. 4, f. 1. — *Lioth. atr.*, Nitzsch, *Thierins.*, p. 44. — *Læmob. nigrum*, Burm., *Handb.*, II, 442.

Parasite de la Foulque macroule (*Fulica atra*).

55. Liothé laticolle. (*Liotheum laticolle.*)

Læm. lat., Nitzsch, *Mss. fide* Denny, *Anopl. Brit.*, p. 239, pl. XXIII, f. 4.

Parasite du Hobereau (*Falco subbuteo*).

56. Liothé gris. (*Liotheum gilvum.*)

Læm. gilv., Burm., *Handb.* — Denny, *Anopl. Brit.*, p. 240.
Parasite du Héron butor (*Ardea stellaris*).

VII. PHYSOSTOMUM, Nitzsch, *Thierins.*, p. 44.

Tête oblongue.

Tempes petites, à angle rétroverse.

Antennes toujours cachées.

Lèvre supérieure sortant sous des cornes excavées ?

Gorge proéminente.

Mésothorax nul.

Métathorax et abdomen marginés.

Nitzsch les a trouvés sur des Passereaux. Des six espèces qu'il a, dit-il, observées, il en cite trois.

57. Liothé colère. (*Liotheum irascens.*)

Pediculus motacillæ, Fabr., *Antl.*, p. 349.—*Lioth. irasc.*, Nitzsch, *Thierins.*, p. 44.
Sur le Pinson (*Fringilla cælebs*).

58. Liothé très-brillant. (*Liotheum nitidissimum.*)

Ricinus fringillæ, De Géer, *Mémoires*, VII, p. 71, pl. 4, f. 5-6. — *Lioth. nitid.*, Nitzsch, *Thierins.*, p. 44. — *Nirmus pterocephalus*, Olfers, 91.
Parasite du Verdier (*Fringilla citrinella*).

59. Liothé soufré. (*Liotheum sulphureum.*)

Pedic. dolichocephalus, Scopoli, *Entom. Carn.*, 382, p.1029. — *Pediculus orioli*, Fabr., *Gen. Ins.*, 309. — *Lioth. sulph.*, Nitzsch, *Thierins.*, p. 44.
Parasite du Loriot d'Europe (*Oriolus galbula*).

60. Liothé du jaseur. (*Physostomum bombycillæ.*)

Phys. bomb., Denny, *Anopl. Brit.*, p. 242, pl. XXIII, f. 5.
Parasite du Jaseur (*Bombycilla garrula* ou *cedrornm*).

61. Liothé a frein. (*Physostomum frenatum.*)

Phys. fren., Burm., *Handb.*, II, 442.
Parasite du Roitelet ordinaire (*Sylvia regulus.*)

Antennes filiformes, non renflées en tête à leur extrémité ; point de palpes maxillaires.

Genre PHILOPTÈRE. (*Philopterus*) (1).

Les caractères de ce genre ont été établis ainsi qu'il suit :

Tête déprimée, scutiforme, horizontale, à bouche infère.

---

(1) Ricinus, *partim*, De Géer, etc. — Philopterus, Nitzsch, *Thierinseckten*, p. 38 ; 1818.— Burmeist., *Handbuch, der Entom.*, II, 422. — Denny, *Monogr. Anoplurorum Britanniæ*, p. 41. — *Philopteridæ* (*Trichodectibus exclusis*), Burm. et Denny, *locis cit.*

Mandibules dures, courtes, bidentées, indépen-
damment de la saillie anguleuse, éloignée de leur
sommet.

Des mâchoires.

Lèvre supérieure dilatée à sa base, renflée, variable
(sa face externe, creusée du moins dans beaucoup d'espèces), bord libre, sub-échancré.

Lèvre inférieure moins dilatée, sub-échancrée à
son bord libre, laissant un petit orifice béant lorsqu'elle s'applique contre la supérieure.

Palpes maxillaires invisibles.

Palpes labiaux très-courts, bi-articulés.

Antennes composées de cinq articles, insérées au
bord latéral de la tête, filiformes ; celles des mâles
formant le plus souvent une sorte de pince, au moyen
d'une branche du premier article qui se recourbe
vers le premier.

Yeux sur le bord latéral de la tête, en arrière des
antennes, quelquefois sub-globuleux, le plus souvent
invisibles ou nuls.

Thorax bi-parti ; le prothorax plus étroit que la
tête.

Abdomen composé de neuf anneaux.

Tarses courbes, scanseurs, bi-articulés, à deux ongles contigus, parallèles, serrés (ce qui les fait aisément coniques), courbés, similant une pince par leur
rapprochement avec l'extrémité bi-spiculée de la
jambe,

Métamorphose presque nulle.

Les Philoptères vivent sur les oiseaux, et l'on en a
observé sur des animaux de tous les groupes de cette
classe : ils se nourrissent, ainsi que l'indique leur

nom, de parcelles extrêmement ténues de plumes. Ils changent fort peu avec l'âge, la larve et la nymphe étant agiles et mangeant comme l'Insecte parfait.

Ils ont quatre vaisseaux biliaires libres, égaux, sans renflements.

Les testicules des mâles sont au nombre de deux de chaque côté, contigus à leur base ; les femelles ont de chaque côté cinq follicules ovariens appliqués sur l'oviducte. ·

I. DOCOPHORUS, Nitzsch, *Thierinsekten*, p. 31. — Denny, *Anopl. brit.*, p. 63.

Corps plus large.

Tête considérable ; tempes arrondies.

Trabécules mobiles en avant des antennes.

Antennes semblables dans les deux sexes.

Dernier anneau de l'abdomen des mâles entier, arrondi.

Ils vivent sur tous les oiseaux, excepté sur les Gallinacés et les Pigeons, qui, du moins, n'en ont pas encore présenté.

1. PHILOPTÈRE OCELLÉ. (*Philopterus ocellatus*.)

Blanc laiteux, brillant, velu ; tête allongée, triangulaire ; plaques latérales de l'abdomen noires, turbinées, ayant chacune une grande tache médiane blanche ; cuisses et jambes annelées de noir. Long. 1 ligne.

Pediculus ocellatus, Scopoli, *Entom. Carniol.* — *Philopt. oc.*, Nitzsch, *Thierins.*, p. 32. — *Autre Pou de corbeau*, Lyonet, *Mémoires Mus.*, XVIII, 270, pl. 13, f. 3. — *Docophorus ocell.*, Denny, *Anopl. Brit.*, p. 65, pl. 3, f. 10.

Parasite des *Corvus cornix* et *corone*.

2. PHILOPTÈRE NOIRCI. (*Philopterus atratus*.)

Blanc laiteux, brillant, velu ; abdomen ovalaire, offrant des taches latérales triangulaires fauve brunâtre, bordées de noir ; cuisses et jambes rayées de noir. Long. 1 ligne.

Pediculus ocellatus, Scopoli, *Entom. Carniol.* — *Pulex corvi*, Rédi, *Experim.*, pl. XVI. — *Phil. atr.*, Nitzsch, *Thierins.*, p. 32. — *Docoph. atr.*, Denny, *Anopl. Brit.*, p. 64, pl. 4, f. 8.

Parasite du Freux (*Corvus fregilus*).

3. Philoptère commun. (*Philopterus communis.*)

Châtain, brillant, à poils blancs; tête allongée, triangulaire, très-développée dans sa partie antérieure; trabécules très-grands courbés; cuisse des pattes postérieures très-renflée, denticulée inférieurement. Long. ¼ de ligne.

Ricinus emberizæ, De Géer, *Mém.*, VII, pl. 4, f. 9. — *Pedic. curvirostræ*, Schrank, *Beitr.*, pl, 5, f. 8.—*Ped. curv.*, Panzer, *Fauna Germ.*, fasc. 51, pl. 23, — *Pedic. pyrrhulæ*, *citrinellæ*, *chloridis*, Schrank, *loco cit.*, f. 7, 9, 10 (jeunes). — *Nirmus globifer*, Olfers, 91. — *Phil. comm.*, Nitzsch, *Thierins.*, p. 32. — *Docoph. comm.*, Denny, *Anopl. Brit.*, p. 970, pl. 5, f. 10.

Parasite de presque toutes nos petites espèces de Passereaux.

4. Philoptère léontodon. (*Philopterus leontodon.*)

Tête et thorax châtains, brillants; celle-là très-prolongée antérieurement; plaques abdominales allongées, aiguës, avec de nombreux poils blancs. Long. ½ de ligne.

Ped. sturni, Schrank, *Beitr.*, pl. 5, f. 11. (jeune); *Id.*, *Insect. Aust.* — *Ph. leont.*, Nitzsch, *Thierins.*, p. 32. — *Docoph. leont.*, Denny, *Anopl. Brit.*, p. 74, pl. 5, f. 3.

Parasite de l'Étourneau (*Sturnus vulgaris*).

5. Philoptère platyrhynque. (*Philopterus platyrhynchus.*)

Tête subcordiforme, obtuse, déclive en avant, nue, brillante, fauve châtain; antennes mobiles de la couleur de la tête; abdomen ovalaire, blanc, avec une ligne noire de chaque côté sur le dos; bords de l'abdomen et pieds rougeâtres.

Ped. hæmatopus, Scopoli, *Entom. Carniol.*, p. 381, n° 4025. — *Ped. strigis*, Fabr., *Antl.*, 343. — *Ph. platyr.*, Nitzsch, *Thierins.*, p. 32. — *Pou d'un tiercelet d'épervier*, Lyonet, *Mém. Mus.*, XVIII, 270, pl. 13, f. 84. — *Docoph. platyr.*, Denny, *Anopl. Brit.*, p. 94.

Parasite de l'Épervier (*Falco palumbarius*).

6. PHILOPTÈRE ÉCHANCRÉ. (*Philopterus excisus.*)

Pedic. hirundinis, Schrank, *Fauna boïca Philopt. excis.*, Nitzsch, *Thierins.*, p. 32.
Parasite des Hirondelles de rivage et domestiques (*Hirundo riparia* et *urbica*).

7. PHILOPTÈRE PIQUETÉ. (*Philopterus pertusus.*)

Ph. pert., Nitzsch, *Thierins.*, p. 32.
Parasite de la Foulque (*Fulica atra*).

8. PHILOPTÈRE BILIEUX. (*Philopterus icterodes.*)

Ricin..... De Géer, *Mémoires*, VII, p. 72, 4, f. 14. — *Ped. dentatus*, Scopoli, *Entom. Carniol.*, 383, n° 1042. — *Philopt. icterodes*, Nitzsch, *Thierins.*, p. 32. — *Docoph. ict.*, Denny, *Anopl. Brit.*, p. 102, pl. 5, f. 2.
De Géer l'a trouvé sur le *Mergus serratus* ; il vit aussi parasite des Canards : M. Denny cite les *Anas boschas*, *penelope*, *marila*, *ferina*, *fuligula*, *clypeata* et *crecca*, l'*Anser albifrons*, ainsi que les *Mergus albellus* et *merganser*, comme nourrissant également ce Philoptère.

9. PHILOPTÈRE MÉLANOCÉPHALE. (*Philopterus melanocephalus.*)

Ph. melan., Nitzsch, *Thierins.*, p. 32.
Parasite des Mouettes (*Larus*) et des Hirondelles de mer (genre *Sterna*).

10. PHILOPTÈRE DORÉ. (*Philopterus auratus.*)

Phil. aur., Nitzsch, *Thierins.*, p. 32. — *Docoph. aur.*, Denny, *Anopl. Brit.*, p. 78, pl. 4, f. 5.
Parasite de la Bécasse (*Scolopax rusticola*). D'après M. Denny, c'est à tort que M. De Haan, *Mém. Mus.*, XVIII, rapporte à cette espèce le *Pou de bécasse de mer*, Lyonet, *ibid.*, p. 272, t. XII, f. 9. Celui-ci est un *Nirmus*, probablement le *Ph. sellatus.*

11. PHILOPTÈRE LARGE-FRONT. (*Philopterus latifrons.*)

Pedic. cuculi, Fabr., *Syst. entom.*, 807, sp. 17. — *Ped. fasciatus*, Scop., *Entom. Carniol.*, 383, n° 1040. — *Ph. latif.*, Nitzsch, *Thierins.*, p. 32.. — *Docop. latif.*, Denny, *Anopl. Brit.*, p. 97, pl., f. 4.
Parasite du Coucou d'Europe (*Cuculus canorus*).

12. Philoptère tricolor. (*Philopterus tricolor.*)

Phil. tric., Nitzsch, *Thierins.*, p. 32. — *Docoph. tric.*, Denny, *Anopl. Brit.*, p. 105, pl. 6, f. 9.
Parasite de la Cigogne noire (*Ciconia nigra*).

13. Philoptère brévicol. (*Philopterus brevicollis.*)

Cinq taches sur la tête; sutures blanches disjointes entre elles, la médiane hexagonale. Long. $\frac{1}{2}$ ligne.
Doc. brevic., Burm., *Handb. der Entom.*, II, 424.
Parasite du Vautour fauve (*Vultur cinereus*).

14. Philoptère front-court. (*Philopterus brevifrons.*)

Trois taches sur la tête; sutures blanches disjointes, la médiane transversale segmentiforme .Long. $\frac{1}{4}$ de ligne.
Doc. brevif., Burm., *Handb. der Entom.*, II, 424.
Parasite du Vautour royal (*Vultur papa*).

15. Philoptère incomplet. (*Philopterus incompletus.*)

Philop. incompl., Nitzsch, *Thiersins.*, p. 32. — *Doc. inc.*, Denny, *Anopl. Brit.*, p. 105, pl. 6, f. 5.
Parasite de la Cigogne (*Ciconia alba*).

16. Philoptère fauve. (*Philopterus fulvus.*)

Pou de geai, Lyonet, *Mém. Mus.*, XVIII, 271, pl. 13, f. 6-8. — *Nouv. esp.*, de Haan, *ibid.* — *Doc. fulv.*, Burm., *Handb.*, II, p. 425. — Denny, *Anopl. Brit.*, p. 73, pl. 2, f. 9.
Parasite du Geai (*Corvus glandarius*).

17. Philoptère demi-croix. (*Philopterus semi-signatus.*)

Doc. semi-sig., Burm., *Handb.*, II, p. 424? — Denny, *Anopl. Brit.*, p. 66, pl. 1, f. 5.
Parasite du Corbeau (*Corvus corax*).

18. Philoptère de la pie. (*Philopterus picæ.*)

Doc. picæ, Denny, *Anopl. Brit.*, p. 67, pl. 1, f. 9.
Parasite de la Pie (*Corvus pica*).

19. Philoptère a gouttes. (*Philopterus guttatus.*)

Docoph. gutt., Burm., *Handb.*, II, p. 425. — Denny, *Anopl. Brit.*, 67, pl. 3, f. 8.
Parasite du Choucas? (*Corvus monedula*).

20. Philoptère crassipède. (*Philopterus crassipes*).

Doc. crassip., Burm., *Handb.*, II, p. 425. — Denny, *Anopl. Brit.*, p. 68, pl. 3, f. 6.
Parasite du Casse-Noix (*Nucifraga cariocatactes*).

21. Philoptère a sourcils. (*Philopterus superciliosus.*)

Docoph. supercil., Burm., *Handb.*, II, 427.
Parasite du Pic épeiche (*Picus major*).

22. Philoptère variable. (*Philopterus variabilis.*)

Docoph. var., Denny, *Anopl. Brit.*, p. 71, pl. 3, f. 4.
Parasite du Bécasseau brunette (*Tringa variabilis*).

23. Philoptère du guillemeau. (*Philopterus merguli.*)

Docoph. merg., Denny, *Anopl. Brit.*, p. 72, pl. 3, f. 7.
Parasite du Guillemeau nain (*Mergulus alle*).

24. Philoptère de l'huitrier. (*Philopterus ostralegi.*)

Docoph. ostr., Denny, *Anopl. Brit.*, p. 74, pl. 5, f. 4.
Parasite de l'Huîtrier (*Hæmatopus ostralegus*).

25. Philoptère du ralle. (*Philopterus ralli.*)

Docoph. ralli, Denny, *Anopl. Brit.*, p. 75, pl. 5, t. 6.
Parasite du Ralle d'eau (*Rallus aquaticus*).

26. Philoptère de la grive. (*Philopterus sturni.*)

Docoph. sturni, Denny, *Anopl. Brit.*, p. 76, pl. 4, f. 5.
Parasite de la Grive (*Turdus musicus*).

27. Philoptère du merle rose. (*Philopterus pastoris.*)

Docoph. past., Denny, *Anopl. Brit.*, p. 77, pl. 4, f. 3.
Parasite du Merle rose (*Pastor roseus*).

28. Philoptère célidoxe. (*Philopterus celidoxus.*)

Docoph. celid., Burm., *Handb.*, II, 426. — Denny, *Anopl. Brit.*, p. 77, pl. 4, f. 1.
Parasite des *Alca torda, Uria troile, fratercula* et *arctica.*

29. Philoptère du friquet. (*Philopterus fringillæ.*)

Docoph. fringillæ, Denny, *Anopl. Brit.*, p. 79, pl. 3, f. 2.
Parasite du Friquet (*Fringilla montana*).

30. Philoptère des plongeons. (*Philopterus colymbinus.*)

Docoph. colymb., Denny, *Anopl. Brit.*, p. 80, pl. 8, f. 8.
Parasite des Plongeons nommés *Colymbus septentrionalis,
arcticus* et *glaciali*).

31. Philoptère aquilin. (*Philopterus aquilinus.*)

Docoph. aquil., Denny, *Anopl. Brit.*, p. 81, pl. 3, f. 7.
Parasite de l'Aigle royal (*Falco chrysaetos*), de la Pigargue
(*F. albicilla*) et de la Bondrée (*F. apicivorus*).

32. Philoptère céphalique. (*Philopterus cephalus.*)

Denny, *Anopl. Brit.*, 81, pl. 2, f. 8.
Parasite des Labbes ou Stercoraires (*Lestris parasiticus* et
pomarinus), de la Guignette (*Tringa hypoleucus*) et du Pluvier
à collier (*Charadrius hiaticula*).

33. Philoptère blême. (*Philopterus pallescens.*)

Docoph. pall., Denny, *Anopl. Brit.*, 82, pl. 1, f. 8.
Parasite des Mésanges nonette et charbonnière (*Parus palustris* et *major*).

34. Philoptère platygastre. (*Philopterus platygaster.*)

Docoph. plat., Denny, *Anopl. Brit.*, p. 83, pl. 2, f. 5.
Parasite du grand Guillemot (*Uria troïle*), du Pluvier gui-
gnard (*Charadrius morinellus*) et du Pluvier à collier (*Charadrius hiaticula*).

35. Philoptère fusiforme. (*Philopterus fusiformis.*)

Docoph. fusif., Denny, *Anopl. Brit.*, p. 84, pl. 1, f. 2.
Parasite du Bécasseau échasse(*Tringa minuta.*)

36. Philoptère de la maubèche. (*Philopterus canuti.*)

Docoph. can., Denny, *Anopl. Brit.*, 84, pl. 3, f. 5.
Parasite de la Maubèche ou Canut (*Tringa canuta.*)

37. Philoptère du cincle. (*Philopterus cincli.*)

Docoph. cincli, Denny, *Anopl. Brit.*, p. 85, pl. 5, f. 8.
Parasite du Merle d'eau (*Cinclus aquaticus*).

38. Philoptère de la barge. (*Philopterus limosæ.*)

Docoph. limosæ, Denny, *Anopl. Brit.*, p. 86, pl. 4, f. 2.
Parasite des Barges (*Limosa rufa* et *melanura*).

39. Philoptère mélanocéphale. (*Philopterus melanocephalus.*)

Docoph. melanoc., Denny, *Anopl. Brit.*, p. 86, pl. 5, f. 5.
Parasite du grand Guillemot (*Uria troïle*).

40. Philoptère rostré. (*Philopterus rostratus*).

Docoph. rostr., Burmeist., *Handb.*, II, 427. — Denny, *Anopl. Brit.*, p. 87, pl. 2, f. 4.
Parasite de l'Effraye (*Strix flammea*).

41. Philoptère de la mésange. (*Philopterus pari.*)

Docoph. pari, Denny, *Anopl. Brit.*, p. 87, pl. 6, f. 6.
Parasite des Mésanges, petite charbonnière, bleue et moustache (*Parus ater, cœruleus* et *biarmicus*).

42. Philoptère a épaulette. (*Philopterus humeralis.*)

Docoph. hum., Denny, *Anopl. Brit.*, p. 88, pl. 5, f. 7.
Parasite du Courlis (*Numenius arquatus*).

43. Philoptère de la mouette. (*Philopterus lari.*)

Pediculus lari, Fabr., *Faun. groenl.*, p. 219. — *Docoph. lari*, Denny, *Anopl. Brit.*, p. 89, pl. 5, f. 9.
Parasite de presque toutes les Mouettes (genre *Larus*). M. Denny cite les *Lislandicus, canus, tridactylus, ridibundus, rissa, marinus* et *argentatus*.

44. Philoptère conique. (*Philopterus conicus.*)

Jaune fauve pâle ; tète grande, sub-conique ; abdomen elliptique. Long., 1/2 ligne.
Docoph. con., Denny, *Anopl. Brit.*, p. 90, pl. 5, f. 2.
Parasite du Pluvier doré (*Charadrius pluvialis*).

45. Philoptère dentelé. (*Philopterus serrilimbus.*)

Jaune fauve pâle ; tète allongée, triangulaire, brune noirâtre à son bord latéral. Long., 3/4 de ligne.
Docoph. serril., Burm., *Handb.*, II, 427. — Denny, *Anopl. Brit.*, p. 90, pl. 7, f. 9.
Parasite du Torcol (*Yunx torquilla*).

46. Philoptère du roitelet. (*Philopterus reguli.*)

Jaune fauve ; tète triangulaire ; plaques latérales de l'abdomen fauves, brillantes, passant au châtain brun. Longueur, ½ ligne.

Docoph. reg., Denny, *Anopl. Brit.*, p. 90, pl. 6, f. 4.
Parasite du Roitelet (*Regulus auro-capillus*).

47. Philoptère de la huppe. (*Philopterus upupæ.*)

Allongé, châtain obscur brillant; une tache anguleuse noire sur la tête en avant des yeux; stigmates abdominaux et sutures des articles jaunes pâles. Long., 1 ligne.

Docoph. up., Denny, *Anopl. Brit.*, p. 92, pl. 8, f. 1.
Parasite de la Huppe (*Upupa epops*).

48. Philoptère céblébrache. (*Philopterus ceblebrachys.*)
(Pl. 49, f. 8.)

Brillant, lisse; tête grande, cordiforme; de couleur châtain brillant; abdomen blanc, avec de nombreux poils blancs; des plaques transversales au bord latéral.

Phil. cebleb.? Nitzsch, Mss. — *Docoph. cebleb.*, Denny, *Anopl. Brit.*, p. 92, pl. 1, 3.
Parasite de la Chouette harfang (*Strix nyctea*). Nous lui rapportons un Docophore trouvé sur le Grand-Duc (*Strix bubo*) et figuré dans notre Atlas.

49. Philoptère tortue. (*Philopterus testudinarius.*)

Brillant, fauve vif, pubescent; centre et bords de l'abdomen jaunes noirâtres. Long., ½ ligne.

Nirmus testud.?, Children, *Append. to Back's Land Exped.*, p. 538, sp. 6. — *Docoph. testud.*, Denny, *Anopl. Brit.*, p. 96, pl. 1, f. 6.
Parasite du Courlis (*Numenius arquatus*).

50. Philoptère du cygne. (*Philopterus cygni.*)

Tête, thorax et pattes châtain brillant, lisses; abdomen large, ovalaire, blanc, à premier segment ainsi qu'une tache humérale des seconde et troisième paires de pattes châtains, les autres articles abdominaux garnis latéralement de plaques courtes. Long., ½ ligne.

Pulex cygni secundi generis, Rédi., *Exper.*, pl. IV, fig. inf. —Albin, *Aran.*, p. 76.—*Docoph. icterodes*, Stephens, *Catal.*,

p. 331 ? *non* Nitzsch. — *Docoph. cygni*, Denny, *Anopl. Brit.*, p. 95, pl. 1, f. 1.

Parasite du *Cygnus Bewickii* et de *l'Anser segetum*.

51. PHILOPTÈRE COU-BRUN. (*Philopterus fuscicollis.*)

Tête et thorax châtains obscurs, lisses, brillants; celle-là triangulaire obtuse, déprimée et appointie en avant; abdomen blanc glauque, à plaques latérales brunes, teintées de bilieux. Long., 3/4 de ligne.

Docoph. fusc., Burm., *Handb.*, II, p. 425.—Denny, *Anopl. Brit.*, 98, pl. 1, f. 7.

Parasite de la Pie-grièche commune (*Lanius excubitor*), M. Denny, et du Geai (*Corvus glandarius*), M. Burmeister.

52. PHILOPTÈRE DU GARROT. (*Philopterus chrysophthalmi.*)

Tête et thorax châtain brillant; celle-là grande, avec deux bandes diagonales claviformes; abdomen large, blanc jaunâtre, à plaques latérales en languettes, onduleuses, châtain brillant, passant un peu au bilieux en dedans. Long., 1 ligne.

Docoph. chrysophth., Denny, *Anopl. Brit.*, p. 99, pl. 3, f. 3.

Parasite du Garrot (*Anas clangula*, Linn.) le *Clangula chrysophthalmus* des Anglais.

53. PHILOPTÈRE DE LA SPATULE. (*Philopterus plataleæ.*)

Tête et thorax châtain foncé; tête large, à deux bandes de couleur bilieuse; abdomen presque orbiculaire, les plaques de couleur bilieuse, allongées. Long., 1 ligne $\frac{1}{4}$.

Docoph. plat., Denny, *Anopl. Brit.*, p. 100, pl. 4, f. 9.

Parasite de la Spatule (*Plataleæ leucorodia*).

54. PHILOPTÈRE DU MARTIN-PÊCHEUR. (*Philopterus meropis.*)

Ferrugineux, lisse, brillant; tête triangulaire; bouclier très-échancré; abdomen blanc sale. Long., $\frac{1}{2}$ ligne.

Docoph. mer., Denny, *Anopl. Brit.*, p. 101, pl. 4, f. 4.

Parasite du Martin-pêcheur (*Merops apiaster*).

55. PHILOPTÈRE COUREUR. (*Philopterus cursor.*)

Châtain fauve brillant, avec de nombreux poils blancs; tête obtuse, triangulaire; bouclier tronqué; plaques de l'abdomen en triangles obtus. Long., $\frac{3}{4}$ de ligne ou 1 ligne.

Docoph. curs., Burm., *Handb.*, p. 426, sp. 4.—Denny, *Anopl. Brit.*, p. 101, pl. 2, f. 1.

Parasite du Moyen Duc (*Strix otus*), et de la Chouette (*Strix brachyotos*).

56. Philoptère du pétrel. (*Philopterus thalassidromæ*.)

Tète et thorax jaune fauve; plaques de l'abdomen noir de poix, avec deux grandes fossettes. Long., $\frac{1}{4}$ de ligne.

Docoph. thalassid., Denny, *Anopl. Brit.*, p. 103, pl. 2, f. 6.

Parasite du Pétrel ordinaire (*Procellaria pelagica*), qui rentre dans le genre *Thalassidroma* de Vigors.

57. Philoptère des passereaux. (*Philopterus passerinus*.)

Tète et thorax jaune fauve; thorax petit, subpyriforme; abdomen appointi, à lames latérales châtain foncé. Longueur, $\frac{1}{2}$ ligne.

Docoph. pass., Denny, *Anopl. Brit.*, p. 104, pl. 5, f. 12.

Parasite des *Motacilla alba* et *flava*, ainsi que du *Sylvia phragmitis*.

58. Philoptère du merle. (*Philopterus merulæ*.)

Jaune châtain brillant; lames abdominales courtes; pattes épaisses; bord supérieur brun. Long., $\frac{1}{4}$ de ligne.

Docoph. mer., Denny, *Anopl. Brit.*, p. 106, pl. 3, f. 1.

Parasite de plusieurs espèces de Merles (*Turdus merula, pilaris* et *torquatus*).

59. Philoptère du traîne-buisson. (*Philopterus modularis*.)

Jaune châtain pâle; tète grande, triangulaire; thorax châtain obscur, à échancrure noire; abdomen grand, à plaques transversales longues, en bandes tronquées. Long., $\frac{1}{2}$ à $\frac{1}{4}$ de ligne.

Docoph. mod., Denny, *Anopl. Brit.*, p. 107, pl. 3, f. 3.

Parasite du Mouchet (*Accentor modularis*).

60. Philoptère de la fauvette. (*Philopterus rubeculæ*.)

Allongé; tète et thorax châtain jaunâtre; thorax bilieux latéralement; plaques abdominales châtain foncé, courtes, subtronquées; les trois derniers articles de l'abdomen châtains. Long., $\frac{1}{2}$ de ligne.

Nirmus rubec., Leach , MSS? — *Docoph. rubec.*, Denny, *Anopl. Brit.*, p. 108, pl. 2, f. 2.

Parasite de la Fauvette (*Sylvia rubecula*), du Pinçon (*Fringilla cœlebs*), et du Bruant de neige (*Emberiza nivalis*).

61. **Philoptère platystome.** (*Philopterus platystomus.*)

Châtain brillant; tête grande; bouclier large, profondément échancré; plaques de l'abdomen aiguës, de couleur marron, à sommet fauve. Long., 1 ligne.

Docoph., plat., Burm., *Handb.*, II, p. 426, sp. 13. — Denny, *Anopl. Brit.*, p. 108, pl. 4, f. 7.

Parasite de la Buse (*Falco buteo*).

62. **Philoptère de l'épervier.** (*Philopterus nisi.*)

Jaune fauve vif; bouclier étroit, profondément échancré; plaques de l'abdomen fauve brillant, allongées, aiguës. Long., $\frac{1}{4}$ de ligne.

Docoph. nisi, Denny, *Anopl. Brit.*, p. 109, pl. 3, f. 11.

Parasite de l'Épervier (*Falco nisus*).

63. **Philoptère du fou.** (*Philopterus bassani.*)

Allongé, châtain foncé; abdomen fauve pâle; lamelles latérales de couleur bilieuse, confluentes. Long., $\frac{1}{4}$ de ligne ou 1 ligne.

Podic. bass., Mull.? *Prodr.*, 2193. — Fabr., *Fauna groenl.*, 218, 188. — *Docoph. bass.*, Denny, *Anopl. Brit.*, p. 110, pl. 6, f. 3, et 7, f. 3.

Parasite du Fou de Bassan (*Sula alba* ou *bassana*) , du Cormoran (*Phalacocorax carbo*) et de l'Hirondelle de mer (*Sterna hirundo*).

64. **Philoptère du momot.** (*Philopterus prionitis.*)

Docophorus prionitis, W. Jardine, *Ann. and Mag. of nat. hist.*, VI, 327, avec figure.

Parasite du *Prionus bahamensis.*

Notre Atlas représente deux espèces de Docophores que nous ne trouvons pas dans les auteurs.

65. **Philoptère porte-scies.** (*Philopterus serratus.*)
(Pl. 49, fig. 3.)

Pâle, avec une raie ferrugineuse partant de chaque antenne ,

une sorte de V au chanfrein et les plaques cornées bilatérales
de l'abdomen de même couleur ; une série curviligne de ponctuations éclaircies sur la première ; les autres denticulées à leur
bord postérieur, avec une partie réniforme éclaircie au milieu.

Trouvé sur un Choucas (*Corus monedula*).

66. PHILOPTÈRE TRIANGULIFÈRE. (*Philopterus triangulifer.*)

Thorax plus rétréci, une ligne partant de chaque antenne,
une tache en larme au chanfrein ; les plaques cornées abdominales trianguliformes, celles du premier arceau contiguës ; les
autres distantes ; une bande complète à l'avant-dernier ; dessous
de l'abomen subvilleux pâle.

Parasite d'un Aigle royal (*Falco chrysœtos*).

II. NIRMUS, Nitzsch, *Thierins.*, p. 33.

Corps habituellement plus étroit.

Tête de grandeur moyenne, à tempes arrondies ou
monogones.

Trabécules nulles ou petites et dures.

Antennes semblables dans les deux sexes, ou rarement plus épaisses dans les mâles ; très-rarement ramigères.

Dernier anneau de l'abdomen entier dans les mâles,
arrondi.

On en trouve sur les oiseaux de toutes familles ; le nombre
en est fort considérable.

67. PHILOPTÈRE DISCOCÉPHALE. (*Philopterus discocephalus.*)

Phil. discoceph., Nitzsch, *Thierins.*, p. 33. — *Pou du milan
brun?* Lyonet, *Mémoires Mus.*, XVIII, 268, pl. 12, fig. 8-9.
— *Nirm. disc.*, Denny, *Anopl. Brit.*, p. 113, pl. 9, f. 10.

Parasite du *Falco albicilla*. M. Denny ne rapporte pas à la
même espèce le Philoptère signalé par Lyonet et le *Phil. discoc.*
de Nitzsch ; il donne au premier le nom de *Nirm. fuscus.*
(*Anopl. Brit.*, p. 118, pl. 9, f. 8.)

Une autre espèce, **PHIL. LEUCOPLEURUS**, Nitzsch, *Thierins.*,
p. 33, est parasite du *Falco brachydactyla*.

68. Philoptère chambré. (*Philopterus cameratus.*)

Phil. cam., Nitzsch, *Thierins.*, p. 33. — *Nirm. cam.*, Denny, *Anopl. Brit.*, p. 112, pl. 9, f. 9.
Parasite du grand Coq de bruyère, *Tetrao tetrix*, du *T. scoticus* et du *T. lagopus*.

69. Philoptère a jours. (*Philopterus fenestratus.*)

Phil. fen., Nitzsch., *Thierins.*, p. 33.
Parasite du Coucou d'Europe (*Cuculus canorus*).

70. Philoptère a crochet (*Philopterus uncinosus.*)

Phil. unc., Nitzsch, *Thierins.*, p. 33.—*Nirm. unc.*, Denny, *Anopl. Brit.*, p. 117, pl. 5, f. 1.
Parasite de la Corneille (*Corvus cornix*), du grand Corbeau (*Corvus corax*) et du Merle (*Turdus merula*).

71. Philoptère argule. (*Philopterus argula.*)

Phil. arg., Nitzsch, *Thierins.*, p. 33. —*Nirm. arg.*, Burm., *Handb.*, II, 430. — Denny, *Anopl. Brit.*, p. 123, pl. 8, f. 4.
Parasite du Corbeau (*Corvus corax*).

72. Philoptère grêle. (*Philopterus gracilis.*)

Phil. grac., Nitzsch, *Thierins.*, p. 33.
Parasite de l'Hirondelle de cheminées (*Hirundo rustica*).

73. Philoptère trompeur. (*Philopterus decipiens.*)

Pedic. recurvirostræ, Linn., *Syst. nat.*, II, p. 1019.—*Phil. decip.*, Nitzsch, *Thierins.*, p. 33. — *Nirm. decip.*, Denny, *Anopl. Brit.*, p. 125, pl. 2, f. 2.
Parasite de l'Avocette (*Recuvirostra avocetta*).

74. Philoptère brun. (*Philopterus piceus.*)

Phil. pic., Nitzsch, *Thierins.*, p. 33.
Parasite de l'Avocette (*Recurvirostra avocetta*).

75. Philoptère rétréci. (*Philopterus attenuatus.*)

Pediculus ortygometræ? Schrank, *Ins. Austr.*, p. 503, n° 1027. — *Phil. atten.*, Nitzsch, *Thierins.*, p. 33. — *Nirm. att.*, Denny, *Anopl. Brit.*, p. 134, pl. 10, f. 2.

Parasite du Râle (*Crex pratensis*) et du Chevalier Gambette (*Totanus calidris*).

76. PHILOPTÈRE FENDU. (*Philopterus fissus.*)

Phil. fiss., Nitzsch, *Thierins.*, p. 33. — *Nirm. fissus*, Denny, *Anopl. Brit.*, p. 148, pl. X, f. 8a.

Parasite du petit Pluvier (*Charadrius minor*) et du Chevalier Gambette (*Totanus calidris*).

77. PHILOPTÈRE PONCTUÉ. (*Philopterus punctatus.*)

Phil. punct., Nitzsch, *Thierins.*, p. 33.
Parasite de la Mouette rieuse (*Larus ridibundus*).

78. PHILOPTÈRE EUGRAMMIQUE. (*Philopterus eugrammicus.*)

Phil. eugr., Nitzsch, *Thierins.*, p. 33.
Parasite de la Mouette pygmée (*Larus minutus*).

79. PHILOPTÈRE NAIN. (*Philopterus minutus.*)

Pulex fulicæ, Rédi, *Experim.*, pl. 4, f. 3. — *Phil. min.*, Nitzsch, *Thierins.*, p. 33.
Parasite des Foulques.

80. PHILOPTÈRE TURMAL. (*Philopterus turmalis.*)

Phil. turm., Nitzsch, Mss. — *Nirm. turm.*, Denny, *Anopl. Brit.*, p. 114, pl. 6, f. 10.
Parasite de la grande Outarde (*Otis tarda*).

81. PHILOPTÈRE DE LA PINTADE. (*Philopterus numidæ.*)

Nirm. num., Denny, *Anopl. Brit.*, p. 115, pl. 10, f. 5.
Parasite de la Pintade (*Meleagris numida*).

82. PHILOPTÈRE OLIVACÉ. (*Philopterus olivaceus*).

Nirm. olivac., Burm., *Handb.*, II, p. 431. — *Nirm oliv.*, Denny, *Anopl. Brit.*, p. 115, pl. 11, f. 5.
Parasite du Casse-noix (*Nucifraga caryocatactes*).

83. PHILOPTÈRE GRÊLE. (*Philopterus gracilis*).

Nirm. grac., Burm., *Handb.*, II, p. 429. — Denny, *Anopl. Brit.*, p. 116, pl. 11, f. 7.
Parasite de l'Hirondelle des fenêtres (*Hirundo urbica*).

84. PHILOPTÈRE BORDÉ. (*Philopterus marginalis.*)

Nirm. marg., Burm., *Handb.*, II, 431. — Denny, *Anopl. Brit.*, p. 118, pl. 8, f. 2.
Parasite des *Turdus pilaris*, *viscivorus* et *torquatus*.

85. PHILOPTÈRE ROUX. (*Philopterus rufus.*)

Nirm. ruf., Denny, *Anopl. Brit.*, p. 119, pl. 11, f. 11.
C'est peut-être l'espèce représentée par Lyonet, *Mém. Mus.*, XVIII, p. 268, pl. 18, f. 4, et que M. de Haan rapporte au *Ph. platyrhynchus*, Ricin du sous-genre précédent:
Parasite de la Cresserelle (*Falco tinnunculus*), du Hobereau (*Falco œsalon*) et du *Falco fringillarius*.

86. PHILOPTÈRE DU COUCOU. (*Philopterus cuculi.*)

Nirm. cuc., Denny, *Anopl. Brit.*, p. 120, pl. 10, f. 11.
Parasite du Coucou d'Europe (*Cuculus canorus*).

87. PHILOPTÈRE TESSELLÉ. (*Philopterus tessellatus.*)

Nirm. tess., Denny, *Anopl. Brit.*, p. 121, pl. f. 2.
Parasite du Héron bihoreau (*Ardea stellaris*).

88. PHILOPTÈRE LIMBÉ. (*Philopterus limbatus.*)

Nirm. limb., Denny, *Anopl. Brit.*, p. 122, pl. 11, f. 3.
Parasite du Bec croisé (*Loxia curvirostra*).

89. PHILOPTÈRE SUBCUSPIDÉ. (*Philopterus subcuspidatus.*)

Nirm. subcusp., Burm., *Handb.*, II, 430. — Denny, *Anopl. Brit.*, p. 122, pl. 11, f. 1.
Parasite du Rollier (*Corvus garrula*).

90. PHILOPTÈRE DE LA GRIVE. (*Philopterus viscivori.*)

Nirm. visc., Denny, *Anopl. Brit.*, p. 124, pl. 7, f. 7.
Parasite de la Grive (*Turdus viscivorus*).

91. PHILOPTÈRE DE LA FOULQUE. (*Philopterus fulicæ.*)

Nirm. ful., Denny, *Anopl. Brit.*, p. 125, pl. 9, f. 2.
Parasite de la Foulque (*Fulica atra*).

92. PHILOPTÈRE DE L'HUÎTRIER. (*Philopterus hæmatopi.*)

Ped. hæmatopi, Linn., *Syst. nat.*, II, 1019. — *Nirm.*

glaucus, Steph., *Catal.*, p. 332. — *Nirm. hœmat.*, Denny, *Anopl. Brit.*, p. 126, pl. 10, f. 3.

Parasite de l'Huîtrier. (*Hœmatopus ostralegus*).

93. PHILOPTÈRE ÉTOILÉ (*Philopterus stellatus.*)

Ped. sternæ, Linn., *Syst. nat.*, II, p. 1019. — *Ricinus lari*, de Géer, *Mém.*, VII, 77, pl. 4, f. 12. — *Nirm. stell.* Burm., *Handb.*, II, p. 428. — Denny, *Anopl. Brit.*, p. 127, pl. 7, f. 5.

Parasite des Mouettes (*Larus argentatus* et *ridibundus*) et de l'Hirondelle de mer (*Sterna hirundo*).

94. PHILOPTÈRE DU VANNEAU. (*Philopterus vanelli.*)

Nirm. van., Denny, *Anopl. Brit.*, p. 128, pl. 7, f. 6.
Parasite du Vanneau gris (*Vanellus griseus* ou *menalogaster*) et du Tourne-pierre (*Strepsilas interpres*).

95. PHILOPTÈRE MÉRULIN. (*Philopterus merulensis.*)

Nirm. mer., Denny, *Anopl. Brit.*, p. 128, pl. 7, f. 1.
Parasite du Merle (*Turdus merula*).

96. PHILOPTÈRE DU GEAI. (*Philopterus glandarii.*)

Nirm. gland., Denny, *Anopl. Brit.*, p. 129, pl. 8, f. 3.
Parasite du Geai (*Corvus glandarius*).

97. PHILOPTÈRE A POINTES. (*Philopterus cuspidatus.*)

Ped. cuspid., Scopoli, *Entom. Carn.*, 385, n° 1049.—*Nirm. cusp.*, Denny, *Anopl. Brit.*, p. 130, pl. 6, f. 2.
Parasite de la Poule d'eau (*Gallinula chloropus*) et du Râle d'eau (*Rallus aquaticus*).

98. PHILOPTÈRE DU MAUVIS. (*Philopterus iliacus.*)

Nirm. il., Denny, *Anopl. Brit.*, p. 130, pl. 9, f. 4.
Parasite du Mauvis (*Turdus iliacus*) et du Merle rose (*Pastor roseus*).

99. PHILOPTÈRE CLAVIFORME. (*Philopterus claviformis*).

Nirm. clav., Denny, *Anopl. Brit.*, p. 131, pl. 9, f. 7.
Parasite des Pigeons. (*Columba palumbus* et *œnas*).

100. Philoptère annelé. (*Philopterus annulatus.*)

Nirm. ann.? Burm., *Handb.*, II, 428. — Denny, *Anopl. Brit.*, p. 132, pl. 8, f. 5.
Parasite de l'OEdicnème (*OEdicnemus crepitans.*)

101. Philoptère nuageux. (*Philopterus nebulosus.*)

Nirm. neb., Burm.., *Handb*, II, 429. — Denny, *Anopl. Brit.*, p. 132, pl. 11, f. 13.
Parasite de l'Étourneau (*Sturnus vulgaris*).

102. Philoptère du guépier. (*Philopterus apiastri.*)

Nirm. ap., Denny *Anopl. Brit.*, p. 133, hl. 10, f. 4.
Parasite du Guépier (*Merops apiaster*).

103. Philoptère ochrope (*Philopterus ochropi.*)

Nirm. ochr., Denny, *Anopl. Brit.*, p. 134, pl. 11, f. 12.
Parasite du Chevalier cul-blanc (*Totanus ochropus*).

104. Philoptère du tourne-pierre (*Philopterus strepsilaris.*)

Nirm. streps., Denny, *Anopl. Brit.*. p. 185, pl. 11, f. 4.
Parasite du Tourne-pierre (*Strepsilas interpres*).

105. Philoptère du grand pluvier. (*Philopterus hiaticulæ.*)

Nirm. hiat., Denny, *Anopl. Brit.*, p. 136, pl. 11, f. 10.
Parasite du grand Pluvier à collier (*Charadrius hiaticula*).

106. Philoptère bordé de brun (*Philopterus fusco-marginatus.*)

Nirm. fusco-marg., Denny, *Anopl. Brit.*, p. 136, pl. X, f. 1.
Parasite du Grèbe oreillard (*Podiceps auritus*).

107. Philoptère rallin. (*Philopterus rallinus*).

Nirm. rall., Denny, *Anopl. Brit.*, p. 137, pl. VIII, f. 7.
Parasite du Râle d'eau vulgaire (*Rallus aquaticus*).

108. Philoptère du pingouin. (*Philopterus alcæ.*)

Mirm. alcæ, Denny, *Anopl. Brit.*, p. 137, pl. IX, f. 1
Parasite du Pingouin macroptère (*Alca torda*).

109. Philoptère de l'oedicnème. (*Philopterus œdicnemi.*)

Nirm. œdicn., Denny, *Anopl. Brit.*, p. 138, pl. VII, f. 8.
Parasite de l'OEdicnème criard (*OEdicnemus crepitans*).

110. Philoptère paillé. *(Philopterus stramineus.)*

Nirm. stram., Denny, *Anopl. Brit.*, p. 139, pl. VIII, f. 9.
Parasite du grand Épeiche *(Picus major)* et du Pic-vert
(Picus viridis).

111. Philoptère du phalarope. *(Philopterus phalaropi.)*

Nirm. phal., Denny, *Anopl. Brit.*, p. 139, pl. VIII, f. 6.
Parasite du Phalarope *(Phalaropus lobatus)*, le *Ph. platy-
rhinchus* de M. Temminck.

112. Philoptère allongé. *(Philopterus elongatus.)*

Nirm. elong., Denny, *Anopl. Brit.*, p. 140, pl. 11, f. 4.
Parasite de l'Hirondelle des fenêtres *(Hirundo urbica).*

113. Philoptère a ventre blanc. *(Philopterus hypoleucus.)*

Phil. hypol., Nitzsch, Mss. — *Nirm. hypol.*, Denny, *Anopl.
Brit.*, p. 140, pl. 6, f. 8.
Parasite de l'Engoulevent d'Europe *(Caprimulgus euro-
pæus).*

114. Philoptère du grèbe. *(Philopterus podicepis.)*

Pediculus colombinus? Scopoli, *Faun. Carn.*, 384, n° 1405.
— *Nirmus podicepis*, Denny, *Anopl. Brit.*, p. 142, pl. X,
fig. 9.
Parasite du Grèbe castagneux *(Podiceps minor).*

115. Philoptère joncé. *(Philopterus junceus.)*

Pediculus junceus? Scopoli, *Faun. Carn.*, 384, n° 1448. —
Nirm. junc., Denny, *Anopl. Brit.*, p. 143.
Parasite du Vanneau huppé *(Vanellus cristatus)*, du Chevalier aboyeur *(Totanus glottis)*, et du Cygne sauvage *(Cygnus
ferus* ou *musicus).*

116. Philoptère du courlis. *(Philopterus numenii.)*

Nirm. num., Denny, *Anopl. Brit.*, f. 144, pl. IX, f. 6.
Parasite du Courlis cendré *(Numenius arquatus)* et de la
Foulque macroule *(Fulica atra).*

117. Philoptère du courlieu. *(Philopterus phæopi.)*

Nirm. phæopi, Denny, *Anopl. Brit.*, p. 144, pl. X, f. 7.

Parasite du Courlieu (*Numenius phœopus*) et du Bécasseau cocorli (*Tringa subarquata*).

118. Philoptère holophe. (*Philopterus holophœus.*)

Nirm. holoph., Burm., *Handb.*, p. 427, sp. 3. — Denny, *Anopl. Brit.*, p. 145 , pl. **X, f.** 10.

Parasite du Combattant (*Machetes pugnax*) et du Bécasseau Maubèche (*Tringa canutus*) ; le *Tr. cinerea*, de M. Temminck.

119. Philoptère ceinturé. (*Philopterus cingulatus*).

Nirm. cing. ? Burm., *Handb.*, **II**, p. 428. — *Nirm. cing.*, Denny, *Anopl. Brit.*, p. 146, pl. **X, f.** 3.

Parasite de la Barge à queue noire (*Limosa melanura*), de la Barge rousse (*Limosa rufa*) et du Combattant (*Machetes pugnax*).

120. Philoptère obscur. (*Philopterus obscurus.*)

Nirm. obs., Denny, *Anopl. Brit.*, p. 147, pl. **X** , f. 6. — *Nirm. obs.?* Burm., *Handb.*, **II**, p. 427 , sp. 1.

Parasite du Pluvier à collier interrompu (*Charadrius cantianus*) , et du Chevalier sylvain (*Rotanus glareola*).

121. Philoptère grêle. (*Philopterus tenuis.*)

Nirm. ten., Burm., *Handb.*, **II** , p. 429 , sp. 14. — Denny, *Anopl. Brit.*, p. 148, pl. **XI , f.** 9.

Parasite de l'Hirondelle de rivage (*Hirundo riparia*).

122. Philoptère de la bécasse. (*Philopterus scolopacis.*)

Nirm. scol., Denny, *Anopl. Brit.*, p. 149, pl. **XI, f.** 8.

Parasite de la Bécasse ordinaire (*Scolopax gallinago*).

123. Philoptère cyclothorax. (*Philopterus cyclothorax.*)

Nirm. cycloth., Burm., *Handb.*, **II**, p. 429, sp. 10. — Denny, *Anopl. Brit.*, p. 150, pl. **XI** , f. 6.

Parasite du Moineau friquet (*Fringilla montana*).

124. Philoptère sombre. (*Philopterus furvus.*)

Nirm. furvus, Burm., *Handb.*, **II** , p. 427.

Parasite du Chevalier aboyeur (*Totanus glottis*) , et du Tourne-pierre (*Strepsilas interpres*).

125. Philoptère noir et blanc. (*Philopterus nycthemerus*).

Nirm. Nycthem., Burm., *Handb.*, II, p. 428.
Parasite de la petite Hirondelle de mer (*Sterna minuta*).

126. Philoptère grammique. (*Philopterus grammicus.*)

Nirm. eugrammicus, Burm., *Hanbd.*, *loco cit.*, p. 428, non
Phil. engramm., Nitzsch (Voyez *sp.*)
Parasite de la Mouette rieuse (*Larus ridibundus*).

127. Philoptère croupion grêle (*Philopterus stenopyx.*)

Nirm. sten., Burm., *loco cit.*, p. 428.
Parasite du Canard siffleur huppé (*Anas rufina*).

128. Philoptère crucial. (*Philopterus cruciatus.*)

Nirm. cruc., Burm., *loco cit.*, p. 429.
Parasite de la Pie-grièche écorcheur (*Lanius collurio*).

129. Philoptère varié. (*Philopterus variatus.*)

Nirm. var., Burm., *loco cit.*, p. 430.
Parasite de la Corneille (*Corvus corone*) et du Choucas (*Corvus monedula*).

130. Philoptère de l'aguia. (*Philopterus aguiæ.*)

Tête obtuse, sub-arrondie, double du thorax en largeur, abdomen elliptique, sub-égal à ses deux sommets; bandes coriaces faibles, entières aux arceaux supérieurs; quelques poils allongés et flexueux au pourtour de l'abdomen. Longueur totale, 1,001.

D'un Aigle Aguia (*Falco aguia*, Temm.), rapporté à la Ménagerie par M. Gaudichaud.

III. LIPEURUS, Nitzsch, *Thierins.*, p. 34.

Corps plus ou moins étroit, allongé.

Tête médiocre, le plus souvent étroite, à joues arrondies ou obtuses ; point de trabécules.

Antennes des mâles ayant le premier article plus long et plus épais que les autres, le troisième ramigère, et par suite, plus ou moins chéliformes.

Dernier anneau de l'abdomen, échancré en arrière

chez les mâles ou tronqué et échancré, ou presque entièrement fendu.

Nitzsch a observé plusieurs espèces de ce sous-genre sur des
Gallinacés, des Échassiers, des Palmipèdes et des Acciprites
diurnes de grande taille. Il en cite onze seulement; M. Denny
en a porté le nombre à dix-neuf.

131. PHILOPTÈRE CHANGEANT. (*Philopterus versicolor.*)

Pedic. ciconiæ, Linn., *Syst. nat.*, II, 1619, sp. 25. — Frish,
Ins., VIII, pl. 6. — *Philop., versicolor*, Nitzsch, *Thierins.*,
p. 34. — *Lip. vers.*, Denny, *Anopl. Brist.*, p. 171, pl. XV, f. 7.
Parasite de la Cigogne ordinaire (*Ciconia alba*).

132. PHILOPTÈRE CROUPION BLANC. (*Philopterus leucopygus*).

Pulex ardeæ, Rédi, *Experim.*, pl. VI. — *Pediculus ardea-
lis*, Frish, *Ins.*, V, pl. 4. — *Pedic. Ardeæ cinereæ*, Linn., *Syst.
nat.*, II, 1019. — *Lip. leucopygus*, Burm., *Handb.*, II, p. 434.
— *Lip. obtusus*, Stephens, *Catal.*, p. 332. — *Lip. leuc.*,
Denny, *Anopl. Brit.*, p. 174, pl. XIV, f. 4.
Parasite du Héron (*Ardea cinerea*).

133. PHILOPTÈRE DU BUTOR. (*Philopterus stellaris.*)

Lip. stell., Denny, *Anopl. Brit.*, p. 478, pl. XV, f. 3.
Parasite du grand Butor (*Ardea stellaris*).

134. PHILOPTÈRE LURIDE. (*Philopterus luridus.*)

Pulex fulicæ, Rédi, *Experimenta*, pl. 4, f. 2. — *Philopt.
lur.*, Nitzsch, *Thierins.*, p. 34. — *Lip. lur.*, Denny, *Anopl.
Brit.*, p. 182, pl. X, f. 12.
Paraside de la Poule d'eau (*Gallinula chloropus*), et de la
Foulque macroule (*Fulica atra*).

135. PHILOPTÈRE SALE. (*Philopterus squalidus.*)
(Pl. 47, fig. 9.)

Pedic. anatis, Fabr., *Syst. antliat.* — *Phil. squalidus*,
Nitzsch, *Thierins.*, p. 34. — Guérin, *Iconogr. Règne anim.*,
Ins.

Parasite du Canard ordinaire (*Anas boschas*), celui de notre
figure provenant d'un Tadorne (*Anas tadorna*).

136. Philoptère temporal. (*Philopterus temporalis*).

Ricinus mergi, De Géer. *Mémoires*, VII, 78, pl. 4, f. 13, (jeune). — *Phil. temp.*, Nitzsch, *Thierins.*, p. 34. — *Lip. temp.*, Denny, *Anopl. Brit.*, p. 176.

Parasite des Harles. De Géer l'avait trouvé, ainsi que le *Ph. icterodes*, sur le *Mergus serrator*; il vit également sur le grand Harle (*Mergus merganser*).

137. Philoptère jeuneur. (*Philopterus jejunus*).

Pulex anseris, Rédi, *Experim.*, pl. 10, fig. droite).—*Pedic. ans.*, Linn., *Syst. nat.*, II, 1018. — *Phil. jejunus*, Nitzsch, *Thierins.*, p. 34. — *Nirmus crassicornis*, Olfers, 68. — *Lip. jej.*, Denny, *Anopl. Brit.*, p. 177, pl. XV, f. 4.

Parasite de l'Oie rieuse ou à front blanc (*Anser albifrons*), du Cravant (*Anser bernicla*) et de l'Oie sauvage (*Anser segetum*).

138. Philoptère polytrapèze (*Philopterus polytrapezius*).

Ped. meleagridis, Linn., *Syst. nat.*, II, 1012, sp. 31. — *Ph. polytr.*, Nitszch, *Thierins.*, p. 35. — *Lip. polyt.* Denny, *Anopl. Brit.*, p. 165, pl. 164, pl. XV, f 6.

Parasite du Dindon (*Meleagris gallopavo*).

139. Philoptère variable. (*Philopterus variabilis.*)

Pediculus caponis, Linn., *Syst. nat.*, II, 1020, sp. 33. — *Phil. var.*, Nitzsch, *Thierins.*, p. 35. — *Lip. var.*, Denny, *Anopl. Brit.*, p. 164, pl. XV, f. 6.

Parasite du Coq domestique (*Gallus gallinaceus*).

140. Philoptère hétérographe. (*Philopterus heterographus.*)

Phil. heter. Nitzsch, *Thierins.*, p. 35.

Parasite du Coq domestique (*Gallus gallinaceus*).

141. Philoptère taureau. (*Philopterus taurus.*)

Philopt. taurus, Nitzsch, Mss., *fide* Burmeist. — *Philopt. brevis*, L. Dufour, *Ann. soc. entom. de France*, IV, 674, pl. 21, fig. 3. — Lucas.

Parasite de l'Albatrosse (*Diomedea exulans*). M. Dufour décrit deux autres Ricins du même oiseau sous le nom de :

Philopterus pederiformis, p. 676, pl. 21, f. 4, qui paraît être aussi un *Lipeurus* et *Ph. brevis; ibid.*, fig. 4, plus rapproché des *Docophorus.*

142. PHILOPTÈRE MACROCNÈME. (*Philopterus macrocnemis.*)

Lipeurus macr., Burm., *Hanbd. der Entom.*, II, 433.
Parasite du Kamichi (*Palamedea cornuta*).

143. PHILOPTÈRE QUADRIPUSTULÉ. (*Philopterus 4-pustulatus.*)

Lip. 4-pust., Burm., *Handb. der Entom.*, II, 437.
Parasite du Vautour fauve (*Vultur cinereus*).

144. PHILOPTÈRE TERNAIRE. (*Philopterus ternatus.*)

Lip. tern., Burm., *Handb. der Entom.*, II, 434.
Parasite du Vautour royal (*Vultur papa*).

145. PHILOPTÈRE CHEVREUIL. (*Philopterus capreolus.*)

Mutique, allongé, sub-atténué en arrière; tête un peu longue, obtuse en avant; les premiers anneaux de l'abdomen pourvus seuls d'un anneau coriace complet; les postérieurs incomplets; base du second article et sommet du quatrième dentifères dans le mâle : ces deux dents en contact par le reploiement de l'Insecte. Long., 0,002.

Trouvé sur un Cacatoës sulfuré de la Nouvelle-Hollande (*Psittacus sulphureus*). C'est la seule espèce qu'on ait encore observée sur des oiseaux de l'ordre des Perroquets.

146. PHILOPTÈRE PIQUÉ. (*Philopterus punctifer.*)
(Pl. 49, fig. 1.)

Tête aplatie, disciforme, faiblement échancrée sur ses côtés; corps ovalaire, peu allongé; bandes cornées de l'abdomen complètes en dessus, plus élargies latéralement, marquées d'une ligne de ponctuations claires, comme poreuses; couleur roussâtre sur un fond clair, le dessous entièrement pâle; une plaque præanale sub-allongée, plus grande chez les mâles, rétrécie chez les femelles. Longueur, 0,002.

Trouvé sur un Gypaète (*Gypaetus barbatus*) de l'Atlas, mort en 1842 au Muséum.

147. PHILOPTÈRE DE L'AUTRUCHE. (*Philopterus struthionis.*)
(Pl. 49, fig. 2.)

Tête plus large que le thorax, surtout en arrière, obtuse en avant, peu échancrée sur les côtés ; anneaux de l'abdomen marqués bi-latéralement en dessus d'une tache sub-quadrilatère brune, un peu moins forte au second qu'aux suivants, nulle au premier ; fond de la couleur générale grisâtre, un peu de noir en avant et en arrière de chaque antenne, ainsi qu'au chaperon ; dessous du corps taché comme le dessus, mais sans ombre brunâtre à la partie médiane. Long., 0,003.

Pris sur une Autruche femelle d'Afrique, envoyée de Tunis à la ménagerie du Muséum, où elle a vécu quinze ans ; il y en avait un grand nombre sur les plis du corps, du cou et de la tête ; beaucoup de barbules étaient chargées de lentes. C'est par erreur que dans les *Annales de la société entomologique*, pour 1842, nous avons avons donné ce Philoptère comme un *Docophorus* ; c'est évidemment un *Lipeurus*. Les antennes ont six articles ; les trois premiers beaucoup plus longs que les trois autres, qui sont sub-fusiformes appointis ; le deuxième est le plus grand ; les trois derniers articles ont un mouvement indépendant des autres ; cette disposition est plus marquée dans les mâles que dans les femelles, mais elle est loin de ressembler à ce qu'elle est dans d'autres espèces, particulièrement dans le *Ph. (Lipeurus) staphylinoïdes* (Pl. 49, fig. 5).

148. PHILOPTÈRE DE LA GRUE. (*Philopterus ebrœus.*)

Pulex gruis, Rédi *Experim.*, pl. 3. — *Pediculus gruis*, Linn. *Syst. nat.*, II, 1019.—*Philopt. ebr.*, Nitzsch., *Thierins.*, p. 35. — *Lip. ebr.*, Denny, *Anopl. Brit.*, p. 179, pl. XIII, f. 5.
Parasite de la Grue ordinaire (*Grus communis*).

149. PHILOPTÈRE QUADRIPUSTULÉ.(*Philopterus quadripustulatus.*)

Phil. quadr., Nitzsch, *Thierins.*, p. 35.—*Lip. quadr.*, Denny *Anopl. Brit.*, p. 167, pl. XVI.
Parasite de plusieurs Faucons (*Falco albicilla* et *nævius*) ainsi que du Vautour fauve (*Vultur fulvus*), et, suivant M. Denny, de l'Aigle doré (*F. chrysaetos*).

M. Denny en distingue le *Lipeurus sulcifrons* (*loco cit.*, p. 169, pl. XIV, f. 1).
Parasite du *F. albicilla*.

150. PHILOPTÈRE BAGUETTE. (*Philopterus baculus.*)

Pulex columbæ majoris, Rédi, *Experim.,* pl. 2 (fig. supérieure). — *Pedic. columbæ,* Panz., *Fauna ins. Germ.,* 51, 22. — *Philopt. bac.,* Nitzsch., *Thierins.,* p. 35. — *Pou de tourterelle,* Lyonet, *Mém. Mus.,* XVIII, 273, pl. 13, f. 16. — *Nirmus filiformis,* Olfers, 90. — *Lip. baculus,* Denny, *Anopl. Brit.,* p. 172, pl. XIV, f. 3.

Parasite des Pigeons domestiques. Ces oiseaux ont d'autres ennemis: *Philopterus* (*Nirmus*) *clavicornis, Ph.* (*Goniodes*) *compar, Pulex columbæ, Argas reflexus* et *Cimex columbarius* Jenyns, *Ann. nat. hist.,* V, 242.

151. PHILOPTÈRE PÉLAGIQUE. (*Philopterus pelagicus.*)

Lip. pel., Denny, *Anopl. Brit.,* p. 173, pl. XIV, f. 2.
Parasite des Pétrels de Leach (*Thallasidroma Leachii*) et de tempête (*Th. pelagica*).

152. PHILOPTÈRE GYRICORNE. (*Philopterus gyricornis.*)

Lip. gyr., Denny, *Anopl. Brit.,* p. 167, pl. XV, f. 1.
Parasite du Sterne Pierre-Garin (*Sterna hirundo*).

153. PHILOPTÈRE DU TADORNE. (*Philopterus tadornæ.*)

Ornithobius tadornæ? Leach, Mss. — *Lip. tad.,* Denny, *Anopl. Brit.,* p. 170, pl. XIV, f. 6.
Parasite du Canard tadorne (*Anas tadorna*).

154. PHILOPTÈRE STAPHYLINOÏDE. (*Philopterus staphylinoïdes.*)
(Pl. 49, fig. 5.)

Lip. staph., Denny, *Anopl. Brit.,* p. 180, pl. XV, f. 2.
Parasite du Fou de Bassan (*Sula bassana*). Nous en figurons le mâle d'après nature.

155. PHILOPTÈRE BRÉVICORNE. (*Philopterus brevicornis.*)

Lip. brev., Denny, *Anopl. Brit.,* p. 181, pl. XIII, f. 8.
Parasite du Cormoran largup (*Phalacocorax cristatus*) et de l'Huitrier (*Hæmatopus ostralegus*).

156. PHILOPTÈRE A DEUX LIGNES. (*Philopterus bilineatus.*)

Lip. bilin., Stephens, *Syst. cat.,* p. 333. — *Pediculus vagelli,* Fabr., *Antl.,* 346.
Parasite du Pétrel fulmar (*Procellaria glacialis*).

IV. GONIODES, Nitzsch, *Thierins.*, p. 35.

Corps plus ou moins large, grand; point de trabécules.

Tête à angles des tempes saillants, doubles de chaque côté.

Antennes ramigères et chéliformes dans les mâles.

157. Philoptère falcicorne. (*Philopterus falcicornis.*)

Pulex pavonis, Rédi, *Experimenta*, pl. 14, ♂, et pl. 15?—
Pedic. pavonis, Linn., *Syst. nat.*, II, 1019. — Panzer, *Fauna
Ins. Germ., fasc.* 51, pl. 19, ♂. — *Ricin du paon*, Latreille, *in
Hist. nat. des Abeilles*, p. 339, in-8°; 1802.—*Phil. falcicornis*,
Nitzsch, *Thierins.*, p. 35. — *Nirmus tetragonocephalus*, Ol-
fers, 90. — *Goniodes falcic.*, Denny, *Anopl. Brit.*, p. 155.
Parasite des Paons (*Pavo cristatus*).

Linné donne pour synonyme de son *Pediculus pavonis* la
planche 15 de Rédi (*Pollino del Pavone bianco*), mais il passe
sous silence la planche 14 citée seule, au contraire, par Nitzsch.
Latreille avait, dès 1802, émis le doute que ces deux Ricins,
donnés par Rédi comme spécifiquement distincts, pourraient bien
être de la même espèce. « L'historien des Insectes des environs
de Paris, en donnant, dit Latreille, la nomenclature des Poux
de Linné et de Rédi, fait mention de deux Ricins de ce dernier,
qu'il distingue très-bien par la longueur et la forme des antennes et par les taches de l'abdomen; mais encore n'est-ce
qu'une note. Sur 40 à 60 Ricins de paons que j'ai observés, je
n'ai trouvé avec Rédi que deux sortes d'individus; mais je ne
pense pas que ce soient deux espèces. Le Ricin de la pl. 14 me
paraît être le mâle de celui qui est le sujet de la planche suivante, et que je crois être aussi une femelle. »

158. Philoptère chélicorne. (*Philopterus chelicornis.*)

Phil. chel., Nitzsch, *Thierins.*, p. 35. — *Autre sorte de
Pou du coq de bruyère?* Lyonet, *Mém. Mus.*, XVIII, p 268,
pl. 12, f. 7. — *Gon. chel.*, Denny, *Anopl. Brit.*, p. 160, pl.
XIII, f. 8.
Parasite du Coq de Bruyère (*Tetrao urogallus*).

159. Philoptère dissemblable. (*Philopterus dissimilis.*)

Phil. diss., Nitzsch, *Thierins.*, p. 36. — *Gon. disp.*, Denny, *Anopl. Brit.*, p. 162, pl. XII, f. 6.
Parasite du Coq domestique (*Gallus gallinaceus*).

160. Philoptère disparate. (*Philopterus dispar.*)

Phil. disp., Nitzsch, *Thierins.*, p. 36. — *Gon. disp.?* *Anopl. Brit.*, p. 159.
Parasite de la Perdrix grise (*Perdix cinerea*), pl. 2, fig. 5.

161. Philoptère stylifère. (*Philopterus stylifer.*)

Pedic. meleagridis, Schrank, *Ins. Austr.*, p. 504, pl. 1, f. 4. — *Phil. styl.*, Nitzsch, *Thierins.*, p. 36. — *Gon. styl.*, Denny, *Anopl. Brit.*, p. 156, pl. XII, f. 2.
Parasite du Dindon (*Meleagris gallo-pavo* de Linné).

162. Philoptère paradoxal. (*Philopterus paradoxus.*)

Phil. parad., Nitzsch, *Thierins.*, p. 36.
Parasite de la Caille (*Perdix coturnix*).

163. Philoptère du faisan. (*Philopterus colchici.*)

Pediculus phasiani? Fabr., *Syst. ins.*, II, 482. — *Gon. colc.*, Denny, *Anopl. Brit.*, p. 158, pl. XII, f. 4.
Parasite du Faisan commun (*Phasianus colchicus*).

164. Philoptère du colin. (*Philopterus ortygis.*)

Gon. ort., Denny, *Anopl. Brit.*, p. 158, pl. XIII, f. 6.
Parasite de Colins de Virginie (*Ortyx virginiana*) nés en Angleterre.

165. Philoptère du tétras. (*Philopterus tetraonis.*)

Gon. tetr., Denny, *Anopl. Brit.*, p. 161, pl. XIII, f. 3.
Parasite des Tétras birkhan (*Tetrao tetrix*), rouge (*T. scoticus*), des saules (*T. saliceti*) et Ptarmigan (*T. lagopus*).

166. Philoptère numidien. (*Philopterus numidianus.*)

Gon. numid., Denny, *Anopl. Brit.*, p. 163, pl. XIII, f. 7.
Parasite de la Pintade (*Numida meleagris*).

V. GONIOCOTES, Burmeister, *Handbuch der Entom.*, II, p. 431.

Tête élargie; l'écusson de sa face supérieure considérable, arrondi, terminé à ses angles postérieurs par
une saillie angulaire, au sommet de laquelle sont deux
longues soies; point de trabécules.

Antennes filiformes, simples dans les deux sexes.

Abdomen élargi, à articulations peu délimitées,
surtout à son milieu.

MM. Burmeister et Denny n'ont trouvé d'espèces de ce groupe
que dans le genre des Pigeons et dans les gallinacées, l'Hoazin
excepté. Nitzsch en faisait des *Goniodes*, mais il les distinguait
néanmoins comme deuxième section, en les caractérisant ainsi :

Espèces plus petites, à antennes semblables dans les deux
sexes; les segments de l'abdomen, les deux premiers exceptés,
incomplets sur la ligne médiane.

167. PHILOPTÈRE DES PIGEONS. (*Philopterus compar.*)

Pediculus bidentatus, Scopoli, *Entom. Carn:*, p. 385,
n. 1050. — *Philopt.* (*Goniodes*) *comp.*, Nitzsch, *Thierins.*,
p. 36. — *Gonioc. comp.*, Burm., *Handb.*, II, p. 431. — *Gon.
comp.*, Denny, *Anopl. Brit.*, p. 152, pl. XIII, fig. 2.

Parasite du Pigeon biset (*Columba livia*); du Columbin
(*C. œnas*), du ramier (*C. palumbus*), et des Pigeons domestiques.

168. PHILOPTÈRE HOLOGASTRE. (*Philopterus hologaster.*)

Ricinus gallinæ, de Géer, *Mém.*, VIII, p. 79, pl. 4, fig. 15.
— *Phil. holog.*, Nitzsch, *Thierins.*, p. 36. — *Gonioc. hol.*,
Burm., *Handb.*, II, p. 431.—*Id.*, Denny, *Anopl. Brit.*, p. 153,
pl. XIII, f. 4.

Parasite des Poules domestiques (*Gallus domesticus*).

169. PHILOPTÈRE MICROTHORAX. (*Philopterus microthorax.*)

Phil. micr., Nitzsch, *Thierins.*, p. 36.
Parasite de la Perdrix grise (*Perdix cinerea*).

170. Philoptère rectangulé. (*Philopterus rectangulatus.*)

Phil. rect., Nitzsch , *Thierins.*, p. 36.
Parasite du Paon (*Pavo cristatus*).

171. Philoptère a tête étoilée. (*Philopterus astrocephalus.*)

Gon. astr., Burm., *Handb.*, II, p. 431.
Parasite de la Caille (*Perdix coturnix*).

172. Philoptère raccourci. (*Philopterus curtus.*)

Gon. curt., Burm., *Handb.*, II, p. 432.
Parasite de l'Hoazin (*Opistocomus cristatus*).

M. Burmeister *loco cit.*, p. 42 , cite d'autres *Goniocotes*
observés par Nitzsch sur le *Lophophorus impeyanus*, le *Tra-*
gopan satyrus, etc.

VI. ORNITHOBIUS, Denny, *Anopl. Brit.*, p. 183.

Tête large , cordiforme, échancrée ; à plaque supérieure obtuse, avec deux saillies mandibuliformes
cornées.

Point de trabécules.

Yeux saillants , près le bord antérieur de la tête.

Antennes aux deux tiers de sa base ; les trois premiers articles les plus gros, surtout dans le mâle.

Prothorax étroit , aplati ; métathorax large et arrondi.

Abdomen allongé et déprimé.

173. Philoptère des Cygnes. (*Philopterus cygnorum.*)

Pulex cygni, Rédi, *Experim.*, pl. 8. — *Pediculus cygni*,
Linn., *Syst. nat.*, II, 1018. — *Ornithobius cygni*, Denny,
Anopl. Brit., p. 183 , pl. XXIII, f. 1.
Parasite des trois espèces européennes de Cygnes (*Cygnus*
olor, ferus et *Bewickii* ou *islandicus*).

174. Philoptère goniopleure. (*Philopterus goniopleurus.*)

Ornith. goniopl., Denny, *Anopl. Brit.*, p. 184 , pl. XXIII ,
fig. 2.
Parasite du grand Harle (*Mergus merganser*), et d'un Cygne

du Canada (*Cygnus canadensis*), pris à Norwich (en Angleterre).

175. Philoptère bordé de noir. (*Philopterus atro-marginatus.*)

Ornith. atro-marg., Denny, *Anopl. Brit.*, p. 185, pl. XXII,
fig. 3.

Trouvé parasite du Cygne du Canada (*Cygnus canadensis*)
cité précédemment.

On a aussi rapproché des Aptères épizoïques, dont
il vient d'être question, le singulier Insecte que Kirby
appelait *Pediculus melittæ* (le Pou de l'abeille), et que
M. Léon Dufour a décrit sous le nom de Triungulin
(*Triungulinus adrenetarum* (1). Pour Nitzsch (2), pour
M. Serville (3), pour M. Westwood (4), etc., ce
Triungulin est une larve de Coléoptère, ce qui paraît
fort acceptable, et on l'indique spécialement comme
étant celle du Méloé. De Géer (5) avait aussi émis cette
opinion, et, sous ce rapport comme sous tant d'autres,
il avait mieux vu, que ceux qui l'ont suivi. M. Walckenaer a rapporté, dans ses *Mémoires sur les Abeilles
solitaires* (6), les principaux faits de cette discussion.

Voici les caractères génériques assignés par M. Léon
Dufour, à son genre *Triungulinus.*

Corps allongé, déprimé, d'une même venue.

Tête distincte, portant des antennes, des yeux et
des palpes.

Tronc formé de trois pièces égales, où s'articulent
les pattes.

(1) *Ann. sc. nat.*, 1re série, XIII, 62, pl. 9 ; 1828.
(2) *Loco citato*, p. 57.
(3) *Bull. universel* de Férussac.
(4) *Trans. entom. soc. Lond.*, II, 184, pl. 15, fig. 14.
(5) *Mémoires pour l'hist. des Ins.*
(6) Pag. 83.

Abdomen de la largeur du tronc, divisé en dix segments égaux.

Antennes insérées au devant des yeux, composées de trois articles distincts , dont le dernier se termine par une soie simple aussi longue qu'elle.

Deux palpes saillants , d'un seul article long et droit.

Bouche inférieure , peu apparente.

Yeux latéraux arrondis.

Six pattes à peu près. égales entre elles.

Tarse formé par un seul article fort court, en quelque sorte rudimentaire , où s'implante une griffe plus ou moins repliée vers l'axe du corps , et composée de trois ongles ou crochets distincts , cornés, pointus et mobiles.

Dernier segment de l'abdomen terminé par deux longues soies simples, inarticulées.

ORDRE II.

APHANIPTÈRES.

Les Aphaniptères de Kirby sont les Suceurs (*Suctoria*) de De Géer, et les Siphonaptères (*Siphonaptera*) de Latreille, qui en fait également un ordre, mais en les plaçant intermédiairement aux Épizoïques et aux Coléoptères. Leurs principaux caractères ont déjà été exposés dans cet ouvrage (1).

Les entomologistes ne sont pas d'accord sur le rang que ces animaux doivent occuper dans la classe des Insectes ; leur bouche les a fait rapporter aux Hémiptères par quelques-uns, et leurs métamorphoses, aux Diptères par plusieurs autres; mais chacune de ces deux opinions paraît trop exclusive, et les auteurs eux-mêmes qui les avaient proposées, les ont presque tous abandonnées (2). L'absence d'ailes chez les Puces, la complication de leur bouche, la disposition variable et singulière de leurs antennes, la nature de leurs yeux, qui sont au nombre de deux seulement et stemmatiformes, leurs métamorphoses complètes sont en effet autant de caractères dont l'ensemble autorise la distinction de ces animaux en un ordre à part.

GENRE PUCE. (*Pulex.*)

Quoiqu'on ait fait trois ou quatre genres aux dépens de celui-ci, il est le seul que nous adopterons,

---

(1) T. I, p. 42.

(2) M. Hollard dans ses *Nouveaux éléments de Zoologie*, rédigés d'après les leçons et les notes de M. de Blainville, place les Puces à la fin des Insectes dans l'ordre des *Aptères*, qui comprend aussi les Poux et les Ricins. M. Pouchet suit la même méthode dans sa *Zoologie classique*.

les caractères de ceux qu'on a proposés (1), et surtout la répartition des espèces dans chacun d'eux n'ayant pas été suffisamment établis par les auteurs de ces genres.

La bouche des Puces se compose essentiellement de trois parties :

1° Les palpes, qui sont quadri-articulés et portés par une lamelle foliacée ; quelques auteurs les ont pris à tort pour les antennes.

2° Deux lames spadiformes dentées sur leurs deux tranchants : ce sont les agents principaux des piqûres faites par ces animaux ; on les considère comme analogues à la languette des Hémiptères ; elles percent la peau, l'irritent, et font affluer le sang, que l'animal suce par les contractions de son jabot.

3° Une gaîne articulée recevant dans une gouttière, et soutenant par-dessous, dans leur action, les lames en scie ou la languette. Cette gaîne est regardée comme formée de la réunion des deux palpes labiaux qui seraient composés de trois ou quatre articles chacun.

Les véritables antennes sont à leur place ordinaire, mais néanmoins elles ne sont pas toujours facilement visibles, parce que, dans plusieurs espèces, et particulièrement dans les femelles, elles sont courtes et couchées dans une rainure inférieure à leur insertion. Dans les mâles de certaines Puces, et en particulier de celle du pigeon, elles sont droites et leurs articles sont plus considérables ; nous en avons fait graver la figure dans notre Atlas (pl. 48, fig. 7).

La tête est d'un seul article, clypéiforme, comprimée, semblant quelquefois partagée en deux, et dans

---

(1) Mycetophila, Haliday *in* Curtis-Cordyla, *id.*, *ibid.* — Ceratophyllus, Curtis. — Dermatophilus, Guérin.

d'autres cas denticulée bilatéralement à son bord inférieur.

Le thorax est composé de trois articles séparés.

Les pattes sont longues, propres au saut, principalement celles de la troisième paire. Elles se composent
d'une hanche considérable, ainsi que la cuisse et la
jambe, dont elle est séparée par un trochanter petit,
et d'un tarse à cinq articles, dont le premier le plus
long et le cinquième bi-onguiculé.

Dans le *Pulex irritans*, et probablement dans les
autres aussi, les trachées ont deux paires de stigmates
au thorax, une sur le prothorax et l'autre entre le
méso et le métathorax. Les trachées se voient assez aisément dans les pattes par transparence.

L'abdomen présente une forme particulière de son
neuvième ou avant-dernier anneau appelé *pygidium*. Il
porte un certain nombre de soies épineuses implantées
au centre d'autant d'aréoles disposées irrégulièrement à
sa surface. Chacune des aréoles, large de $0^{mm},012$, est
ornée d'une cercle de dix granules ronds comme de petites perles et placées autour de la base du poil. Les anneaux de l'abdomen sont partagés bilatéralement ; et
toutes les pièces de l'abdomen sont comme imbriquées.

Le mâle a deux stylets pour la copulation ; il se place
ventre à ventre sur la femelle : la reproduction est
ovipare. Chaque œuf donne une larve apode, et la
nymphe s'enveloppe d'une petite coque. La Puce pé-
nétrante offre, sous ce rapport, quelques particularités dont il sera question à son article.

Le corps et les pattes ont des poils plus ou moins
spiniformes.

Après avoir parlé de ces parasites d'une manière générale , nous devons procéder à l'énumération descriptive des espèces de cette petite famille , et donner sur celles qui s'attaquent à l'homme des détails plus circonstanciés. Toutes n'ont pas été également bien décrites , et il serait difficile d'en établir les affinités naturelles. Aussi préférons-nous suivre l'ordre des animaux sur lesquels on les trouve, que d'essayer, malgré les inconvénients de cette détermination, une énumération méthodique réelle de leurs espèces.

1. Puce irritante. (*Pulex irritans.*)

Tête courte, non dentée sur ses bords; lame basilaire des mandibules articulée, cultriforme ; antennes courtes cachées dans une racinure derrière l'œil ; tarses assez peu allongés, subépineux ainsi que les palpes ; couleur rouge brun.

Pul. irr., Linn., *Fauna suec.*, éd. 2 , n° 1695. — Geoff., *Ins.*, II, 614, pl. 20 , f. 4. —*Pul. vulg.*, De Géer, *Mém.*, VII , 1, pl. 1, f. 1-5. — *Pul. irr.*, Linn. Gmel., 2923 (pour la synonymie).—*Common flea*, Shaw, *Gen. zool.* VI, pl. 22, *id.. Naturalist's miscell.*, V, 178. — *Pul. irrit.*, Dugès , *Ann. sc. n.*, 1re série , XXVII, 147, pl. 4, fig. 1. — Bouché, *Nova acta nat. curios.*, XVII, part. 1, p. 503.—Dujardin, *Observateur au microscope*, p. 447, pl. 15.

Parasite de l'espèce humaine, surtout en Europe.

De nouvelles observations ont fait admettre que la Puce des animaux domestiques diffère de la nôtre , et que chaque espèce paraît même avoir la sienne propre.

Il nous serait impossible de faire une histoire complète des animaux du genre Puce, dont quelques personnes, fort habiles du reste, ont su utiliser si bien les mouvements pour les donner en spectacle. La citation suivante de Geoffroy (1) nous fera voir que ce genre d'industrie n'est pas entièrement nouveau.

« Les merveilles que quelques auteurs rapportent à son sujet servent à justifier également sa force prodigieuse et l'adresse de quelques ouvriers qui ont su l'enchaîner et l'atteler à de petits chariots. Au rapport de Mouffet, un nommé Marc, Anglais, avait fait une chaîne d'or fermant à la clef. Une Puce attachée

____

(1) *Insectes des environs de Paris*, II, 616.

par cette chaîne la tirait avec facilité, et le tout, y compris le petit animal, pesait à peine un grain. Hook raconte un fait encore plus surprenant : un ouvrier anglais avait construit en ivoire un carrosse à six chevaux, un cocher sur le siége avec un chien entre ses jambes, un postillon, quatre personnes dans le carosse et deux laquais derrière, et tout cet équipage était traîné par une Puce (1). »

Les Puces sont on ne peut plus répandues dans certaines parties de l'Europe; il y en a aussi dans le nord de l'Afrique et dans beaucoup d'autres contrées. En général, elles vivent avec l'homme et toujours à ses dépens; certaines circonstances sont plus favorables à leur multiplication que d'autres. Les casernes en ont beaucoup, mais elles pullulent surtout dans les camps, et les baraques dans lesquelles on loge, aux environs de Paris, les soldats actuellement employés aux fortifications, en regorgent ; les chambres des officiers sont habitables, quoiqu'on y souffre cependant beaucoup pendant les premières nuits ; mais les chambrées des soldats fourmillent de ces parasites, et l'on voit

---

(1) « Il y a, je crois, une quinzaine d'années que tout Paris a pu voir les merveilles suivantes que l'on montrait sur la *place de la Bourse* pour la somme de 60 centimes; c'étaient des *Puces savantes*. Je les ai vues et examinées avec mes yeux d'entomologiste armés de plusieurs loupes.

Trente Puces faisaient l'exercice et se tenaient debout sur leurs pattes de derrière, armées d'une pique, qui était un petit éclat de bois très-mince.

Deux Puces étaient attelées à une *berline d'or* à quatre roues, avec postillon, et elles traînaient cette berline ; une troisième Puce était assise sur le siége du cocher avec un petit éclat de bois qui figurait le fouet. Deux autres Puces traînaient un canon sur son affût. Ce petit bijou était admirable ; il n'y manquait pas une vis, un écrou. Toutes ces merveilles et quelques autres encore s'exécutaient sur une glace polie. Les Puces-chevaux étaient attachées avec une chaîne d'or par leurs cuisses de derrière ; on m'a dit que jamais on ne leur ôtait cette chaîne. Elles vivaient ainsi depuis deux ans et demi ; pas une n'était morte dans cet intervalle. On les nourrissait en les posant sur un bras d'homme qu'elles suçaient. Quand elles ne voulaient pas traîner le canon ou la berline, l'homme prenait un charbon allumé qu'il promenait au-dessus d'elles, et aussitôt elles se remuaient et recommençaient leurs exercices. Toutes ces merveilles étaient décrites dans un programme imprimé qu'on distribuait *gratis*, et qui, sauf l'emphase des mots, ne contenait rien que de vrai et d'exact. »			(Walckenaer).

des hommes dont la peau couverte de piqûres semble atteinte
d'une éruption miliaire. L'automne est l'époque de l'année pendant
laquelle on ressent davantage leurs atteintes, sans doute parce
qu'elles éprouvent alors le besoin d'une chaleur plus soutenue. En
été, elles sont, pour ainsi dire, erratiques; l'on en trouve dans
les bois, dans les jardins, etc., où elles vivent et se multiplient
sans que notre sang paraisse bien utile à leur nourriture. On
peut aisément s'assurer de ce fait dans les maisons abandonnées; les Puces y sont en grand nombre; mais en général de fort
petite taille. Il est vrai qu'elles ne sont que plus avides, et malheur aux personnes qui entrent sans précaution dans ces repaires
à vermine ou qui en sortent sans secouer leurs vêtements. Dugès
en a vu jusque sur les bords de la mer. « On trouve communément, dit ce savant naturaliste, sur la plage sablonneuse de la
Méditerranée, au voisinage de Cette et de Montpellier, des Puces
d'un brun presque noir et d'une énorme grosseur; la mouche
commune n'est pas le double de leur taille. Ce sont des Puces
humaines, et leur présence à la plage n'est due qu'au grand
nombre de baigneurs et baigneuses de toute classe qui y déposent leurs vêtements durant les chaleurs de l'été. »

Les Puces ont plusieurs œufs à chaque ponte. Elles les placent
dans les ordures, aux endroits peu accessibles. Au bout de quelques jours ces œufs, qui sont ovoïdes et blancs, gros comme
une très-petite tête d'épingle, éclosent, et il en sort des larves
apodes, dont les segments ont des petites touffes de poils, le
dernier portant en arrière deux petits crochets. Leur tête est
écailleuse en dessus, munie de deux antennes courtes et sans
yeux. Ces larves, d'abord blanches, deviennent ensuite rougeâtres; elles ont beaucoup d'activité. On en trouve quelquefois sous
les ongles des personnes malpropres, principalement aux pieds.

M. Defrance a constaté que la mère plaçait avec ses œufs quelques petits morceaux de sang desséché, qui serviront de première
nourriture aux larves. En douze jours environ celles-ci ont pris
tout leur développement; elles se filent alors la petite coque
soyeuse dans laquelle se passe leur état de nymphe, et lorsqu'elles
en sortent, elles ont pris la forme d'Insectes parfaits. Les opti-
ciens emploient souvent ces larves, des parties de Puces, etc.,
comme test-objets. Ils ont des personnes très-habiles à faire ces
petites préparations, soit sur les Insectes, soit sur les Acarides.

2. Puce chique. (*Pulex penetrans.*)

(Pl. 49 , fig. 11.)

Petite ; stylets du mâle allongés ; abdomen de la femelle se développant en boule après la fécondation et augmentant alors d'une manière extraordinaire le volume total.

Pul. pen., Linn. Gmel., 2924. — Turpin et Dum., *Dict. sc. n.*, *Atlas*, pl. 53, f. 4 et 5, et *Consid. sur les Ins.*, pl. 53, f. 4 et 5. — Perty, *Delectus Ins. Bras.*, p. 34. — Dugès, *Ann. sc. nat.*, 2ᵉ série , VI, 129, pl. 7, fig. B (copiée dans notre Atlas). — Guérin, *Iconogr. Règne anim.*, *Ins.*, pl. 2, fig. 5 ; *Dermatophilus penetr.*, id., ibid., *Explic.*,, p. 12, id., *in* Lucas, *Dict. pitt. d'hist. nat.*, article *Puce*, t. VIII, p. 394. — Westwood, *Trans. entom. soc. Lond.*, II, 199. — Pohl et Kollar, *Bras. vorzugl. last. Insecten* ; Vienne , 1832. — W. Sells, *Trans. entom. soc. Lond.*, II , 196.

Parasite de l'espèce humaine, dans l'Amérique méridionale.

Dans l'ouvrage de MM. Spix et Martius , M. Perty rapporte l'historique des observations auxquelles cette espèce a donné lieu. Nous nous en sommes souvent servi pour la rédaction de ce qui suit.

Cette espèce est commune dans les parties chaudes de l'Amérique , principalement au Brésil. Les premiers auteurs qui ont écrit sur l'Amérique méridionale en font déjà mention ; quelques-uns l'appellent *Pulex penetrans* ; d'autres, *Chique*, *Chigue*, *Pique*, *Tunga*, *Punque*. Lerius la nomme *Ton* , et il la regarde comme le même animal que le *Nigua* , dont elle porte aussi le nom (*Hist. nav. in Bras.*, édit. 1586, p. 136). Pison en parle sous son nom brésilien de *Tunga*. Barrère dit que la *Xique* (*Tunga* de Margrave) est une Puce noire et très-petite, trop connue dans les îles américaines. Swartz fait la remarque que la Chique est bien une Puce et non une Mite. Ulloa, Joseph de Jussieu et M. Goudot en admettent deux espèces. Dobrizhofer en parle d'une manière fort exacte. « Les deux Amériques , dit-il , surtout dans les régions les plus chaudes, produisent un petit animal , véritable monstre de la création , qui cause journellement bien des maux et donne quelquefois la mort. C'est une très-petite espèce de Puce , sautant comme la nôtre , et que les Guaraniens appellent *Tú* ou *Túngay*, c'est-à-dire Puce méchante. Les Espagnols l'appellent *Pigue*, et les Portugais *Bicho dos pes* (Insectes des pieds); les Mexicains la nomment *Nigua*, et les Abipons, *Aagrani*, c'est-à-dire mordante. Elle est si petite que l'œil le plus perçant ne peut la voir sans une vive lumière, et elle a le bec si pointu qu'elle perce les chaussures et les vêtements de toutes sortes. Elle se fixe alors à la peau et pénètre jusque dans les chairs. Là, cachée dans un petit canal, elle s'enveloppe d'une vésicule blanche sphérique, dans laquelle sont renfermés ses œufs ou petites lentes. Si on laisse cette vésicule plusieurs jours sous la peau, elle prend le volume d'un pois. La douleur augmente aussi de jour en jour. Pour s'en défaire, on a recours à des enfants dont les excellents yeux aperçoivent aisément le point rouge de la peau par lequel la Chique s'est introduite et qui cherchent à l'extraire. Ils sondent avec une aiguille et élargissant la voie, enlèvent bientôt la vésicule dans laquelle la Puce et toute sa lignée se trouvent réunies. Approchée d'une chandelle allumée elle éclate comme un grain de poudre ; mais si la vésicule s'est rompue avant son extraction, l'opération devient elle-même une cause nouvelle de douleurs par la dispersion des petits dans la plaie. Cette Puce américaine produit évidemment une liqueur empoisonnée, car la place dont on l'a extraite, elle et ses petits, s'enflamme parfois et la gangrène s'y met promptement ; elle attaque surtout les doigts des pieds, et l'on a vu des cas où pour sauver les jours du patient il a fallu amputer les doigts attaqués. Les personnes qui habitent des endroits où ces Puces sont nombreuses doivent faire examiner leurs pieds tous les deux jours par les enfants dont nous avons parlé. Si leur piqûre est de fraiche date, il faut éviter de les rompre en les retirant, car leur tête restant fixée dans la peau y cause encore des douleurs indicibles, des abcès même et des ulcérations; les personnes expérimentées attendent un jour entier pour que l'animal ait produit sa vésicule, et qu'elle et lui puissent être aisément retirés. Après cette opération la marche est douloureuse, mais si l'on néglige de se faire visiter les pieds on a souvent lieu de le regretter. J'ai vu des personnes alitées pendant plusieurs semaines pour cette raison ; j'en ai vu aussi qui ne pouvaient se servir de leurs pieds et qui n'avaient plus aucun moyen de guérison; *tanta tantillæ bestiæ pestis!* Instruits par les désagréments d'autrui, ceux qui veulent se les épargner veillent à la propreté de leur maison, car pendant les chaleurs, les Chiques

sont attirées par la saleté, les fèces et l'humidité; les endroits
où l'on garde des brebis, des mules ou des chevaux, même en
plein air, en fourmillent. Dans les parties australes du Paraguay,
etc., là où la température n'est pas très-élevée, on ne connaît
pas cette race funeste. Je ne nie pas que les pieds soient le lieu
d'élection des Chiques, mais elles attaquent parfois d'autres parties; toutes peuvent même en être tourmentées; elles font
beaucoup de mal aux chiens, et les cochons, les chats, les chèvres, les brebis en souffrent aussi, de même que les chevaux,
les mulets, les ânes et les bœufs; il importe que les cavités
qu'elles ont laissées à la peau après leur extraction soient remplies de poudre de tabac, de cendre ou d'huile. On s'exposerait
à de graves inconvénients en négligeant ces précautions. On a
remarqué la prédilection de ces animaux pour certaines personnes, et la plus grande difficulté de guérison de quelques-unes,
suivant la nature des tempéraments. »

Suivant d'Azara, on ne voit pas de *Pulex penetrans* au delà
du 29° de latitude australe; il assure aussi que les pécaris en sont
exempts, et que les autres animaux sauvages sont dans le même cas,
bien que leurs analogues domestiques en souffrent. M. de Humboldt assure que les indigènes de la région équatoriale peuvent
s'exposer impunément aux Chiques là où les Européens nouvellement venus en sont immédiatement attaqués. MM. Spix et Martius
prétendent que les Chiques négligées occasionnent des tumeurs
sympathiques des vaisseaux lymphatiques de la région inguinale
et même le sphacèle. MM. Pohl et Kollar ont donné des figures
qui représentent la Chique dans ses actes principaux; l'animal
s'enfonce par la tête. Sa forme est constamment la même, et les
femelles seules s'introduisent sous la peau, encore n'est-ce qu'a-
près qu'elles ont été fécondées et dans le but de se procurer une
nourriture assez abondante pour produire leurs œufs; on n'a pas
encore trouvé leurs larves; l'abdomen des femelles se gonfle, et
comme il a la peau très-fine, on voit dans son intérieur une
quantité innombrable d'œufs blanchâtres, transparents, immobiles et de forme cylindrique, qui tous sont retenus au paren-
chyme de la mère par un court funicule; les plus ovales placés les
plus près du cloaque sont les plus forts; ils sont aussi plus foncés. MM. Pohl et Kollar pensent que le *Pulex penetrans*, tout
aussi bien que l'*irritans*, dépose souvent ses œufs à terre. Au
rapport de Dobrezhofer, il y a certaines localités des bords du

Paraguay où il est impossible de se rendre, soit de jour, soit de nuit, sans être infesté de Chiques, et cependant la végétation est magnifique dans ces endroits-là, et l'homme non plus que les animaux domestiques ne les fréquentent; M. de Humboldt a fait la même observation. M. Poëppig, pendant son voyage au Chili, a rencontré des Puces en quantité innombrable, et d'après M. Martius, au Brésil, elles sont attirées par la sueur des nègres, aussi ne sont-elles nulle part plus nombreuses que dans les lieux secs que les esclaves choisissent pour passer la nuit. M. Justin Goudot a constaté sur lui-même qu'on en est fréqnemment incommodé dans les régions froides de la Nouvelle-Grenade, même à la hauteur de la ville de Bogota.

Marcgrave, Sloan, Brown, Catesby ont également parlé de cette espèce, et le dernier en a donné la représentation dans le t. III, pl. 10, fig. 3 de son ouvrage sur la Caroline. MM. Duméril, Guérin, Dugès, Westswood et plusieurs autres auteurs ont aussi rendu par l'iconographie ses principaux caractères.

M. Guérin fait avec la Chique son genre *Dermatophilus*, et M. Westwood celui de *Sarcopsylla*.

3. Puce du blaireau. (*Pulex melis*.)

Lea, cité par Curtis, *British Entomology*, fol. 417.
Parasite du Blaireau (*Meles Taxus*).

4. Puce de la martre. (*Pulex martis*.)

Bouché, *Nova acta nat. curios.*, XVII, 506.

5. Puce du chat. (*Pulex felis*.)

Bouché, *Nova act. nat. curios.*, XVII, 505.
Parasite du Chat domestique (*Felis catus*).
Voici la description de Puces trouvées sur un Raton laveur de la ménagerie du Muséum, mais que nous croyons de la même espèce que celles du Chat.

Bord inférieur de la tête denticulé, ainsi que le bord postérieur du prothorax; trois rangées de poils sur le métathorax; arceaux de l'abdomen comme écailleux latéralement, nettement partagés bilatéralement par une fente oblique sur les côtés; pattes sub-épineuses; celles de la troisième paire plus longues, ayant le premier article des tarses le plus long; point d'antennes saillantes dans le mâle. Nous l'avons fait représenter pl. 48, fig. 8, sous le nom de *Pulex serraticeps*, par lequel nous pro-

posons de remplacer le nom de *Pulex felis*, donné à cette espèce par M. Bouché. Des Puces que nous avons prises sur un
Daman de Syrie et sur un Dasyure Ourson de Vandiemen,
morts également à la Ménagerie, étaient bien certainement d'une
autre espèce. La suivante, au contraire, en diffère peu.

6. Puce du chien. (*Pulex canis.*)

Curtis, *Brit. Entom.*, 114, fig. A-E et fig. 8. — *Id.*, *ibid.*,
417, fig. 1 d.—*Pulex can.*, Dugès, *Ann. sc. n.*, 1re série, XXVII,
157. — Bouché, *Nova acta nat. curios.*, XVII, 504.

Parasite du Chien domestique. M. Haliday ayant découvert
les antennes de cette espèce, M. Curtis les a fait représenter à sa
planche 417, et il fait observer que le *Pulex canis* appartient,
pour cette raison, à son genre *Ceratopsyllus.*

MM. Polh et Kollar distinguent, comme espèce à part de la
Chique, la Puce nommée au Chili *Bicho do Cachorro* ou Puce
de chiens.

7. Puce allongée. (*Pulex elongata.*)

Ocracée, variée de ferrugineux, brillante, allongée et atténuée vers la tête, qui n'est pas ciliée ; antennes sub-claviformes,
velues, de huit articles ; le premier et le second considérables,
celui-ci sub-carré, celui-là obovale ; le troisième plus étroit, les
autres formant une massue à quatre articulations serrées avec un
article apicial ; mâchoires noires ; segments du thorax et abdomen ciliés de petites soies roides ; abdomen très-dilaté à son
extrémité ; pattes pâles, ocracées ; jambes et tarses médiocrement garnis de poils longs et forts ; ongles noirs.

Ceratopsyllus elong., Curtis, *Guide gén.*, II, 1136 ; *id.*,
Brit. Entom., 417, fig. de la ♀.

Parasite du *Vespertilio noctula?* (*Yellow bat* des Anglais).

8. Puce a trois bandes. (*Pulex trifasciatus.*)

Pul. trif., Curtis, *Brit. Entom.*, 417.

Parasite d'une Chauve-souris d'Angleterre ; M. Curtis ne dit
pas de laquelle. Cette Puce est la plus petite qu'il ait vue.

9. Puce de chauve-souris. (*Pulex vespertilionis,*)

Ceratopsyllus vesp., Samouelle, *in* Curtis, *Brit. Entom.*,
417. — *Pul. vesp.*, Bouché, *Nova acta nat. curios.*, XVII,
508. — *Pul. ves.*, E. Rousseau, *Magaz. Zool.*, cl. 1, pl. 6, f. 9.

On a réuni sous ce nom des Puces de diverses Chauves-souris,
et qui, par conséquent, peuvent très-bien ne pas être de la
même espèce. Celle de **M.** Samouelle a été trouvée, dit **M.** Curtis, sur des Chauves-souris par **M.** Gray. Celle de **M.** Bouché
vient du *Vesp. auritus*, et celle de **M.** Rousseau du *V. murinus*.

M. Dujardin (*Observateur au microscope*, pl. 14, fig. 11) représente la tête d'une Puce de Chauve-souris, très-grossie,
mais sans dire sur quelle espèce il a pris cette Puce.

10. Puce de taupe. (*Pulex talpæ.*)

Antennes ovalaires, allongées, velues, de dix articles, dont
le basilaire ovalaire tronqué; les autres empilés et uniformes;
yeux pâles, ovalaires; bords de la tête denticulés; corps brillant; thorax petit, cylindrique; abdomen comprimé, ses articles ciliés à leurs bords sur le dos et latéralement de poils forts;
des soies allongées à son extrémité; hanches longues, très-dila-
tées à leur base; les quatre postérieures crénelées et acuminées
au bord interne; cuisses courtes, comprimées, rétrécies vers
leur sommet; cuisses et tarses, principalement les antérieures,
garnis de longues soies.

Pul. talpæ, Curtis, *Brit. Entom.*, 114, fig. du ♂, et 117. —
Bouché, *Nova act. nat. curios.*, XVII, p. 507.

Parasite de la Taupe. M. Curtis rapporte que M. C. A. Johnson
lui a donné une Puce trouvée sur un Rat, et qui lui semble de
même espèce que celle de la Taupe. Ce Rat avait une autre sorte
de Puces plus petites, et qui lui ont paru spécifiquement distinctes.

11. Puce du hérisson. (*Pulex erinacei.*)

Pul. erin., Lea, cité par **M.** Curtis, *Brit. Entom.*, 117. —
Bouché, *Nova act. nat. curios.*, XVII, 507.
Parasite du Hérisson.

12. Puce d'écureuil. (*Pulex sciurorum.*)

Pulex..., Schrank, *Ins. Austr.*, 507. — *Ceratopsyllus sc.*,
Curtis, *Brit. Entom.*, 417. — Bouché, *Nova acta nat. curios.*,
XVII, 506.
Parasite de l'Écureuil d'Europe (*Sciurus vulgaris*).

13. Puce a bandes. (*Pulex fasciatus.*)

Bosc., *Bull. soc. philom.*, n° 44, p. 156. — Latreille, *Hist.*

nat. Ins., **XIV**, 42. — *Ceratopsyllus fasc.*, Curtis , *Brit. Entom.*, 417.

Parasite du Rat.

14. Puce du rat. (*Pulex muris.*)

Ceratopsyllus muris, Curtis, *Brit. Entom.*, 417.

M. Curtis nomme ainsi la petite espèce que lui et M. Johnson ont trouvée sur un Rat avec le *Pulex talpæ.* Il adopte aussi le *Pulex fasciatus.* C'est donc , pour lui, une espèce différente de celle-ci.

15. Puce de souris. (*Pulex musculi.*)

Dug. *Ann. sc. n.* 1ʳᵉ série, **XXVII**, p. 163. — Bouché, *Nova acta nat. curios.*; **XVII**, 508.

Parasite des Souris (*Mus musculus*).

16. Puce de lièvre. (*Pulex leporis.*)

Ceratopsyllus lep., Lea, *in* Curtis, *Brit Entom.*, 417.

Parasite du Lièvre (*Lepus timidus*). Espèce non décrite.

17. Puce de l'échidné (*Pulex echidnæ.*)

Marron brillant; bord des anneaux garnis en dessus de soies noires en peigne; pattes fortes, fauve doré, brunes en dedans avec les tarses de cette dernière couleur. Long., 0,004.

Pul. echidnæ, Lewis, *in* Westwood, *Modern class. of Ins.*, II, 493.— H. Denny, *Ann. and mag. of nat. hist.*, **XII**, 315, pl. 27, f. 6 ; 1843.

Parasite de l'Échidné (*Echidna hystrix*) de Vandiemen ; trouvée par MM. Lewis et Gould.

18. Puce géante. (*Pulex gigas.*)

Ovalaire, fauve, testacée, avec des soies noires ; prothorax pectiné au bord postérieur ; mésothorax noir à sa base ; antennes très-courtes, coniques. Long., 2 lignes.

Pul. gig., Kirby, *in* Richardson, *Fauna boreali-americana*, *Mamm.*, p. 318, pl. 7, f. 9. — H. Denny, *Ann. and Mag. of nat. hist.*, **XII**, 316.

De l'Amérique septentrionale.

19. Puce d'hirondelle. (*Pulex hirundinis.*)
(Pl. 48 , fig. 9.)

Ceratopsyllus hirund., Samouelle , *in* Curtis, *Brit. Entom.*, 417, f. *a, d, e*, et f. 8 ♀ (cop. dans notre Atlas).

Parasite de l'Hirondelle. M. Curtis ne dit pas de quelle espèce.

20. PUCE BIFASCIÉE. (*Pulex bifasciatus.*)

Ceratopsyllus bif., Curtis, *Brit. Entom.*, 417.
Parasite du Martin ét espèce non décrite.

21. PUCE D'ÉTOURNEAU. (*Pulex sturni.*)

Ceratopsyllus sturni, Dale, cité par Curtis, *Brit. entom.*, 417.
Parasite des Étourneaux (*Sturnus vulgaris*). Trouvée dans le courant de mai.

22. PUCE DE PIGEÒN. (*Pulex columbæ.*)
(Pl. 48, fig. 7.)

Corps comprimé, brun assez allongé, le dernier article en manière de croupion, à deux valves entre lesquelles est l'anus et en arrière de celui-ci un appendice mobile terminé par un petit bouquet de poils ; antennes droites sur la tète ; bord infé-rieur de celle-ci non denticulé ; le prothorax l'est finement à son postérieur ; à la jonction des deux articles naît une rangée de poils.

Ceratopsyllus columbæ, Steph.— Curtis, *Brit. Entom.*, 417.
Parasite des Pigeons domestiques. J'ignore où M. Stephens a décrit cette espèce, que j'ai pu faire figurer dans cet ouvrage, d'après un individu mâle pris sur un Pigeon domestique. Long., 1 1/4 ligne.

Un autre individu, qui était sans doute la femelle de cette es-pèce et qui venait du même Pigeon, avait l'abdomen un peu renflé ; point d'appendice copulateur ; point d'antennes saillantes.

23. PUCE DE POULE. (*Pulex gallinæ.*)

Schrank, *Fauna boïca*, III, 195. — Bouché, *Nova acta nat. curios.*, XVII, part. 1, p. 504.
Vit sur les Poules domestiques.

24. PUCE TERRESTRE. (*Pulex terrestris.*)

Bords latéraux de la tète prolongés par des pointes ou soies noires, assez allongées, très-rapprochées et formant une espèce de peigne ; bord postérieur des segments du thorax et de l'ab-domen également cilié ; abdomen paraissant tronqué à l'extré-mité ; anus caché dans le dernier segment et muni en dessus d'une touffe de huit soies noires, allongées; hanches antérieures à petits points enfoncés, disposés en rangées parallèles au bord extérieur; chaque point émet un petit poil; hanches intermédiaires et postérieures nues, striées transversalement d'une manière peu distincte; jambes garnies au côté extérieur et à l'extrémité de soies noires, beaucoup plus touffues et plus longues, de diverses longueurs; premier article des tarses antérieurs plus long que les suivants. Long., 1 ligne 1/2.

Pulex terr., Macquart, *Ann. sc. nat.*, 1ʳᵉ série, XXII, p. 467.

Vit à terre, sous les broussailles. M. Macquart l'a trouvée près de Lille, et il rapporte que M. Vanderlinden l'a aussi prise en Belgique.

25. Puce du bolet. (*Pulex boleti.*)

Pul. bol., Guérin, *Icon. Règne anim.*, *Explic. Ins.*, p. 14.
Des environs de Paris. Vit dans l'intérieur des Bolets.
C'est probablement à côté de cette espèce qu'il faut placer le

26. Mycetophila nigra.

Myc. nigra, Haliday, *in* Curtis, *Brit. entom.*, 417.
On n'a pas publié les caractères de cette espèce.

ORDRE III.

THYSANOURES.

L'ordre des Thysanoures, dont le nom signifie *queue frangée*, a été établi par Latreille dès 1796 (1), sous la dénomination de classe, et placé entre ceux des *Suceurs* (genre *Pulex*) et des *Parasites* (*Ricinus* et *Pediculus*), qui sont les plus voisins de ses *Acéphales*, depuis lors appelés *Arachnides*. Ils constituaient pour Fabricius une partie des *Synistates*. En 1806 (2), Latreille leur conservait la même place que dans son premier ouvrage, mais il avait alors, à l'exemple de Lamarck, séparé les Insectes des Arachnides, et les Thysanoures furent pour lui des Insectes, tandis que pour Lamarck (3), c'étaient des Arachnides. Plus tard, il crut (4) leur reconnaître plus d'affinités avec les Myriapodes qu'avec les Arachnides, et il les mit immédiatement après ceux-ci dans la série des Insectes. C'est aussi ce qu'il cherche à prouver dans un mémoire spécial qui a paru en 1832 (5). Mais on ne peut nier qu'en laissant, parmi les Thysanoures, les Podures et les Lépismes, on réunit des animaux

---

(1) *Précis des caractères génériques des Insectes*, p. 173. En voici les caractères d'après Latreille : tête distincte, antennifère; bouche munie de mandibules, de deux mâchoires, de deux lèvres et d'antennules sensibles.

(2) *Genera Crust.*, I, 163.

(3) *Système des animaux sans vertèbres*, p. 183; 1801; et *Hist. nat. des Animaux sans vertèbres*.

(4) *Règne animal*, par G. Cuvier, t. III, p. 158; 1817; et t. IV, p. 339; 1829.

(5) *De l'organisation extérieure et comparée des Insectes de l'ordre des Thysanoures; Nouvelles Ann. Mus.*, I, p. 162; 1832.

fort différents entre eux et fort différents aussi des Myriapodes.

Fabricius avait déjà rapproché les Thysanoures des Insectes de l'ordre des Névroptères, et c'est l'opinion que M. de Blainville adopte, en les considérant comme des Névroptères anomaux, en ce sens, que restant Aptères, la physionomie de larves est définitive chez eux, tandis qu'elle n'est que passagère chez la plupart des autres espèces du même ordre. Les Thysanoures ainsi envisagées sont donc des Névroptères frappés d'un arrêt de développement. C'est ce que nous admettons parfaitement pour les Lépismes et genres voisins, mais il nous paraît impossible d'en dire autant, ou du moins dans le même sens, pour les Podures.

Le petit nombre des anneaux du corps des Podurelles les rapproche des Insectes épizoïques, et le reste de leur organisation diffère complétement de celle des Lépismes. Il serait donc plus convenable de créer à leur intention un ordre particulier parmi les Insectes hexapodes, dont le corps n'a pas le nombre normal d'anneaux. Nous laisserons à cet ordre des Podures et des Smynthures le nom de PODURELLES, c'est-à-dire qui saute avec sa queue, puisque c'est là un de leurs caractères les plus généraux.

I.

PODURELLES.

Les petits animaux articulés que De Géer et Linné
ont fait connaître sous le nom de Podura (1), sont
du nombre des espèces à *pieds articulés*, et ils ont
ces organes *ambulatoires au nombre de six*. Ce dernier caractère et celui d'avoir les trois parties du
corps (*tête*, *thorax* et *abdomen*) *nettement séparées*,
les rapprochent des vrais Insectes avec lesquels ils
ont aussi de commun leur *respiration trachéenne*. Ils
sont également *Dicères* ou pourvus d'*une seule paire
d'antennes*. Tous les Podures sont *Aptères*, et leurs
deuxième et troisième anneaux thoraciques n'ont de
rudiments d'ailes à aucun âge ni dans aucun des deux
sexes. Ils ne subissent pas de métamorphoses, et leur
corps, en y comprenant la tête, n'a jamais plus *de dix
anneaux*, l'abdomen n'en ayant que six au lieu de dix,
comme chez la plupart des autres Insectes. Chez certains Podures qu'on a nommés Smynthures, il n'en a
même que quatre. La bouche des Podures a ses diverses parties rudimentaires, et paraît manquer de
palpes; dans le genre *Anoura*, c'est un suçoir. Ces animaux forment une famille très-distincte, et à laquelle
il est même assez difficile d'assigner rigoureusement
sa place dans la série des Entomozoaires hexapodes.
Le nom des Podures, changé en ceux de *Podurelles*,
Poduriens, *Podurides*, etc., par divers auteurs, rap-

______

(1) Podura, De Géer, *Mém.*, VII, 15. — Podurellæ, Lat., *Genera
Crust.*, I. 165.—Podurinæ, Burm., *Handb. der Entom.*, II, 445. (*Voir
p. 393 et suivantes pour les autres citations.*)

pelle la présence presque générale chez eux d'un organe saltatoire qui existe plus ou moins près de la terminaison de leur abdomen, et consiste en un appendice médian et bi-parti qui se détend comme un ressort à la volonté de l'animal, et le lance à une hauteur qui souvent n'est pas moindre qu'un pied.

Ces Insectes sont aériens, mais ils aiment en général les lieux humides et ombragés. On les retrouve sur la terre, au-dessous des plantes herbacées, et ils y sont quelquefois en si grande abondance, qu'on les y croirait accumulés à plaisir. Ceux qui sont de couleur noire et qu'on trouve ainsi rassemblés par myriades sur le sol des jardins ou des bois, ont été comparés à de la poudre à canon. La terre paraît, en effet, au premier coup d'œil, avoir été couverte de cette substance dans un espace quelquefois assez grand. D'autres se réunissent ainsi sur la neige, et il en est, d'espèces également différentes, qui se tiennent sur l'eau, et répètent à sa surface un phénomène analogue à celui dont il vient d'être fait mention. Le froid n'a pas une grande influence sur ces petits êtres, et on en a vu revenir à la vie après avoir été congelés dans l'eau, sur laquelle ils vivaient. La sécheresse leur est fort contraire, aussi est-il fort difficile de les conserver vivants, si on ne les place immédiatement dans un vase clos, et dont l'air intérieur est très-chargé d'humidité. Cette précaution prise, on les garde souvent fort longtemps.

On trouve les Podures dans les lieux dont il vient d'être question, et souvent aussi dans les selliers ou les caves, sous les pierres, dans le vieux bois en pourriture et sous les écorces des arbres. Beaucoup sont stationnaires; quelques-uns se tiennent plus ou moins

isolés, et il en est qui sont, pour ainsi dire , erratiques; tels sont ceux qui courent souvent sur les fenêtres., sur les bureaux ou il y a des papiers, sur les ta-
bles , etc., et qui s'élancent assez loin et si lestement
lorsqu'on veut les saisir.

La promptitude avec laquelle les Podures se dessè-
chent ou se racornissent., la constante décoloration
que l'alcool leur fait subir, éloignent bien des personnes
d'en collecter : ce sont, toutefois , des animaux fort
intéressants, et les derniers travaux dont ils ont été
l'objet , aussi bien que les détails curieux que De Géer
avait publiés à leur égard , confirment cette assertion.

On en connaît présentement un grand nombre d'espèces; leur classification a même nécessité la distinction de plusieurs genres dont nous ferons l'histoire
après avoir traité plus longuement de l'anatomie, de la
physionomie et des principes de la classification des
Podurelles.

§ I.

La *forme générale des Podurellés* offre des variations assez nombreuses, et qui ont, en général, servi à
la distinction de ces animaux en genres. Sauf dans les
Smynthures, le corps est toujours plus ou moins linéaire, souvent allongé, d'autres fois naviculaire
seulement. Dans les Smynthures, au contraire , il est
contracté , et comme globuleux, principalement dans
sa partie abdominale, qui n'a même que trois ou
quatre articles au lieu de six, comme dans les autres.
Les segments du corps ne conservent pas toujours la
même proportion, et le même segment peut être ou
plus grand ou plus petit , suivant les genres chez lesquels on l'étudie. Six anneaux au plus pour l'abdomen,

trois pour le thorax, un pour la tête : les Podures ont,
comme on le voit, un moins grand nombre de segments au corps que n'en ont la plupart des autres
Hexapodes. Toutefois, comme dans tous les animaux
de la même classe, la tête, le thorax et l'abdomen sont
bien distincts les uns des autres.

De la tête. La forme de cette partie est en général
celle d'un triangle équilatéral à angles très-émoussés,
et dont le cou occuperait la base, et l'épistome le sommet. C'est une sorte de boîte résistante, velue ou extérieurement écailleuse, et à laquelle on reconnaît la
bouche et les appendices qui la servent, les antennes
et les yeux. On n'y a point encore observé de trace de
l'organe de l'ouïe.

Latreille, guidé dans ce cas par des vues inexactes
et assez peu philosophiques, regardait, comme un
tâtonnement de la nature, comme un essai pour arriver à mieux, le peu de complication apparente de la
bouche de ces animaux, au lieu d'y voir un fait en
harmonie avec le genre de nourriture qui leur est
destiné.

M. Bourlet distingue à la bouche des Podures :
1° un épistome paraissant arrondi ; 2° un labre membraneux, en carré long entier et caché; 3° des mandibules; 4° des mâchoires, 5° un menton ovale; 6° une
languette large, saillante, ciliée, à deux divisions,
chacune de ces divisions quadrifides; 7° des palpes
maxillaires et des palpes labiaux, mais seulement rudimentaires.

Pour M. Nicolet, le genre qu'il nomme à tort *Achorutes* (voy. *Anoura*), manque seul d'appareil ci-
biaire; mais dans les autres Podures la complication
serait moindre que ne l'admet l'auteur précédent. La

bouche est munie seulement, outre les lèvres supérieure
et inférieure, de mâchoires et de mandibules assez fortes, quoique membraneuses, et qui permettent à ces
animaux de se nourrir de matières un peu plus solides
que celles dont les Anoura font usage. C'est, en effet,
d'après lui, de conferves et de matières végétales plus
ou moins décomposées que vivent les Podures. Ces
animaux n'ont rien montré qui ressemble à des palpes. Dans l'Anoura, il n'y a ni mandibules ni mâchoires visibles ; la bouche consiste en une trompe conique très-aiguë, dont l'ouverture est sur le cône, et
si petite, qu'il est présumable que ces Insectes ne
peuvent se nourrir d'aucune matière solide, et que
l'humidité des vieux troncs d'arbres, sur lesquels on
les trouve, est leur seule nourriture.

Les *antennes* des Podurelles ont habituellement
quatre articles ; plusieurs genres de cet ordre, qui sont
dans ce cas, se distinguent entre eux par la proportion de ces articles. Dans le genre *Macrotoma* ou
Tomocerus, le troisième et le quatrième sont dé-
composés en un un nombre considérable de petits anneaux et filiformes, ce qui leur donne une grande
analogie avec les antennes des Lépismes. Les articles
conservent la forme habituelle dans les Orcheselles,
mais il y en a toujours plus de quatre, et quelquefois jusqu'à sept. D'autres Podures ont aussi plus de
quatre articles. La longueur des antennes varie. Lès
Macrotomes sont ceux qui les ont les plus longues, et
quelquefois plus ou moins volubiles en spirale. Les
antennes n'ont point d'écailles ; elles sont toujours plus
ou moins velues et sont souvent en mouvement.

Les *yeux* sont des ocelles groupés de chaque côté
de la tête en arrière des antennes. Ils sont fort dif-

ficiles à bien voir, et cependant on s'en sert pour caractériser les genres; leur nombre, et leur disposition offrant quelques variations. D'après M. Nicolet, il y en a tantôt six, tantôt sept, tantôt huit par groupe; M. Bourlet en admettait six ou huit. Le premier de ces observateurs en a trouvé quatorze par groupe dans le *Podura fimetaria* de Linné.

Du thorax. On n'y voit aucun rudiment d'ailes. Ses trois articles ne sont pas également grands, et en général, le premier ou prothorax semble manquer, son arceau inférieur étant presque nul. Les *Anoura*, *Achorutes* et *Lipura* ont cependant un prothorax bien visible en dessus. Le mésothorax est généralement grand, et chez certaines espèces (*Lepidocyrthus* ou *Cyphodeirus*), il offre une saillie antérieure qui s'avance au-dessus de la tête. A chacun des anneaux du thorax s'insère une paire de *pattes.* Celles-ci sont velues, plus ou moins courtes, ambulatoires, sub-égales et composées de cinq parties : hanche, trochanter, cuisse, jambe et tarse. Celui-ci n'a qu'un seul article à deux griffes.

De l'abdomen. Il est composé de six articles à peu près égaux dans les espèces qui sautent peu ou point du tout. Dans les *Lepidocyrtus*, le quatrième est le plus considérable. Les *Degeeria* et *Orchesella* sont aussi dans ce cas. Dans les *Macrotoma*, c'est le troisième. Les Smynthures font encore exception sous ce rapport. Ils n'ont que trois segments abdominaux.

L'anus est percé dans le dernier segment, qui est composé de trois pièces placées l'une en dessus, et les deux autres en dessous de cet orifice. Le seul genre Anoura a l'anus ouvert en dessous du dernier segment et non à son extrémité; la pièce supérieure est alors plus grande et plus avancée, et elle porte en outre deux forts tubercules. Dans les *Lipura*, l'anus est déjà plus infère que dans les autres Podures.

A propos de l'abdomen, nous devons aussi parler des trachées, de l'appareil saltatoire, du tube gastrique, des filets gastriques, de la fourchette et des épines terminales.

Les ouvertures trachéennes, ou *stigmates*, ont été découvertes par M. Nicolet. Cet excellent observateur en a reconnu huit, placées par paires sur les arceaux supérieurs des quatre premiers segments de l'abdomen. La couleur de leur péritrème, qui est la même que celle du corps de l'Insecte, rend très-difficile de les apercevoir. Leur forme est lunulaire, et ils occupent le milieu de chacun des bords des arceaux indiqués ci-dessus, mais à une distance de ce bord égale au septième environ du diamètre transversal de l'Insecte. Outre ces ouvertures, les trois premiers segments abdominaux ont aussi offert à M. Nicolet quatre points enfoncés, ronds, extrêmement petits et disposés de manière à former, au milieu de chaque segment, un parallélogramme plus ou moins allongé, selon l'espèce ; ces points, à cause de leur proximité des petits vaisseaux qui semblent dépendre des trachées, sont regardés par M. Nicolet comme étant peut-être aussi des stigmates ; mais une nouvelle observation lui paraît nécessaire avant que cette manière de voir soit adoptée définitivement.

De Géer a signalé dans les Podures, à la face inférieure du commencement de l'abdomen, un organe singulier dont l'usage inconnu de ce savant observateur l'est aussi de ceux qui ont étudié depuis lui ces Insectes. C'est le *tube gastrique* de M. Bourlet. De

Géer l'ayant vu sur des espèces aquatiques, avait supposé, mais sans l'affirmer cependant, que cet organe,
qu'il compare à un stigmate, est fait « pour pomper
ou pour attirer dans le corps l'humidité de l'eau. »
C'est comme si, ajoute-t-il, la Podure respirait l'eau
ou sa vapeur par la fente de cette partie.

Latreille, d'après ses observations sur le *Podura
aquatiqua*, considérait cet organe comme celui de
la reproduction, mais c'est ce que n'ont pas admis
ses successeurs. De Géer avait déjà écrit : « Comme je
trouvais une telle partie à toutes les Podures aquatiques que j'examinai, et parmi lesquelles il s'est, sans
doute, trouvé et des mâles et des femelles, je ne pou-
vais la regarder comme destinée à la génération. »
La forme n'en est pas la même dans toutes les espèces.
C'est un simple tubercule fendu au milieu et stigmatiforme dans les genres *Anoura*, *Lipura* et *Achorutes*; dans les autres il s'allonge, prend une forme
cylindrique et se termine par un gros bouton bilobé et
rétractile. Son incision terminale est peu profonde.
D'après les observations de M. Nicolet, chaque lobe
terminal du tube gastrique a la facilité de se gonfler,
ou plutôt de s'allonger en s'étendant latéralement, de
manière à faire à peu près disparaître l'incision. Dans
les Smynthures, la longueur que ces *filets gastriques* peuvent atteindre en se développant ainsi, égale,
à peu de chose près, celle des pattes ; ils sont blancs,
demi-transparents et continuellement invisqués par
une humeur visqueuse et abondante, fournie par de
petites glandes fort nombreuses et disposées régulièrement sur toute leur surface. Les Smynthures peuvent
diriger ces filets dans tous les sens, les étendre ou les
rouler en spirale, et les faire sortir simultanément ou
alternativement de l'organe tubuliforme qui les porte.

M. Nicolet considère cet organe comme aidant à la locomotion.

De Géer, sans signaler l'analogie de ces filets des Smynthures avec le tube gastrique des autres Podures, leur reconnaissait, comme le fait M. Nicolet, un emploi dans l'acte de la station. « Ces filets, qui sont, dit-il, arrondis au bout et presque de la longueur de tout le corps, sont lancés avec force et vitesse hors de la partie cylindrique, l'un d'un côté, l'autre de l'autre, et cela uniquement quand la Podure a besoin de s'en servir, après quoi, ils rentrent dans le court tuyau cylindrique comme dans un étui, et en même temps dans eux-mêmes, de la manière que les cornes des Limaçons rentrent dans leur tête.

» C'était au travers des parois transparentes du poudrier, où mes petites Podures étaient renfermées, que je vis ce phénomène curieux, et que je découvris en même temps l'usage de ces filets cylindriques. Quand la Podure marchait contre les parois du poudrier, il lui arrivait souvent de glisser ; c'était comme si les pieds lui manquaient, de façon qu'elle était sur le point de tomber ; dans l'instant même, les deux filets parurent et furent lancés avec rapidité hors de leur étui, s'attachant dans le moment au verre par la matière gluante dont ils sont enduits, en sorte qu'alors la Podure se trouvait comme suspendue à ces deux filets, au moyen de quoi elle eut le temps de se raccrocher de nouveau avec les pieds, après quoi les filets rentraient tout de suite dans leur étui. Peut-être que la Podure après avoir fait un saut, se sert encore de ses filets pour se fixer promptement à l'endroit où elle vient de retomber ; mais je ne donne cette dernière idée que comme une conjecture. »

Les Podures autres que les Smynthures ne paraissent pas posséder ces longs filaments , mais leur tube ou plaque gastrique est considérée comme ayant le même usage. M. Bourlet donne à l'appui de cette manière de voir : 1° qu'il sert à ces Insectes à se maintenir sur les surfaces perpendiculaires en y faisant le vide ; 2° que le liquide excrété par lui sert à humecter la queue et la rainure ; 3° qu'il supplée à la faiblesse des pattes dans les chutes qui suivent les sauts.

M. Bourlet appelle *fourchette* , chez les Podures , une autre partie plus petite que le tube gastrique et soudée au fond de la rainure sous-abdominale, à peu près à égale distance de ses deux extrémités. Cet appendice, dont la couleur est toujours blanche , paraît composé de deux pièces. La première un peu comprimée d'avant en arrière , peu mobile , s'articule avec la pièce supérieure , laquelle est rendue bifurquée par deux filets sétacés et élastiques. La fourchette, quand on l'examine , est toujours perpendiculaire à l'axe du corps , mais on conçoit qu'elle ne peut rester ainsi quand la queue occupe la rainure ; elle s'incline alors en arrière , puis , redevenue libre par l'extension de la queue , son élasticité lui fait reprendre sa position primitive.

La *queue* ou l'appareil saltatoire a été l'objet des descriptions de De Géer et Latreille , et de MM. Templeton , Bourlet et Nicolet. Disons d'abord qu'elle manque dans les *Anoura* et les *Lipura*. Dans les Achorutes , elle est peu considérable encore ; elle s'insère sous le quatrième segment , c'est-à-dire sous l'anté-pénultième , et non au bord postérieur de l'avant-dernier ou cinquième. De là le nom d'*Hypogastrura* que M. Bourlet propose pour ces animaux ; un

petit creux antérieur marque l'endroit où la partie
dont il s'agit se place lorsqu'elle n'est pas détendue.
La queue des Achorutes est d'ailleurs petite, et elle
ne se prolonge que peu ou point au delà de l'abdomen.

Dans les autres genres, la queue est plus ou moins
longue et un peu variable de forme, suivant les espèces. Elle est toutefois composée de deux parties bien
distinctes : la base ou *tige* et les *filets*, et reployée
avant le saut dans une *rainure* des arceaux inférieurs
de l'abdomen. Le rapport de la longueur des filets à
celle de la tige varie dans quelques cas. Quand les
Podures sont morts, l'organe est habituellement dé-
tendu et visible en arrière de l'abdomen. Pour faci-
liter l'observation, on peut obtenir l'immobilité des
Podures et de beaucoup d'autres petits animaux, sans
cependant les tuer, en chargeant de vapeurs d'éther
le petit espace creux et fermé de l'objectif qui les
retient sous le microscope. M. Bourlet donne trois
pièces à la tige caudale, toutes trois enveloppées
par une membrane et mues par des muscles très-
puissants. Deux de ces pièces sont parallèles, distinctes l'une de l'autre près des filets, mais séparées
dans l'Insecte de leur étendue par une simple rainure. D'après le même observateur, on voit à l'op-
posite du sillon moyen, à l'intérieur, une côte arrondie, saillante à sa base, allant en s'abaissant et
s'effaçant peu à peu au-dessous de la bifurcation : c'est
la troisième pièce de la tige ; l'auteur cité la compare
aux filets qui terminent l'abdomen des Lépismes, mais
comme il l'a fait remarquer depuis, les filets des Lépismes partent de l'arceau supérieur, et ces trois pièces
naissent de l'arceau inférieur. Quant aux filets sétacés
qui forment la fourche de la queue des Podures, ils

sont uni-articulés, sauf chez les Smynthures, qui les ont bi-articulés.

Les *crochets* ou *épines terminales* se voient postérieurement au bord supérieur du dernier arceau abdominal; leur direction est redressée et un peu divergente. On les connaissait chez les *Lipura* ou *Onychiurus*, qui leur doivent ce dernier nom, et M. Nicolet en a trouvé aussi sur deux espèces du genre *Achorutes* de M. Templeton.

Des poils et des écailles. La peau des Podures est généralement assez consistante, surtout chez les espèces qui jouissent d'une grande activité; elle est plus molle chez celles qui sautent peu ou dont la marche est le seul mode de locomotion. Trois couches superposées la constituent chez les unes et les autres: l'*épiderme*, dont l'animal se dépouille à chaque mue, la matière muqueuse ou le *pigment*, et le *derme*.

On remarque à sa surface tantôt des poils plus ou moins nombreux, tantôt des écailles fort semblables à celles des Lépismes, quelquefois des poils et des écailles simultanément. La forme de ces deux sortes d'organes varie d'espèce à espèce, d'individu à individu, dans une même espèce, ou même d'un point à un autre, dans le même individu.

De l'organisation interne. Ce que nous avons rapporté des idées de Latreille, à l'égard du tube gastrique qu'il supposait être l'orifice de l'appareil génital, a déjà fait supposer que nous n'aurions rien à dire de positif sur les organes génitaux des Podures, et, en effet, personne n'a indiqué leur véritable nature. Ce que l'on connaît de leurs organes nutritifs et d'innervation n'est même acquis à la science que depuis les travaux de M. Nicolet.

Le *tube digestif,* étudié dans le *Podura similata,*
est droit et partagé en cinq parties : l'*œsophage* ; le
jabot, qui n'est qu'une dilatation médiocre de ce
dernier ; l'*estomac* ou ventricule chylifique, dont la longueur égale trois fois celle du jabot et de l'œsophage ;
l'*intestin grêle,* à peu près grand comme le jabot, et le
rectum, appelé, par inadvertance, sans doute, cœcum
par M. Nicolet ; il est un peu plus long que l'intestin
grêle. Au point où l'estomac va déboucher dans l'intestin , sont des *vaisseaux hépatiques* libres par une
de leurs extrémités, tubuleux, sans renflements , et
dont l'auteur cité porte le nombre à six en trois paires.

Les *trachées* ne sont pas en grande abondance.

Quant au *fluide sanguin,* il est transparent et d'un
jaune d'ambre très-clair. On en voit dans toutes les
parties du corps , et les globules qu'il renferme font
reconnaître ses mouvements. Ces globules qui , du
reste, paraissent ne pas exister toujours , sont sphériques ou ovoïdes. Le mouvement du sang a pour centre
d'impulsion le vaisseau dorsal, qui s'étend sous la
peau médiane du dos depuis la tête jusqu'à l'extrémité postérieure du corps , son extrémité antérieure
s'infléchissant pour entrer dans la tête La circulation
peut être interrompue sans que l'animal périsse.

Le *système nerveux* se compose , dans les Smynthures du moins, du cerveau ou ganglion sus-œsopha-
gien donnant naissance aux nerfs des yeux ; du ganglion sous-œsophagien en rapport avec le précédent
par les deux branches latérales du collier ; d'un ganglion thoracique en rapport avec le ganglion précédent
par deux filets de communication et d'un ganglion
abdominal placé dans le plus gros des anneaux et
donnant , outre des nerfs latéraux comme les gau-

glions sous-œsophagien et thoracique, des nerfs postérieurs assez longs et au nombre de trois principaux.

Génération. De Géer avait déjà vu les œufs des Podures, et M. Nicolet a récemment indiqué leurs caractères avec soin. C'est donc à tort que M. Bourlet a écrit que l'oviparité de ces animaux lui paraissait « une chose pour le moins douteuse. » Leurs œufs sont, il est vrai, fort petits. On les trouve sous les écorces d'arbres, dans la mousse, etc. Avant la ponte, ils ont une vésicule germinative, et, dans l'oviducte, leur vitellus se couvre d'une couche d'albumen. La nature de leur coque varie ainsi que sa dureté. Habituellement sphérique, elle est lisse chez les uns, réticulée chez d'autres, et plus ou moins villeuse ou hérissée de petites épines chez un certain nombre. Une douzaine de jours après que la femelle les a déposés, le petit en sort, et quoiqu'il n'ait pas de véritable métamorphose à subir, il diffère néanmoins des adultes par sa tête plus trapue et d'aspect tout à fait ovoïde. Les mues qu'il éprouvera bientôt ne tardent pas à lui faire perdre ce caractère ; elles changent aussi plus ou moins ses couleurs.

Nourriture. Elle consiste en débris de matière végétale, et même, d'après M. Bourlet, en humus, ou plutôt des petites molécules organiques vivantes ou mortes qui s'y trouvent. Avec un peu de terreau, mais en prenant les précautions dont il a déjà été parlé, on peut conserver plus de trois mois des Podurelles.

§ II.

Peu d'auteurs se sont occupés de ces Insectes, mais ils ont fait à leur égard des travaux importants, que nous devons surtout analyser, sans cependant omettre de citer comment les principaux méthodistes ont envisagé le groupe entier.

De Géer est le premier auteur que nous ayons à citer dans l'historique relatif à la famille des Podures. Il avait été à peine question de ces animaux, lorsqu'en 1740, il publia, dans les *Mémoires de l'Académie royale des sciences de Suède*, et antérieurement dans ceux de la *Société d'Upsal* (1), le résultat de ses recherches à leur égard. Dans un des *Mémoires* du grand ouvrage publié après sa mort (2), il revient assez longuement sur ce sujet. Le nombre des espèces décrites et figurées, dans ce troisième travail, est de sept; une deuxième section de ses Podures, celle des espèces à antennes coudées et multi-articulées, correspond au genre que Latreille a plus tard appelé *Smynthurus*.

Voici le nom des espèces de la première famille ou section des vrais Podures signalées par De Géer :

> *Podura arborea nigra.*
> *Podura arborea grisea.*
> *Podura aquatica nigra.*
> *Podura aquatica grisea.*
> *Podura plumbea.*
> *Podura ambulans.*

Linné (3) et Geoffroy (4) ont aussi indiqué plusieurs espèces de Podures, mais en donnant à leur égard moins de détails que ne le faisait De Géer. Les espèces reconnues par Geoffroy sont au nombre de dix. L'édition du *Systema naturæ*, éditée par Gmelin, en signale trente et une.

Les détails relatifs aux Podures que nous trouvons dans les successeurs de ces trois célèbres naturalistes sont une simple reproduction, souvent même une abréviation de ce que ceux-ci avaient publié, et c'est à peu près aussi le cas des ouvrages classiques de Fabricius et de Latreille. Les faunistes, sauf Muller, n'accordèrent pas plus d'attention aux Podures. Mais on trouve,

---

(1) *Acta soc. Upsal.* ; 1740. — *Acta acad. scient. Suec.* ; 1743.

(2) *Mémoires pour servir à l'Histoire des Insectes*, VII, p. 15, 39, pl. 2 et 3 ; 1778.

(3) *Fauna suecica*, éd. 2ᵉ.

(4) *Ins. des env. de Paris*, t. II ; 1762.

néanmoins, dans un des derniers travaux de Latreille, quelques ébauches relatives aux Insectes qui nous occupent, et qui commencèrent à rappeler sur eux l'attention des observateurs actuels.

En effet, depuis ce dernier travail du célèbre entomologiste français, trois naturalistes ont fait, au sujet des Podurelles, des observations importantes, et qui ont mis cette partie intéressante de l'histoire des Insectes au niveau des mieux étudiées. Nous voulons parler de M. Templeton, qui a étudié en Irlande ; de M. l'abbé Bourlet, dont les recherches portent sur les Podures du département du Nord, et de M. H. Nicolet, qui a fait connaître ceux des environs de Neuchâtel, en Suisse. Ces trois importantes monographies, principalement la dernière, vont nous occuper d'une manière plus spéciale, et c'est surtout aux détails qu'elles fournissent que nous emprunterons, fort souvent textuellement, ce que nous aurons à dire plus bas des espèces qu'on y fait connaître.

Outre qu'ils décrivent un assez bon nombre d'espèces nouvelles, MM. Templeton, Bourlet et Nicolet s'occupent aussi de la répartition méthodique des Podures en genres ; les deux derniers donnent aussi de fort bons détails sur l'anatomie et la physiologie de ces petits animaux. Nous devons seulement reproduire à présent le tableau de la classification suivie par chacun d'eux.

M. Templeton (1) admet trois genres de Podurelles, dont deux portent des dénominations nouvelles (ORCHESELLA et ACHORUTES) ; il décrit aussi plusieurs espèces nouvelles d'Irlande ; mais il en sera question plus loin.

M. Bourlet (2), qui ne connaissait pas le travail précédent, fait cinq genres de Podures. En voici les caractères :

Espèces couvertes d'écailles.

Antennes longues, de trois articles, le dernier beaucoup plus long que les autres ; yeux formés de six ocelles. . . . . MACROTOMA, Bourl.

Antennes courtes, de quatre articles ; huit ocelles. . . . . LEPIDOCYRTUS, Bourl.

---

(1) *Trans. entom. soc. Lond.*, I, 1834.

(2) *Mémoire sur les Podures*, 1839 ; in-8° de 41 p. et 1 pl. Extrait des *Mém. de la soc. r. des sc., d'agric. et des arts de Lille.*

Espèces sans écailles.

Antennes de longueur moyenne, variant de deux à cinq articles inégaux ;
six ocelles. . . . . **HETEROTOMA** , Bourl.

Antennes courtes , constamment de
quatre articles à peu près égaux entre
eux ; six ou huit ocelles. . . . . . **ISOTOMA** , Bourl.

Antennes très-courtes , de quatre articles ; corps noir, fort petit ; organe
du saut attaché sous le ventre , et non
à son extrémité ; sans ocelles. . . . . **HYPOGASTRURUS**,Bourl.

Dans le travail du même auteur, on trouve, en outre, des caractéristiques d'espèces dont la plupart sont nouvelles , ainsi que
des renseignements anatomiques et physiologiques qui témoi-
gnent d'une grande connaissance de ces animaux.

Depuis lors , M. Bourlet a publié (1) dans la description d'un
nouveau genre de la même famille sous le nom d'*Adicranus*
pour le *P. fimetaria*, et en 1843, un nouveau travail (2) exposant

____

(1) *Revue zoologique par la Société cuvierienne.*

(2) *Mémoire sur les Podurelles*, dans ceux de la Société royale de
Douai; 1843.

M. l'abbé Bourlet termine son second travail par un *Précis chrono-
logique* pour lequel nous lui avions donné, lors de son passage à
Paris, quelques renseignements, et c'est son mémoire, mais surtout
celui de M. Nicolet, que nous ne connaissions alors que par le très-
court extrait du *Bulletin de Genève*, qui nous a provisoirement fait sus-
pendre la monographie que nous avions entreprise des Podurelles de
Paris. Nous avions déjà, en 1841, fait graver les deux planches de
Thysanoures qu'on voit dans l'Atlas de cet ouvrage ; nous les avions
même communiquées à plusieurs entomologistes, et nous avions fait
part à M. Bourlet de notre étude du *P. ambulans* ; nous lui indiquâmes
même cette espèce comme type de notre genre ONYCHIURUS, genre auquel
il a depuis lors donné le nom d'*Adicranus*. Il est vrai que M. Bourlet
ne parle pas de ce que nous lui avons dit. Plusieurs naturalistes ont le
tort de ne se croire engagés qu'à l'égard de ceux qui ont publié par la
voie de la presse, et ils regardent les communications orales ou par
correspondance comme non avenues ; mais puisque M. Bourlet cite à la
page 63 de son *Précis* le même *P. ambulans* ou *fimetaria* comme type
du genre *Lipura* de M. Burmeister, dénomination qui a l'antériorité
sur la mienne , pourquoi lui donne-t-il un nom nouveau ?

de nouvelles observations faites par lui , et celles qu'il avait d'abord publiées ; mais il ne s'y montre pas constamment fidèle aux règles ordinaires de la synonymie : il est même difficile d'établir une concordance réelle entre les premières observations de cet auteur et les secondes. C'est, à propos de ce travail, que M. H. Lucas a lu, en 1843, devant la Société entomologique, une longue note critique insérée dans les Annales de cette société, note à laquelle nous renvoyons, faute d'avoir pu suffisamment en profiter, à cause de l'époque récente de sa publication.

Voici le tableau que M. Bourlet donne de la classification des Podurelles dans son second Mémoire :

Espèces couvertes d'écailles.

Antennes longues, de trois articles , le dernier beaucoup plus long que les autres. . . . . . . : . . . . 1ᵉʳ Genre, MACROTOMA.

Antennes courtes , de quatre articles. . . . . 2ᵉ Genre , LEPIDOCYRTUS.

Espèces sans écailles.

Un organe saltatoire.
- Antennes de longueur moyenne, variant de deux à cinq articles inégaux. . 3ᵉ Genre, ÆTHEOCERUS.
- Antennes courtes , constamment de quatre articles à peu près égaux. . 4ᵉ Genre , PODURA.
- Antennes très-courtes , de quatre articles , organe saltatoire attaché sous le ventre , et non à son extrémité . . . . 5ᵉ Genre , HYPOGASTRURA.

Point d'organe saltatoire. . . . 6ᵉ Genre, ADICRANUS.

Antérieurement au premier travail de M. Bourlet , c'est-à-dire, en 1835, avait paru le deuxième volume de l'excellent Manuel de M. Burmeister (1). Les Thysanoures , formant une tribu des *Gymnognatha,* qui comprennent les Mallophages, Orthoptères , Dermoptères , etc., ont pour première famille les

----

(1) *Handb. der Entomologie,* II, 445.

Podures nommés *Poduridæ*. Ceux-ci sont subdivisés en cinq genres , dont voici le tableau :

1. Antennarum articuli sub-æquales.
   A. Antennæ 4-articulatæ.
      a. Furcula saltatoria nulla, seu obsoleta. 1. Lipura.
      b. Furcula saltatoria perfecta.
         Antennæ capite breviores. . . . 2. Achorutes.
         —   —   longiores. . . . 3. Podura.
   B. Antennæ 6-articulatæ. . . . . . 4. Orchesella.
2. Antennarum articuli apicales minutissimi. 5. Smynthurus.

Le genre Podura de **M.** Burmeister comprend deux sous-genres : les Podura (*P. grisea*, *arborea*, *albicincta* et *minuta*) et les Choreutes (*P. plumbea*, *lignorum*, *nitida*, *villosa*, *cingulata*, *nivalis* et *variegata*).

Dès 1841 (1), **M.** Nicolet publia la description , accompagnée d'une figure , du genre Desoria (*D. saltans* , des glaciers des Alpes) , et il y ajouta une liste des genres de Podurelles qui comprend plusieurs dénominations nouvelles, mais point de description.

Nous en rendîmes compte dans le journal l'*Écho du monde savant*, en indiquant le *Podura ambulans* que nous venions d'observer (Voir notre pl. 2 , fig. 50) , comme devant constituer un genre à part sous le nom d'*Onychiurus* , mais sans savoir que **M.** Burmeister nous avait prévenu à cet égard , en créant pour la même espèce son genre *Lipura*.

Toutefois , ce petit travail de **M.** Nicolet, n'était qu'un prodrome fort incomplet du bel ouvrage qu'il a fait paraître depuis (3) , et dans lequel il décrit surtout les espèces de l'ordre des Podurelles qu'il a pu observer aux environs de Neuchâtel , en Suisse. **M.** Nicolet traite de la physiologie et de l'anatomie de ces animaux, et dans ce qui précède , nous avons eu souvent l'occasion de parler des observations qui lui sont dues.

Nous donnons à la page suivante le tableau de la classification adoptée par **M.** Nicolet pour les Podurelles , en en supprimant toutefois ce qui est relatif aux *Smynthures* :

---

(1) *Biblioth. univ. de Genève.*
(2) *Recherches pour servir à l'histoire des Podurelles* , 1841, in-4 de 88 p. et 9 pl., faisant partie des *Mém. de la soc. helv. des sc. nat.*, t. VI ; 1842.

Corps cylindrique segmenté.	Segments du corps égaux entre eux.	9 segments ; corps comprimé, peu velu ; des rides transversales ou des tubercules.		Antennes de 4 articles, moins longues que la tête.	Point d'appendice saltatoire.	Point de mâchoires ; Insectes suceurs.	Quatre yeux par groupe latéral.	ACHORUTES.
						Des mâch. ; Ins. broyeurs.	Yeux en nombre variable.	ANUROPHORUS.
					Un app. salt. très court, inséré sous l'anté-pénultième segment ventr.	Idem.	Huit yeux par groupe latéral.	PODURA.
		8 segments ; corps non comprimé, assez velu ; point de rides transversales.		Antennes de 4 art., plus longues que la tête.	Append. placé sous le pénultième segment, à pièce infér. beaucoup plus courte que les filets.	Idem.	Sept yeux par groupe latéral.	DESORIA.
	Segments du corps inégaux.	8 segments ; corps toujours écailleux ; poils rares et sétiformes.	Tête inclinée ou insérée en dessous de l'extrémité antérieure du thorax.	Antennes de 4 articles égaux, moins longues que le corps.	App. à pièce inf. plus longue que les filets.	Idem.	Huit yeux par groupe latéral.	CYPHODEIRUS.
				Antennes de 4 art. inégaux, plus longues que le corps.	App. très-long, tri-articulé.	Idem.	Sept yeux par groupe latéral.	TOMOCERUS.
		8 segments ; corps plus souvent velu qu'é-cailleux ; poils nombreux et en massue.	Tête directe ou insérée à l'extrémité ant. du thorax.	Ant. de 4 art., plus longues que la tête et le corselet pris ensemble.	App. très-long, à pièce infér. égale en longueur aux filets.	Idem.	Huit yeux par groupe latéral.	DEGEERIA.
				Ant. coudées, de 6 articles.	Idem.	Idem.	Six yeux par groupe latéral.	ORCHESELLA.

Tous les genres de Podurelles compris dans ce tableau ont le corps *cylindrique* et *segmenté*; d'autres animaux du même ordre sont plus globuleux, non segmentés et à antennes coudées; ils rentrent dans le genre *Smynthurus*.

La plupart des espèces connues de Podures, sont d'Europe, M. Say (1) en a cependant fait connaître trois d'Amérique.

Podura fasciata (de Georgie et des Florides).

P. bicolor (des mèmes pays).

P. tricolor (de Pensylvanie).

M. Say parle aussi d'une espèce de Smynthure, dont nous donnerons plus loin la diagnose.

Les caractères sur lesquels repose la distinction générique des Podures, sont tirés de la présence ou de l'absence de l'organe saltatoire, ainsi que de la forme et de la position de celui-ci, lorsqu'il existe, et l'on sait que c'est le cas le plus fréquent. La forme et la nature des antennes, les écailles ou les poils, etc., fournissent aussi des caractères importants.

L'ordre sérial des genres auquel nous avons été conduit et les noms qu'ils nous semblent devoir conserver peut être formulé ainsi qu'il suit :

I. SMYNTHURUS, Latr.

II. PODURA.

1. MACROTOMA, Bourlet.   *Tomocerus* , Nicolet.
2. LEPIDOCYRTUS , Bourl.   *Cyphodeirus* , Nicol.
3. ORCHESELLA , Templeton.
4. HETEROTOMA , Bourl.
5. ISOTOMA , Bourl. . . { *De Geeria*, Nicolet. / *Desoria* , Nicol.
6. ACHORUTES, Templ. . { *Hypogastrurus* , Bourl. / *Podura* , Nicol.
7. LIPURA, Burm. . . . { *Onychiurus* , Gerv. / *Anurophorus*, Nicol. / *Adicranus* , Bourlet.
8. ANOURA, Gerv.   *Achorutes* , Nicol.

(1) *Journ. ac. sc. Philadelphie*, II, 13. Voyez aussi le T. I des *OEuvres entomologiques* de Say, éditées à Paris par Lequien.

§ III.

Genre SMYNTHURE. (*Smynthurus.*)

Corps globuleux ou ovoïde ; thorax et abdomen
confondus en une seule masse ; tête inclinée ; antennes
habituellement de quatre articles, coudées au milieu ;
dernier article aussi long ou plus long que les trois
précédents, composé, résultant d'un nombre variable
de petites articulations ; huit yeux à chaque groupe ;
jambes longues et grêles ; queue de moyenne longueur,
à filets munis d'un article supplémentaire.

Ce groupe(1), dont nous avons déjà indiqué les principales particularités, est un des plus distincts de la
famille des Podurelles, aussi est-il le premier qu'on ait
séparé de l'ancien genre *Podura*. De Géer l'avait déjà
indiqué, mais sans lui donner de dénomination propre ; les Smynthures de Latreille ne diffèrent pas, en
effet, de ses Podures de la seconde famille, auxquels
il donne des *antennes coudées, à plusieurs articles*.
Les Smynthures vivent sur les feuilles des arbres ou à
terre, quelquefois sur l'eau ; ils sautent avec une extrême agilité.

Ce genre a été établi par Latreille. De Géer l'avait déjà indiqué comme groupe à part dans le genre des podures; depuis lors
on a voulu en faire une famille, et M. Bourlet y distingue deux
genres sous le noms de *Smynthurus* et *Dicyrtoma*. MM. Templeton et Nicolet se sont aussi occupés des Smynthures.

1. Smynthure croisé. (*Smynthurus signatus.*)

Corps globuleux ; abdomen renflé à son extrémité, avec un
angle rentrant de chaque côté ; dos brun à poils fins, gris un peu
verdâtres ; antennes très-velues grises à l'extrémité, fauves à la

---

(1) Podures de la seconde famille, De Géer, *Mém.*, VII, 35.—Smynthurus, Latr.; 1802. — Burm., *Handb. der Entom.*, II, 451.—Templeton, *loco cit.* — Nicolet, *loco cit.*, p. 80.—Smynthurides, Bourlet,
Mém. sur les Podurelles, p. 52 ; 1843.

base et presque aussi longues que le corps; des taches irrégulières sur les côtés de l'abdomen et une ligne transversale de
points fauves ou jaunâtres sur le thorax. Long., 0,001 à 0,002.

Pod. noirâtre à taches jaunes sous le ventre, Geoff., *Ins.*, II,
667. — *Pod. signata*, Fabr., *Ent. syst.*, II, 65. — *Sm. sign.?*
Guérin, *Iconog. Règne anim.*, *Ins.*, pl. 2, fig. 4. — *Sm. sign.*,
Templ., *Trans. entom. soc. Lond.*, I, 97, pl. 12, f. 8.—Nicolet,
Podurelles, p. 81, pl. 9, f. 7.

D'Irlande, de France et de Suisse.

2. SMYNTHURE OBLONG. (*Smynthurus oblongus.*)

Corps ovoïde, sans angles rentrant aux côtés de l'abdomen,
d'un gris jaunâtre, légèrement lavé de brun en dessus et couvert,
sur toute sa surface, de poils gris, peu serrés et courts; plaques
oculaires noires, bordées de jaune pâle; une tache en lunule entre
les yeux, et deux bandes irrégulières et obliques sur le corps,
d'un blanc sale, quelquefois jaunâtre; ces deux bandes formant
à peu près un V en se réunissant en arrière; des taches et des
points noirs et brun rouges des deux côtés et entre les bandes.
Long., 0,001 ¹⁄₂.

Sm. obl., Nicolet, *Podurelles*, p. 81, pl. 3, f. 8.

Du Sablon, près Neuchâtel, dans les champs de pommes de
terre et sur les plantes légumineuses; très-rare.

3. SMYNTHURE VERT. (*Smynthurus viridis.*)

Corps globuleux, vert jaunâtre ainsi que la tête; un angle saillant de chaque côté de l'abdomen; antennes légèrement rougeâtres; quatre points rougeâtres sur la tête; pattes jaunes,
ordinairement à genoux rougeâtres; queue blanche; quelques
taches blanches sur les côtés et le dessous de l'abdomen. Long.,
0,001 ¹⁄₂.

Pod. verte aux yeux noirs, Geoff., II, 607. — *Pod. vir.*,
Fabr., *Entom. syst.*, II, 605.—*Sm. vir.*, Templ., *Trans. entom.
soc. Lond.*, I, 97. — Nicolet, *Podurelles*, p. 82. pl. 9. f. 9. —
Bourlet, *Podurelles*, p. 77.

D'Irlande, de France, de Suisse, dans les jardins et sous les
mousses humides. M. Lucas doute que l'on doive rapporter à
cette espèce le *Sm. viridis* de M. Blanchard, *Iconogr. du règne
anim.*, *Ins.*, pl. 13, fig. 4.

4. SMYNTHURE BRUN. (*Smýnthurus fuscus.*)

Ovoïde, presque sphérique, variant du rouge tuile au brun foncé en dessus, plus clair en dessous, velouté et velu sur toute sa surface et portant, à sa partie antérieure, trois petits sillons transverses simulant les divisions du thorax ; pattes rouges, demi-transparentes, à articulations noires ; les trois premiers articles des antennes de la couleur des pattes, le dernier gris pâle. Long., 0,001 ou un peu moins.

Sm. fusc., Nicolet, *Podurelles*, p. 82, pl. 9, f. 10.

De Neuchâtel. M. Nicolet lui rapporte la *Podure brune enfumée* de Geoffroy, *Ins.*, II, 608 ; *Sm. fuscus*, Lacordaire et Boisduval, *Entom. env. Paris*, I, 116, mais il ne nous paraît pas hors de doute que l'espèce de Geoffroy soit bien un smynthure. C'est plus certainement la *Podure brune ronde*, De Géer, *Mém.*, VII, 35, pl. 3, f. 7-14 ou *P. atra*, *id.*, *Acta acad. sc. Suec.*, 1743, p. 296, pl. 7, qui est le type de cette espèce (voir *sp.* 8). M. Bourlet, *Podurelles*, p. 57, décrit aussi le *Sm. fuscus*.

5. SMYNTHURE ORNÉ. (*Smynthurus ornatus.*)

Ovoïde, peu velu, d'un brun rouge plus foncé vers l'extrémité postérieure et couvert de taches irrégulières jaunes au milieu du corps et terre de Sienne sur les bords ; tête et pattes d'un jaune pâle ; plaques oculaires séparées par une bande longitudinale rouge ; une de même couleur à l'angle postérieur externe de chaque plaque ; antennes aussi longues que le corps, coudées à l'extrémité du second article, qui est très-long, et jaunâtre ainsi que les deux précédents ; le quatrième brun. Long.,0,001.

Sm orn., Nicolet, *Podurelles*, p. 83, pl. 9, f. 11.

Du Rocher, près de Neuchâtel ; trouvé vers la fin de l'automne, sous les mousses couvertes de neige.

6. SMYNTHURE DE COULON. (*Smynthurus Couloni.*)

Ovoïde, peu velu, jaune gomme-gutte, avec des taches irrégulières brun rougeâtre et rayonnant du centre à la circonférence en croix de chevalier ; une autre tache carrée, noire, avec quatre points blancs à l'extrémité de l'abdomen ; yeux bordés de blanc du côté intérieur et séparés par une ligne longitudinale rouge ; antennes rougeâtres à base jaune très-pâle ; parties infé-

rieures jaunes ; deux taches blanches latéralement sous le ventre. Long., 0,001 ½.

Sm. Coul., Nicolet, *Podurelles*, p. 84, pl. 9, f. 12.

Trouvé vers la fin de l'automne sous les mousses à la roche de
l'Hermitage, près de Neuchâtel.

7. SMYNTHURE DE BOURLET. (*Smynthurus Bourleti.*)
(Pl. 51 , fig. 1.)

Corps ovalaire, jaune, marqué de lignes transversales noires en
zébrures et bordé ou marbré latéralement de la même couleur ;
la zébrure postérieure se prolongeant en bande ; une ligne longitudinale noire au sinciput et une tache près les yeux, en arrière
de chaque antenne ; pattes et antennes fauve un peu roussâtre ;
le premier article de celles-ci plus petit que les autres, le quatrième le plus grand , coudé, garni de plusieurs verticilles de poils,
mais sans apparence moniliforme ; dessous du corps de couleur
jaune pâle ainsi que la queue ; quelques poils au tubercule terminal de l'abdomen. Long., ½ millimètre.

Cette espèce, très-petite et très-vive, a été trouvée à Paris
dans les jardins ; elle se tient sur les feuilles ou au bas des plantes sur la terre humide. En hiver, elle saute sur la neige , ainsi
que beaucoup d'autres Podurelles, et ne souffre point du froid.

La fig. 2 de la planche 51 de notre Atlas représente une grosse
espèce noirâtre que nous avons recueillie une fois dans la forêt de
Montmorency, près Paris , mais dont nous n'avons pu faire une
étude suffisante.

8. SMYNTHURE NOIR. (*Smynthurus ater.*)
(Pl. 51 , fig. 5.)

Corps globuleux, brun luisant; antennes longues.

Podura atra, De Géer, *Mém.*, VII, p. 35, fig. 7 et 8 (cop.
dans notre Atlas). — *Sm. ater*, Templeton , *Trans. entom. soc.
London* , I , 97. — Lucas , *Anim. articulés*, p. 567.

Espèce de Suède. M. Templeton lui rapporte des Podurelles
prises en Irlande. On l'a aussi indiquée en d'autres lieux ; mais ,
comme nous l'avons dit à propos du *Sm. fuscus*, cette espèce a
besoin d'être revue.

9. SMYNTHURE A DEUX LIGNES. (*Smynthurus bilineatus.*)

Ovalaire , blanc pâle ; tête oblongue, peu dilatée bilatéralement ; antennes de la longueur du corps , en entier d'un rouge

ferrugineux , plus obscur vers l'extrémité , paraissant quelquefois cendrées au-dessus du deuxième comme au-dessous du troisième article ; deux bandes dorsales ferrugineux rougeâtre, depuis les yeux jusqu'à l'extrémité de l'abdomen ; des taches de la
même couleur sur les côtés de celui-ci , sur la tête et sur le croupion , qui est long et menu. Long., 1 $\frac{1}{2}$ à 2 millim.

    Sm. bilin., Bourlet, *Podurelles*, p. 58 ; 1843.

    Sur l'herbe des prairies dans le nord de la France.

10. Smynthure aquatique. (*Smynthurus aquaticus.*)

Blanc plus ou moins teinté de jaunâtre ; abdomen ovoïde ;
une tache noire, triangulaire sur le front : dos vert bleuâtre ;
dernier article des filets caudaux, court, ovalaire ; tubercules
sous-abdominaux très-saillants. Long., $\frac{2}{3}$ ou 1 millim.

    Sm. aq., Bourlet, *Podurelles*, p, 58 ; 1843.

    Sur les plantes aquatiques, principalement sur les carex et les
lemna, dans le nord de la France.

11. Smynthure de la luzerne. (*Smynthurus lupulinæ.*)

Abdomen sub-globuleux, jaune uniforme en dessus ou un peu
ferrugineux , jaune blanchâtre en dessous ; antennes rouge ferrugineux, pubescentes, égalant les trois quarts du corps en longueur ; abdomen brusquement terminé par un croupion plus
long que dans les autres espèces, et paraissant formé de deux
anneaux ; appendices et dessous blancs. Long.. $\frac{1}{2}$ ou $\frac{1}{4}$ de millim.

    Sm. lup., Bourlet, *Podurelles*, p. 59 ; 1843.

    Très-commun dans les prairies, sur le *Medicago lupulina.*

12. Smynthure pallipède. (*Smynthurus pallipes.*)

Noir mat, avec deux taches oblongues sur le vertex , la base
des antennes et celle des pattes, qui sont jaune pâle ; hanches
noires ; abdomen glabre ou n'ayant que quelques poils rares vers
son extrémité ; croupion assez court. Long., $\frac{1}{4}$ ou $\frac{2}{3}$ de millim.

    Sm. pall., Bourlet, *Podurelles* , p. 59.

    Du nord de la France , assez rare. On le trouve dans les prai-
ries sur le trifolium , où il est fort difficile de le distinguer à cause
de sa petitesse.

13. Smynthure polypode. (*Smynthurus polypodus.*)

Noir, à antennes de la longueur du corps , terminées de blanc.

Podura polypoda, Linn., *Fauna Suec.*, 1928. — Fabr.,
Entom. syst., II, 65.

De Suède.

Nous parlerons séparément des Dicyrtomes.

DICYRTOMA, Bourlet, *Podurelles*, p. 59; 1843.

Antennes à huit articles, dont cinq pour la partie
qui précède le coude, et trois pour l'autre; deux tubercules sur le dos.

14. DICYRTOME NOIR POURPRÉ. (*Dicyrtoma atro-purpurea.*)

Rouge brun uniforme; tête oblongue, très-rugueuse entre
les yeux; bouche blanchâtre; antennes concolores, un peu plus
longues que le corps, garnies de poils blancs; abdomen ovalaire; des poils blancs assez rares aux pattes et à l'extrémité de
l'abdomen; dernier article de l'organe saltatoire sétacé, blanchâtre ainsi que les tarses; tubercules sous-abdominaux saillants.
Long., 2 ½ millim.

Dic. atro-p., Bourlet, *Podurelles*, p. 60; 1843.

Du nord de la France. Vit sur les champignons, principalement sur le *Fistulina buglossoïdes;* il est assez commun en automne.

15. DICYRTOME DOS TACHETÉ. (*Dicyrtoma dorsi-maculata.*)

Abdomen sub-glóbuleux, jaune pâle; une tache noire oblongue
vers l'extrémité de l'abdomen, occupant le tiers environ de sa
partie dorsale; abdomen marqué d'un grand nombre de taches
ferrugineuses, surtout à sa dilatation latérale; une ligne de la
même couleur entre les antennes; celle-ci égalant les deux tiers
du corps; poils rares, blancs. Long., 1 ½ millim.

Dic. dors., Bourlet, *Podurelles*, p. 61; 1843.

Du nord de la France, dans les prairies.

M. Bourlet en signale une variété dont tout le corps est couvert de taches ferrugineuses, brunes et blanchâtres; son dos est
verdâtre; une grande tache ferrugineux rougeâtre existe de
chaque côté de son abdomen, et une tache noire à l'extrémité de
celui-ci; M. Bourlet pense que c'est peut-être le *Sm. signatus*
des auteurs. M. Nicolet donne, en effet, à celui-ci des antennes

à cinq articles basilaires, mais avec la partie terminale conique composée de petits articles moniliformes.

On n'a encore décrit qu'un seul Smynthure exotique :

16. Smynthure a gouttes. (*Smynthurus guttatus.*)

Blanc jaunâtre, marqué de taches nombreuses, irrégulières, disposées par bandes; deux tubercules latéraux; poils nombreux; antennes brun rougeâtre; face maculée; une ligne et des taches derrière les yeux, qui sont noirs.

Sm. gutt., Say, *Journ. acad. sc. Philad.*, II, 13; *id.*, *OEuvr. entom.*, éd. Lequien, I, p. 13. —Lucas, *Anim. artic.*, p. 568.

De Géorgie. Vit sur l'écorce du *Pinus palustris.*

Genre PODURE. (*Podura.*)

Les Podures (1) ont été caractérisés plus haut. Les nombreuses espèces qu'ils comprennent peuvent être réparties, ainsi que nous l'avons également indiqué, en huit groupes dont on a fait autant de genre.

I. MACROTOMA, Bourlet, *Podures*, p. 10 ; 1839. — Tomocerus, Nicolet, *Podurelles*, p. 67.

Corps écailleux, peu garni de poils, cylindrique, divisé en huit segments inégaux, dont le premier et le cinquième les plus considérables; tête un peu inclinée; antennes fort longues, plus ou moins volubiles, de trois ou quatre articles : les deux premiers normaux courts ; le reste composé de petites articulations

---

(1) Podures de la première famille, De Géer, *Mém.*, t. VII, p 17.—Podura, Latreille, *Genera Inst. et Crust.*, I, p. 165. — Podura (*partim*), Linné Gmel., *Syst. nat.*—Poduridæ (*Smynthuris exceptis*), Templeton, *Trans. entom. soc. Lond*, I ; 1835.—Burmeister, *Handb. der Entom*, II, 445.—Bourlet, *Mémoires sur les Podures* ; 1839.—Nicolet, *Rech. pour servir à l'hist. des Podurelles* ; 1841. — Podurides, Bourlet, *Mém. sur les Podurelles*, p 12 ; 1843. — H. Lucas, *Ann. soc. entom. de France*, p. 286 ; 1843.

très-serrées , mais souvent partagé par une véritable
articulation en deux articles composés; quatrième article moins long que le troisième ; sept paires d'yeux ;
pattes assez grêles ; queue saltatoire, allongée.

Ce sont des Podures dont le corps a jusqu'à cinq
et six millimètres de longueur. Ils marchent vite et
sautent avec beaucoup de rapidité. La manière dont la
plupart enroulent leurs antennes est une chose assez
curieuse. M. Bourlet avait reconnu, avant la publication de M. Nicolet, la nécessité de créer un genre à part
pour ces animaux ; nous avons donc dû préférer le
nom qu'il emploie à celui de *Tomocerus* que propose
M. Nicolet.

1. MACROTOME PLOMBÉE. (*Macrotoma plumbea.*)

Antennes grosses ; derniers articles gris, un peu moins longs que
le corps ; thorax, bouche et tarse de couleur brun sale après l'en-
lèvement des écailles ; le reste du corps jaune, avec le bord postérieur des segments blanchâtre et le ventre livide ; bord antérieur du thorax noir, garni d'un faisceau de poils ; queue, poils
à la queue et à l'anus, écailles d'un brun ardoisé. Long., 0,005.
Macrotoma plumb., Bourlet, *Podures*, p. 13; 1839 ; *id.*, *Podurelles*, p. 14; 1843. — *Tomocerus plumbeus*, Nicolet, *Podurelles*, p. 68 , pl. 7 , f. 8.

De diverses parties de l'Europe. Assez commune , sous les pierres , dans les endroits ombragés , etc. Elle est solitaire. On la
donne comme la *Podure grise commune* de Geoffroy.

2. MACROTOME AGILE. (*Macrotoma celer.*)
(Pl. 50, fig. 7).

Semblable à la précédente , mais plus petite et à antennes plus
courtes ; cinquième segment à peu près égal aux deux précédents pris ensemble ; base des antennes et de la queue ainsi que
les cuisses couvertes d'écailles argentées : deux taches allongées
et obliques sur le premier segment conique. Long. 0,002.
Pod. plumbea, De Géer, *Mémoires*, VII , p. 31, pl. 3, f. 1.—

Pod. violacea ? Geoffroy. —*Tomoc. celer*, Nicolet, *Podurelles*, p. 69, pl. 7, f. 9.

Se trouve avec la précédente.

3. MACROTOME NOIRE. (*Macrotoma nigra.*)

Taille et forme du *Mac. plumbea*, écailles noires avec un léger reflet argenté ; corps de couleur jaune de cire, quand on l'a dépouillé de ses écailles ; bord antérieur du thorax garni d'une frange de poils noirs et courts ; antennes grises ou d'un gris fauve ; pattes d'un brun verdâtre ; tarses bruns ; ventre jaune. Long., 0,002.

Mac. nigra, Bourlet, *Podures*, p. 14.

Du nord de la France ; vit sous les pierres et le vieux bois avec les précédentes.

4. MACROTOME LONGICORNE. (*Macrotoma longicornis.*)
(Pl. 50, fig. 8.)

Deux lignes blanches sur le thorax, formant avec le bord postérieur un delta ou triangle isocèle ; antennes brunes, fines, plus longues que le corps ; troisième article à reflets violets ; bord de l'avant-dernier segment abdominal cilïé. Long., 0,005.

Podura longicornis, Muller, *Zool. dan. prodr.*, 2174. — *Macrot. long.*, Bourlet, *Podures*, 214.

De différentes parties de l'Europe. Elle roule ses antennes avec rapidité et ne se laisse prendre que très-difficilement. C'est peut-être aussi le *M. spiricornis*, Bourlet, *Podurelles*, p. 15 ; 1843.

5. MACROTOME FERRUGINEUSE. (*Macrotoma ferruginosa.*)

Écailles plombées ; corps, sans les écailles, jaune ferrugineux varié de blanchâtre ; sommet des deux premiers articles des antennes brun ainsi que la queue ; bord antérieur du thorax et des derniers segments abdominaux légèrement ciliés ; pattes verdâtres et velues.

Macr. ferrug., Bourlet, *Podures*, p. 14.

Du nord de la France ; vit sous la mousse ainsi que l'espèce précédente.

Nous indiquerons provisoirement une nouvelle espèce du même genre :

6. MACROTOME COQUETTE. (*Macrotoma lepida.*)

Jaune nankin, varié. Long., 2 lignes.

Cette belle espèce n'est pas rare dans les parties peu ombragées de la forêt de Saint-Germain, près Paris.

II. LEPIDOCYRTUS, Bourlet, *Podures*, p. 15 ; 1839.—CYPHODEIRUS, Nicolet, *Podurelles*, p. 63.

Corps de huit segments écailleux, peu velu, rendu comme bossu par le premier, qui est aussi long que les deux suivants, et avancé en dessus et en avant pour recouvrir le cou et souvent une partie de la tête ; sixième segment aussi long ou plus long que les trois précédents pris ensemble ; les deux derniers très-courts ; tête très-inclinée, insérée sur la cavité du rebord antérieur du mésothorax ; prothorax très-petit ; antennes moins longues que la tête et le corselet pris ensemble, de quatre ? articles inégaux, non composés ; huit paires d'yeux ; queue assez longue, à pièce basilaire, formant plus de la moitié de son étendue.

Les Lépidocyrtes de M. Bourlet, que M. Nicolet décrit avec soin, sous le nom de Cyphodères *(Cyphodeirus)*, sont des Podures d'assez petite taille et fort agiles.

7. LÉPIDOCYRTE CURVICOL. (*Lepidocyrtus curvicollis.*)
(Pl. 51 , fig. 6.)

Corps avec des écailles variant de couleur avec l'àge ; d'abord d'un blanc argenté, puis d'un violet cuivreux, puis bleuâtre métallique, et enfin de couleur plombée ou ardoisée ; sans ses écailles, il est tellement transparent, surtout dans la jeunesse, qu'on aperçoit l'intestin à travers ses parois ; abdomen allant en diminuant, tronqué à son extrémité. Long., 0,002.

Lep. curv., Bourlet, *Podures*, p. 16.

Du nord de la France. Il vit seul ou en petit nombre sur les pierres ou sous les vieux bois. Nous l'avons retrouvé à Paris dans les caves. L'article basilaire nous a paru partagé en deux, ce qui porte à cinq le nombre total des articles de chaque antenne.

8. Lépidocyrte capucin. (*Lepidocyrtus capucinus.*)

Entièrement d'un jaune orange, sauf les antennes, dont les deux premiers articles sont d'un jaune plus pâle, et les deux derniers d'un gris assez foncé ; corps cylindrique, luisant, peu velu, à poils très-courts ; premier segment recouvrant presque entièrement la tête ; filets de la queue blancs et finement striés transversalement ; un léger reflet métallique produit par quelques écailles. Long., 0,002.

Cyphodeirus cap., Nicolet, *Podurelles*, p. 64, pl. 7, f. 1.

De Neuchâtel. Se trouve dans les jardins, sur la terre ; très-rare ; vit solitaire.

9. Lépidocyrte gibbeux. (*Lepidocyrtus gibbulus.*)

Semblable au précédent par la couleur, mais plus court et proportionnellement plus large ; premier article des antennes jaune, les suivants d'un gris foncé légèrement violacé ; premier segment du corps très-convexe, peu prolongé en avant et cilié au bord antérieur ; deuxième segment un peu plus long que le suivant ; bord inférieur du sixième rougeâtre ; filets de la queue courts et blancs ; pièces basilaires de la couleur du corps ; yeux noirs ; corps luisant ; très peu velu ; même reflet métallique que le précédent. Long., 0,001.

Cyphodeirus gibb., Nicolet, *Podurelles*, p. 64, pl. 7, f. 22.

De Neuchâtel, sous les mousses et dans les jardins ; solitaire et assez rare.

10. Lépidocyrte du bois. (*Lepidocyrtus lignorum.*)

Semblable au précédent pour la forme ; peut-être un peu plus étroit ; tête, partie antérieure du thorax, pattes, premier article des antennes et dessous du corps d'un blanc jaunâtre très-pâle ; le reste du corps d'un gris plombé ; les yeux, la bouche et les trois derniers articles des antennes noirs ; appendice saltatoire blanc. Long., 0,001 ½.

Podura lignorum, Fabr., *Entom. syst*, II, 67. — *Cyph. lign.*, Nicolet, *Podurelles*, p. 65.

Dans les forêts, sur les vieux troncs ; quelquefois sous les mousses. Très-commun.

11. Lépidocyrte nain. (*Lepidocyrtus pusillus.*)

Cylindrique, de couleur de bronze foncé et châtoyant ; antennes presque granuleuses, assez grosses et d'un gris foncé ; yeux noirs, bordés de jaune antérieurement ; corps hérissé, à premier segment peu prolongé et cilié au bord antérieur ; le sixième aussi long que les trois qui le précèdent ; pattes et queue d'un blanc sale ou jaune ; tête et corps couverts d'écailles très-petites ; antennes, pattes et queue sans écailles. Long., 0,001.

Podura pusilla, Linn., *Syst. nat.*, II, 1014. — *Cyph. pusillus*, Nicolet, *Podurelles*, p. 65.

Très-commun dans les jardins, sur le sable des allées et dans les bois sur les troncs d'arbres. Il vit solitaire.

12. Lépidocyrte bronzé. (*Lepidocyrtus æneus.*)

Corps, tête et pièce basilaire de la queue de couleur de bronze doré, très-brillant ; corps hérissé de longs poils noirs ; antennes grises, à base jaune, avec le dernier article aussi long que les deux qui le précèdent ; cuisses jaunes ; jambes grises ; filets de la queue blancs ; un enfoncement très-prononcé et bleuâtre au bord antérieur du premier segment du thorax, ce qui rend ce bord sinueux. Long., 1 ou 2 millimètres.

Cyphod. æn., Nicolet, *Podurelles*, p. 66, pl. 7, f. 4.

De Neuchâtel. Cet insecte, très-agile, se trouve dans les mousses des forêts ; il est moins commun que le *L. pusillus* et vit solitaire.

13. Lépidocyrte agile. (*Lepidocyrtus agilis.*)

D'un bleu métallique foncé, presque noir et uni, quand il est couvert d'écailles, et d'un brun clair, pointillé de brun foncé, avec une large bande transversale brune, presque noire au milieu du corps, et quatre taches allongées et triangulaires au bord antérieur du sixième segment, quand il est dépouillé ; les deux premiers articles des antennes, les pattes et la queue d'un jaune pâle ; corps hérissé de poils noirs ; yeux et les deux derniers articles des antennes noirs. Long., 0.001.

Cyph. agilis, Nicolet, *Podurelles*, p. 66, pl. 7, f. 5.

De Neuchâtel. Assez commun sous les mousses et dans les forêts.

14. Lépidocyrte nain. (*Lepidocyrtus parvulus.*)

D'un vert métallique très-foncé, et uni quand l'insecte est couvert d'écailles ; moitié antérieure du corps d'un brun foncé,
pointillé de blanc ; le reste du corps brun clair, pointillé de brun
foncé quand l'insecte est dépouillé de ses écailles ; tête d'un brun
jaunâtre ; yeux noirs ; antennes grises à base jaune ; pattes jaunes ; queue blanche ; corps hérissé de poils noirs. Long., un peu
moins de 0,001.

Cyph. parv., Nicolet, *Podurelles*, p. 67, pl. 7, f. 6.

De Neuchâtel. Assez commun ; vit avec le précédent. Il est
très-agile.

15. Lépidocyrte albinos. (*Lepidocyrtus albinos.*)

Oblong, entièrement blanc ; le premier et le troisième article
des antennes courts et en cône renversé ; le deuxième et le quatrième beaucoup plus grands et oblongs ; corps peu velu et très-
brillant. Long. , 0,001.

Cyph. alb., Nicolet, *Podurelles*, p. 67, pl. 7, f. 7.

De Neuchâtel. Très-agile. Habite dans les troncs vermoulus
et au pied des vieux arbres, où il vit en rassemblement nombreux, et sous les mousses dans les forêts ; il est alors solitaire. Très-commun, surtout en automne et au commencement
de l'hiver.

Dans son mémoire de 1843, *sur les Podurelles*, M. Bourlet
décrit deux espèces nouvelles de Lépidocyrtes du nord de la
France, *L. argentatus* et *rivularis*, p. 17, mais sans les comparer à celles de M. Nicolet, publiées en 1841.

III. ORCHESELLA, Templeton, *Trans. entom. soc.
London*, I, p. 92 ; 1835. — Nicolet, *Podurelles*,
p. 76. — Heterotoma, *partim*, Bourlet, *Podures*,
p. 16 ; 1839. — Ætheocerus, *partim, id., Podurelles*, p. 70 ; 1843.

Corps cylindrique souvent fusiforme, très-velu et
hérissé ainsi que la tête, de poils longs, en massue,
obliquement tronqués au sommet ; segments du corps
inégaux et au nombre de huit, le sixième égalant

en longueur les deux précédents pris ensemble ; le premier du thorax plus long que le suivant ; le premier de l'abdomen ordinairement très-court ; tête souvent globuleuse ; antennes coudées à la seconde articulation, plus grêles à l'extrémité, presque aussi longues que le corps et composées de six ou sept articles d'inégale longueur, le premier toujours très-court et en forme de bourrelet ; les quatre premiers hérissés de poils longs, droits et forts, en forme d'épines ; les deux suivants simplement velus ; plaques oculaires rapprochées de la base des antennes ; yeux au nombre de six sur chaque plaque et disposés sur deux lignes courbes ; pattes longues, grêles, velues et hérissées comme les antennes, mais dans toute leur longueur ; queue longue.

Les Orcheselles sont très-agiles soit à la marche, soit au saut.

16. ORCHESELLE FILICORNE. (*Orchesella filicornis.*)

Tête globuleuse, un peu aplatie sur les côtés, noire ; une tache brune sur le vertex et près le cou ; les quatre premiers articles des antennes marqués d'un cercle noir à leur base, noirs dans le reste de leur étendue ; le cinquième brun foncé à sa pointe ; les autres pâles, longs, sub-égaux, velus ; anneaux du thorax très-poilus ou même épineux, surtout vers le cou, marqués de marbrures de blanc, de brun et de noir ; abdomen moins velu.

Orch. filic., Templeton, *Trans. entom. soc. Lond.*, I, 93, pl. 11, f. 3.

D'Irlande. M. Bourlet croit que son *Heterotoma pulchricornis* est de cette espèce (*voyez* 419).

17. ORCHESELLE A CEINTURE. (*Orchesella cincta.*)

Brune, à antennes pâles, et pieds annelés de blanc ; deuxième segment abdominal blanc.

Orch. cincta, Templeton, *Trans. entom. soc. Lond.*, I, 93, pl. XI, f. 3.

D'Irlande. M. Bourlet dit que c'est son *Ætheocerus vagus* de 1843.

18. ORCHESELLE MÉLANOCÉPHALE. (*Orchesella melanocéphala.*)

Tète noire ou d'un brun foncé ; premier article des antennes brun jaunâtre ; le second blanc à l'extrémité , brun à la base et jaune au milieu ; le troisième brun jaunâtre ; le quatrième violet ; le cinquième gris , à base jaune ; sixième gris ; premier segment du corps gris pâle mêlé de jaune , avec quatre bandes longitudinales et irrégulières , d'un brun rougeâtre ou de couleur de rouille ; les deux bandes du milieu très-rapprochées ; second segment noir, avec une ligne longitudinale au milieu, et trois petites taches jaunes, obliques sur les côtés ; troisième , quatrième et cinquième segments comme le premier , avec les quatre bandes plus rapprochées des bords latéraux ; le sixième brun rouge ; les deux derniers très-petits et gris jaunâtre. Long. , 0,004.

Orch. melan., Nicolet, *Podurelles*, p. 77, pl. 9 , fig. 1.

Trouvée en mars et en avril, sous les mousses, dans les forêts de Chaumont, près de Neuchâtel ; très-commune ; vit solitaire.

19. ORCHESELLE VELUE. (*Orchesella villosa.*)

Corps long, écailleux, d'un jaune un peu brunâtre , entrecoupé de taches et de raies noires ; tète et thorax très-velus ; thorax quelquefois lavé de gris ; abdomen subvilleux, souvent glabre ; yeux noirs ; moitié postérieure des antennes, pattes et pièce basilaire de la queue d'un jaune un peu plus pâle que le corps ; filets terminaux blanchâtres ; moitié antérieure des antennes brune ; écailles incolores, irrégulières , striées. Long., 0,005.

Podura villosa, Geoff., *Ins.*, II, 608. — *Orch. vill.*, Nicolet, *Podurelles*, p. 78, pl. 9 , fig. 2.

Très-commune en été et en automne sous les broussailles ; vit solitaire.

20. ORCHESELLE FASTUEUSE. (*Orchesella fastuosa.*)

Corps cylindrique ; moitié supérieure du second article des antennes , quatrième segment du corps et deux bouquets de poils à l'extrémité postérieure du sixième d'un blanc très-pur ; les deux segments thoraciques bruns, avec quatre taches obliques et une ligne médiane d'un beau jaune clair au premier, et d'un jaune foncé au second segment; premier segment de l'abdomen brun, avec trois taches et une bordure postérieure jaune foncé; cinquième et septième segments d'un noir foncé; tête très-noire, ainsi que le premier, la moitié inférieure du second et le troisième article des antennes; les suivants bruns et gris; pattes brunes à la cuisse, grises à la jambe et annelées de jaune; queue d'un brun pâle. Long., 0,003 à 3 $\frac{1}{2}$.

Orch. fast., Nicolet, *Podurelles*, p. 79, pl. 9, fig. 3.

De Neuchâtel. Dans les forêts, sous les broussailles; assez commune en été; vit solitaire.

21. ORCHESELLE UNIFASCIÉE. (*Orchesella unifasciata.*)

Corps cylindrique, légèrement fusiforme, d'un jaune lavé de brun et de gris; troisième segment de l'abdomen noir, bordé de jaune; une bande transversale jaune à l'extrémité du quatrième, et deux lignes brunes sur le thorax et sur les deux premiers anneaux de l'abdomen; tête d'un jaune plus pâle que le corps; quatre premiers articles des antennes, pattes et queue, d'un jaune très-pâle; deux derniers articles des antennes gris; yeux noirs. Long., 1 ou 2 millim.

Orch. unif., Nicolet, *Podurelles*, p. 79, pl. 9, fig. 6.

De Neuchâtel. Dans les forêts, sous les mousses, en automne; vit solitaire.

22. ORCHESELLE SYLVATIQUE. (*Orchesella sylvatica.*)

Corps cylindrique, un peu comprimé, d'un brun plus ou moins foncé dans ses différentes parties, entrecoupé de taches et de lignes jaunes; deux lignes longitudinales et un peu obliques de points jaunes sur le premier segment du thorax; deuxième segment de l'abdomen presque entièrement de cette couleur; queue à filets blancs et pièce inférieure d'un jaune roux; pattes jaunes, annelées de roux; base des antennes rousse; sommet du second article jaune; le troisième, noir; les suivants, d'un gris roussâtre plus intense vers l'extrémité de l'antenne. Long., 1 $\frac{1}{2}$ à 2 millim.

Orch. sylv., Nicolet, *Podurelles*, p. 79, pl. 9, fig. 5.

De Neuchâtel. Dans les forêts, sous les pierres et les mousses; assez commune et solitaire.

23. ORCHESELLE BIFASCIÉE. (*Orchesella bifasciata.*)

Corps fusiforme, d'un jaune orange assez foncé et uniforme

en dessus, avec le second et le troisième segment, de l'abdomen d'un noir profond et bordés de jaune pâle postérieurement; une bordure jaune pâle, précédée d'une ligne transversale noire, termine le sixième segment; tête également fauve orange et sans tache; yeux noirs; antennes, pattes, dessus du corps et queue de la même couleur, mais très-pâle. Long., 0,001 ; ou 2.

Orch. bifasc., Nicolet, *Podurelles*, p. 80, pl. 9, fig. 4.

De Neuchâtel. Dans les forêts, sous les pierres et les mousses; assez commune et solitaire.

24. Orcheselle ceinturée. (*Orchesella succincta.*)

Corps noir vif, velu; deux petits bouquets de poils blancs sur le second segment du thorax; premier anneau de l'abdomen portant en arrière une large bande jaune; l'avant-dernier bordé de poils blancs ; pattes brunes, avec la base des cuisses et des jambes jaunes; antennes à base noire marquée de blanc au premier article, jaunâtres dans le reste de leur longueur.

Pod. succ., Guerin, *Iconographie du règne anim., Ins., explic.*, p. 10.

De Paris. Cette espèce, d'après **M.** Guérin, est voisine des *P. vaga* et *cincta*, de Fabricius.

25. Orcheselle arlequin. (*Orchesella histrio.*)
Pl. 50, fig. 5.

D'un beau jaune, avec des taches en marbrures régulières d'un beau rouge. Queue et antennes plus claires.

Cette espèce a été trouvée à Paris; elle vit dans les jardins.

IV. HETEROTOMA, Bourlet, *Podures*, p. 16; 1839. — Ætheocerus, *partim, id., Podurelles*, p. 18; 1843.

Corps non garni d'écailles toujours plus ou moins velu; antennes ordinairement de cinq articles inégaux et pouvant varier depuis deux jusqu'à cinq, quelquefois d'un seul côté seulement, égalant en longueur le tiers du corps dans l'état normal; premier article gros, cylindrique, et à peu près aussi long que le tiers de la tête.

Les Hétérotomes diffèrent si peu des Orcheselles que M. Bourlet les leur a même réunis, mais en leur donnant à tort le nouveau nom d'*Æteocerus*, qui correspond à peu près aux Choreutes de M. Burmeister, *Handbuch der Entomologie*, II, 449.

La couleur la plus ordinaire de ces Insectes est le jaunâtre, le gris, le verdâtre, le brun et le noir. Ils ont six ocelles placés sur une aire, le plus souvent noire, rectangulaire, ayant toujours une échancrure au côté externe.

A ces détails caractéristiques du genre *Heterotoma*, M. Bourlet en ajoute quelques autres au sujet des variations individuelles que peut offrir le nombre des articles des antennes. Bien que les organes chez tous les Hétérotomes soient évidemment conformés d'après le même plan, et que leurs articles soient normalement au nombre de quatre, ce nombre n'est pas toujours égal dans le même individu. C'est ce que tous les entomologistes qui ont étudié les Podures ont pu remarquer, et De Géer s'en était déjà aperçu. Il n'est pas rare, en effet, de voir dans des animaux de ce groupe, une antenne de cinq articles, tandis que l'autre n'en a que quatre, trois ou même deux. Voici ce que les recherches de M. Bourlet ont pu lui permettre de constater :

« 1° Dans le cas où les antennes sont inégales, le dernier article de la plus courte, quel que soit son rang numérique, n'est jamais semblable à l'article correspondant de l'autre antenne ; 2° il affecte constamment une forme analogue à celle de l'article terminal ou le cinquième ; 3° il en est de même pour les antennes égales, mais ayant moins de cinq articles ; dans ce cas, le dernier est toujours plus gros et plus long que le terminal de l'antenne normale, quoique ayant une forme analogue et la même couleur ; 4° on n'aperçoit, à l'extrémité de l'article, aucune trace de fracture ; 5° plusieurs jeunes Podures et un grand nombre d'adultes ont été trouvés ainsi conformés ; le nombre de ceux-ci était, à l'égard des Hétérotomes à antennes de cinq articles, comme 5 est à 8 ; 6° cette conformation des antennes ne se rencontre que parmi les Hétérotomes ; 7° toutes les fois que dans les autres genres on trouve des Podures dont les antennes ont été réellement brisées, la cicatrice est toujours visible, et la forme des articles n'a pas varié ; 8° j'ai enfermé dans des vases une certaine quantité d'Hétérotomes dont les antennes offraient les différentes conformations observées par moi ; j'y ajoutai plusieurs congénères qui avaient ces organes brisés au moment où elles furent trouvées, ou à qui je les avais moi-même mutilées ; au bout de trois mois, elles furent retrouvées toutes exactement dans le même état. »

26. **Hétérotome jaunatre.** (*Heterotoma flavescens.*)

Jaune grisâtre, avec des taches brunes ; corps velu ; plusieurs taches sur la tête, dont quelques-unes sur le vertex, formant un angle obtus dont les côtés sont dirigés vers les yeux ; contour de la tête, vu en dessus, paraissant bordé d'un cercle brun, qui s'élargit et s'avance un peu entre les antennes ; thorax marqué de cinq bandes maculaires, et le dos, d'une ligne médiane fort fine, d'un jaune clair, qui se prolonge jusqu'au quatrième segment ; deux taches et une lunule sur le deuxième segment abdominal, un croissant sur le troisième, et, sur le quatrième, un carré qui n'est pas toujours bien distinct ; le cinquième est toujours marqué de deux taches vers le haut ; extrémité des cuisses et des jambes annelée de brun-fauve ; premier article des antennes annelé supérieurement de brun ; les deux suivants bruns ; quatrième et cinquième gris-fauve ; bouche entourée d'un cercle brun ; tout le corps couvert de deux sortes de poils ; queue blanche et velue. Long., 0,005.

Podura rufescens, Linn.—*Heterot. flav.*, Bourlet, *Podures*, p. 19.

Du nord de la France, etc.

27. **Hétérotome très-velue.** (*Heterotoma villosissima.*)

Semblable à l'espèce précédente, mais d'un jaune verdâtre, très-velue ; tout le corps hérissé de longs poils noirs et marqué de larges taches de la même couleur.

Het. vill., Bourlet, *Podures*, p. 20. —*Orchesella Bourleti*, Lucas, *Ann. soc. entom.*, 2ᵉ série, I, 288.

Du nord de la France.

28. Hétérotome livide. (*Heterotoma livida.*)

D'un blanc livide avec des taches noires ; la plupart des taches peu étendues ; celle du métathorax, qui est la plus grande , orbiculaire ; ligne médiane du dos bien plus marquée ; grand segment abdominal teinté de verdâtre ; poils des derniers segments blancs. Long. 0,003 1/2.

Pod. liv., Bourlet, *Podures*, p. 19.

Du nord de la France.

29. Hétérotome crystalline. (*Heterotoma crystallina.*)

D'un blanc livide ; pas de taches ; pas de poils ; corps transparent ; tous les segments bordés de blanc foncé ; la bordure dans les derniers surmontée d'un liséré brun-fauve ; extrémité des cuisses et des jambes annelée de cette dernière couleur ; queue et tarses blancs , pattes hyalines ; quelques poils rares sur le corps.

Pod. crystallina, Linn. — *Het. cryst.*, Bourlet, *Podures*, p. 20. — *Ætheocerus cryst.*, id. , *Podurelles*, p. 21.

Du nord de la France , etc.

30. Hétérotome grise. (*Heterotoma grisea.*)

D'un gris fauve ; tête et thorax très-velus ; taches peu prononcées. Long., 0,002 1/2.

Het. grisea, Bourlet, *Podures*, p. 21.—*Ætheocerus gr.*, id., *Podurelles*, p. 21.

Du nord de la France.

31. Hétérotome pulchricorne. (*Heterotoma pulchricornis.*)

Jaune ; épiderme luisant ; taches noires ; deuxième segment abdominal d'un jaune clair, formant ceinture ; le suivant noir. Long., 0,004.

Het. pulchr., Bourlet, *Podures*, p. 21. — *Æth. pulch.*, id., *Podurelles* p. 22.

Du nord de la France. L'auteur ajoute : Article basilaire des antennes noir, annelé de fauve et de blanc ; deuxième brun, troisième annelé de jaune, de jaunâtre et de fauve ; quatrième et cinquième gris-fauve ; tête noire , avec la partie occipitale jaunâtre ; bords antérieurs et latéraux du thorax noirs ; bord postérieur jaunâtre , avec une large tache triangulaire sur son disque ; deux taches annulaires sur le premier segment abdominal ; deuxième jaune, incolore et comme testacé ; troisième recouvert presque en entier d'une large plaque rectangulaire transversale, d'un noir foncé ; quatrième bordé de jaunâtre ; pattes d'un gris jaune, annelées de brun ; queue blanchâtre ; fourche velue ; épiderme luisant, notamment sur la tête ; peu de poils duveteux.

C'est peut-être, d'après M. Bourlet, le *P. vaga* des auteurs, dont lui-même avait antérieurement une espèce sous le nom d'*H. vaga* (*voy.* sp. 32).

32. Hétérotome de la mousse. (*Heterotoma musci.*)

D'un gris jaunâtre ; deuxième segment abdominal formant une ceinture ; pas de plaque noire sur le suivant. Long., 0,003.

Het. musc., Bourlet, *Podures*, p. 21.

Du nord de la France. Trouvé sous la mousse, au mois de février. Cette espèce ressemble à la précédente, à l'exception de quelques points : thorax offrant deux bandes maculaires qui se continuent sur le segment suivant ; deuxième segment abdominal ayant sa partie antérieure d'un gris jaune, et sa partie postérieure d'un blanc jaunâtre ; deux taches en forme de *t* sur le haut du troisième segment de chaque côté de la ligne médiane ; une bande transversale sur la partie antérieure du quatrième segment ; épiderme luisant et comme glacé.

33. Hétérotome errante. (*Heterotoma vaga.*)

Noire ou d'un brun foncé ; deuxième segment abdominal blanc jaunâtre postérieurement. Long., 0,002 1/2.

Pod. vaga, Linn. — *Het. vaga*, Bourlet, *Podures*, p. 22.

Retrouvée dans le nord de la France, par M. Bourlet. Elle a beaucoup de rapports avec les deux précédentes, mais elle s'en distingue par sa coloration et par des taches oblongues jaunâtres, dont une de chaque côté des deux segments thoraciques et plusieurs points de la même couleur ; bords des deuxième et quatrième segments abdominaux d'un blanc jaunâtre, avec deux petites taches blanches sur ce dernier ; troisième segment brun ; premier article des antennes annelé de noir et de blanc, troisième d'un brun fauve, quatrième et cinquième fauves ; tête et thorax garnis de poils ; ventre et pattes bruns, et annelés de jaunâtre aux articulations.

34. Hétérotome a sept taches. (*Heteroloma septem-guttata.*)

Semblable à la précédente ; sept taches blanches sur le dos ; premier article des antennes annelé de blanc foncé.

Het. septem-gutt., Bourlet, *Podures*, p. 22.

Du nord de la France. Cette espèce ne se distingue de l'Hétérotome errante que par des taches d'un beau blanc, dont deux linéaires sur le thorax, deux autres de la même forme sur le segment suivant, deux plus petites ponctiformes, sur la partie postérieure du grand segment abdominal, et une autre un peu plus grande sur le haut du segment suivant.

35. Hétérotome a quatre points. (*Heterotoma quadripunctata.*)

Quatre points blancs sur le grand segment abdominal.

Het. quadri-punct., Bourlet, *Podures*, p. 22.

Du nord de la France. Espéce semblable aux deux précédentes, à l'exception de quatre points blancs, dont deux sur le bord postérieur du quatrième segment abdominal et deux un peu plus haut ; premier article des antennes annelé supérieurement de jaunâtre ; queue jaunâtre.

36. Hétérotome ceinte. (*Heterotoma cincta.*)

D'un gris jaune ; deuxième segment abdominal d'un blanc jaunâtre, formant ceinture. Long., 0,002.

Het. cincta, Bourlet, *Podures*, p. 23.—*Ætheocerus cinct.*, id., *Podurelles*, p. 22.

Du nord de la France. La partie antérieure du troisième segment abdominal de cette espèce est noire ; une tache d'un blanc jaunâtre sur chacun des deux segments thoraciques et sur le premier segment abdominal forme une bande maculaire longitudinale ; tête et thorax, principalement les bords antérieurs et latéraux de ce dernier garnis de poils ; quelques poils sur l'abdomen.

37. Hétérotome verte. (*Heterotoma chlorata.*)
(Pl. 50, fig. 6.)

Corps de couleur vert bouteille uniforme, plus foncé en dessus ; velu ; quelques poils plus longs aux côtés des derniers anneaux ; fourche caudale longue ; tête et antennes un peu violacées. Long., 1 ligne,

A été trouvée à Paris dans les jardins.

Dans son Mémoire de 1843 ; M. Bourlet ajoute à ce genre, sous les noms d'*Ætheocerus rubro-fasciatus*, *quinque-fasciatus* et *aquaticus*, trois espèces dont la dernière serait le *P. aquatica secunda* de Linné.

V. ISOTOMA, Bourlet, *Podures*, p. 23 ; 1839. — Desoria et Degeeria, Nicolet, *Podurelles* ; 1841. — Podura, Bourlet, *Ann. soc. entom. de France*, 1842, p. 45 ; *id.*, *Podurelles*, p. 24 ; 1843.

Corps non écailleux, plus ou moins velu ; antennes de quatre articles à peu près égaux, seulement un peu plus longues que la tête ; sept ou huit paires d'ocelles (six d'après M. Bourlet).

1.

DEGEERIA, Nicolet, *Podurelles*, p. 70.

Corps fusiforme, divisé en huit segments d'inégale longueur et faiblement superposés ; le sixième segment ordinairement plus long que les deux ou quatre précédents pris ensemble ; le cinquième très-échancré postérieurement et se prolongeant un peu sur les côtés du sixième ; tête légèrement inclinée sur le plan de position ; *antennes filiformes*, *plus longues que la tête et le corselet* pris ensemble, mais n'atteignant jamais la longueur totale du corps de l'Insecte ; composées chacune de quatre articles oblongs à peu près d'égale longueur ; *huit yeux*, dont sept grands et un petit de chaque côté de la tête ; pattes longues, grêles et velues ; *queue longue*, à pièce basilaire occupant la moitié de la longueur totale de cet organe.

Parmi ces Podures, quelques espèces sont écailleuses, mais la plupart sont simplement velues. Toutes sont hérissées de longs poils en massue, obliquement tronqués au sommet ; cette massue examinée au microscope, paraît couverte de petites écailles triangulaires, très-serrées et à peine visibles.

38. Degéerie des neiges. (*Degeeria nivalis.*)

Tête et corps d'un gris jaunâtre; celui-ci oblong avec une bande transversale noire; rebord postérieur de chaque segment et une ligne égalememt transversale de taches irrégulières, et de même couleur presque au milieu du sixième; une petite tache noire en forme d'ancre sur la tête; yeux noirs, les deux premiers articles des antennes jaunes, les deux derniers gris foncé; sixième segment du corps aussi long que les trois qui le précèdent pris ensemble; pattes jaunes; queue entièrement blanche. Long., 0,001 ½ ou 0,002.

Pod. nivalis, Linn., *Syst. nat.*, II, 1013. — *Pod. arborea*, Degéer, *Mém.*, VII, 21, pl. 2, f. 8. — *Deg. niv.*, Nicolet, *Podurelles*, p. 70, pl. 8, f. 1.

Sous les mousses, la neige et quelquefois, mais accidentelment, sur les eaux stagnantes.

M. Nicolet, qui réunit le *Pod. nivalis* à l'*arborea*, signale deux variétés dans cette espèce; M. Bourlet n'avait pas fait cette fusion; voici les caractères qu'il assigne à chaque espèce :

Isotoma nivalis : grise, quelquefois gris jaunâtre, marquée de nombreuses taches brunes irrégulières; ventre livide; queue blanche. Long., 0,002.

39. *Isotoma arborea* : noire; antennes brunes; pattes et queue d'un brun blanchâtre; corps pubescent, sans taches. Long., 0,003.

40. Podure variée. (*Podura variegata.*)

Pâle, varié de brun; corps brillant; antennes annelées de brun à leur base. Long., 0,003.

Pod. var., Guérin et Percheron, *Genera des Ins.*, Thysan., pl. 2. — Burm., *Handb.*, II, 450.

Des environs de Paris.

41. Degéerie disjointe. (*Degeeria disjuncta.*)

Jaune sale lavé de gris, avec le dessus du corps, les pattes, la queue et les antennes beaucoup plus pâles; ces dernières annelées d'un gris légèrement plus foncé; yeux noirs; trois bandes longitudinales de taches triangulaires et noires sur le dos; troisième segment abdominal bordé postérieurement de noir ; quelques taches noires sur le sixième segment; poils gris. Long., 0,001 ½ à 0,002.

Deg. disj., Nicolet, *Podurelles*, p. 71, pl. 8, f. 2.

De Neuchâtel, dans les forêts, sous les mousses, assez commun; vit solitaire.

42. Degéerie corticale. (*Degeeria corticalis.*)

Blanc sale en dessus et en dessous ; corps presque cylindrique; tête un peu plus large ; yeux noirs ; antennes blanches annelées de gris foncé ; les deux premiers segments du corps bordés de noir tout autour ; les deux suivants sur les côtés latéraux seulement ; une large bande noire irrégulière traversant le cinquième segment en dessus et en dessous, et une autre le sixième ; pattes et queue blanches. Long., 0,001 ½ à 0,002.

Deg. cort., Nicolet, *Podurelles*, p. 72, pl. 8, f. 3.

De Neuchâtel. Sous les écorces des chênes morts ; assez commune à Chaumont.

43. Degéerie du platane. (*Degeeria platani.*)

Corps écailleux, à reflets argentés ; poils noirs ; tête et premier segment thoracique jaune orange foncé, bordés antérieurement de noir ; second segment noir ; premier segment abdominal jaune orange pâle; les deux suivants noirs, séparés par une ligne très-fine jaune; le quatrième orangé pâle, avec une large tache noire sur son milieu et une bande de même couleur postérieurement; anus et bord postérieur de l'avant-dernier segment noirs; antennes, pattes, dessous du corps et queue d'un jaune pâle très-léger ; antennes annelées de noir ou de gris. Long., 0,002.

Deg. plat., Nicolet, *Podurelles*, p. 72, pl. 8, f. 4.

De Neuchâtel. Se trouve dans les écorces du *Platanus orientalis ;* assez commune en été. Il y en a une variété où tout ce qui devrait être noir est d'un gris plombé très-foncé.

44. Degéerie du prunier. (*Degeeria pruni.*)

Ne diffère de la précédente que par sa couleur ; corps varié de brun, de gris, de noir et de blanc. Long., 0,001 ½ à 0,002.

Deg. pruni, Nicolet, *Podurelles*, p. 73, pl. 8, f. 5.

De Neuchâtel. Assez commune sur les écorces du *Cerasus* et du *Prunus vulgaris* ; vit solitaire.

45. Degéérie allongée. (*Degeeria elongata.*)

Corps allongé, écailleux, assez velu, fusiforme en avant, rétréci et cylindrique en arrière, gris plombé ; sixième segment aussi long que les quatre précédents pris ensemble ; tête, antennes, pattes, queue et dessous du corps gris jaunâtre sale ; écailles pointillées ; queue longue ; yeux noirs. Long., 0,002.

Deg. elong., Nicolet, *Podurelles*, p. 74, pl. 8, f. 7.

De Neuchâtel. Habite les maisons ; on la trouve dans les jointures des vieux meubles et des vieilles fenêtres et dans la poussière des appartements négligés. Assez commune ; vit solitaire.

46 Degéerie savante. (*Degeeria erudita.*)

Diffère de la *D. allongée* parce que le sixième segment du corps égale seulement les trois qui le précèdent ; tête plus large et moins allongée antérieurement ; corps écailleux, à reflet argenté, tacheté de brun sur un fond blanc sale ou légèrement lavé de brun rouge ; une tache brune en équerre sur le milieu de la tête ; yeux noirs ; antennes, pattes, queue et dessous du corps plus pâles, sans taches ; poils gris. Long., 0,002.

Deg. erud., Nicolet, *Podurelles*, p. 74, pl. 8, f. 7.

De Neuchâtel. Se trouve assez communément dans les bibliothèques, sur les vieux livres, les vieux papiers et dans les armoires qui renferment du linge ; vit solitaire.

47. Degéerie lanugineuse. (*Degeeria lanuginosa.*)

Corps fusiforme, blond verdâtre ; antennes, pattes et queue plus pâles ; corps très-velu, à poils courts, serrés et légèrement laineux ; des poils longs en massue sur le dos ; yeux noirs ; sixième segment aussi long que les trois ou quatre précédents. Long., 0,001 ½ à 0,002.

Deg. lan., Nicolet, *Podurelles*, p. 74, pl. 8, f. 8.

De Neuchâtel. Dans les jardins sur la terre ; assez commune ; vit solitaire.

48. Degéerie perlée. (*Degeeria margaritacea.*)

D'un beau blanc nacré, légèrement cendré et transparent en dessus et en dessous, résultant d'écailles argentées, chatoyantes ; antennes, pattes et queue d'un blanc transparent ; plaques oculaires brunes ; une ligne brune sur le dos, si le tube digestif est rempli ; sixième segment égal aux deux précédents ; dernier article des antennes paraissant subarticulé ; écailles pointillées ; poils blancs. Long., 0,001 à 0,002.

Deg. mary., Nicolet, *Podurelles*, p. 75, pl. 8, f. 9.

De Neuchâtel. Sous les feuilles mortes ; dans les terres humides et surtout sous les feuilles à demi pourries des Cucurbitacées, assez commune vers la fin de l'automne ; solitaire, très-agile ; privée d'écailles. Cette espèce est d'un blanc mat et couvert de très-petits points d'un brun rougeâtre irrégulièrement semés ; c'est presque toujours dans cet état qu'on la rencontre.

49. Degéerie des mousses. (*Degeeria muscorum.*)

Antennes filiformes, sétacées, presque aussi longues que le corps, d'un brun jaunâtre clair, annelées de jaune aux articulations ; corps étroit, allongé, fusiforme, jaune et avec deux bandes longitudinales d'un brun rougeâtre, tachetées de brun foncé sur le dos ; une tache noire à l'extrémité du septième segment et deux transversales à l'extrémité du sixième ; celui-ci égal aux quatre précédents ; yeux noirs ; pattes jaunes à jointures brunes ; pièce basilaire de la queue jaune ; filets blancs ; poils d'un blanc sale. Long., 0,001 à 0,002.

Deg. musc., Nicolet, *Podurelles*, p. 76, pl. 8, f. 11.

De Neuchâtel. Sous les mousses en automne ; assez commune ; vit solitaire.

50. Degéerie domestique. (*Degeeria domestica.*)

Antennes du *D. muscorum*, mais blanches, ainsi que le corps en dessous, les pattes et la queue ; dessous du corps écailleux, d'un blanc sale très-luisant, avec quatre bandes transversales et plusieurs taches d'un gris foncé un peu rougeâtre ; tête blanche ; yeux noirs ; poils gris et longs ; sixième segment égal aux quatre précédents. Long., 0,003 dans les plus grands.

Deg. dom., Nicolet, *Podurelles*, p. 76, pl. 8, f. 11.

De Neuchâtel. Cette espèce se trouve dans les maisons où elle vit solitaire ; rare.

2.

DESORIA, Agassiz et Nicolet, *Bibl. univ. de Genève*; 1841. — Nicolet, *Podurelles*, p. 57.

Corps long, cylindrique, conique à l'extrémité,

hérissé de poils en forme de soies et divisé en huit
segments séparés par des rétrécissements transversaux ; les deux derniers segments très-courts ; les précédents plus ou moins égaux entre eux , mais n'offrant
jamais une grande différence ; tête directe ou parallèle
au plan de position ; antennes de quatre articles, plus
longue que la tête , mais n'égalant jamais la longueur
de la tête et du thorax , pris ensemble ; pattes cylin-
dracées , assez longues , grêles ; *queue* longue , droite ,
à pièce basilaire très-courte ; filets terminaux longs ,
sétacés et ridés transversalement ; *sept yeux* par
groupe latéral , situés à la base des antennes , près des
bords latéraux de la tête ; point d'écailles ; cou distinct.

M. Nicolet partage ce genre en deux divisions.

1. *Premier et troisième articles des antennes plus
courts que les deux autres ; filets terminaux de la
queue un peu arqués et sensiblement plus courts
que dans la division suivante.*

51. Desorie glaciale. (*Desoria glacialis.*)

Entièrement d'un noir profond ; très-velue ; poils courts et
blancs ; cou très-distinct, un peu renflé ; thorax cylindrique ;
abdomen légèrement fusiforme ; troisième article des antennes
un peu ovoïde ; filets de la queue plus arqués que dans les espèces
suivantes. Long., 0,002.

Desoria saltans, Agassiz, *in* Nicolet, *Bibl. univ. de Genève*,
XXXII, 384, avec pl., 1841.— *Des. glacialis*, Nicolet, *Podurelles*, p. 58, pl. 5, fig. 10.

Cette espèce est très-abondante sur les glaciers des Alpes,
d'où elle a été rapportée par M. Desor ; elle y vit en sociétés in-
nombrables, et peut-être même dans les fissures capillaires de
la glace , à plusieurs pouces de profondeur ; quelquefois , certaines parties du glacier en sont noircies , tant elle est abondante.

Peut-être faut-il rapporter à cette espèce l'indication donnée par **M.** Audouin (1) au sujet des Podures récoltées par MM. Becquerel et Breschet, sur le mont Vélant, dans le col du grand Saint-Bernard (Alpes), et qui couvraient la neige dans l'étendue de plusieurs mètres, et cela en si grande quantité, qu'on aurait, d'une certaine distance, pu croire que de la poudre noire avait été répandue sur cette partie de la nappe blanche que le sol supportait.

52. Desorie verdatre. (*Desoria virescens.*)

Semblable à la précédente pour la forme, mais plus petite ; corps assez velu et couvert de gris un peu pâle ; la tête plus sombre ; yeux noirs ; antennes de la couleur du corps, mais plus pâles ; dos pointillé de brun, avec une ligne longitudinale de taches noires de chaque côté ; pattes assez courtes, d'un gris jaunâtre ainsi que la queue. Long., 0,001 ou 2.

Des. vir., Nicolet, *Podurelles*, p. 59, pl. 5, fig. 12.

De Neuchâtel. Dans les jardins, sur la terre ; assez rare ; vit solitaire.

53. Desorie tigrée. (*Desoria tigrina.*)

Semblable à la précédente pour la forme, mais avec les côtés latéraux du corps plus parallèles ; corps, antennes, pattes et queue gris-blanc très-pâle ; tête plus foncée ; yeux noirs ; dos pointillé de noir ; une ligne longitudinale grise sur le milieu du dos. Long., 0,001 ou 2.

Des. tigr., Nicolet, *Podurelles*, p. 59.

De Neuchâtel. Se trouve avec le *Des. virescens*, et n'en est peut-être qu'une variété. Assez rare et solitaire.

54. Desorie taches-fauves. (*Desoria fulvo-maculata.*)

Corps large et court, finement pointillé et portant des poils blancs ; côtés latéraux des segments un peu anguleux ; bord postérieur de chaque segment légèrement superposé au bord antérieur du suivant ; tête et corps d'un brun noirâtre très-foncé, la tête un peu moins sombre, portant une dépression transversale entre les yeux et une tache fauve découpée en forme de couronne un peu en avant ; plusieurs taches oblongues de même

---

(1) *Ann. soc. entom. de France*, 1836, p. XI.

couleur disposées longitudinalement sur le dos, principalement sur les premier, deuxième et sixième segments; yeux noirs, pattes et antennes d'un brun jaunâtre assez clair; queue fauve pâle à sa base, terminée de blanc. Long., 0,001 1/2.

De Neuchâtel. Dans les caves, en hiver; très-rare et solitaire.

55. DESORIE CENDRÉE. (*Desoria cinerea.*)

Très-petite; tête et corps cendré bleuâtre, pointillés de noir en dessus, plus pâles en dessous, avec deux lignes longitudinales de taches oblongues et pâles sur le dos; antennes blanchâtres, annelées de noir aux articulations; yeux noirs; premier segment abdominal assez court; pattes blanches; pièce basilaire et queue de la couleur du corps; filets terminaux blancs et transparents; queue courte. Long., 0,001 1/2.

Des. cin., Nicolet, *Podurelles*, p. 60, pl. 6, fig. 9.

Insecte peu agile; très-abondant sous les écorces des vieux arbres, à Hauterive, près de Neuchâtel; vit en société.

2. *Articles des antennes égaux entre eux; filets terminaux de la queue longs et sétacés.*

56. DESORIE CYLINDRIQUE. (*Desoria cylindrica.*)

Corps cylindrique, droit, d'un brun foncé, presque noir; très-velu ainsi que la tête; yeux noirs bordés de brun clair au bord interne; antennes et base de la queue d'un gris salé; extrémité de l'abdomen conique; pattes, filets de la queue et poils blancs. Long., 0,002 à 3.

Des. cylind., Nicolet, *Podurelles*, p. 60, pl. 6, fig. 1.

De Neuchâtel. Sur la terre, dans les jardins; assez commune.

57. DESORIE VIATIQUE. (*Desoria viatica.*)

Semblable à l'espèce précédente, mais entièrement d'un noir mat; sixième segment du corps plus arrondi sur les côtés; poils gris; antennes un peu plus grossés; filets d'un brun foncé. Long., 0,002 à 3.

Pod. viatica, Linn., *Fauna suec.*, n° 1179. — *Podure noire terrestre*, Geoff., *Ins.*, II, 610. — *Des. viat.*, Nicolet, *Podurelles*, p. 61, pl. 6, fig. 2.

Cette espèce, qui a été observée dans plusieurs parties de l'Europe, vit abondamment sur la terre, au bord des chemins,

où on la trouve souvent en rassemblements si nombreux , qu'on
l'a comparée à de la poudre à canon renversée sur le sol. La
terre, en effet, paraît toute noire à l'endroit où ces Podures se
sont réunis; mais, si l'on veut les prendre, ils sautent tous en se
répandant de côté et d'autre , et le noir disparaît.

58. Desorie pâle. (*Desoria pallida.*)

De même forme que la précédente, mais un peu plus courte et
plus épaisse, et entièrement d'un brun jaunâtre, lavé de verdâtre ; poils gris ; yeux brun foncé. Long., 0,002 ou 2 1/2.
   Des. pall., Nicolet, *Podurelles*, p. 61, pl. 6, fig. 3.
   De Neuchâtel. Se trouve au pied des arbres et sur les troncs
pourris; commune ; vit solitaire.

59. Desorie avinée. (*Desoria ebriosa.*)

De même forme ; tête et thorax d'un gris verdâtre peu foncé
en dessus et plus clair en dessous ; abdomen, pattes et queue
rougeâtres ; ces dernières plus pâles ; antennes grises ; yeux
noirs : poils gris. Long., 0,001 1/2.
   Des. ebr., Nicolet, *Podurelles*, p. 61, pl. 6, fig. 4.
   Des Valangines, près de Neuchâtel, sur la terre. Rare.

60. Desorie annelée. (*Desoria annulata.*)

Brun livide pâle ; annelée de noir ou de brun foncé ; corps
très-velu ; yeux noirs; quelques taches brunes sur la tête et le
corps; filets de la queue blancs. Long., 0,003.
   Podure jaune à anneaux noirs, Geoff., *Ins.*, II, 606. —
Pod. annulata, Fabre, *Ent. syst.*, II, 67. — *Des. ann.*, Nicolet, *Podurelles*, p. 62, pl. 6, fig. 5.
   Dans les jardins, sur la terre et sous les pierres ; très-commune ; vit solitaire.

61. Desorie côtière. (*Desoria riparia.*)

Tête presque globuleuse ; corps oblong, couvert de poils très-
fins, couchés sur la peau, hérissé en outre de poils longs, clair-
semés et gris ; antennes, pattes, queue et dessous du corps gris
jaunâtre pâle ; dessous du corps et tête gris jaunâtre, tirant légèrement sur le vert olive ; une tache en lunule noire entre les
yeux ; yeux noirs. Long., 0,002 à 3.
   Pod. aquatica grisea, de Géer, *Act. soc. Upsal.*, 1740, p. 63,

pl. 4 ; *id.*, *Mémoires*, VII, 28, pl. 2, fig. 18-19. — *Des. rip.*,
Nicolet, *Podurelles*, p. 62, pl. 6, fig. 6.

Trouvée par M. Nicolet sur le bord occidental des lacs de Neuchâtel et de Bienne (Suisse), où elle vit sous les pierres et dans
les trous de rochers qui conservent de l'eau croupie ; très-commune.

62. Desorie brune. (*Desoria fusca.*)

Très-petite ; tête, antennes, pattes et queue d'un jaune foncé
tirant sur le brun ; corps roux très-velu et sans taches ; yeux et
poils noirs ; tube intestinal indiqué, quand il est plein, par une
bande d'or sale plus foncée. Long., 0,001 à 2.

Des. fusca, Nicolet, *Podurelles*, p. 63, pl. 6, fig. 7.

De Neuchâtel. Sous les mousses des forêts ; assez rare et solitaire.

Une variété de cette espéce se trouve sur les eaux stagnantes,
mais elle est rare. M. Nicolet la caractérise ainsi :

Même longueur ; tête et corps jaunes ; dessous du corps, antennes, pattes et queue blanchâtres ; yeux et une tache au milieu
de la tête noirs ; articles des antennes gris au sommet.

3.

Les *Degéeries* et les *Desories* sont bien, ainsi
qu'on a pu le voir, deux subdivisions des *Isotomes* de
M. Bourlet, et nous ne doutons pas que les douze espèces rangées sous cette dernière dénomination par
l'entomologiste que nous venons de citer ne puissent
être distinguées en Degéeries et Desories, quand
on en possédera des figures. En attendant que
M. Bourlet ait complété, sous ce point de vue, son
intéressant mémoire, nous sommes obligé de rapporter ce qu'il dit de ses Isotomes sans en classer
les espèces (1).

---

(1) Depuis que ces lignes ont été écrites, le Mémoire de 1843 de
M. l'abbé Bourlet a paru, mais notre désir est loin d'être satisfait.
L'auteur y donne cette fois les Isotomes sous le nom de *Podura*.

Les Isotomes sont, en général, plus petites que les Hétérotomes. La taille des plus grandes dépasse rarement 4 millimètres, et il en est qui n'ont pas beaucoup plus d'un demi-millimètre. Leurs antennes, seulement une fois plus longues que la tête, atteignent dans quelques espèces la moitié du corps ; elles sont sétacées et toujours composées de quatre articles dont la longueur relative diffère peu. Les trois premiers articles sont un peu obconiques ; le quatrième est plus mince et légèrement fusiforme. Les Isotomes ont fréquemment deux sortes de poils, et quelquefois du duvet seulement : celui-ci ne manque jamais. M. Bourlet, ainsi que nous l'avons dit, leur donnait six ou huit ocelles, mais nous avons vu que, dans le premier cas (Desories), M. Nicolet avait reconnu un septième œil plus petit que les autres, et qui paraît avoir échappé à cet observateur. M. Bourlet signale une particularité remarquable. Suivant lui, les Isotomes, dans leur jeunesse, sont privés d'yeux, de tube gastrique, de rainure et de queue. Cette dernière ne consiste qu'en un tubercule conique, dirigé en arrière et terminé par deux petits mamelons qui représentent la partie fourchue. On n'aperçoit, à la place que doit occuper le tube gastrique, qu'une légère protubérance. L'organe appelé *fourchette* par M. Bourlet est indiqué par une tache d'un blanc plus foncé, et les yeux par une petite dépression. Ces organes ne se développent qu'après que l'insecte a subi plusieurs mues, et lorsque, commençant à se colorer, il a atteint la moitié de sa taille.

M. Bourlet décrit douze espèces. Nous n'en rapporterons ici que dix, les *Pod. nivalis* et *arborea*, qui sont des Isotomes, nous ayant occupés précédemment. Depuis la publication de son travail, il a fait de nouvelles découvertes ; mais, quoiqu'il ait bien voulu nous en donner communication, nous nous abstiendrions d'en parler, dans la crainte d'établir quelque double emploi avec les espèces publiées depuis par M. Nicolet, et dont nous avons donné ci-dessus toutes les descriptions, si M. Bourlet n'avait imprimé ses nouvelles recherches.

63. Isotome velue. (*Isotoma villosa*.)

Noir varié de brun ; velue ; bord antérieur du thorax légèrement échancré ; extrémité de la fourche caudale blanchâtre ; segments abdominaux, à l'exception du premier, à peu près égaux. Long., 0,002 1/2.

Podura villosa, Geoff., II, 608. — *Isot. vill.*, Bourlet, *Podures*, p. 25.

63 *bis*. ISOTOME VERTE. (*Isotoma viridis.*)

D'un vert brun sans taches ; ventre et pattes moins foncés ; mésothorax et métathorax à peu près égaux, séparés entre eux, ainsi que le segment suivant, par des étranglements bien marqués ; abdomen allant un peu en grossissant jusqu'au quatrième segment, exclusivement ; queue blanchâtre ; corps peu velu. Long., 0,002 à 3.

Pod. viridis, Linn. — *Is. virid.*, Bourlet, *Podures*, p. 25.

Retrouvée par M. Bourlet dans le nord de la France.

64. ISOTOME GLAUQUE. (*Isotoma cærulea.*)

D'un vert tendre, quelquefois d'un vert feuille ou vert teinté de jaunâtre ; queue jaune blanchâtre ; corps pubescent, de couleur uniforme. Long., 0,002.

Isot. cærul., Bourlet, *Podures*, p. 25.

Du nord de la France.

65. ISOTOME BIFASCIÉE. (*Isotoma bifasciata.*)

Brune ; deux bandes maculaires longitudinales d'un blanc jaunâtre sur le dos, bordées ; des taches blanc jaunâtre sur le dos, sur les côtés et sur le ventre ; celles du dos formant deux bandes longitudinales à peu près parallèles, commençant aux antennes et se continuant jusqu'à l'anus où elles se rejoignent ; l'espace intercepté par ces deux bandes d'un brun plus foncé ; corps linéaire ; thorax un peu transversal ; premier article des antennes brun, les autres brun fauve, annelés de brun à leur sommet ; pattes et queue blanchâtres, corps pubescent. Long., 0,002.

Isot. bif., Bourlet, *Podurelles*, p. 26.

Du nord de la France.

66. ISOTOME TRIFASCIÉE. (*Isotoma trifasciata.*)

Verdâtre en dessus ; trois bandes maculaires longitudinales noires sur le dos, commençant au bord antérieur du thorax et se continuant parallèlement jusqu'au troisième segment abdominal inclusivement ; celle du milieu plus marquée que les autres ; corps parsemé d'autres taches de la même couleur et de taches ferrugineuses principalement sur les côtés et sur la tête ; dessous du

corps gris jaunâtre ; tarses et antennes d'un gris foncé ; corps
pubescent. Long., 0,002.

Isot. trif., Bourlet, *Podures*, p. 26.

Du nord de la France.

67. Isotome rubricaude. (*Isotoma rubricauda*.)

Fourche caudale rouge avec la tige blanche ; corps noir , tacheté de brun et de verdâtre , du reste très-semblable au *Podura arborea* (voyez *Degeeria arborea*, sp. 38). Long., 0,001 ½.

Isot. rubr., Bourlet, *Podures*, p. 26.

Du nord de la France.

68. Isotome coureuse. (*Isotoma cursitans*.)

Gris violet, quelquefois gris rougeâtre ; corps allongé , un peu
fusiforme , terminé en pointe obtuse, garni d'un duvet blanc et
de quelques poils rares ; bords transversaux et latéraux de tous
les segments noirs ; deux bandes linéaires et longitudinales noires , sur le quatrième segment, qui est très-grand , ainsi que sur
les deux suivants ; tête plus petite que le thorax ; antennes égales à la moitié du corps.

Isot. curs., Bourlet, *Podures*, p. 27.

Du nord de la France.

Cette espèce et les deux suivantes recherchent les lieux secs
et découverts.

69. Isotome des fenêtres. (*Isotoma fenestrarum*.)

Peu différente de la précédente , mais d'un gris jaune , tachée
de brun ; deux taches sur le deuxième segment abdominal ,
trois sur le suivant et une au-dessus des yeux ; premier segment
abdominal non bordé de noir ; antennes de la moitié de la longueur du corps; leurs articles à sommet annelé de brun.
Long. , 0,003.

Isot. fenestr., Bourlet, *Podures*, p. 27.

Du nord de la France.

70. Isotome fusiforme. (*Isotoma fusiformis*.)

Corps cendré , parfaitement fusiforme ; segments thoraciques
et premiers segments abdominaux ne se recouvrant pas ; deux
lignes sur le quatrième segment, terminées antérieurement par
deux taches ; deux petites taches linéaires brunes sur les deuxième
et troisième segments abdominaux , et quelques autres sur les

côtés de l'abdomen et de l'anus ; thorax bordé antérieurement et latéralement de noir; corps garni d'un duvet blanc, antennes longues comme la moitié du corps. Long., 0,003.

Isot. fusif., Bourlet, *Podures*, p. 27.

Du nord de la France.

71. Isotome violette. (*Isotoma violacea.*)

D'un violet tendre, ou gris violet ou violet cuivreux ; corps allongé, allant un peu en diminuant, à extrémité obtuse, garni d'un duvet blanc et ayant tous ses segments à peu près égaux ; queue et pattes blanches ; celles-ci transparentes avec une légère teinte violette ; antennes seulement un peu plus longues que la tête.

Pod. violacea, Geoff., *Ins.*, II, 608. — *Isot. viol.*, Bourlet, *Podures*, p. 28.

Cette espèce, indiquée à Paris par Geoffroy, et dans le nord de la France par M. Bourlet, court fort vite, malgré sa petite taille ; on la trouve sur les murs exposés au midi, dans les fentes des pierres et sous la mousse ou le lichen qu'elles recouvrent. Il faut prendre garde, dit M. Bourlet, de la confondre avec d'autres petites Podures qui ne présentent la même couleur violette que dans leur jeunesse.

72. Isotome puce. (*Isotoma pulex.*)
(Pl. 50, f. 10.)

Corps un peu naviculaire, blanc, presque transparent et comme cristallin, surtout aux pattes et aux trois derniers articles des antennes ; un collier de poils soyeux au prothorax ; quelques poils plus petits à la queue ; quatrième article des antennes plus long que les autres ; corps un peu lavé de jaunâtre, surtout vers le canal intestinal. Long., un peu moins de 0,001.

Petite espèce, remarquable par son extrême vivacité. On la trouve à Paris dans les jardins ; elle est fréquente dans la tannée des serres au Muséum.

73. Isotome spilosome. (*Isotoma spilosoma.*)
(Pl. 50, fig. 9.)

Corps vert jaunâtre, à deux rangées transversales de petites taches linéaires noires sur chaque anneau ; troisième article des antennes le plus grand ; pattes jaunâtres. Long., presque 0,001.

De Paris, dans les jardins.

74. Isotome de Desmarest. (*Isotoma Desmarestii.*)
(Pl. 50, fig. 11.)

Antennes plus longues que la tête, troisième article le plus long ; corps peu velu, de couleur vert pomme.

De Paris, dans les jardins.

L'espèce que nous avons figurée pl. 50, fig. 12, et que nous désignons provisoirement sous le nom d'*Isotome Nicolet*, a des affinités avec les Hétérotomes et demande à être étudiée de nouveau. Elle est aussi des environs de Paris.

VI. ACHORUTES, Templeton, *Trans. ent. soc. Lond.*, I, 96 ; 1835. — Hypogastrurus, Bourlet, *Podures*, p. 28 ; 1839. — Podura, Nicolet, *Podurelles*, 54.

Corps sans écailles, peu velu, épais, de neuf segments ; antennes droites un peu coniques, de quatre articles, moins longues que la tête ; seize yeux ; pattes courtes, assez grosses, appendice saltatoire court, large à sa base, inséré sous le ventre au quatrième anneau.

M. Bourlet, dans son Mémoire de 1843, continue à se servir du nom d'*Hypogastrura*, qu'il avait proposé longtemps après celui d'*Achorutes*, et quoiqu'il cite celui-ci à la page 72 de son nouveau travail. Il en donne deux espèces comme nouvelles.

† *Pas de crochets à l'extrémité du corps.*

75. Achorute aquatique. (*Achorutes aquaticus.*)
(Pl. 50, fig. 4.)

Corps légèrement fusiforme, épais, d'un noir bleuâtre très-foncé, avec les antennes et les pattes rougeâtres ou d'un brun foncé. Long., 1 ou 2 millim.

Pod. aquat., De Géer, *Actes de Stockholm*, 1740, p. 273, pl. 3 ; *id.*, *Mém.*, VII, 23, pl. 2, f. 11-17. — Geoff., *Ins.*, II,

610. — *Hypogastrura aquat.*, Bourlet, *Podures*, p. 31, fig. 8-9. — Nicolet, *Podurelles*, p. 55, pl. 5, f. 4.

Vit en abondance dans plusieurs parties de l'Europe à la surface des eaux stagnantes. M. Bourlet a constaté qu'ils pouvaieut être congelés sans périr, et qu'ils reprennent toute vitalité après que le soleil a fait fondre la glace qui les avait saisis.

Quelques auteurs, MM. Boisduval et Lacordaire, entre autres (1), ont donné à tort à l'espèce dont il est ici question des antennes presque aussi longues que le corps. MM. Templeton et Nicolet ont déjà relevé cette erreur. Le premier regarde son *Achorutes dubius* (2) d'Irlande comme étant probablement le *Podura aquatica.*

†† *Le plus souvent deux crochets à l'extrémité du corps.*

76. ACHORUTE ARMÉ. (*Achorutes armatus.*)

D'un gris verdâtre sur la tête et le dos; dessous du corps, antennes et pattes gris pâle, une tache triangulaire d'un brun sombre entre les yeux et quelques autres taches de même couleur sur le reste de la tête; yeux noirs; deux lignes longitudinales et parallèles de taches à peu près triangulaires et également brunes sur le dos; poils gris; appendice saltatoire très-court; deux crochets recourbés en dessus à l'extrémité de l'abdomen, au-dessus de l'anus. Long., 0,001.

Podura armata, Nicolet, *Podurelles*, p. 57, pl. 5, f. 6.
De Neuchâtel. Vit sur les eaux stagnantes; peu commun.

77. ACHORUTE ROUSSATRE. (*Achorutes rufescens.*)

Yeux noirs; tête et corps d'un rouge tuile assez vif; antennes et pattes d'un beau jaune orange; crochets de l'abdomen trèscourts et presque droits. Long., $0,001\frac{1}{2}$.

Pod. ruf., Nicolet, *Podurelles*, p. 57, pl. 5, f. 7.
Assez rare. Vit avec l'espèce précédente.

78. ACHORUTE DES MOUSSES. (*Achorutes muscorum.*)

Corps sub-cylindrique terminé par deux mammelons et coloré

---

(1) *Faune parisienne*, I, p. 114.
(2) *Trans. entom. soc. Lond.*, I, 96, pl. 12, fig. 5.

de purpurin foncé ; premier article des antennes plus grand que
les autres, qui sont décroissants ; pattes d'un bleu pâle ; une
rangée de poils épineux sur le dos ; poils généralement disposés
par paires.

Ach. musc., Templeton , *Trans. entom. soc. Lond.*, I , 97,
pl. 12, f. 6.

Trouvé à Cranmore (Irlande) sur le bois pourri ; il se meut
lentement et ne peut sauter.

79. ACHORUTE SIMILAIRE. (*Achorutes similatus.*)

Entièrement gris plombé , non métallique, plus pâle en dessous avec quelques lignes longitudinales jaunes , très-peu apparentes sur le dos ; deux petites taches de même couleur sur le
cou ; yeux d'un noir terne ; queue pâle. Long., 1 à 2 millim.

Pod. similata, Nicolet, *Podurelles*, p. 56, pl. 5, f. 5.

De Neuchâtel. Sur les eaux stagnantes, en été, et dans les terres
humides, vers la fin de l'automne et en hiver ; il est très-commun
et vit en société.

80. ACHORUTE CYANOCÉPHALE. (*Achorutes cyanocephalus.*)

Corps allongé , fusiforme , d'un blanc sale, pointillé et maculé
de gris ; tête et antennes d'un brun clair ; la première offrant
quelquefois de petites taches d'un brun léger ; yeux noirs ; pattes
et queue blanches ; celle-ci très-petite. Long., 0,001.

Pod. cyan., Nicolet, *Podurelles*, p. 56, pl. 5, f. 8.

De Neuchâtel. Trouvé en hiver dans les caves humides, où il
est assez commun , et vit en société. Il est un peu transparent et
peu agile.

81. ACHORUTE DES CELLIERS. (*Achorutes cellaris.*)

Entièrement d'un blanc d'ivoire éclatant ; yeux peu visibles à
cause de leur blancheur ; une ligne de points oblongs et enfoncés de chaque côté du corps. Long , 0,001.

Pod. cell., Nicolet, *Podurelles* , p. 56, pl. 5, f. 9.

De Neuchâtel. Dans les caves ; très-rare.

82. ACHORUTE BIELANIEN. (*Achorutes bielanensis.*)

Cendré bleuâtre , velu de blanc ; tarses et queue blancs ; quatrième article des antennes aussi long que les trois autres réunis.
Longueur totale, 2 lignes ½ ; largeur 1 ligne.

Ach. biel., Waga , *Ann. soc. entom. de France*, XI , 265 , pl. 11, f. 5-8; 1842.

Commun aux environs de Varsovie , au bois de Bielany, sur les bords de la Vistule. C'est la plus grosse des espèces connues dans ce genre. M. Waga croit qu'elle n'a pas d'yeux, et il pense que le tube gastrique , rudimentaire comme dans les autres espèces du même genre ; est l'ouverture par laquelle entre l'air de la respiration , ce que les observations de M. Nicolet contredisent.

83. ACHORUTE DES MURS. (*Achorutes murorum.*)

D'un noir mat ; ventre brun ; pattes et queue d'un brun verdâtre ; quelquefois d'un brun blanchâtre. Long., 0,001.

Hypogastrura muralis, Bourlet , *Podurelles* , p. 35.

Cette espèce, que nous signalons d'après M. Bourlet, vit dans le nord de la France.

84. ACHORUTE DES AGARICS. (*Achorutes agaricorum.*)

Corps garni de poils blancs, gris cendré en dessus, blanc jaunâtre en dessous ; des taches cendrées ou d'un gris brunâtre en dessus ; antennes brunes ; les intervalles des segments font paraître l'abdomen rayé transversalement. Long., 0,001.

Hypog. agaric., Bourlet, *Podurelles*, p. 37.

Autre espèce du nord de la France. On la trouve sur les agarics , principalement entre les feuilles du chapeau.

85. ACHORUTE MARITIME. (*Achorutes maritimus.*)

Noir ; long de près d'une ligne. C'est une espèce incomplétement connue.

Ach. mar., Guérin , *Iconog. du Règne anim.*, *Explic.*, *Ins.*, p. 11.

Cette espèce ne saute pas. Est-ce bien un Achorute? C'est ce que le peu qu'en a dit M. Guérin ne nous permet pas de décider. Voici d'ailleurs ce que rapporte cet entomologiste : «Nous avons trouvé au Tréport , en Normandie , près de l'embouchure d'une petite rivière , dans la partie couverte par les eaux de la mer à chaque marée , une innombrable quantité de petites Podures de ce sous-genre *Achorutes*, qui ne sautent pas et qui couvraient la vase dès que la mer était retirée. Comment ces petits animaux vivent-ils quand il y a cinq ou six pieds d'eau de mer au-dessus

des lieux où ils se tiennent? Peut-être retiennent-ils l'air nécessaire à leur respiration au moyen des poils qui couvrent leur
corps. »

86. ACHORUTE MASQUÉ. (*Achorutes larvatus.*)

Tête grosse, rétrécie en avant en manière de chaperon, obtuse ; corps velu ; ses poils assez courts, médiocrement serrés,
prenant un aspect blanc glacé sous certaines incidences de la
lumière ; corps d'un rouge violet assez foncé ; pattes un peu plus
claires , à ongle assez fort. Long., $\frac{1}{2}$ millim.

Nous avons trouvé cette espèce à Paris , dans des pièces de
bois pourri, qui faisaient partie d'un berceau de jardin. Elle se
tenait en société dans les vides qui résultaient de la décomposition du bois.

VII. LIPURA , Burmeister, *Handb. der Entom.*, II ,
447. — ONYCHIURUS, P. Gerv., *in litt.*; *id.*, *Écho
du monde savant*, juin 1841. — ANUROPHORUS ,
Nicolet, *Bulletin univ. de Genève* ; 1841 ; *id.*, *Podurelles*, p. 52. — ADICRANUS , Bourlet, *Revue
zoologique par la Société cuvierienne* ; *id.*, *Podurelles*, p. 38 ; 1843.

Antennes de quatre articles inégaux , sub-clavel-
lées ; yeux peu visibles, au nombre de treize à vingt-
huit, placés sur les côtés de la tête ; corps divisé en
neuf segments inégaux ; pattes courtes ; point d'appareil saltatoire ; deux crochets au dernier article de
l'abdomen ; une rainure ventrale ; organe rétractile
du ventre très-court ; des mandibules et des mâchoires ; point d'écailles.

Nous avions pris pour type de notre genre Onychiure le *Podura ambulans* de De Géer, mais cette espèce paraît identique
avec le *Podura fimetaria* de Linné ; c'est du moins ce qui résulte des détails publiés au sujet de ce dernier par Schrank et
M. Bourlet. Le nom générique d'Anurophorus devrait donc ,
pour cette raison, être préféré à celui que nous avons nous-

même proposé, car il a été publié avant, mais l'auteur, M. Nicolet, n'ayant publié que depuis les caractères des Anurophores, et n'en ayant signalé l'espèce type que postérieurement à la note que nous avons insérée dans l'*Écho du Monde savant* (1), notre dénomination, intérêt d'auteur à part, nous semblerait devoir être préférée, si M. Burmeister n'avait, avant nous, indiqué le *Podura ambulans* comme devant constituer un genre distinct. On doit toutefois regretter la ressemblance du mot *Lipura* avec celui de *Lipeurus*, Nitzsch, dont il est déjà question dans ce volume, à la page 350.

87. Lipure marcheur. (*Lipura ambulans.*)
(Pl. 50, fig. 2.)

Corps épais, long de près d'une ligne, entièrement blanc de lait, ainsi que les antennes et les pattes, un peu jaune en dessous ; article basilaire des antennes un peu plus gros que les autres ; le deuxième le plus étroit et les deux autres un peu renflés ; pattes courtes ; point d'appareil saltatoire, les deux crochets du dernier article un peu courbés en dessus.

Podura ambulans, De Géer, *Mém.*, VII. — *Podura alba*, Linn. — *Pod. fimetaria*, Schrank, *Ins. Austr.*, p. 499. — Burm., *Handbuch*, II, 447. — *Anurophorus fimetarius*, Nicolet, *Podurelles*, p. 53, pl. 1, f. 2.

---

(1) Voici cette note :

« Depuis Degéer, qui a fait un fort bon travail zoologique à leur sujet, les Podurelles ont été observées principalement par MM. Templeton et Bourlet. Ces deux derniers naturalistes les ont distinguées en plusieurs genres, savoir : *Macrotoma*, Bourlet ; *Lepidocyrtus*, id. ; *Orchesella*, Templeton ; *Heterotoma*, Bourlet ; *Isotoma*, id. ; *Achorutes*, Templeton, le même que le genre *Hypogastrura* de M. Bourlet. M. Nicolet, en y comprenant les *Smynthurus* de Latreille, admet neuf genres de Podurelles, qui sont les suivants : *Orchesella*, Templ. ; *Temnourus* (*Tomocerus* du travail monographique ?), Nicolet ; *Degeeria*, id. ; *Cyphoderus*, id. ; *Desoria*, Agass. et Nicolet ; *Podura*, Linn. ; *Anurophorus*, Nicolet, et *Achorutes*, Templ. Malheureusement M. Nicolet ne donne ni les caractères de chacun de ces genres, ni l'indication des espèces qui leur servent de type.

» Dans une lettre écrite à M. Bourlet, nous lui avons fait connaître un nouveau genre du même groupe, et dans lequel prendra place le *Podura ambulans* de Degéer, caractérisé par ses antennes quadriarticulées et sa queue remplacée par deux petites épines terminales. Le nom que nous avons donné à ce genre est celui d'*Onychiurus*. »

Cette espèce, qui vit sur la terre végétale un peu humide, sous les plantes et les pierres, ne saute pas, et lorsqu'on l'inquiète, elle se roule en boule en rapprochant l'extrémité de son abdomen de sa tête. On voit alors ses deux petites pointes terminales, dont elle semble vouloir se faire un moyen de défense.

88. Nous en avons trouvé dans le sable des caves, à Paris, une sorte plus petite, et qui nous paraît être une espèce distincte (pl. 60, fig. 3). Nous l'avons appelée *Lipura volvator*.

La plus grande n'est pas rare dans les jardins et les bois, mais elle est toujours plus ou moins solitaire. De Géer l'avait vue en Suède, Schranck en Autriche; M. Nicolet l'a retrouvée auprès de Neuchâtel. M. Nicolet lui donne vingt-huit yeux disposés par quatorze sur deux rangs et sur une ligne courbe et transversale vers les deux côtés de la tête, en arrière de chaque antenne.

89. LIPURE DU PIN. (*Lipura laricis*.)

Plus petit que le précédent et plus comprimé; corps d'un noir métallique assez brillant, irrégulièrement pointillé, plus pâle en dessous; quelques poils courts et rares; bord antérieur des segments un peu relevés; deux enfoncements transversaux sub-médians au bord de chacun d'eux; seize yeux disposés par huit en lunules. Long., 0,001 $\frac{1}{3}$.

Anurophorus laricis, Nicolet, *Podurelles*, p. 54, pl. 5, f. 3.
Trouvé à Chaumont (Suisse) sous les écorces du *Larix europæa* et sous celles des pommiers.

90. LIPURE CORTICIN. (*Lipura corticina*.)

Noir ou brun luisant, teinté de verdâtre; pattes hyalines; anus mutique; deux lignes enfoncées parallèles, à la place de la rainure ventrale.

Adricranus corticinus, Bourlet, *Podurelles*, p. 39; 1843.
Du nord de la France, sous l'écorce des vieux arbres, surtout sous celle du bouleau et du platane, au printemps.

VIII. ANOURA, P. Gerv., *Ann. soc. ent. de France*, XI, p. XLVII. — ACHORUTES, Nicolet, *Podurelles*, p. 51, *non* Templeton.

Antennes coniques, de quatre articles, plus courtes que la tête; quatre paires d'yeux en ligne courbe et longitudinale ; bouche très-petite , sans mandibules ni mâchoires visibles , située à l'extrémité d'une trompe conique , mobile , placée sous la tête et dirigée en avant ; corps comprimé , divisé en neuf segments par des étranglements , et divisé par deux gros tubercules ; pattes très-courtes ; anus placé au-dessous de l'extrémité postérieure de l'abdomen ; point de rainure ventrale ; point d'écailles ; point d'appareil saltatoire ni de pointes terminales.

Nous avons laissé à ce genre les caractères que lui assigne M. Nicolet, mais nous avons dû changer son nom, celui d'*Achorutes* appartenant incontestablement aux espèces que M. Nicolet appelle *Podura ;* une seconde espèce doit être ajoutée à celle que cet auteur signale.

91. ANOURA TUBERCULÉE. (*Anoura tuberculata.*)

Entièrement d'un gris terreux en dessus, plus pâle et un peu jaunâtre en dessous ; corps comprimé légèrement fusiforme vers la région abdominale, le premier segment thoracique de moitié plus court que les deux suivants ; les segments abdominaux d'égale longueur. Deux plis longitudinaux sur le dos et un pareil pli de chaque côté du corps, près des bords latéraux, divisent chaque arceau dorsal en cinq gros tubercules, dont le plus gros, celui du milieu, porte deux petits boutons allongés longitudinalement sur chacun desquels est inséré un assez long poil blanc ; chaque tubercule placé à droite et à gauche de celui-ci porte également un bouton et un poil pareils. Long., 0,002.

Achorutes tuberculatus, Nicolet, *Podurelles*, p. 52, pl. 5 , f. 1.

Assez abondant à Haute-Rive, près de Neuchâtel (Suisse). Il habite en hiver sous les mousses humides et sous les pierres, et en été sous les écorces des vieux arbres. Marche très-lente.

Il y en a une variété bleuâtre avec le dessous du corps blanc et une autre entièrement d'un blanc d'albâtre.

92. ANOURA ROSE. (*Anoura rosea.*)

Entièrement de couleur rose, à corps mamelonné comme celui de l'espèce précédente et dont les poils sont également portés par des tubercules ; tête rostrée en avant pour la trompe. Long., ,001.

An. rosea, P. Gerv. *Ann. soc. ent. de France*, XI, p. xlvii.

On le trouve communément dans la tannée des serres du Muséum, sous les pots à fleurs qu'on y dépose. Au microscope, quand on l'a privé de mouvement, il rappelle assez bien une petite framboise allongée, de couleur pâle. Sous le premier anneau de son abdomen est une ouverture stigmatiforme, inférieure, à la place du tube gastrique. Les poils sont assez longs, et, près de l'anus, on en voit deux petits, subépineux, qui sont sans doute un rudiment des pointes des *Lipura*.

Avec les *Anoura rosea* de couleur rose, il y en a qui sont d'un blanc plus ou moins laiteux et qui paraissent cependant appartenir à la même espèce.

Les Anoura constituent l'un des groupes les plus intéressants de la lamille des Podurelles, principalement à cause des modifications de leur bouche. C'est un point sur lequel nous aurons l'occasion de revenir en traitant des Myriapodes que M. Brandt a nommés *Siphonizantia*, et qui sont aux autres Chilopodes ce que les Anoura sont aux autres Podurelles.

Podurelles incertæ sedis.

Quelques espèces signalées incomplétement ne se trouvent pas comprises dans l'énumération qui précède, parce qu'il est impossible de bien juger de leurs affinités, leurs caractères n'ayant pas été décrits d'une manière suffisante.

La plupart de celles des anciens auteurs sont dans ce cas, et font probablement double emploi avec plusieurs de celles qu'on a décrites récemment. Il serait à désirer qu'une nouvelle étude en fût faite comparativement et sur les lieux mêmes où ont observé De Géer, Geoffroy, Linné et Fabricius.

Podurelles fossiles.

On a indiqué dans le Succin une espèce de Podure fossile (Bronn, *Lethæa*, p. 811).

II.

LÉPISMES.

Ces animaux (1), qu'on appelle Lipismides dans la nomenclature actuelle, méritent mieux le nom d'Insectes qu'aucun de ceux que nous avons étudiés jusqu'ici. Leur corps est, en effet, comme celui de la majorité des Hexapodes, composé de quatorze articles, un pour la tête, trois pour le thorax, portant chacun une paire de pattes, et dix pour l'abdomen.

Leur tête, bien distincte, est quelquefois un peu enfoncée sous le premier article du thorax. Elle porte des antennes longues, sétacées et composées d'un grand nombre d'articles ; le plus souvent, on y reconnaît des yeux, et toujours la bouche est complète, à deux paires de palpes multi-articulés et plus ou moins longs.

Les trois anneaux du thorax sont distincts les uns des autres, tantôt égaux, tantôt inégaux entre eux. Ils portent chacun une paire de pattes composée des parties ordinaires aux Insectes, les tarses étant multi-articulés et bi-onguiculés.

L'abdomen est terminé par des filets multi-articulés, en nombre variable, suivant les genres, et dont trois, habituellement plus développés que les autres, existent seuls dans les Nicoléties ; le médian, que Latreille a nommé *tarière*, manque dans les Campodées. Huit ou neuf des anneaux de l'abdomen présentent bi-

(1) LEPISMA, Linn., *Fauna Suec.* — FORMICINA, Geoffroy, *Ins. env. Paris*, II, 613. — De Géer, *Mém.*, VII, p. 13. — LEPISMA, Latr., *Genera Crust.*, I, 65. — Leach, *Zool. misc.*, III, p. 62. — LEPISMATIDÆ, Burm., *Handb. der entom.*, II, 453.

latéralement à la face inférieure un appendice triangulaire mobile, qui semble porter à plus de trois paires
le nombre des pattes chez ces animaux. C'est à ces organes, sans doute, que Linné faisait allusion, en ap-
pelant *Polypoda* une des espèces de son genre Lépisme, aujourd'hui *Machilis polypoda*. Latreille a
été plus loin, trop loin même suivant nous, en considérant ces appendices comme de vraies pattes abdominales rudimentaires, et en disant que ces Machiles
« seraient des Thysanoures munis de douze paires de
pattes, dont trois thoraciques et neuf ventrales, mais
rudimentaires. » Et en ajoutant : « Ces Insectes doivent donc, dans une série naturelle, venir immédiatement après les Myriapodes (1). »

M. Guérin, dans une note présentée à l'Académie
des sciences (2), soutient la même opinion ; mais il
nous semble que les fausses pattes des Lépismes se
comprennent bien mieux, quand on les compare aux
appendices branchiformes et respirateurs de certaines
larves des Névroptères. Cette manière de voir, que
nous avons proposée peu de temps après, rend également compte de l'absence de trachées déjà constatée
par plusieurs observateurs chez les véritables Thysanoures, c'est-à-dire, chez la famille des Lépismes.

Plusieurs espèces ont, comme les Podures, le corps
plus ou moins couvert de petites écailles, et c'est même
à ce caractère que tout le groupe doit son nom linnéen.
Il y en a cependant qui ont de simples villosités (Ni-
coletia et Campodea).

---

(1) *Nouvelles Ann. du Muséum*, I, 175.
(2) *Comptes rendus des séances de l'Académie des sciences.*

Les genres de cette famille sont les suivants :

Pourvus d'écailles.	Machilis.	Petrobius, Leach.
		Forbicina.
	Lepisma.	Lepismina, Gerv.
		Lepisma.
Dépourvus d'écailles.	Nicoletia, Gerv.	
	Campodea, West.	

Genre MACHILE. (*Machilis.*)

Corps sub-cylindrique, acuminé en arrière, bombé au thorax ; des fausses branchies imitant des appendices pédiformes sous les anneaux de l'abdomen ; filets terminaux multiples, le médian plus long que les autres ; antennes insérées sous les yeux, longues, sétiformes, composées d'un grand nombre d'articles ; palpes allongées ; yeux gros agrégés.

Geoffroy plaçait les animaux de ce genre avec les Lépismes sous le nom commun de Forbicine. Linné, Fabricius, etc., ne les ont pas distingués non plus, et Latreille est le premier qui reconnut la nécessité de le faire (1).

Leach a établi, pour une espèce qui s'y rapporte, un genre sous le nom de *Petrobius*, et il laisse aux vrais Machiles le nom de *Forbicina*.

1. PETROBIUS, Leach, *Edinb. Encycl.*, IX, 77. — *Id.*, *Zool. Misc.*, III, 62.

Antennes plus longues que le corps, second article des deux appendices bi-articulés du pénultième anneau du corps sétacé.

1. MACHILE MARITIME. (*Machilis maritima.*)

Brun noir avec des reflets bronzés ; antennes unicolores ; filets caudaux annelés de blanc. Long., 0,010.

Petrob. marit., Leach, *loco cit.*; *id.*, *Encycl. Brit.*, *suppl.*, pl. 24 ; *id.*, *Zool. miscellany*, III, 62, pl. 145. — *Mach. po-*

---

(1) *Genera Crustaceorum et Ins.*, I, 65 ; — *id.*, *Nouvelles Ann. Mus. Paris*, I. 167.

lypoda, Dum., *Consid. gén.*, pl. 54, fig. 2. — Burmeister, *Handbuch der Entomologie*, II, 455.

Des côtes d'Angleterre et d'Irlande, existe aussi en France, à Saint-Gilles, d'après Latreille.

M. H. Lucas, dans l'Histoire des Canaries, par MM. Webb et Berthelot, signale le *M. maritima* au nombre des insectes qui vivent dans cet archipel. Est-ce bien la même espèce?

2. MACHILE ANNULICORNE. (*Machilis annulicornis*.)

Brun, [avec une double série de taches triangulaires en dessus ; antennes et filets caudaux, annelés de blanc. Longueur, 0,010.

Mach. ann., Latr., *Nouv. Ann. Mus.*, *Paris*, I, p. 177.

De France ; à Anny-sur-Serein (département de l'Yonne). M. Burmeister en établit la synonymie de la manière suivante :

Forbicina teres saltatrix, Geoff., *Ins.*, II, p. 614. — Roem., *Gen. insect.*, pl. 29, fig. 1. — *Lepisma saccharina*, de Will., *Entom. Faun. Suec.*, IV, pl. 2, fig. 1. — *Lep. thezeana*, Fabr., *Entom. syst.*, *suppl.* 199.

II. FORBICINA, [Geoff., *partim* ; Leach, *Edinb. Encyclopedia*, IX, 77.

Antennes plus courtes que le corps ; second article des deux appendices bi-articulés du pénultième anneau du corps sétacé.

3. MACHILE POLYPODE. (*Machilis polypoda*.)
(Pl. 51, fig. 7.)

Fauve pâle avec des reflets cuivreux ; côtés du corps tachés de brun ; palpes velus, annelés de blanc. Long. 0,009.

Lepisma polyp., Linn. ; Syst. nat., II, 1012. — *Fabr.*, *Ent. syst.*, p. 62. — *Mach. brevicornis*, Latreille, *Nouv. Ann. Mus.*, I, 79. — *Forbicina polyda*, Templeton, *Trans. entom. soc. London*, I, 92, pl. 11, fig. 1. (Copiée dans notre Atlas.)

Vit dans les bois, dans diverses parties de l'Europe.

4. MACHILE GÉANTE. (*Machilis gigas*.)

Cendré argenté, avec des reflets pourprés et quelques écailles brunes ; palpes unicolores sétifères. Long. 0,010.

Mach. gigas, Burm., *Handbuch der Entom.*, II, p. 456.

De Syrie.

5. Machile a bandes. (*Machilis vitatta.*)

Cuivreux, entremêlé d'écailles brunes ; une bande brune de chaque côté de l'abdomen ; palpes et filets caudaux annelés de blanc et garnis de poils courts. Long., 0,009.

Mach. vittata, Burm., *Handbuch der Entom.*, II, 456.
De la Caroline.

6. Machile variable. (*Machilis variabilis.*)

Corps cendré, mêlé de noir, ou ferrugineux, ou taché de blanc; filets caudaux supérieurs deux fois plus longs que les inférieurs.

Mach. var., Say, *Journ. sc. acad. Philad.*, II, 11; *id.*, *Opera* (édition Lequien), I, 12.
De l'Amérique septentrionale.

Machile fossile.

M. Bronn cite un Machilis fossile dans le Succin (*Lethœa*, p. 811).

Genre LÉPISME. (*Lepisma.*)

Ce genre comprend les Lépismes écailleux non disposés pour le saut. Malgré la séparation, en un genre particulier, des Machiles que Linnœus réunissait avec les Lépismes, on peut encore le partager en deux sous-genres, auxquels nous avons donné les noms de *Lepismina* et *Lepisma*.

I. LEPISMINA.

Corps écailleux plus ou moins cordiforme, aplati, à thorax considérable, beaucoup plus large que la tête et que l'abdomen; prothorax aussi grand, à peu près, que le mésothorax et le métathorax réunis; abdomen terminé en pointe obtuse, à filets terminaux plus courts que lui; antennes environ de la longueur du corps.

Nous avons établi ce sous-genre pour les espèces que **MM.** Burmeister et Lucas placent dans une section à part du genre Lépisme. Elles sont intermédiaires aux Machiles et aux vrais Lépismes.

1. Lépismine doré. (*Lepismina aurea.*)

Paille-doré ; velu ; thorax plus large que l'abdomen ; filets caudaux plus courts que l'abdomen, glabres. Long., 0,008.

Lepisma aurea, L. Duf., *Ann. sc. n.*, 1ʳᵉ *série*, XXIII, 419, pl. 13, fig. 1.

D'Espagne ; sous les pierres.

2. Lépismine de Savigny. (*Lepismina Savignyi.*)
(Pl. 52, fig. 4.)

Lépisme. . . . ., Savigny, *Égypte*, *Ins.*, pl. 1, fig. 10. — *Lepisma Savignyi*, Lucas, *Anim. articulés*, p. 561. — *Machile lisse*, Walckenaer, pl. 36, fig, 4 de cet ouvrage. (Copie de Savigny.)

D'Égypte.

3. Lépismine d'Audouin. (*Lepismina Audouinii.*)
(Pl. 52, fig. 3.)

Lepisme. . . . ., Savigny, *Égypte*, *Ins.*, pl. 1, fig. 9. — *Lepisma Audouinii*, Lucas, *Anim. articulés*, p. 561. — *Machile granulée*, Walck., pl. 52, fig. 3 de cet ouvrage. (Copie de Savigny.)

D'Égypte.

4. Lépisme nain. (*Lepisma minuta.*)

M. Burmeister rapporte aussi à ce groupe le *Lepisma minuta*, Muller, *Zool. danicæ prodr.*, 2160 ; Linn. Gmel., I, 2907.

Du Danemark.

II. LEPISMA.

Corps écailleux, aplati, allongé, non cordiforme ; antennes et filets terminaux de l'abdomen fort longs ; des bouquets de poils aux parties latérales de l'abdomen.

Nous réserverons le nom de *Lepisma* aux espèces de la première section des Lépismes de M. Burmeister et de M. Lucas, *Anim. articulés*, p. 559.

5. LÉPISME SACCHARIN. (*Lepisma saccharina.*)

Corps recouvert de nombreuses écailles, d'un gris argenté sans taches, blanchâtre en dessous; filets caudaux tachetés légèrement de ferrugineux; antennes un peu moins longues que le corps, égalant ses deux tiers seulement; tête tronquée en avant. Long., 4 à 5 lignes.

Lep. sacch., Linn., *Fauna suec.*, éd. 2, n° 1925. — *Forbicina plana*, Geoff., *Ins.*, II, 613, pl. 20. fig. 3. — *Lep. semicylindrica*, de Géer, *Mém.*, VII, 14. — *Lep. sacch.*, Guérin, *Iconogr.*, *Ins.*, pl. 2, fig. 2.

Commun dans une grande partie de l'Europe. On le trouve dans les maisons, sur les planches des armoires où l'on garde des comestibles, sur les marches des escaliers en bois ou dans les fissures des fenêtres, soit dans le bois, soit dans le vieux plâtre. Il sort principalement de nuit. On dit qu'il se nourrit de sucre, de substances végétales, et probablement aussi de petits insectes. C'est à tort sans doute que Linnée, qui ne connaissait que cette espèce du véritable genre Lépisme, l'a supposée originaire d'Amériqne.

6. LÉPISME SOIES-ANNELÉES. (*Lepisma annuli-seta.*)

Presque double du précédent, argenté; tête non tronquée en avant et terminée en pointe un peu saillante; antennes un peu moins longues que le corps; les soies caudales plus longues que dans le *L. saccharina*; jaunâtre, annelé de brun.

Lep. annuliseta, Guérin, *Iconogr. du règne animal*, *explication*, *Insectes*, p. 9.

Des environs de Paris.

7. LÉPISME RAYÉ. (*Lepisma lineata.*)

Antennes de la longueur du corps, ainsi que les filets latéraux de la queue; filet intermédiaire presque de moitié plus long.

Lep. lin., Fabricius, *Entom. syst.*, II, 63. — *Forbicine rayée*, Duméril, *Consid. gén. sur les Insectes*, pl. 54, fig. 1; *id.*, *Dict. sc. n.*, *All. entomol.* — *Lep. vittata*, Guérin, *Iconogr. du règne animal*, *Ins.*, *explic.*, p. 10.

De Suisse et de France.

8. Lépisme subvitté. (*Lepisma subvittata.*)

Voisin du précédent, mais à antennes presque de moitié plus longues que le corps, pâles ; filets latéraux de la queue plus courts que les antennes, l'intermédiaire à peine plus long que les latéraux, tous trois annelés de brun ; six raies longitudinales de gros points noirs sur l'abdomen. La couleur du corps des individus desséchés est jaunâtre métallique, avec les côtés du thorax piquetés de noir.

Lep. subvitt., Guérin, *Iconogr. du règne anim., explication, Insectes*, p. 10.

Des environs de Paris.

9. Lépisme cilié. (*Lepisma ciliata.*)

Antennes glabres, d'un roux pâle, ainsi que les palpes ; corps allongé ; thorax à peine plus large que l'abdomen, ses bords ainsi que ceux de l'abdomen hérissés de poils fasciculés ; des points noirâtres en série sur le dessus de l'abdomen, résultant chacun d'un double fascicule de poils, l'un couché, étalé en étoile, l'autre redressé ; soies terminales de l'abdomen égales entre elles et à cette partie du corps.

Lep. cil., L. Dufour, *Ann. sc. n.*, 1re *série*, XII, 240, pl. 13, fig. 2.

Des environs de Murviedro et de Mexente, dans le royaume de Valence (Espagne). M. Dufour en a pris une femelle qui avait ses petits groupés autour d'elle, comme cela se voit pour les Cloportes. Leur taille seule n'était pas conforme à celle de la mère.

10. Lépisme ablette. (*Lepisma ægyptiaca.*)
(Pl. 52, fig. 1.)

Corps étroit ; antennes plus longues que lui, hérissées de petits poils ; quelques poils assez allongés à la partie antérieure de la tête, près des antennes ; palpes longs, grêles, velus ; pattes également velues, mais à leur bord inférieur seulement ; des petites touffes de poils assez allongés en dessus et sur les côtés de l'abdomen ; ses soies terminales ciliées très-grandes, surtout la médiane. Long., 4 lignes.

Lépisme...., Savigny, *Égypte, Ins.*, pl. 1, fig. 7.—*Lep. ægypt.*, Lucas, *Anim. articulés*, p. 560. — *Lep. ablette*, Walckenaer, pl. 52, fig. 1. (Copie de Savigny.)

Espèce d'Égypte. Notre planche était gravée et tirée avant la publication de M. Lucas, mais nous avons cru cependant convenable de préférer les noms donnés par cet entomologiste, soit à cette espèce, soit aux diverses autres que M. Savigny figure dans son Atlas des Insectes d'Égypte.

11. Lépisme aphie. (*Lepisma pilifera.*)
(Pl. 52, fig. 2.)

Plus large que l'espèce précédente ; tête hérissée antérieurement de longs poils, ainsi que les bords antérieurs et les côtés du thorax ; antennes beaucoup plus longues que le corps, ciliées ; des petits faisceaux de poils très-allongés placés en dessus et latéralement aux anneaux de l'abdomen ; soies terminales fort longues, surtout la médiane, ciliées. Long., 3 lignes.

Lépisme...., Savigny, *Égypte, Insectes*, pl. 1, fig. 8. — *Lep. pilif.,* Lucas, *Anim. articulés*, p. 560.—*Lépisme aphie*, Walckenaer, pl. 36 de cet ouvrage, fig. 2. (Copie de Savigny.)

Espèce d'Égypte.

12. Lépisme de Petit. (*Lepisma Petitii.*)

Thorax épais ; abdomen rétréci brusquement en arrière ; antennes de la longueur du corps, pâles ainsi que les pattes ; filets caudaux également de cette longueur, pâles, annelés de brun ; corps noir, avec le bord postérieur de chaque segment argenté.

Lep. Petitii, Guérin, *Iconogr. du règne animal, explication*, *Ins.*, p. 10.

Du Sénégal. Trouvé vivant, par M. Petit de la Saussaye, dans une boîte d'insectes qui lui arrivait de ce pays.

13. Lépisme velu. (*Lepisma villosa.*)

Tête velue, blanche ; corps ovalaire, brun en dessus, blanc en dessous ; pieds courts, blancs. Plus petit que le *L. saccharina.*

Fabr., *Entom. syst.*, II, p. 64.

De Chine. Coll. Drury.

14. Lépisme a collier. (*Lepisma collaris.*)

Noir ; collier et anus blancs, ainsi que la tête ; pieds pâles.

Fabr., *Entom. syst.*, II, p. 64.

Des Antilles ; par le D. Pflug. On lui a rapporté le *L. saccharina*, Drury, *Illustr.*, II, p. 70, pl. 37, fig. 5, qui est d'Antigua.

Genre NICOLÉTIE. (*Nicoletia*) (1).

Corps sub-allongé, aplati, sans écailles; thorax à peine plus large que l'abdomen, ses trois segments sub-égaux; antennes longues sétacéo-moniliformes; point d'yeux; trois filets terminaux moyennement longs; fausses pattes branchiales de l'abdomen très-apparentes.

Ce genre, que nous avons dédié à M. Nicolet (2), ne comprend encore que deux espèces souvent observées par nous dans les bois des environs de Paris, et dans les jardins ou dans les serres du Muséum. Elles sont lucifuges et comme étiolées.

1. Nicolétie géophile. (*Nicoletia geophila.*)

Nic. geoph., P. Gerv., *Ann. soc. ent. de France*, XI, p. xlviii.

Des bois aux environs de Paris; cette espèce n'est peüt-être qu'une variété de la suivante.

2. Nicolétie botaniste. (*Nicoletia phytophila.*)
(Pl. 51, fig. 9.)

Blanc jaunâtre. Tête et corps, 0,004 en longueur.

Nic. geoph., P. Gerv., *Ann. soc. ent. de France*, XI, p. xlviii.

J'ai trouvé cette espèce dans les serres chaudes du Muséum, sous les pots et dans la tannée qui sert à les placer.

Genre CAMPODÉE. (*Campodea.*)

Corps partagé en trois parties : la tête, dont les antennes sont longues, à articles moniliformes et faiblement décroissants, le dernier un peu plus fort, boutonné; point d'yeux; thorax de trois anneaux

---

(1) Nicolettia, P. Gerv., *Ann. soc. entom. de France*, XI, p. xlvii; 1842.

(2) Nous apprenons que ce naturaliste, dont le travail sur les *Podurelles*, a fait faire tant de progrès à cette famille d'Insectes aptères, s'occupe actuellement d'une monographie des *Lépismes*.

bien séparés, non imbriqués, portant chacun une paire de pattes ; l'abdomen de dix articles, dont les intermédiaires les plus forts présentent en dessous une série bilatérale de lamelles pédiformes qui nous paraissent être de fausses branchies, et en arrière, deux longs filets sétiformes, facilement caducs, composés de nombreux articles, très-faciles à détacher, et que l'animal traîne derrière lui pendant la marche ; pattes bi-onguiculées, à tarses uni-articulés ; point d'écailles sur le corps ; poils peu nombreux, en grande partie plumeux ; couleur étiolée.

1. CAMPODÉ STAPHYLIN. (*Campodea staphylinus.*)
(Pl. 51, fig. 8.)

Des soies courtes sur la tête ; celles des autres parties un peu plus longues, souvent barbulées sur un de leurs bords ; corps suballongé, blanc, quelquefois jaunâtre clair. Long de 3 ou 4 millimètres.

Dans les jardins et les bois, à Paris et aux environs, ainsi que dans plusieurs autres parties de la France. Cette espèce vit également en Angleterre.

Nous avons depuis sept ou huit ans observé ce petit animal aux environs de Paris, et nous l'avions considéré depuis lors comme une espèce Aptère de l'ordre des Névroptères, ainsi que le sont les autres vrais Thysanoures, mais plus liée encore à ces animaux, et en particulier aux Perlides, que ne l'est aucun d'eux. Nous en avions même fait graver la figure qu'on voit dans notre atlas, et pendant notre séjour à Londres, en janvier 1842, nous communiquâmes ces observations et la figure citée à M. Westwood, qui avait trouvé un animal semblable à Hammersmith. Nous annonçâmes aussi à cet entomologiste distingué notre intention de publier bientôt ce petit insecte, qu'il prenait alors pour une larve de Myriapode, et, quelque temps après notre retour à Paris, nous en avons fait le sujet d'une petite communication à la Société entomologique de France (1). Une descrip-

---

(1) *Ann. soc. entom. de France*, XI, p. XLIX ; 1842.

tion abrégée de ce nouveau genre et le nom lui-même allaient être imprimés dans le Bulletin de cette société, lorsque nous vîmes un nouveau cahier des *Annals and Magazine of nat. hist.* (septembre 1842), dans lequel M. Westwood, secrétaire de la société entomologique de Londres, publiait le même genre sous le nom de *Campodea*, que nous nous empressâmes de substituer au nôtre sur l'épreuve même de notre communication, lorsqu'elle nous fut envoyée pour la correction. Nous dûmes toutefois nous étonner de cette note, que M. Westwood place à la suite d'une des séances de la société entomologique de Londres, mais qui ne paraît pas avoir été communiquée à cette laborieuse société, puisque la séance publiée dans le même numéro est celle du 7 février 1842, et que M. Westwood rapporte, dans sa note, qu'il a trouvé le *Campodea* en juillet 1842. M. Westwood ne dit rien des observations que nous lui avions faites au sujet de sa prétendue larve de Myriapode (1).

M. Guérin, qui a aussi trouvé de ces petits animaux, leur a reconnu des mâchoires et des mandibules.

L'espèce ou variété des bois est plus grande que celle des jardins.

---

(1) Voici la note que M. Westwood joint à sa courte description :

« The insect described in this paper had been already brought before the society (see *Journ. of Proceed.*, nov. n. 2, 1840), when it was regarded by Mr. Westwood, as an undeveloped Myriapodous insect. The researches of Mr. Newport upon the development of the myriapodous subsequently published having shown the incorrectness of this opinion, Mr. Westwood refers the insect to the order *Thysanura* (from all of which it differs generically), under the name of *Campodea*. » *Ann. and Mag. of nat. hist.*, p. 71; 1842.

ADDITIONS A CE VOLUME.

PHRYNÉIDES.

M. Koch, dans le tome VIII de ses *Arachniden*, donne quelques figures de Phrynes dont nous n'avions pas eu connaissance ; deux d'entre elles représentent des espèces nouvelles :

10. PHRYNUS MARGINEMACULATUS, Koch, VIII, 6, pl. 254, f. 597 (de l'Inde).

11. PHRYNUS PUMILIO, Perty, *in* Koch, VIII, 15, pl. 257, f. 602 (du Brésil).

SCORPIONIDES.

I. TÉLYPHONES, p. 8.

Les numéros des sept espèces que nous avons indiquées ont été oubliés et devront être rétablis.

II. SCORPIONS, p. 14.

M. Newport, dans son dernier mémoire anatomique (1), donne des figures très-bien faites et une description détaillée des systèmes nerveux et circulatoire dans les Scorpions. On en trouvera une courte analyse dans les *Annales des sciences naturelles*, 3ᵉ série, t. I , p. 58.

M. Koch a fait paraître dans le Voyage en Algérie de M. Moritz Wagner (2) les figures des Scorpions de ce pays,

(1) *On the structure, relations and development of the nervous and circulatory systems, and on the existence of a complete circulation of the blood in vessels, in Myriapoda and Macrourous Arachnida (first series)*, dans les *Philosophical transactions*, part. II, année 1843, p. 243, pl. 14 et 15.

(2) *Reisen in der regentschaft Algier*; 1841; Atlas, Pl. X.

que nous avons d'ailleurs citées d'après son ouvrage intitulé : *Die Arachniden*.

Dans le dernier volume de cet ouvrage, il vient aussi de publier quelques Scorpions nouveaux dont voici les noms :

79. *Wœjovis debilis*, Perty, *in* Koch, *die Arachniden*, VIII, p. 21, pl. 259, f. 605 (du Brésil).

80. Væjovis Schuberti, Koch, *loco cit.*, VIII, 23, pl. 259, f. 606 (des environs de Constantinople).

81. Brotheas angustus, Perty, *in* Koch, *loco cit.*, VIII, 89, pl. 277, fig. 658 (de la Russie méridionale).

82. Buthus setosus, Koch, *loco cit.*, VIII, p. 87, pl. 277, fig. 657 (patrie ?).

83. Scorpius banaticus, Koch, *loco cit.*, VIII, p. 111, pl. 283, fig. 679, ♂, et 680, ♀ (du midi de la Hongrie).

84. Scorpius niceensis, Koch, *loco cit.*, VIII, p. 112, pl. 283, fig. 680 (de Nice). Cette espèce et la précédente doivent être ajoutées à la liste de celles qui ont tant d'analogie avec le *Scorpio flavicaudus* et dont nous avons parlé à la page 68.

85. MM. Adam White et Doubleday signalent un Scorpion à la Nouvelle-Zélande, mais sans le décrire. *Fauna of New-Zealand*, publiée par M. J.-E. Gray.

86. Nous devons à M. Westwood un Scorpion de la Nouvelle-Hollande, qu'il nous avait remis en 1842 et qui est différent de celui dont il a été question sous le n° 63, p. 64.

III. CHELIFÈRES, p. 73.

M. Tulk vient de donner, dans les *Annals and Magazine of natural history*, pour 1844, quelques nouveaux détails sur une des espèces de ce groupe, l'*Obisium orthodactylum* de Leach, notre espèce. On cite d'autres exemples de Chélifères trouvés sur les Mouches dans le *Loudon's Magazine*, VII, 162.

PHALANGIDES.

M. Koch a consacré son septième volume à des animaux de cet ordre.

I. GONYLEPTES.

Genre GONYLEPTES, p. 102.

1. GONYLEPTES HORRIDUS. — M. Koch rapporte plusieurs Eusarques de M. Perty à des espèces du genre *Gonyleptes*, ce qui confirme notre opinion sur ces animaux, p. 112. L'*E. grandis*, Perty, est pour lui la femelle du *G. horridus*.

3. GONYLEPTES SCABER. — Ajoutez aux citations : Koch, *die Arachniden*, VII, p. 33, pl. 223, fig. 553, ♂, et 554, ♀.

5. GONYLEPTES SPINIPES. — Rentre dans le genre AMPHERES de M. Koch, *die Arachniden*, VII, 73, fig. 571.

7. GONYLEPTES ASPER. — C'est aussi une espèce du genre AMPHERES, Koch, *die Arachniden*, VII, 71, pl. 235, fig. 570.

8. GONYLEPTES CURVISPINA. — Espèce du genre CŒLOPYGUS, Koch, *die Arachniden*, VII, p. 78, pl. 238, fig. 573.

9. GONYLEPTES ELEGANS. — Est aussi du même genre; *voyez* Koch, *ibid.*, p. 87, pl. 251, fig. 576.

10. GONYLEPTES CURVIPES. — M. Koch, *die Arachn.*, VII, p. 36, fig. 555, figure sous ce nom, d'après M. Kollar, une espèce du Brésil qui nous paraît différer de celle que M. Guérin a fait nommer ainsi.

Ajoutez aux espèces inscrites dans ce genre :

13. GONYLEPTES BICUSPIDATUS, Koch, *die Arachniden*, VII, p. 39, pl. 235, fig. 556 (du Brésil).

14. GONYLEPTES MUTICUS, Koch, *die Arachniden*, VII, p. 41, pl. 225, fig. 557; l'*Eusarchus muticus* de Perty (*voyez* p. 113, sp. 4).

15. AMPHERES SERRATUS, Koch, *die Arachniden*, VII, p. 75, pl. 237, 572 (du Brésil).

16. CŒLOPYGUS MACROCANTHUS, Kollar, *in* Koch, *die Arachniden*, VII, p. 81, pl. 239, fig. 574 (du Brésil).

17. CŒLOPYGUS MELANOCEPHALUS, Kollar, *in* Koch, *die Arachniden*, VII, p. 85, pl. 240, fig. 575 (du Brésil).

18. ASARCUS LONGIPES, Kollar, *in* Koch, *die Arachniden*, VII, p. 68, pl. 234, fig. 569 (du Brésil).

19. GRAPHINOTUS ORNATUS, Kollar, *in* Koch, *die Arachniden*, VII, p. 10, pl. 219, fig. 545.

20. PACHYLUS GRANULATUS, Kollar, *in* Koch, *die Arachniden*, VII, p. 20, pl. 221, fig. 548 (du Chili?).

Genre OSTRACIDIUM, p. 106.

3. OSTRACIDIUM DECORATUM, Kollar, *in* Koch, *die Arachniden*, VII, p. 106, pl. 219, fig. 546 (du Brésil).

Genre GONIOSOMA, p. 106.

1. GONIOSOMA VARIUM. — Ajoutez : Koch, *die Arachniden*, VII, 52, pl. 228, fig. 562, ♂, et 563, ♀.

3. GONIOSOMA SQUALIDUM. — Espèce du genre ANCISTROTUS, Koch, *die Arachniden*, VII, p. 43, pl. 225, fig. 558.

4. GONIOSOMA FERRUGINEUM. — Est pour M. Koch, *die Arachniden*, VII, p. 27, pl. 221, fig. 550, du genre *Stygnus. Voyez* p. 100.

5. GONIOSOMA SULFUREUM. — Est le type du genre LEPTOCNEMUS, Koch, *die Arachniden*, VII, p. 92, pl. 243, fig. 578.

6. GONIOSOMA CONSPERSUM. — Espèce du même genre que la précédente pour M. Koch, *die Arachniden*, VII, p. 50, pl. 227, fig. 561.

7. GONIOSOMA ROSIDUM. — *Ajoutez* la citation de Koch, *die Arachniden*, VII, 124, pl. 252, fig. 594.

8. GONIOSOMA PATRUELE. — M. Koch en donne les caractères, *die Arachniden*, VII, 122, pl. 252, fig. 593, et il lui rapporte le n° 11 du même genre, *G. junceum*, Perty.

9. GONIOSOMA MODESTUM. — *Ajoutez :* Koch, *die Arachniden*, VII, 119, pl. 261, fig. 592.

10. GONIOSOMA VERSICOLOR, Ajoutez : Koch, *die Arachniden*, VII, 57, pl. 229, fig. 564.

17. GONIOSOMA DENTIPES, Koch, *die Arachniden*, VII, 58, pl. 230, fig. 565 (du Brésil),

18. GONIOSOMA GROSSUM, Koch, *die Arachniden*, VII, 62, pl. 231, fig. 566 (du Brésil).

19. GONIOSOMA VENUSTUM, Koch, *die Arachniden*, VII, 61, pl. 232, fig. 567 (du Brésil).

20. GONIOSOMA BADIUM, Koch, *die Arachniden*, VII, 65, pl. 233, fig. 568 (du Brésil).

21. ANCISTROTUS BIFURCATUS, Kollar, *in* Koch, *die Arachniden*, VII, p. 45, pl. 225, 559 (du Brésil).

22. ANCISTROTUS HEXACANTHUS, Koch, *die Arachniden*, VII, p. 48, pl. 226, fig. 560 (du Brésil).

23. Arthrodes xanthopygus, Kollar, *in* Koch, *die Arachniden*, VII, p. 90, pl. 242, fig. 577 (du Brésil).

Pristocnemis pustulatus, Kollar, *in* Koch, *die Arachniden*, p. 16 , pl. 220, fig. 547 (du Brésil). Encore un genre nouveau ; l'espèce qui lui sert de type tient en même temps des Goniosomes et des Mitobates, et semble lier ces deux genres plutôt que d'indiquer la nécessité d'en établir un de plus.

Genre STYGNUS, p. 110.

M. Koch en décrit une autre espèce :

4. Stygnus triacanthus, Kollar, *in* Koch, *die Arachniden*, VII, p. 23, pl. 221, fig. 549 (de la Sud-Amérique).

II. PHALANGIÉS.

Genre COSMETUS, p. 114.

1. Cosmetus pictus. —Espèce du genre Flirtea de M. Koch, *die Arachniden*, VII, p. 99, pl. 244 , fig. 581.

2. Cosmetus bi-punctatus. — Espèce du Gnidia, Koch, *die Arachniden*, VII, p. 95 , pl. 243, fig. 579.

3. Cosmetus conspersus. — Espèce du genre Cynorta, Koch, *die Arachniden*, VII, 100, pl. 255 , fig. 582.

4. Cosmetus lagenarius. — Appartient au même genre que le précédent, d'après M. Koch, *die Arachniden*, VII, p. 102, pl. 264, fig. 583.

5. Cosmetus marginalis.— Appartient au genre *Flirta*, Koch , *die Arachniden*, p. 97, pl. 244 , fig. 580.

6. Cosmetus u - flavum. — Type du genre Pæcilema, de M. Koch, *die Arachniden*, VII, p. 104, pl. 246, fig. 584.

7. Cosmetus varius. — *Ajoutez :* Perty, *die Arachniden*, VII, p. 109, pl. 248, fig. 586.

8. Cosmetus marginalis. — Espèce du genre Pæcilæma, de M. Koch, *die Arachniden*, VII, p. 115, pl. 250, fig. 589 et 590.

13. Cosmetus mesacanthus, Koch, *die Arachniden*, VII, p. 111, pl. 249 , fig. 587 (du Brésil).

14. Pæcilæma limbatum, Koch, *die Arachniden*, VII, p. 107, pl. 247, fig. 585 (du Brésil).

15. **Hirtea phalerata**, Koch, *die Arachniden*, VII, p. 117, pl. 251, fig. 591 (du Brésil).

Genre DISCOSOMA, p. 117.

M. Koch ajoute quelques détails à ceux que l'on possédait sur l'espèce encore unique de ce genre : *Die Arachniden*, VII, p. 114.

Genre PHALANGIUM, p. 118.

16. **Phalangium helwigii**. — Sert de type au genre ISCHYROPSALIS de M. Koch, *die Arachniden*, VIII, p. 17, pl. 258, fig. 603.

39. **Ischyropsalis kollari**, Koch, *die Arachn.*, VIII, p. 19.

40. **Egænus tilocalis**, Koch, *die Arachniden*, V, p. 149, pl. 180, fig. 430.

41. **Zachæus mordax**, Koch, *die Arachniden*, V, p. 152, pl. 180, pl. 431 (de la Grèce).

42. **Opilio cirtanus**, Koch, *in M. Wagner's Algier*, Pl. X (de la province de Constantine).

Genre TROGULUS, p. 129.

5. **Trogulus Templetonii**, Westwood, *Zoological journal*, V, 453 (de Valparaiso).

Dans ce travail, M. Westwood donne, sous le nom d'*Adelarthrosomata*, un groupe répondant sans doute aux Holèthres.

ACARIDES, p. 132.

Nous rejetons l'hypothèse que nous avions émise à la page 136, qu'il y a des Acarides sans orifice anal.

Genre GAMASUS, p. 229.

49. **Argas chinche**, Goudot. — M. Justin Goudot nous communique sous ce nom un Argas qu'il a observé en Colombie dans la région tempérée. Les mœurs de cet Acaride le rapprochent de l'*Argas persicus*. Semblable à celui-ci et aux Punaises, il tourmente beaucoup l'espèce humaine. Sa taille est à peu près celle de nos Punaises, et quand il est repu, il est d'une couleur peu différente de la leur.

Un Argas des Poules que M. Goudot a recueilli dans la région chaude est plus grand que celle-ci, et sans doute aussi d'espèce différente ; il force parfois les propriétaires à changer leur volaille d'habitation.

Genre IXODES, p. 234.

51. IXODES TRANSVERSALIS, Lucas. — M. Lucas vient de communiquer à la Société entomologique (1) la description d'Ixodes qui lui paraissent inédits, et qu'on a trouvés dans la cavité orbitaire du *Python Sebæ* du Sénégal, actuellement à la Ménagerie.

Genre TYROGLYPHUS.

3. TYROGLYPHUS BICAUDATUS. — Nous l'avons retrouvé en nombre très-considérable sur l'épiderme et dans les plumes d'une Autruche mâle d'Afrique, morte en 1844 à la ménagerie.

EPIZOIQUES.

Genre PEDICULUS, p. 295.

30. PEDICULUS HAPALINUS. — Nous avons dernièrement constaté l'existence sur l'Ouistiti (*Hapale jacchus*) d'une espèce nouvelle de *Pediculus* fort petite et bien plus rapprochée par ses formes de celles des Carnassiers ou des Rongeurs que de celles de l'homme et des singes.

TRIUNGULINS, p. 360.

MM. L. Jenyns et Doubleday (*Entom. Mag.*, II, p. 453) ont de nouveau constaté le fait, que les œufs de Meloë donnent naissance à des Triungulins.

APHANIPTÈRES.

Genre PULEX, p. 362.

M. Westwood qui fait, à l'exemple de plusieurs natura-

---

(1) *Revue cuvierienne de M. Guérin*, 1844.

ralistes, une famille des *Pulex*, leur donne le nom de
Pulicidæ (*Modern classif. of Ins.* , I, p. 488).

1. Pulex irritans. — D'après MM. White et Doubleday (1),
la Puce existe à la Nouvelle-Zélande, chez les indigènes, mais
ils la doivent aux Européens, et leur donnent le nom de *Pakea
nohinohi.*

M. Justin Goudot m'a fait voir dans les collections re-
cueillies par lui en Colombie, deux espèces de *Pulex* iné-
dites. Il les a trouvées sur le singe Hurleur (*Stentor seni-
culus*) et sur la Marmose (*Didelphis murina*).

-----

(1) *Fauna of New-Zealand*, p. 291.

TABLE ALPHABÉTIQUE

DES NOMS

DE GENRES, DE FAMILLES OU TRIBUS, ETC.,

DONNÉS PAR LES AUTEURS

AUX APTÈRES OCTOPODES ET HEXAPODES

DÉCRITS DANS CE VOLUME ;

Avec l'indication des pages où ils se trouvent mentionnés.

N. B. On a mis en GRANDES CAPITALES les seuls noms d'ordres et de familles ou tribus ; en PETITES CAPITALES ceux des genres acceptés dans cet ouvrage ; en *italique* ceux qui sont synonymes des précédents ou qui ont été proposés comme noms de sous-genres par divers naturalistes, quoique la plupart ne méritent même pas d'être acceptés comme tels. Entre parenthèse, et en caractère ordinaire, est le nom du groupe auquel chaque section, genre, tribu, famille ou ordre appartient.

FIN DE LA TABLE ALPHABÉTIQUE.

TABLE ANALYTIQUE

DES MATIÈRES

CONTENUES DANS CE TROISIÈME VOLUME.

---

(1) Ce passage devrait être avant celui qui est relatif à la classification.

2ᵉ Classe. DICÈRES-HEXAPODES.

FIN DE LA TABLE DES MATIÈRES.

NOUVEAU MANUEL
COMPLET
DES MAIRES,

ADJOINTS, CONSEILS MUNICIPAUX,

DES PRÉFETS, CONSEILS DE PRÉFECTURE ET CONSEILS GÉNÉRAUX,

DES JUGES DE PAIX, COMMISSAIRES DE POLICE,

PRÊTRES, INSTITUTEURS ET DES PÈRES DE FAMILLE ;

dans leurs rapports

AVEC L'ADMINISTRATION, L'ORDRE JUDICIAIRE, LES COLLÉGES ÉLECTORAUX, LA GARDE NATIONALE, L'ARMÉE, L'ADMINISTRATION FORESTIÈRE, LES HOSPICES, L'INSTRUCTION PUBLIQUE ET LE CLERGÉ ; CONTENANT L'EXPOSÉ RAISONNÉ DE LEURS DROITS, DE LEURS DEVOIRS SELON LA LÉGISLATION NOUVELLE, JUSQU'EN MAI 1843,

PAR M. BOYARD,

Président de la Cour royale d'Orléans, membre du conseil général du Loiret.

3ᵉ édition, très-augmentée. 2 vol. in-8, ensemble de plus de 1,000 pages. Prix : 12 fr., et franco, 15 fr.

Ce livre, qui a reçu les encouragements du ministère*, est l'un des travaux les plus complets et en même temps les plus pratiques qui aient été faits sur la législation administrative. Les ordonnances, les lois spéciales, les interprétations judiciaires, y sont représentées dans l'ordre le plus facile à saisir, l'ordre alphabétique ; aucune des notions nécessaires pour remplir des fonctions publiques n'y est négligée ni omise ; tout ce qui se rattache directement ou indirectement au pouvoir municipal, aux biens communaux, aux chemins publics, au code forestier, aux codes d'instruction criminelle ou pénale, aux règlements sur les hospices, l'instruction publique, le clergé, y occupe une place importante, ainsi que les lois sur les adjudications, les prisons, les hospices, les fabriques, la garde nationale, l'armée, le jury, les élections, le cadastre, le droit d'usage, les contraventions passibles d'amende.

Ces grands travaux qui résument la législation administrative sont ses plus précieux, et il faut savoir gré aux hommes éminents qui, comme M. Boyard, se résignent à cette tâche ingrate. Grâce à l'excellent livre qu'il vient de compléter dans une troisième édition, tout maire, adjoint, officier municipal, électeur, garde national, enfin tout fonctionnaire ou agent de la force publique, comme tout citoyen dans l'exercice de ses droits, pourra savoir au juste ce que la loi lui permet, ce qu'elle lui assure, ce qu'elle lui impose. Cet ouvrage est appelé à un succès immense ; il sera bientôt dans toutes les mains.

MANUEL DES OFFICIERS MUNICIPAUX,
ou
GUIDE DES MAIRES

ADJOINTS ET CONSEILLERS MUNICIPAUX,

dans leurs rapports

AVEC L'ORDRE ADMINISTRATIF ET L'ORDRE JUDICIAIRE, LES COLLÉGES ÉLECTORAUX, LA GARDE NATIONALE, L'ARMÉE, L'ADMINISTRATION FORESTIÈRE, L'INSTRUCTION PUBLIQUE ET LE CLERGÉ,

PAR M. BOYARD,

Président à la Cour royale d'Orléans, membre du conseil général du Loiret, etc.

Nouvelle édition. 1 vol. in-18 de plus de 500 p. Prix : 3 fr., et franc de port, 4 fr.

NOTA. Cet ouvrage est l'extrait de l'ouvrage ci-dessus.

---

* Lequel non-seulement a fait prendre des exemplaires, mais encore l'a recommandé par une circulaire spéciale à MM. les Préfets, comme étant l'ouvrage le meilleur pour MM. les Maires, Adjoints, etc.

ENCYCLOPÉDIE-RORET.

COLLECTION DES MANUELS-RORET

FORMANT UNE

ENCYCLOPÉDIE DES SCIENCES ET DES ARTS,

FORMAT IN-18 ;

PAR UNE RÉUNION DE SAVANTS ET DE PRATICIENS.

MESSIEURS

AMOROS, ARSENNE, BIOT, BIRET, BISTON, BLANC, BOISDUVAL, BOITARD, BOSC, BOUTEREAU, BOYARD, CAHEN, CHAUSSIER, CHEVRIER, CHORON, CONSTANTIN, DE GAYFFIER, DE LAFAGE, DE LEPINOIS, Paulin DÉSORMEAUX, DUBOIS, DUJARDIN, FRANCŒUR, GIQUEL, HERVÉ, JANVIER, JULIA-FONTENELLE, JULLIEN, JOUBERT, HUOT, LACROIX, LANDRIN, LAUNAY, LED'HUY, Sébastien LENORMAND, LESSON, LORENTZ, J ORIOL, MATTER, MINÉ, MULLER, NICARD, NOEL, Jules PAUTET, RANG, REBOULLEAU, RENDU, RICHARD, RIFFAULT, SCRIBE, SCHMITZ, TARBÉ, TERQUEM, THIÉBAUD DE BERNEAUD, THILLAYE, TOUSSAINT, TREMERY, TRUY, VAUQUELIN, VERDIER, VERGNAUD, YVART, etc., etc.

Cette Collection étant une entreprise toute philanthropique, les personnes qui auraient quelque chose à faire parvenir dans l'intérêt des sciences et des arts sont priées de l'envoyer franc de port à l'adresse de M. le *Directeur de l'Encyclopédie-Roret*, chez M. RORET, libraire, rue Hautefeuille, 10 *bis*, à Paris.

Tous les traités se vendent séparément. Les ouvrages indiqués *sous presse* paraîtront successivement. Pour recevoir chaque volume franc de port, l'on ajoutera 50 c. La plupart des volumes sont de 3 à 400 pages, renfermant des planches parfaitement dessinées et gravées.

Le Public est prévenu qu'il trouvera au bas du titre de chaque vol. de cette Collection : *à la Librairie Encyclopédique de Roret*, et que tous ceux qui ne portent pas cette indication n'appartiennent pas à la *Collection des Manuels-Roret*, qui a eu des imitateurs et des contrefacteurs. (*M Ferd. Ardant*, gérant de la maison *Martial Ardant frères*, de Paris, et *M. Renault*, ont été condamnés, le premier à 200 fr. d'amende et 800 fr. de dommages et intérêts, le deuxième à 1,000 fr. d'amende et 6,000 fr. de dommages et intérêts.)

Abeilles (Manuel pour gouverner les Abeilles et en retirer grand profit), 2 vol., 6 fr. — Accordeur de Piano, 1 fr. 25 c. — Actes sous signatures privées, 2 fr. 50 c. — Assolements, Jachère et succession des Cultures, 3 vol., 10 fr. 50 c. — Algèbre, 3 fr. 50 c. — Alliages métalliques, 3 fr. 50 c. — Amidonnier et Vermicellier, 3 fr. — Anecdotique, 4 vol., 7 fr. — Animaux nuisibles, 3 fr. — Archéologie, 3 vol., 10 fr. 50 c. ; avec Atlas, 22 fr. 50 c. — Architecture des Jardins, 1 vol. avec Atlas, 15 fr. — Architecture, 2 vol., 7 fr. — Arithmétique démontrée, 2 fr. 50 c. — Arithmétique complémentaire, 1 fr. 75 c. — Armurier, Fourbisseur et Arquebusier, 3 fr. — Arpentage, 2 fr. 50 c. — Arpentage supplémentaire, 2 fr. 50 c. — Art militaire, 3 fr. — Artificier, Poudrier et Salpêtrier, 3 fr. — Astronomie, 2 fr. 50 c. — Astronomie amusante, 2 fr. 50 c. — Banquier, Agent de change et Courtier, 2 fr. 50 c. — Bibliothéconomie, arrangement, conservation et administration des bibliothèques, 3 fr. — Bijoutier, Joaillier et Orfèvre, 2 vol., 7 fr. — Biographie, 2 vol., 6 fr. — Blanchiment et Blanchissage, 2 vol., 5 fr. — Blason, 3 fr. 50 c. — Bois et Charbons, 3 fr. — Bois (tarif. conversion et réduction), 2 fr. 50 c. — Bonnetier et Fabricant de bas, 3 fr — Botanique élémentaire, 3 fr. 50 c. — Botanique (Flore française), 3 vol., 10 fr. 50 c. — Bottier et Cordonnier, 3 fr. — Boulanger, Meunier et Constructeur de moulins, 2 vol., 5 fr. — Bourrelier et Sellier, 3 fr. — Bouvier, 2 fr. 50 c. — Brasseur, 2 f. 50 c. — Brodeur, 1 vol. avec Atlas, 7 fr. — Théorie du Calendrier, 3 fr. — Calligraphie, 1 vol. avec Atlas, 3 fr. — Cartes géographiques (construction et dessin), 3 fr. — Cartonnier, Cartier, Cartonnages, 3 fr. — Chamoiseur, Pelletier, Fourreur, Maroquinier et Parcheminier, 3 fr. — Chandelier, Cirier, 3 fr. — Chapeaux (fab. de), 3 fr. — Charcutier, 2 fr. 50 c. — Charpentier, 3 fr. 50 c. — Charron et Carrossier, 2 vol., 6 fr. — Chasseur, 3 fr. — Chaufournier, 3 fr. — Chemins de fer, 3 fr. — Chimie agricole, 3 fr. 50 c. — Chimie amusante, 3 fr. — Chimie inorganique et organique, 3 f. 50 c. — Chimiques (fab. de produits), 3 vol., 10 fr. 50 c. — Cidre et Poiré (fab. de), 2 fr. 50 c. — Coiffeur et Art de se coiffer soi-même, 2 fr. 50 c. — Coloriste, 2 fr. 50 c. — Compagnie (bonne), 2 fr. 50 c. — Constructions rustiques, 3 fr. — Contre-Poisons, 2 fr. 50 c. — Contributions directes, 2 fr. 50 c. — Cordier, Culture des plantes et Fabrication des cordes, 2 fr. 50 c. — Correspondance commerciale, 2 fr. 50 c. — Coutelier, 3 f. 50 c. — Crustacés (Histoire naturelle des), 2 vol., 3 fr. — Cuisinier et Cuisinière, 2 fr. 50 c. — Cultivateur forestier, 2 vol., 5 fr. — Cultivateur français, 2 vol 5 fr. — Dames, ou l'Art de l'élégance, 3 fr. — Danse (théorie et pratique), 3 fr. 50 c. — Demoiselles, ou Arts et métiers qui leur conviennent, 3 fr. — Dessinateur, 1 vol. et Atlas, 3 fr. 50 c. — Distillateur et Liquoriste, 3 f. 50 c. — Domestiques (Art de les former), 2 fr. 50 c. — Écoles primaires, moyennes et normales, 2 fr 50 c. — Économie domestique, 2 fr. 50 c. — Économie politique, 2 fr. 50 c. — Électricité, 2 fr. 50 c. — Enregistrement et Timbre, 3 fr. 50 c. — Entomologie, ou Histoire des Insectes, 3 vol., 10 fr. 50 c. — Épistolaire (Style), 2 fr. 50 c. — Equitation à l'usage des deux sexes, 3 fr. — Escrime, 3 fr. 50 c. — Essayeur, 3 fr. — État-civil (Officier de l'), 2 fr. 50 c. — Étoffes imprimées et Papiers peints (fab.), 3 fr. — Exploitation des Mines, première partie, Houille, 3 fr. 50 c. — Ferblantier et Lampiste, 3 fr. — Fermier, ou l'Agriculture simplifiée, 2 fr. 50 c. — Filateur, 3 fr. 50 c. — Fleuriste artificiel, 2 fr. 50 c. — Fleurs emblématiques, 3 fr. — Fondeur sur tous métaux, 2 vol., 7 fr. — Forges (Maître de), 2 vol., 6 fr. — Galvanoplastie et Daguerréotypie, 3 f. 50 c. — Gants (fab. de), 3 fr. 50 c. — Garantie des matières d'or et d'argent, 1 fr. 75 c. — Gardes-Champêtres, Forestiers et Gardes-Pêche, 2 fr. 50 c. — Garde-Malades, 2 fr. 50 c. — Gardes Nationaux de France, 1 fr. 25 c. — Géographie de la France, 2 fr. 50 c. — Géographie générale, 3 fr. 50 c. — Géographie physique, 3 fr. — Géologie, 2 fr. 50 c. — Géométrie, 3 fr. 50 c. — Des Gourmands, 3 fr. — Graveur 3 fr. — Grèce (Histoire de la), 3 fr. 50 c. — Gymnastique, 2 vol. et Atlas, 10 fr. 50 c. — Habitants de la campagne et bonne Fermière, 2 fr. 50 c. — Herboriste, Épicier-Droguiste, Grainier-Pépiniériste et Horticulteur, 2 vol., 7 fr. — Histoire naturelle, ou Genera complet des Animaux, des Végétaux, des Minéraux, 2 vol., 7 fr — Histoire naturelle médicale et de pharmacographie, 2 vol., 5 fr. — Histoire universelle, 2 fr. 50 c. — Horloger, 3 fr 50 c. — Horloges (régulateur des), Montres et Pendules, 1 f. 50 c. — Huile (fab. et épurateur d'), 3 fr. — Hygiène, 3 fr. — Indiennes (fab. d'), 3 fr. 50 c. — Jardinier, 2 vol. 5 fr. — Jardinier des primeurs, 3 fr. — Jaugeage et Débitants de boissons, 3 fr. — Jeunes Gens, ou Arts et Récréations qui leur conviennent, 2 vol., 6 fr. — Jeux de calcul et de hasard, 3 fr. — Jeux enseignant la science, 2 vol., 6 fr. — Jeux de société, 3 fr. — Justice de paix (compétence et attributions), 3 fr. 50 c. — Laiterie Art de faire le beurre et les fromages, 2 fr. 50 c. — Langage (pureté du), 2 fr. 50 c. — Langage (pureté du), 1 fr. 50 c. — Latin (Classes élémentaires de), 2 f. 50 c. — Limonadier, Glacier, Chocolatier et Confiseur, 2 fr. 50 c. — Lithographe (Dessinateur et Imprimeur), 3 fr. — Littérature, 1 fr. 75 c. — Luthier, 2 fr. 50 c. — Machines locomotives (Constructeur de), 1 vol. et Atlas, 5 fr. — Machines à vapeur appliquées à la marine, 3 fr. 50 c. — Machines à vapeur appliquées à l'industrie, 2 vol., 7 fr. — Maçon, Plâtrier, Paveur, Carreleur, Couvreur, 3 fr. — Magie naturelle et amusante, 3 fr. — Maître d'hôtel, 3 fr. — Maîtresse de maison et ménagère parfaite, 2 fr. 50 c — Mammalogie, histoire naturelle des mammifères, 3 fr. 50 c. — Marine (grément, manœuvres du navire et de

LE TECHNOLOGISTE,

OU ARCHIVES DES PROGRÈS DE L'INDUSTRIE FRANÇAISE ET ÉTRANGÈRE,

Ouvrage utile aux Manufacturiers, aux Fabricants, aux Chefs d'ateliers, aux Ingénieurs des mines, des constructions civiles, militaires et navales, aux Mécaniciens, aux Contre-Maîtres, aux Artistes, aux Ouvriers, et à toutes les personnes qui s'occupent d'Arts industriels ;

Rédigé par une Société de Savants, de Praticiens, d'Industriels.

Publié sous la direction de M. F. MALEPEYRE.

PRIX : **18** FR. PAR AN POUR PARIS, ET **21** FR. POUR LA PROVINCE.

Ce Journal, dont il paraît chaque mois un cahier de 48 pages in-8o, grand format, avec de belles planches gravées sur acier et des vignettes en bois, a déjà atteint sa cinquième année d'existence, et n'a cessé, depuis sa fondation, de jouir d'une réputation méritée. Le choix rigoureux des matières qu'on y insère, et qui est toujours basé sur leur utilité pratique ; les connaissances variées et profondes de ses rédacteurs et collaborateurs ; les soins scrupuleux apportés à sa rédaction ; enfin, les sources extraordinairement étendues auxquelles ce Recueil puise ses documents, lui ont assuré à juste titre une prééminence sur toutes les autres publications périodiques industrielles, et un succès vrai et solide. C'est le seul journal qui soit parfaitement au courant de toutes les découvertes qui se font dans les arts dans tous les pays où l'industrie fait quelques progrès, et qu'il y tienne ses lecteurs. Les services qu'il a déjà rendus à notre industrie nationale, et ceux plus étendus qu'il est appelé à lui rendre encore, sont attestés par les témoignages les plus élevés et les plus flatteurs, et nous permettent de le recommander avec la plus grande confiance à toutes les personnes qui s'intéressent directement ou indirectement aux arts.

L'AGRICULTEUR-PRATICIEN,

OU REVUE PROGRESSIVE

D'AGRICULTURE, DE JARDINAGE, D'ÉCONOMIE RURALE ET DOMESTIQUE.

Publication spéciale pour les Propriétaires ruraux, les Fermiers, les Agronomes, les Agriculteurs, les Économes et Administrateurs de domaines, les Membres des Sociétés d'Agriculture et des Comices agricoles, les Directeurs et Élèves des Fermes-Modèles, les Horticulteurs, les Jardiniers, les Forestiers, les Vétérinaires et les Ménagères.

Rédigé Par MM. BOSSIN et F. MALEPEYRE.

Cette publication, qui compte un grand nombre de collaborateurs zélés et instruits, se recommande surtout par le choix rigoureux des articles, et par sa tendance à ne présenter que des faits qui sont le fruit de l'expérience des hommes du métier, suivant l'expression de M. Mathieu de Dombasle, et qui offrent une utilité pratique bien réelle. Déjà des suffrages très-élevés, et l'approbation d'agriculteurs éclairés, ont assuré à ce Journal un rang éminent dans notre littérature agricole.

COLLABORATEURS.

MM.

AUDINET-SERVILLE, *ex-président de la Société Entomologique, Membre de plusieurs Sociétés savantes, nationales et étrangères,* (ORTHOPTÈRES, NÉVROPTÈRES ET HÉMIPTÈRES).

AUDOUIN, *Professeur-Administrateur du Muséum, Membre de plusieurs Sociétés savantes, nationales et étrangères,* (ANNELIDES).

BIBRON, *Aide-Naturaliste au Muséum, collaborateur de M. Duméril pour les Reptiles.*

BOISDUVAL, *Membre de plusieurs Sociétés savantes, nationales et étrangères, auteur de l'Entomologie de l'Astrolabe, de l'Icones des Lépidoptères d'Europe, de la Faune de Madagascar, etc. etc.* (LÉPIDOPTÈRES).

DE BLAINVILLE, *Membre de l'Institut, Professeur-Administrateur du Muséum d'Histoire Naturelle, Professeur à la Faculté des Sciences, etc.* (MOLLUSQUES).

DE BREBISSON, *Membre de plusieurs Sociétés savantes, auteur des Mousses et de la Flore de Normandie.* (PLANTES CRYPTOGAMES).

A. DE CANDOLLE, *de Genève* (BOTANIQUE).

CUVIER (Fr.), *Membre de l'Institut* (CÉTACÉS).

DEJEAN (le comte) *Lieut.-général, Pair de France,* (COLÉOPTÈRES).

DESMAREST, *Membre correspondant de l'Institut, Professeur de Zoologie à l'Ecole vétérinaire d'Alfort,* (POISSONS).

MM.

DUMÉRIL, *Membre de l'Institut, Professeur-Administrateur du Muséum d'Histoire Naturelle, Professeur à l'Ecole de Médecine, etc. etc.* (REPTILES).

LACORDAIRE, *Naturaliste-voyageur, Membre de la Société Entomologique, etc.* (INTRODUCTION A L'ENTOMOLOGIE).

HUOT, GÉOLOGIE.
***BROGNIART**
DELAFOSSE } MINÉRALOGIE.

LESSON, *Membre correspondant de l'Institut, Professeur à Rochefort, etc.* (ZOOPHYTES ET VERS).

MACQUART, *Directeur du Muséum de Lille, auteur des* Diptères du Nord de la France, *etc. etc.* (DIPTÈRES).

MILNE-EDWARS, *Professeur d'Histoire Naturelle, Membre de diverses Sociétés savantes, etc. etc.* (CRUSTACÉS).

LE PELETIER DE SAINT-FARGEAU, *Président de la Société Entomologique, auteur de la* Monographie des Tenthrédines, *etc. etc.* (HYMÉNOPTÈRES).

SPACH, *Aide-Naturaliste au Muséum.* (PLANTES PHANÉROGAMES).

WALCKENAER, *Membre de l'Institut, travaux sur les Arachnides, etc. etc.* (ARACHNIDES ET INSECTES APTÈRES).

CONDITIONS DE LA SOUSCRIPTION.

Les Suites à Buffon formeront 55 volumes in-8° environ, imprimés avec le plus grand soin et sur beau papier; ce nombre paraît suffisant pour donner à cet ensemble toute l'étendue convenable. Chaque auteur s'occupant depuis longtemps de la partie qui lui est confiée, l'éditeur sera à même de publier en peu de temps la totalité des traités dont se composera cette utile collection.

A partir de janvier 1834, il paraîtra à peu près tous les mois un volume in-8° accompagné de livraisons d'environ 10 planches noires ou coloriées.

Prix du texte, chaque volume (1) . . . . 5f. 50c.

Prix de chaque livraison { *noire* . . . . 3.
{ *coloriée* . . . . 6.

N. *Les personnes qui souscriront pour des parties séparées paieront chaque volume* 6 fr. 50

Un petit nombre d'exemplaires seront imprimés sur grand papier vélin, dont le prix sera double.

ON SOUSCRIT, SANS RIEN PAYER D'AVANCE,
A LA LIBRAIRIE ENCYCLOPÉDIQUE DE RORET,
RUE HAUTEFEUILLE, N° 10 bis, A PARIS.
AU COIN DE CELLE DU BATTOIR.

(1) *L'Editeur ayant à payer pour cette collection des honoraires aux auteurs, le prix des volumes ne peut être comparé à celui des réimpressions d'ouvrages appartenant au domaine public et exempts de droits d'auteur, tels que Buffon, Voltaire, etc. etc.*

** N'ont pas été compris dans la première souscription les ouvrages de MM.* BROGNIART, DELAFOSSE, HUOT.

www.ingramcontent.com/pod-product-compliance
Ingram Content Group UK Ltd.
Pitfield, Milton Keynes, MK11 3LW, UK
UKHW020718120726
13693UKWH00001B/50